KS 규격에 따른

기계제도 및 설계

|이론과 실무|

공학박사·기술사 김순채 지음

Mechanical Drawing and Design

BM (주)도서출판 성안당

■ 도서 A/S 안내

Preface | 머리말

21세기의 산업구조는 세계화와 IT산업의 발전으로 자동화시스템을 구현하고 비용·품질·생산성을 향상시키는 방향으로 발전하고 있다. 그로 인해 기업은 더욱더 체계적이며 효율성을 위한 설비의 구성과 탁월한 엔지니어를 요구하고 있다. 산업분야에서는 기계와 전기·전자를 접목하는 에너지설비, 화학설비, 해양플랜트설비, 환경설비 등이 산업의 발전동향에 따라 지속적으로 증가하고 있으며 설계와 제작을 위한 능력 있는 엔지니어가 많이 필요하다.

기계공학도는 다양한 능력을 겸비해야 21세기의 탁월한 엔지니어가 될 수가 있다. 효율적으로 설계하기 위해서는 KS규격에 따른 기계제도 규정을 숙지해야 하고, 부품설계를 위해서는 각종 공작기계의 용도를 파악하고 적용해야 하며, 구조물을 설계하기 위해서는 힘과 모멘트, 운동역학을 알고 있어야 한다.

또한 자동화시스템을 설계하기 위해서는 기계요소부품, 모터류, 센서류 등을 선정하기 위한 전기, 전자, 시퀀스제어의 기초적인 지식이 있어야 효율성과 생산성을 갖춘 시스템을 구현할 수가 있다.

이 책은 35년간 대학과 현장에서의 경험을 바탕으로 집필하였다. 이 책을 활용하여 학문을 연마하는 공학도들은 한국공학교육인증원에서 진행하는 종합설계과목인 "Capstone design"에서 창의적인 메커니즘을 도출하는 능력을 배양하도록 설계경험과 관련 이론을 추가하였으며, KS규격에 따른 기계제도와 설계를 훈련하고 체험함으로써 졸업 후 탁월한 엔지니어가 되는 바이블이 되기를 소망한다.

이에 다음 사항을 중심으로 구성하였다.

1. KS규격에 따른 기계제도의 규정을 전반적으로 검토하여 개정, 삭제된 부분을 확인 후 적용하였다.
2. 35년간 시스템설계와 대학 강의를 통하여 축적된 지식과 경험을 바탕으로 기초이론부터 제작 후 시스템의 제작비 산출까지 할 수 있는 능력을 제시하였다.
3. 공과대학의 공학인증을 대비한 종합설계과목인 "Capston design"의 설계능력을 배양하도록 구성하였다.
4. 풍부한 그림과 그래프, 도표를 통해 쉽게 이해하고 기억할 수 있는 능력을 향상시켰다.
5. 자동화시스템을 구축하기 위해 필요한 전기공학, 전자공학의 기초이론과 시퀀스제어에 대한 이론을 적용하였다.
6. 설계를 통해 경험한 실제 도면을 예시로 하여 효율적인 설계를 위한 방법을 제시하였다.

Preface

7. 시스템 제작에 투입되는 인건비, 가공비, 조립비 등 전반적인 제작비를 산출할 수 있는 능력을 배양하도록 하였다.

8. 시스템설계와 제작을 위해 필요한 기초역학, 기계재료, 기계제작법 등 관련 이론을 부록 Ⅰ에 수록하고, 부록 Ⅱ는 단위와 시퀀스문자기호, 수학공식 등을 제시하여 설계과정 중에 수시로 참고하도록 하였으며, 부록 Ⅲ에 각 편 연습문제 해답을 수록하여 학습에 도움이 되고자 하였다.

아무쪼록 이 책이 대학에서 학문을 연마하는 공학도와 현장 실무자들에게 기계제도와 설계에 대한 안내서가 되기를 바라며, 여러분의 목표가 성취되기를 기원한다. 또한 학습하는 과정에서 내용이 불충분한 부분에 대해 의견을 주시면 개정판에 반영하여 더욱 알찬 도서가 되도록 노력하겠다.

마지막으로 이 책이 나오기까지 매 순간마다 지혜를 주시며 많은 영감으로 인도하신 주님께 감사드리며, 아낌없는 배려를 해 주신 도서출판 성안당 임직원 여러분께 감사드린다. 아울러 동영상 촬영을 위해 항상 수고하시는 김민수 이사님께도 고마움을 전하며, 언제나 기도로 응원하는 사랑하는 나의 가족에게도 감사한 마음을 전한다.

공학박사/기술사 김순채

Contents | 차례

Contents

Part 02

창의적인 설계를 위한 단계별 진행방법

Part 03

기계요소의 설계법

Contents

Part
04

기하공차

Contents

Part 05 창의적인 설계를 위한 전기공학

Part 06. 비용 산출과 견적

Contents

부록 Ⅱ

관련 자료

Contents

PART 01

기계제도의 기초이론

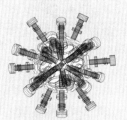

Mechanical Drawing

01 기계제도의 기초

1.1 개요

1) 제도

우리 생활에 필요한 제품을 제작하고자 할 때 일정한 규약에 따라 점, 선, 문자, 숫자, 기호 등으로 물체의 모양, 구조, 기능 등을 다른 사람이 알기 쉽고 분명하게 이해할 수 있도록 하기 위해 제도용지에 그리거나 기계를 제작하기 위해 제품의 모양과 구조, 치수, 정밀도, 가공방법, 재질, 투상법 등을 일정한 규약에 따라 선, 문자, 기호 등을 사용하여 도면으로 나타내는 것을 제도라 하며, 도면은 설계자의 의도를 현장제작자, 자재(구매)담당자, 검사 · 측정 · 보수, 점검 · 수리담당자에게 전달하는 중요한 수단이다. 또한 도면에 나타낸 모든 형태(선, 숫자, 문장)는 누구나 같은 의미의 해독이 가능해야 하고 국제적으로 통용될 수 있어야 한다.

2) 도면

도면은 설계자의 생각을 제도용지(켄트지, 트레이싱지 등)에 그리거나 컴퓨터를 활용한 프로그램(CAD 등)으로 그린 후 출력된 인쇄물을 의미한다.

1.2 KS규격

1) 표준규격의 목적

생산성을 높이기 위하여 각 기계마다 많이 사용하고 있는 기계요소를 될 수 있는 한 그 형상, 치수, 재료 등을 규격화시켜 놓으면 고정도의 제품을 정확히 신속하게 저렴한 가격으로 제작 가능할 뿐만 아니라 교환성이 있고 생산자나 수요자가 편리하며 경제적이다. 우리나라에서는 1962년에 규격화가 제정되기 시작했다. 국제적 표준화로서는 1926년 ISA(만국규격통일협회, International Federation of the National Standardizing Association)가 설립되고 제2차 세계대전으로 일단 정지되었다가, 다시 1947년 ISO(국제표준화기구, International Standardization of Organization)가 설립되어 국제규격이 제정되었다.

2) KS규격

기계나 부품을 제작하기 위해서는 기계를 제작할 때 기본이 되는 제작도를 정확하게 도면으로 그려야 한다. 제작도에는 제품의 형상에 따른 투상법, 구조, 치수, 정밀도, 가공법, 재질 등 제작에 필요한 내용들을 규격에 맞도록 빠짐없이 정확하게 나타내야 한다.

따라서 기술의 근대화, 고도화, 국제화에 따라 국제표준화기구(ISO)에 국제규격이 제정되어 있으며, 우리나라에는 한국산업규격(KS)이 제정되어 이 규격에 의해서 도면을 작성하고 있으며 점차 국제규격(ISO)으로 통일되어 가고 있다. 각국의 표준규격과 한국산업규격(KS)으로 되어 있는 제도 관련 규격은 다음과 같다.

[표 1.1] 각국의 공업규격

국가명	제정연도	규격기호	국가명	제정연도	규격기호	국가명	제정연도	규격기호
영국	1901	BS	미국	1918	ASA	스웨덴	1922	SIS
독일	1917	DIN	벨기에	1919	ABS	덴마크	1923	DS
프랑스	1918	NF	헝가리	1920	MOSZ	노르웨이	1923	NS
스위스	1918	VSM	이탈리아	1921	UNI	핀란드	1924	SFS
캐나다	1918	CFSA	일본	1921	JIS	그리스	1933	ENO
네덜란드	1918	N	오스트레일리아	1921	SAA	한국	1962	KS

[표 1.2] KS의 부문별 기호

분류기호	부품	분류기호	부품	분류기호	부품
KS A	기본	KS H	식료품	KS Q	품질경영
KS B	기계	KS I	환경	KS R	수송기계
KS C	전기	KS J	생물	KS S	서비스
KS D	금속	KS K	섬유	KS T	물류
KS E	광산	KS L	요업	KS V	조선
KS F	건설	KS M	화학	KS W	항공우주
KS G	일용품	KS P	의료	KS X	정보

1.3 국제규격

1) 개요

ISO는 International Standardization Organization(국제표준화기구)의 약자로 각종 분야의 제품·서비스의 국제적 교류를 용이하게 하고 상호 협력을 증진시키는 것을 목적으로 하고 있다. 스위스 제네바에 본부를 두고 2017년 9월 기준 163개의 회원국이 있으며 각 회원국의 표준단체가 회원국에서 유일한 대표로 정회원이 되어 활동한다.

2) ISO 26262

안전시스템 개발프로세스를 구축하고 모든 안전목표가 만족하는 증거를 제시하는 필요성과 차량의 복잡성, 소프트웨어콘텐츠, 메카트로닉스 구현이 증가하는 추세와 함께 시스템 장애와 불규칙한 하드웨어 고장이 발생할 위험성도 상승하여 ISO 26262는 실현 가능한 요구사항과 프로세스를 제시하고 위험을 용납 가능한 수준으로 낮출 수 있는 지침을 제공한다.

(1) ISO 26262가 제공하는 기능

① 자동차안전라이프사이클(관리, 개발, 생산, 운영, 서비스, 폐기) 및 해당 라이프사이클단계 동안 필요한 활동에 적합하게 구성된 지원이다.
② 전체 개발프로세스(요구사항 지정, 설계, 구현, 통합, 확인, 검증, 구성 등의 활동 포함)의 기능안전성측면을 다룬다.
③ 위험등급(ASIL : Automotive Safety Integrity Level, 자동차안전무결성수준)을 판정하는 데 필요한 자동차 고유의 위험기준방식을 제공한다.
④ ASIL을 활용해 허용 가능한 잔여위험을 달성하는 데 필요한 품목별 안전요구사항을 지정한다.
⑤ 충분하고 허용 가능한 수준의 안전이 달성됨을 보장할 수 있도록 검증 및 확인에 필요한 조치를 제공한다.

(2) ASIL등급 분류

ASIL(자동차안전무결성수준)은 자동차시스템과 관련된 치명도 기준으로 치명적인 위험의 노출(Exposure), 제어 가능성(Controllability), 심각도(Severity)의 함수이다.

① 노출등급 분류 : 노출은 분석대상의 고장모드와 동시에 발생할 경우 위험할 수 있는 작동상황이 되는 상태로 분류된다.

[표 1.3] 노출등급 분류

구분	E1	E2	E3	E4
지속시간	–	작동시간의 1% 미만	작동시간의 1~10%	작동시간의 10% 초과
빈도	1년에 1회 미만 발생하는 상황	1년에 수차례 발생하는 상황	1개월에 1회 발생하는 상황	거의 매 주행 시마다 발생하는 상황
예	엔진이 정지상태로 내리막 주행	안전하지 않게 가파른 경사 주행	미끄러운 노면의 브레이크 사용	–

② 심각도 등급 분류 : 심각도는 위험할 수 있는 상황에서 한 명 이상의 사람에게 발생할 수 있는 위해범위의 예상치로 정의할 수 있다.

[표 1.4] 심각도 등급 분류

구분	S1	S2	S3
설명	경상이나 심하지 않는 부상	생명을 위협할 가능성이 있는 심한 부상, 생존 가능	생명을 위협하는 부상(생존 불확실) 또는 치명상
예	20km/h 미만의 속도로 나무와 충돌	20~40km/h의 속도로 나무와 충돌	40km/h를 초과하는 속도로 나무와 충돌

③ 제어 가능성 등급 분류 : 제어 가능성이란 관련 당사자가 시기적절한 대응을 통해 지정된 위해 또는 피해를 방지할 수 있는 역량으로 정의된다.

[표 1.5] 제어 가능성 등급 분류

구분	C1	C2	C3
설명	간단히 제어 가능	일반적으로 제어 가능	제어하기 어렵거나 또는 제어불능
정의	모든 운전자가 피할 수 있는 제어	90%의 운전자가 피할 수 있는 위험	90% 미만의 운전자가 피할 수 있는 위험
예	스티어링 잠금상태로 차량 시동	경미한 고장이 발생했을 때 차량 정지	브레이크 고장

④ ASIL수준이 갖는 의미 : ASIL은 ASIL A, ASIL B, ASIL C, ASIL D 등과 같이 4가지 범주로 분류된다. ASIL D가 가장 엄격한 기준이며, ASIL A가 가장 엄격하지 않은 기준이다.

  ㉠ ISO 26262는 ASIL수준에 따라 고장상황에서도 설계자 및 시스템엔지니어가 실현해야 하는 안전요구사항을 정의하며, 시스템이 사용자(운전자, 승객, 도로교통이용자 등)의 안전에 대해 충분한 여유를 제공해야 한다.

  ㉡ ASIL수준은 특정 모듈에 결부되는 것이 아니라 특정 기능에 결부된다.

  ㉢ ASIL수준은 감지 가능성 향상 및 대응조치 실행과 같이 동일한 기능을 수행하는 두 가지 개별적인 요소의 분리를 통해 낮출 수 있다.

  ㉣ 구현된 방식 그대로 안전 핵심기능의 추적 가능성을 입증할 수 있으려면 설계사이클의 각 단계에서 적절한 증거를 유지해야 한다.

3) IEC 61508

IEC 61508(International Electrotechnical Commission, 국제전기표준회의)은 플랜트의 안전에서 안전시스템 요구사항을 적용부와 별도로 규정하였다. 국제표준과 국내의 법적 규제, 장치 및 안전기능을 위한 마이크로프로세서와 센서의 사용 증가로 기능상 안전표준(규격)에서 시스템의 요구사항으로 일반적으로 안전무결성레벨(SIL 1~4)을 장치, 센서, 제어시스템으로 규정하여 반드시 SIL등급을 획득하도록 권장한다.

(1) 목적

① 안전과 경제적 성능을 위한 E/E/PE(Electrical/Electronic/Programmable Electronic system)기술의 잠재력을 표출한다.

② 전반적인 안전틀을 구성하기 위한 기술적인 개발이 가능하다.

③ 미래의 유연성과 정상적인 시스템기반의 접근을 제공한다.

④ 안전 관련 시스템(Safety related system)의 요구성능을 Risk기반 접근을 제공한다.

⑤ 산업에 직접적으로 사용하는 일반적인 표준을 제공한다.

⑥ Computer기반 기술에 User와 Regulator의 신뢰성을 향상시킨다.

⑦ 다음과 같은 사항들을 촉진하기 위한 공통의 기초적인 원리에 기반한 요구사항을 제공한다.

  ㉠ 보조체계(subsystem)와 다양한 영역(sector)을 위한 요소(component)들의 공급을 위한 공급망(supply chain)의 효율성 향상

  ㉡ 의사전달(communication)과 요구사항(requirements)의 개선

ⓒ 모든 영역(sector), 증가하고 있는 이용 가능한 자원을 교차 사용하는 기술, 방법의 개발

ⓔ 적합성(conformity)

(2) E/E/PE 안전 관련 시스템

IEC 61508은 E/E/PE(전기/전자/프로그램교육)기술에서 1차적으로 실행되는 안전 관련 시스템에 의해 성취되고 기능적인 안전과 고려되고 있으며, 표준은 응용과 관계없이 시스템을 위해 적용되며 E/E/PE시스템 안전 관련 시스템의 예는 다음과 같다.

① 위험한 화학처리공장에서의 Emergency shut-down system

② 크레인 안전수송지표

③ 기찻길 신호시스템

④ 기계를 위한 연결보호와 응급 정지시스템

⑤ 의학방사능기계 사용노출을 연결하고 제어하기 위한 시스템

⑥ 동적위치 지정(선박의 움직임제어)

⑦ 공중비행제어표면의 fly-by-wire조작

⑧ 자동차 지시등, 잠금방지장치가 있는 브레이크와 엔진관리시스템

⑨ 네트워크 가능 처리공장의 원격모니터링, 조작 또는 프로그래밍

⑩ 안전에 영향을 주는 잘못된 결과에서 정보기반 결정지원툴

(3) SIL(Safety Integrity Levels)

IEC 61508은 안전기능을 위한 안전성능(Safety performance)의 4가지 레벨을 명시하며 High level일수록 엄격한 요구사항들을 가지며, SIL은 하나의 시스템 또는 시스템의 어떤 파트보다는 하나의 safety function의 한 속성으로 SIL의 산출방법(hazard 분석)은 다음과 같다.

① 가능결과 예측(Evaluate)

② 수용 가능할 만한 빈도 및 ALARP를 정의 : ALARP는 "As Low As Reasonably Practicable"의 약자로, 'ALARP원칙'은 '위험이 합리적으로 실행 가능한 최대한 낮게 해야 한다'는 것이다. 안전에 중요하고 안전이 수반되는 시스템들의 규제 및 관리에 사용되는 용어이다.

③ Event chain을 구성

④ Demand rate 측정

⑤ Protection required 지정

요구되는 SIL의 정의는 다음과 같다.

[표 1.6] Safety integrity levels(Low demand mode of operation)

SIL	Probability of failure on demand, average(Low demand mode of operation)	Risk Reduction Factor
SIL 4	$\geq 10^{-5}$ to $<10^{-4}$	10,000~100,000
SIL 3	$\geq 10^{-4}$ to $<10^{-3}$	1,000~10,000
SIL 2	$\geq 10^{-3}$ to $<10^{-2}$	100~1,000
SIL 1	$\geq 10^{-2}$ to $<10^{-1}$	10~100

[표 1.7] Safety integrity levels(Continuous mode of operation)

SIL	Probability of failure on demand, average(Continuous mode of operation)
SIL 4	$\geq 10^{-9}$ to $<10^{-8}$
SIL 3	$\geq 10^{-8}$ to $<10^{-7}$
SIL 2	$\geq 10^{-7}$ to $<10^{-6}$
SIL 1	$\geq 10^{-6}$ to $<10^{-5}$

1.4 도면의 분류

1) 사용목적에 따른 분류

① 계획도(scheme drawing) : 만들고자 하는 제품의 계획을 나타내는 도면으로, 제작도 작성에 기초가 된다.

② 제작도(production drawing) : 공장이나 작업장에서 일하는 작업자를 위해 그려진 도면으로, 설계자의 뜻을 작업자에게 정확히 전달할 수 있는 충분한 내용으로 가공을 용이하게 하고 제작비를 절감시킬 수 있다.

③ 주문도(drawing for order) : 주문하는 사람이 주문할 제품의 대체적인 크기나 모양, 기능의 개요, 정밀도 등을 주문서에 첨부하기 위해 작성된 도면이다.

④ 승인도(approved drawing) : 주문받은 사람이 주문한 사람과 검토를 거쳐서 승인을 받아 계획 및 제작을 하는 데 기초가 되는 도면이다. 승인도는 일부러 만들지 않고 주문받은 사람이 주문자의 승인을 얻기 위해 제출한 승인용 도면, 또는 이것에 정정을 하고 승인도장을 받아 승인도로 사용하는 것이 보통이다.

⑤ 견적도(estimated drawing) : 주문할 사람에게 물품의 내용 및 가격 등을 설명하기 위해 견적서에 첨부되는 도면이다.

⑥ 설명도(explanatory drawing) : 제품의 구조, 기능, 작동원리, 취급방법 등을 설명하기
위한 도면으로, 주로 카탈로그(catalogue)에 사용한다.

2) 내용에 따른 분류

① 조립도(assembly drawing) : 제품의 전체적인 조립순서와 상태를 나타내는 도면으로,
특히 복잡한 구조를 알기 쉽게 하고 각 단위 또는 부품의 관련이 나타나도록 그린다.

② 부분조립도(partial assembly drawing) : 복잡한 제품의 조립상태를 몇 개의 부분으로
나누어서 표시한 것으로, 특히 복잡한 기구를 명확하게 하여 조립을 쉽게 하기 위한 도면
이다.

③ 부품도(part drawing) : 제품을 구성하는 각 부품을 상세하게 그린 도면으로, 제작 때 직
접 사용하므로 설계자의 뜻이 작업자에게 정확하고 충분하게 전달되도록 치수나 기타의
사항을 상세하게 기입한다.

④ 공정도(process drawing) : 제품의 제작과정에서 거쳐야 할 각 공정마다의 처리방법, 사
용용구 등을 상세히 나타낸 도면으로, 공작공정도, 제조공정도, 설비공정도 등이 있다.

⑤ 상세도(detail drawing) : 제품의 필요한 부분을 더욱 상세하게 표시한 도면으로, 기계,
선박, 건축 등에 있어 큰 축척으로 그려진 경우 그 일부분의 축척을 바꾸어 모양과 치수,
기구 등을 분명히 하기 위해 사용한다.

⑥ 접속도(electrical schematic diagram) : 전기기기의 내부, 상호 간의 회로결선상태를 나
타내는 도면으로, 계획도, 설명도, 공작도에 사용된다.

⑦ 배선도(wiring diagram) : 전기기계ㆍ기구의 크기나 설치위치, 전선의 종별 및 굵기, 전
선수, 길이, 배선의 위치 등을 기호와 문자 등으로 표시한 도면이다.

⑧ 배관도(piping diagram) : 펌프나 밸브의 위치와 관의 굵기 및 길이, 배관의 위치와 설치
방법 등을 자세히 표시한 도면이다.

⑨ 계통도(system diagram) : 물이나 기름, 가스, 전력 등의 접속과 작동계통을 표시한 도
면으로, 계획도나 설명도에 사용된다.

⑩ 기초도(foundation drawing) : 기계나 구조물의 기초공사를 하기 위해 표시한 도면으로,
콘크리트기초의 높이, 치수 등을 나타낸다.

⑪ 설치도(setting drawing) : 기계나 보일러 등을 설치할 경우에 관계되는 사항을 표시한
도면이다.

⑫ 배치도(layout drawing) : 건물의 위치나 공장 안에 많은 기계를 설치할 때 각 기계의 위
치를 표시한 도면으로, 크레인이나 레일, 기타 운전장치, 전원실 등의 관계를 명확히 표
시한다.

⑬ 장치도(plant layout drawing) : 화학공업 등에 있어서 각 장치의 배치와 제조공정 등의 관계를 표시한 도면이다.

⑭ 외형도(outside drawing) : 구조물이나 기계 전체의 겉모양을 나타낸 도면으로, 설치 및 기초공사에 필요한 사항 등을 표시한 도면이다.

⑮ 구조선도(skeleton drawing) : 기계나 건물 등의 철골구조물의 골조를 선로로 표시한 도면이다.

⑯ 곡면선도(lines drawing) : 자동차의 차체, 항공기의 동체, 배의 선체 등의 복잡한 곡면을 단면곡선으로 표시한 도면이다.

3) 작성방법에 따른 분류

① 연필제도(pencil drawing) : 제도용지에 연필로 그린 도면으로, 완성도로 사용하기도 하나 대개는 먹물제도의 원도로 사용한다.

② 먹물제도(inked drawing) : 연필로 그린 도면을 바탕으로 하여 먹물로 다시 그린 도면이다.

③ 착색도(colored drawing) : 제품의 구조나 재료 등의 상태를 쉽게 구별할 수 있도록 여러 가지의 색으로 엷게 칠한 도면이다.

4) 형태에 따른 분류

① 원도(original drawing) : 제도용지에 직접 연필로 작성한 도면이나 컴퓨터로 작성한 최초의 도면으로, 트레이스도의 원본이 된다.

② 트레이스도(traced drawing) : 연필로 그린 원도 위에 트레이싱지(tracing paper)를 놓고 연필 또는 먹물로 그린 도면으로, 청사진도 또는 백사진도의 원본이 된다.

③ 복사도(copy drawing) : 같은 도면을 여러 장 필요로 하는 경우에 트레이스도를 원본으로 하여 복사한 도면으로, 청사진, 백사진, 전자복사도 등이 있다.

④ 스케치도(sketch drawing) : 제품이나 장치 등을 그리거나 도안할 때 필요한 사항을 제도기구를 사용하지 않고 프리핸드(freedhand)로 그린 도면이다.

1.5 도면의 규격

제도용지의 크기는 제도규격에 정해진 크기를 사용해야 하고 도형의 크기, 도형의 수로 결정하며 [표 1.8]에 나타낸 A열 사이즈를 사용하고, 필요할 경우에는 연장사이즈를 사용한다.

[표 1.8] 도면의 윤곽치수(KS B ISO 5457)　　　　　　　　(단위 : mm)

크기	그림 1.1	재단한 용지		제도공간		재단하지 않은 용지	
		a1	b1	a2	b2	a3	b3
		주 1)	주 1)	±0.5	±0.5	±2	±2
A0	(a)	841	1189	821	1159	880	1230
A1	(a)	594	841	574	811	625	880
A2	(a)	420	594	400	564	450	625
A3	(a)	297	420	277	390	330	450
A4	(a)와 (b)	210	297	180	277	240	330

주 1) 재단치수 600mm 이하일 때 ±2mm, 재단치수 600mm 초과일 때 ±3mm(KS M ISO 216)

① 도면의 크기는 A열의 A0크기를 기준으로 1/2씩 접었을 때 A1, A2, A3, …의 크기이다 ([그림 1.1] 참조).
② 도면크기는 폭과 길이로 나타내는데, 그 비는 1(폭) : $\sqrt{2}$ (길이)이며 A0~A4크기를 사용한다.
③ 도면에는 [표 1.8]에 나타낸 치수에 따라 선의 굵기 0.5mm 이상의 윤곽선을 그린다.

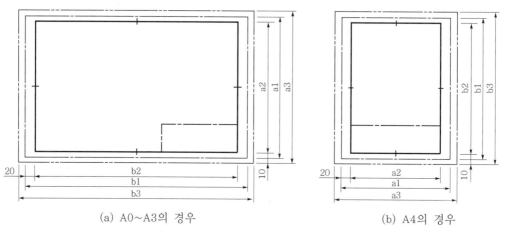

(a) A0~A3의 경우　　　　　　　　(b) A4의 경우

[그림 1.1] 재단용 용지와 재단하지 않은 용지의 크기 및 제도영역의 크기

④ 도면을 그릴 때에는 용지의 긴 쪽(A0~A3)을 좌우방향으로 놓고 그리는 것을 원칙으로 한다([그림 1.1]의 (a) 참조). 다만, A4 사이즈는 긴 쪽을 상하방향으로 놓고 그려도 된다([그림 1.1]의 (b) 참조).

⑤ 도면에는 복사, 확대, 도형배치, 스케치 등의 필요에 따라 중심마크, 비교눈금, 구역기호를 설치해도 된다.

⑥ 하나의 제품을 설계하면 그 제품에 관련되는 도면은 하나의 설계파일에 철하게 된다. 이때 파일의 크기는 A4 크기가 기준이 된다. 따라서 A4 이상의 큰 도면은 A4 크기를 기준으로 A4와 같은 크기로 접어서 철하게 된다. A4 이상의 큰 도면을 접을 때는 표제란이 위에 오도록 접는다.

1.6 도면의 규정

도면을 그리기 위해서는 무엇을, 왜, 언제, 누가, 어떻게 그렸는지 등을 표시하고 도면관리에 필요한 것들을 표시하기 위하여 양식을 마련해야 한다.

1) 설정하지 않으면 안 되는 사항

도면의 윤곽(윤곽선), 중심마크, 표제란이 있다.

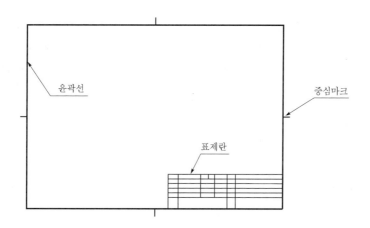

[그림 1.2] 도면에 반드시 표기해야 하는 양식

2) 설정하는 것이 바람직한 사항

비교눈금, 도면의 구역(구분기호), 재단마크, 부품란(대조번호), 도면의 내역란이 있다.

3) 윤곽선(borderline)

왼쪽의 윤곽은 20mm 폭을 가진다. 이것은 철할 때의 여백으로 사용하기도 한다. 다른 여백은 10mm의 폭을 가진다. 제도영역을 나타내는 윤곽은 0.7mm 굵기의 실선(최소 0.5mm 이상)이다.

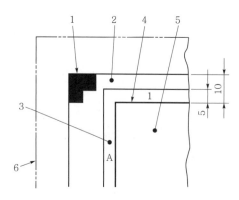

여기서, 1. 재단마크
2. 재단용지
3. 구역 표시
4. 구역 표시 경계선
5. 제도영역
6. 절단하지 않은 용지의 여백

[그림 1.3] 도면의 경계와 윤곽

4) 표제란(title panel)

표제란은 KS A ISO 7200(ISO 7200)기준에 따라 A4용지 총너비에서 왼쪽 여백 20mm, 오른쪽 여백 10mm를 갖고, 표제란너비는 180mm이며 동일한 표제란이 모든 용지크기에 사용된다. A4용지 이상 크기 시 표제란의 위치는 제도영역의 오른쪽 아래 구석에 [그림 1.4]와 같이 배치하며, 표제란의 내용은 다음과 같다.

① 법적 소유자 : 문서(도면)의 법적인 소유자, 즉 소유자명, 법인명, 단체명, 기업명의 표시 또는 회사를 상징하는 상표
② 식별번호
③ 제목/보조제목
④ 문서(도면)형식
⑤ 문서(도면)형태 : 준비 중, 승인과정, 공개, 취소 등 표시

⑥ 주관부서

⑦ 기술책임

⑧ 작성자(초안자)

⑨ 승인자

⑩ 개정 표시

⑪ 발행일자

⑫ 언어부호

⑬ 시트 : 도면에 시트번호로 식별

설계	제도	검도	담당	과장	부장

작성연월일			척도		투상법	
도명			도면번호			

회사명					
작성일	척도	투상법	설계	제도	승인
도명			도번		

설계	척도	투상법	작성일	도번	
				일반공차	
도명		투상법			승인
회사명					

소속		과 학년 번호 성명			
투상법		척도		작성연월일	
도명		도번		검도	

[그림 1.4] 도면의 표제란 표시 예

5) 부품란(title panel)

일반적으로 도면의 오른편 위나 표제란 위에 기입하며 부품번호, 부품명칭, 재질, 수량, 무게, 공정, 비고란 등이 있다.

[표 1.9] 부품란 양식

3				
2				
1				
품번	품명	재질	수량	비고

8	부싱	BC	1	
7	반달키	SM50C	1	
6	볼트	SM15C	4	
5	너트	SM15C	2	
4	축	SM50C	1	
3	기어	SM45C	1	
2	브래킷	GC20	1	
1	풀리	GC20	1	
품번	품명	재질	수량	비고

소속				
투상법	작성일	척도	설계	승인
3각법		1:1		
도명	BELT DRIVE		도번	

[그림 1.5] 부품란의 표시 예

6) 중심마크(centering mark)

도면을 다시 만들거나 마이크로필름을 만들 때 면의 위치를 잘 잡기 위하여 4개의 중심마크를 표시한다. 이 마크는 1mm의 대칭공차를 가지고 재단된 용지의 두 대칭축의 끝에 표시하며, 중심마크의 형식은 자유롭게 선택할 수 있다. 중심마크는 구역 표시의 경계에서 시작해서 도면의 윤곽을 지나 10mm까지 0.7mm 굵기의 실선으로 그린다. A0보다 더 큰 크기에서는 마이크로필름으로 만들 영역의 가운데에 중심마크를 추가로 표시한다.

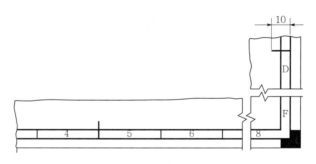

[그림 1.6] 도면의 중심마크

7) 비교눈금(metric reference graduation)

도면을 축소 또는 확대했을 경우 그 정도를 알기 위해 도면 아래쪽 중심마크 주변에 기입하며, 간격은 10mm, 눈금선 굵기는 0.5mm, 선간 폭은 5mm 이하이다.

8) 도면의 구역(division, zone)

A4용지에는 단지 위쪽과 오른쪽에만 표시하며, 문자와 숫자의 크기는 3.5mm이다. 이 한 구역의 길이는 재단한 용지의 대칭축(중심마크)에서 시작해서 50mm이다. 이 구역의 개수는 용지크기에 따라 다르며, 구역 표시의 선은 0.35mm 굵기의 실선으로 그린다.

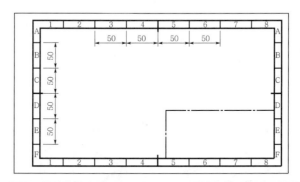

구분	A0	A1	A2	A3	A4
긴 변(가로)	24	16	12	8	6
짧은 변(세로)	16	12	8	6	4

[그림 1.7] 도면구역의 표시개수

9) 재단마크(cutting mark, trimming mark)

수동이나 자동으로 용지를 잘라내는 데 편리하도록 재단된 용지의 4변의 경계에 재단마크를 표시한다. 이 마크는 10mm×5mm의 두 직사각형이 합쳐진 형태로 [그림 1.8]과 같이 표시한다.

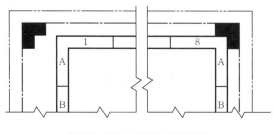

[그림 1.8] 도면의 재단마크

10) 내력란(revision block)

도면에 도면의 완성도나 후에 치수의 수정이나 형상의 일부가 보강 또는 변경이 된 경우에 진행과정을 기입하여 일관성을 유지하게 한다.

11) 도면을 접을 경우의 크기

원도는 접지 않고 편 상태로 보관하거나 또는 말아서 보관하며(안지름 40mm 이상), 복사도는 필요에 따라 [그림 1.9]의 (a)와 같이 표제란이 표면의 아래쪽에 오도록 접어서 철하거나 [그림 1.9]의 (b)와 같이 접어서 봉투 등에 보관한다.

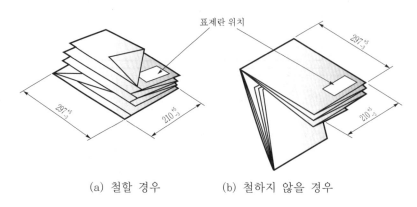

(a) 철할 경우   (b) 철하지 않을 경우

[그림 1.9] 도면을 접는 방법

2.1 문자(KS A ISO 3098-1, KS B 0001)

제도에 사용하는 문자는 KS A ISO 3098-1의 규정에 따르는데, 읽기 쉽고 균일한 크기로 쓰며 도면을 표시한 선의 농도에 맞추어 써야 한다.

1) 한글과 한자

한글의 글자체는 활자체에 준한다. 보통은 고딕체를 사용하지만 명조체나 그래픽체도 사용한다. 한자는 상용한자를 사용하며, 16획 이상은 되도록 한글로 쓰도록 한다. 글자체는 기계 조각용 표준 글자체(KS A 0202)를 쓴다.

2) 로마자와 아라비아숫자

(1) 로마자

① 영자는 주로 로마자의 대문자를 사용하지만, 기호나 기타 특별한 경우에는 소문자를 사용해도 좋다.
② 숫자와 영자의 서체는 J형 · B형 경사체, B형 직립체가 있으며 특별한 경우가 아니면 혼용하지 않도록 한다.
③ 경사체는 수직에 대하여 오른쪽으로 약 15° 기울여 쓴다.

(2) 아라비아숫자

① 숫자는 아라비아숫자를 사용한다.
② 높이 5mm 이상의 숫자는 2 : 3의 비율로 나누어 상 · 중 · 하 3줄의 안내선을 긋고, 4mm 이하의 숫자는 2줄의 안내선을 긋는다.

③ 너비는 높이의 약 1/2로 하고 75°의 경사진 안내선을 긋는다.

④ 분수는 분자, 분모의 높이를 2/3로 한다.

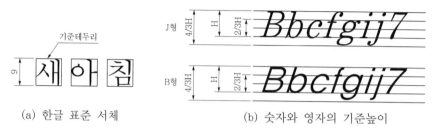

(a) 한글 표준 서체   (b) 숫자와 영자의 기준높이

[그림 1.10] 문자의 크기 및 기준높이(KS A 0107)

[표 1.10] 문자의 크기 및 사용 부위

문자의 크기(mm)	사용 부위
2.24~4.5	한계치수, 공차기호
3.15~6.3	일반치수, 기술문자
6.3~12.5	부품번호, 명칭
9~12.5	도면번호 및 문자
12.4~20	도면명칭문자

2.2 문자의 크기와 호칭

1) 문자의 크기

문자의 크기는 문자의 높이로 나타낸다. 제도 통칙(KS A 0005)에서 크기와 모양을 규정하고 도면의 크기나 축척에 따라 다르다.

① 한자 : 3.15mm, 4.5mm, 6.3mm, 9mm, 12.5mm, 18mm

② 한글 · 숫자 · 영자 : 2.24mm, 3.15mm, 4.5mm, 6.3mm, 9mm, 12.5mm, 18mm

2) 문자의 선굵기

문자의 선굵기는 한자의 경우에는 문자크기의 호칭에 대하여 1/12.5로 하고, 한글 · 숫자 · 영자의 경우에는 1/9로 하는 것이 바람직하다.

2.3 척도

기계나 그 부품을 제작하려면 대상물을 도면으로 그려야 한다. 도면으로 그릴 때 기계나 부품의 크기, 복잡성 여부 등에 따라 여러 가지 크기로 그릴 수 있다. 척도란 도면으로 그려지는 대상물의 실제 크기와 도면으로 그려진 크기와의 비를 말한다. 척도는 원도를 그릴 때 사용하고 축소하는 복사도에는 사용하지 않는다. 크기가 큰 부품은 이해하는 데 지장이 없는 한 축소해서 그리고, 복잡한 부품은 확대하여 쉽게 도면을 이해할 수 있도록 그린다.

1) 척도의 종류

① 현척 : 도형의 크기를 실물과 같은 크기로 그리는 것
② 축척 : 도형의 크기를 실물보다 작게 축소해서 그리는 것
③ 배척 : 도형의 크기를 실물보다 크게 확대해서 그리는 것

2) 척도의 값

척도의 값은 현척, 축척, 배척의 3종류로 KS규격에 다음과 같이 정해져 있다.

[표 1.11] 현척, 축척, 배척의 값

종류	란	척도의 값
현척	－	$1:1$
축척	1	$1:2$, $1:5$, $1:10$, $1:20$, $1:100$, $1:200$
	2	$1:\sqrt{2}$, $1:2.5$, $1:2\sqrt{2}$, $1:3$, $1:4$
배척	1	$2:1$, $5:1$, $10:1$, $20:1$, $50:1$
	2	$\sqrt{2}:1$, $2.5\sqrt{2}:1$, $100:1$

[비고] 1란의 척도를 우선으로 사용한다.

3) 척도의 표시방법

작성된 도면에는 척도를 표시해야 한다. 척도는 주로 표제란에 나타내며 한 용지에 여러 개의 부품을 그렸을 때 척도가 동일하지 않고 다를 때에는 다른 척도를 그 도면 부근에 기입하며, 특별한 경우 치수비례에 따르지 않게 그렸을 경우에는 "비례척이 아님" 또는 비례척이 아

님을 나타내는 기호 "NS"(Not to Scale)를 적절한 곳에 기입하거나 비례척에 의하지 않고 그린 치수수치 밑에 굵은 실선을 그어 다음 그림과 같이 나타낸다.

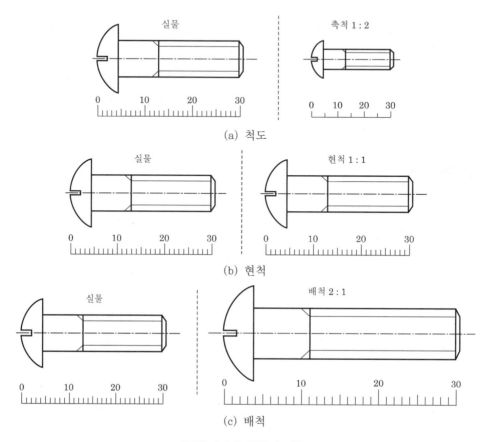

[그림 1.11] 척도의 비교

척도를 나타낼 때는 A : B로 나타낸다. 여기서 A는 도면으로 그린 도형의 크기, B는 실물의 크기를 나타낸다. 현척의 경우는 A, B를 다같이 1, 축척의 경우는 A를 1, 배척의 경우에는 B를 1로 나타낸다.

보기 (1) A : B
　　　 └── 실제 실물의 크기
　　 └── 도면으로 그린 도형의 크기
　　 (2) 현척의 경우 1 : 1
　　 (3) 축척의 경우 1 : 2, 1 : $\sqrt{2}$, 1 : 10
　　 (4) 배척의 경우 2 : 1, 5 : 1, 10 : 1, 100 : 1

2.4 선의 종류

1) 선의 종류와 용도 및 표시법

도면을 작성할 때 사용되는 선은 모양과 굵기에 따라 서로 다른 기능을 가지게 된다. [표 1.12]에 KS B 0001에 규정된 선의 모양과 굵기에 따른 용도와 사용법을 나타낸다.

[표 1.12] 선의 종류와 용도(KS B 0001)

용도에 의한 명칭	선의 종류		선의 용도
외형선	굵은 실선	————	대상물의 보이는 부분의 모양을 표시하는 데 쓰인다.
치수선	가는 실선	————	치수를 기입하기 위하여 쓰인다.
치수보조선			치수를 기입하기 위하여 도형으로부터 끌어내는 데 쓰인다.
지시선			기술, 기호 등을 표시하기 위하여 끌어내는 데 쓰인다.
회전 단면선			도형 내에 그 부분의 끊은 곳을 90° 회전하여 표시하는 데 쓰인다.
중심선			도형의 중심선을 간략하게 표시하는 데 쓰인다.
수준면선[1]			수면, 유면 등의 위치를 표시하는 데 사용한다.
숨은선 (파선)	가는 파선 또는 굵은 파선	– – – – –	대상물의 보이지 않는 부분의 모양을 표시하는 데 쓰인다.
중심선	가는 일점쇄선	—·—·—	• 도형의 중심을 표시하는 데 쓰인다. • 중심이 이동한 중심궤적을 표시하는 데 쓰인다.
기준선			특히 위치결정의 근거가 된다는 것을 명시할 때 쓰인다.
피치선			되풀이하는 도형의 피치를 취하는 기준을 표시하는 데 쓰인다.
특수 지정선	굵은 일점쇄선	—·—·—	특수한 가공을 하는 부분 등 특별한 요구사항을 적용할 수 있는 범위를 표시하는 데 사용한다.

[표 1.12] 선의 종류와 용도(KS B 0001) (계속)

용도에 의한 명칭	선의 종류		선의 용도
가상선[2]	가는 이점쇄선	— - - —	• 인접 부분을 참고로 표시하는 데 사용한다. • 공구, 지그 등의 위치를 참고로 나타내는 데 사용한다. • 가동 부분을 이동 중의 특정한 위치 또는 이동한계의 위치로 표시하는 데 사용한다. • 가공 전 또는 가공 후의 모양을 표시하는 데 사용한다. • 반복되는 부분을 나타내는 데 사용한다. • 도시된 단면의 앞쪽에 있는 부분을 표시하는 데 사용한다.
무게 중심선			단면의 무게 중심을 연결한 선을 표시하는 데 사용한다.
파단선	불규칙한 파형의 가는 실선 또는 지그재그선		대상물의 일부를 파단한 경계 또는 일부를 떼어낸 경계를 표시하는 데 사용한다.
절단선	가는 일점쇄선으로 끝부분 및 방향이 변하는 부분을 굵게 한 것[3]		단면도를 그리는 경우 그 절단위치를 대응하는 그림에 표시하는 데 사용한다.
해칭선	가는 실선으로 규칙적으로 줄을 늘어놓은 것	//////	도형의 한정된 특정 부분을 다른 부분과 구별하는 데 사용한다. 예를 들면 단면도의 절단된 부분을 나타낸다.
특수한 용도의 선	가는 실선	——————	• 외형선 및 숨은선의 연장을 표시하는 데 사용한다. • 평면이란 것을 나타내는 데 사용한다. • 위치를 명시하는 데 사용한다.
	아주 굵은 실선	▬▬▬▬	얇은 부분의 단선도시를 명시하는 데 사용한다.

주 : (1) ISO 128(Technical drawings-General principles of presentation)에는 규정되어 있지 않다.

(2) 가상선은 투상법상에서는 도형에 나타나지 않으나 편의상 필요한 모양을 나타내는 데 사용한다. 또 기능상, 공작상의 이해를 돕기 위하여 도형을 보조적으로 나타내기 위하여도 사용한다.

(3) 다른 용도와 혼용할 염려가 없을 때는 끝부분 및 방향이 변하는 부분을 굵게 할 필요가 없다.

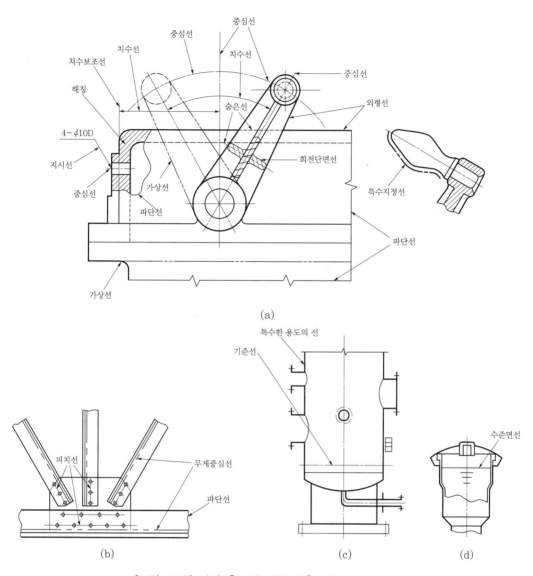

[그림 1.12] 선의 용도에 따른 사용 예(KS B 0001)

2) 모양에 따른 선의 종류

(1) 실선

① 연속적으로 그어진 선을 실선(continuous line)이라 한다. 굵은 실선과 가는 실선이 있는데, 굵은 실선은 물체가 보이는 부분의 외형선에 쓰고 굵기를 가는 실선의 2배 정도 (0.3~0.8mm)로 한다.

② 파단선은 물체의 일부를 파단한 경계 또는 절단 부분을 나타내는 데 쓰며 자를 사용하지 않고 자유실선으로 그린다.

③ 가는 실선(0.2mm 이하)은 치수선이나 치수보조선, 지시선, 해칭선 등에 쓴다.

(2) 파선

① 일정한 길이로 반복되게 그어진 선을 파선(dashed line)이라 한다.
② 보이지 않는 부분을 나타내는 숨은선으로 쓰는데, 굵기는 굵은 실선의 절반 정도로 한다.
③ 선의 길이는 3~5mm, 간격은 0.5~1mm 정도로 한다.

(3) 일점쇄선

① 긴 선과 짧은 선이 반복되게 그어진 선을 일점쇄선(chain line)이라 한다.
② 재료의 중심축, 대칭의 중심, 구멍의 중심 등을 나타내는 중심선과 재료의 절단장소를 나타내는 절단선, 기준선, 경계선, 참고선 등에 쓴다.
③ 긴 선의 길이는 10~30mm, 짧은 선의 길이는 1~3mm, 선과 선의 간격은 0.5~1mm 정도로 한다.

(4) 이점쇄선

① 길고 짧은 2종류의 선이 긴 선과 짧은 선, 짧은 선과 긴 선으로 반복되게 그어진 선을 이점쇄선(chain double-dashed line)이라 하며 가상선으로 쓰고 가는 선으로 그린다.
② 긴 선의 길이는 10~30mm, 짧은 선의 길이는 1~3mm이고, 선과 선의 간격은 0.5~1mm 정도로 한다.

3) 굵기에 따른 선의 종류

(1) 가는 선(thin line)

① 도형 도면을 구성하고 있는 선 중에서 상대적으로 가는 선을 말한다.
② 굵기는 0.3mm 이하 정도로 한다.

(2) 굵은 선(thick line)

① 도면을 구성하고 있는 선 중에서 상대적으로 중간선을 말한다.
② 가는 선의 2배 굵기 정도로 한다.
③ 굵기를 0.3~0.8mm 정도로 그린다.

(3) 아주 굵은 선(thicker line, extra thick line)

① 도면을 구성하고 있는 선 중에서 상대적으로 특히 굵은 선을 말한다.
② 굵은 선의 2배 이상의 굵기로 한다.
③ 이외에도 선의 용도에 따라 모양과 굵기를 달리하여 사용한다.

평면도법과 투상법

3.1 평면도법

평면상에 존재하는 점, 직선, 곡선, 원 등으로 구성된 도형을 그리는 방법으로, 평면도법은 켄트지(종이)에 도면을 그릴 때 많이 적용하는 편리한 방법이지만 CAD와 같은 컴퓨터프로그램을 통해 오늘날 도면을 그리므로 많이 사용하지 않는다. 많이 적용하는 평면도법은 다음과 같다.

1) 임의의 주어진 각도 2등분법

직선과 호의 교차점에서 각각 같은 반지름의 호를 그려 2등분점을 찾고 꼭짓점 O와 2등분점 P를 이어 2등분선을 긋는다.

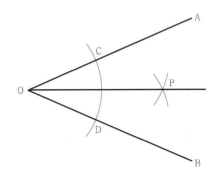

[그림 1.13] 임의의 주어진 각도 2등분법

2) 직각에 접하는 원호 그리는 법

라운드 처리된 부분을 그릴 때 많이 사용된다.

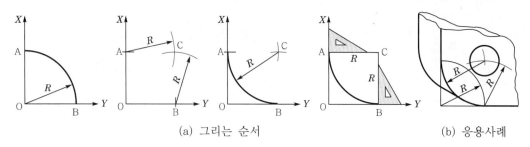

[그림 1.14] 직교하는 두 직선에 접하는 반지름 R인 원호 그리기

3) 임의의 각도를 갖는 두 직선에 접하는 원호 그리는 법

예각이나 둔각으로 교차하는 두 직선일 경우 많이 사용한다.

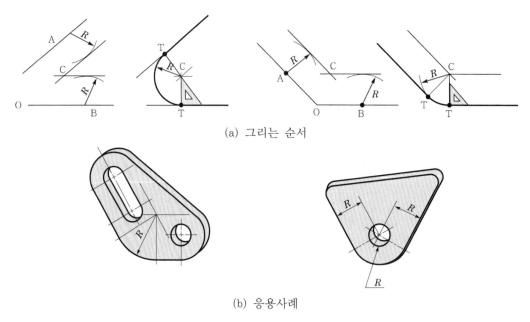

(a) 그리는 순서

(b) 응용사례

[그림 1.15] 임의의 각도를 갖는 두 직선에 접하는 원호 그리기

4) 인벌류트곡선 그리는 법

다각형이나 원에 감긴 실을 팽팽하게 잡아당기며 풀어낼 때 실 위의 한 점이 그리는 곡선으로 원을 n등분하여 원과의 교점(1, 2, 3, 4, 5, 6)에서 수직선(1′, 2′, 3′, 4′, 5′, 6′)을 그리고 원의 등분점을 중심으로 원호를 연결해 나가면 된다.

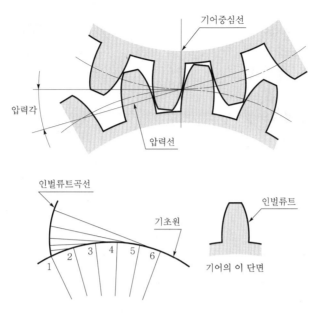

[그림 1.16] 기어치면에 인벌류트곡선의 응용

5) 두 원호와 접하는 반지름이 주어진 경우 원호 그리는 법

두 원호가 접하는 반지름이 주어진 상태이므로 중심 O_1에서 반지름 R_1과 R를 더한 반지름 $R_1 + R$을 중심 O_1에서 원호를 그리는 부분에 긋고, 중심 O_2에서 반지름 R_2와 R를 더한 반지름 $R_2 + R$를 중심 O_2에서 원호를 그리는 부분에 긋는다. 두 반지름이 만나는 교차점에서 반지름 R로 두 원호를 연결하면 완성된다.

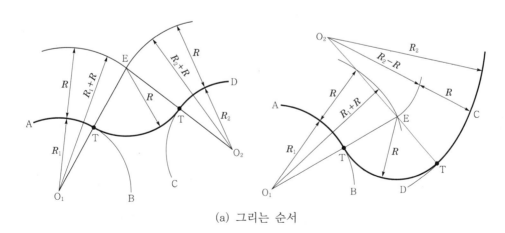

(a) 그리는 순서

[그림 1.17] 두 원호와 접하는 반지름이 주어진 경우 원호 그리는 법

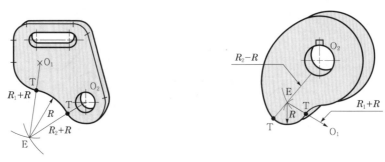

(b) 응용사례

[그림 1.17] 두 원호와 접하는 반지름이 주어진 경우 원호 그리는 법 (계속)

6) 사이클로이드(cycloid)

직선을 따라 원이 미끄러짐이 없이 구르기 운동을 할 때 원주상의 한 점이 그리는 곡선으로 캠의 형상설계 등에 응용한다.

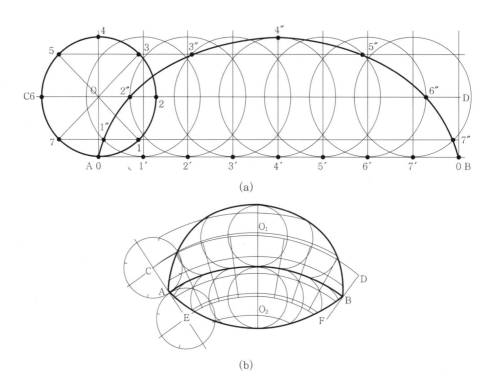

(a)

(b)

[그림 1.18] 에피사이클로이드 및 하이포사이클로이드 그리기

7) 아르키메데스 스파이럴

직선 위의 점이 직선을 따라 등속도로 움직이고 그 직선이 어느 고정점을 중심으로 등각속도로 회전할 경우 그 점이 만드는 곡선이다.

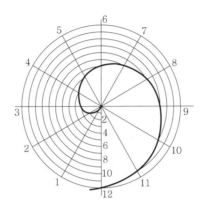

[그림 1.19] 아르키메데스 스파이럴 그리기

8) 원통 헬릭스(cylindrical helix)

원통축과 평행이면서 원통표면에 있는 직선 위의 점이 직선을 따라 등속도로 움직이면서 동시에 직선이 원통축을 중심으로 등속도로 회전할 경우 점이 3차원 공간 속에서 만드는 곡선으로 나사, 스프링 등의 형상설계에 응용한다.

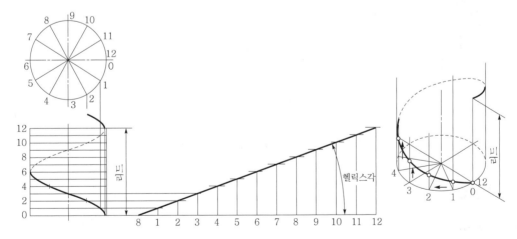

[그림 1.20] 원통 헬릭스 그리기 및 리드와 헬릭스각의 정의

3.2 투상법

1) 정투상법

(1) 입체를 나타내는 방법

물체를 보는 시점, 물체를 나타내는 화면 등의 위치에 따라 여러 가지가 있다.

(2) 정투상법의 의미

투상하려는 물체의 앞쪽이나 뒤쪽에 투명한 화면을 세우고 물체를 화면에 평행하게 나타내는 도형을 평행투상이라 하며, 평행투상은 실제 크기를 그대로 나타내기 때문에 기계도면은 평행투상에 의한다.

(3) 정투상법의 특징

① 입체적인 물체를 평면적으로 표현한다.
② 물체의 모양을 정확히 나타낼 수 있다.
③ 치수를 쉽게 표시할 수 있다.

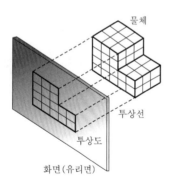

▶ 투상도 : 화면상에 그려지는 도형
▶ 투상선 : 물체를 바라보는 시선에 해당하는 선

[그림 1.21] 물체의 모양 나타내기

2) 투상면

(1) 투상면의 의의

정투상법에서 물체의 각 면을 나타내는 화면을 말한다.

(2) 투상면의 종류

① 입화면 : 물체의 앞면과 뒷면에 나란한 투상면(A면)

② 평화면 : 물체의 윗면과 아랫면에 나란한 투상면(B면)

③ 측화면 : 물체의 우측면과 좌측면에 나란한 투상면(C면)

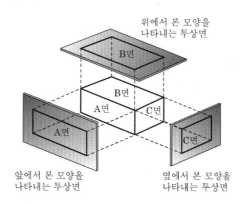

[그림 1.22] 투상면

3) 투상공간

(1) 투상공간의 의의

입화면, 평화면, 측화면을 서로 직각이 되게 결합한 공간을 말한다.

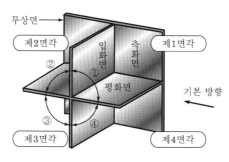

[그림 1.23] 투상공간

(2) 투상공간의 종류

제1면각공간, 제2면각공간, 제3면각공간, 제4면각공간이 있다(오른쪽 위로부터 시계반대방향으로).

(3) 기본방향

제1면각공간 쪽에서 수평인 방향이 된다.

(4) 정투상법과 투상공간과의 관계

① 제1각법 : 제1면각공간에 물체를 놓고 정투상도를 그리는 방법이다.
② 제3각법 : 제3면각공간에 물체를 놓고 정투상도를 그리는 방법이다.

4) 제3각법

(1) 제3각법에 대한 규정

정투상법에 의하여 물체를 나타낼 때에는 제3각법을 쓰도록 한국산업규격(KS)에 정해놓고 있다.

(2) 제3각법의 의미

물체를 제3면각공간에 놓고 그 모양을 각 투상면에 그린 후 투상면을 펼쳐서 정투상도를 배치하는 방법을 말한다.

(3) 투상도 그리기

① 투상도 그리는 순서 : 우선 물체의 정면을 선택한 다음 입화면에 물체의 정면을 그리고, 평화면과 측화면에 각각 물체의 평면과 측면의 모양을 그린다.
② 정면의 선택방법 : 물체의 외형적 특징이나 가공공정상의 특징이 가장 잘 나타나 있는 면을 선택한다.

(4) 물체와 투상면의 관계

눈 → 투상면 → 물체

(5) 투상면 펼치기

입화면을 기준으로 한다.

(6) 투상도의 명칭

투상도가 나타난 화면	투상도의 명칭	투상도의 뜻
입화면	정면도	물체의 앞에서 본 모양을 그린 것으로 기준이 된다.
평화면	평면도	물체를 위에서 본 모양을 그린 것이다.
측화면	측면도	물체의 옆면모양을 그린 것으로 우측면도와 좌측면도가 있다.

(7) 투상도의 배치

정면도를 중심으로 위쪽에 평면도, 오른쪽에 우측면도, 왼쪽에 좌측면도가 배치된다.

(8) 측면도의 선택

파선이 적게 나타나는 쪽을 선택한다.

(9) 투상도의 생략

물체를 이해하는 데에 부족함이 없으면 평면도나 측면도를 생략할 수 있다.

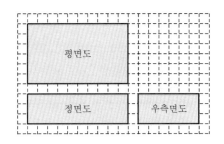

[그림 1.24] 투상도의 배치

(10) 기계제도에서 제3각법

제1각법과 제3각법은 국제적으로 하나의 투상법으로 통일되어 제정되어 있지 않다. 제1각법을 사용하는 나라가 있고 제3각법을 사용하는 나라가 있다. 우리나라 한국산업규격(KS)에서는 제3각법을 사용하도록 되어 있다. 제1각법과 제3각법에 대하여 비교 설명한 것과 같이 제3각 투상법이 그리기 쉽고 비교 대조하기가 쉬우며 치수기입이 용이하므로 제3각 투상법을 사용한다.

[표 1.13] 제1각법과 제3각법의 비교

구분	제1각법	제3각법
투상	• 물체를 보았을 때 물체 뒤에 물체의 생긴 형상을 도형으로 그려준다.	• 물체를 보았을 때 물체 바로 앞에 물체의 생긴 형상을 도형으로 그려준다.
도면배치	• 정면도 우측에서 왼쪽을 본 형상을 그려준다. • 정면도 좌측에서 오른쪽을 본 형상을 그려준다. • 정면도 하단에 위치하고 위에서 본 형상을 그려준다. • 정면도 상단에서 위치하고 아래에서 본 형상을 그려준다.	• 정면도 우측에서 오른쪽을 본 형상을 그려준다. • 정면도 좌측에서 왼쪽을 본 형상을 그려준다. • 정면도 상단에 위치하고 위에서 본 형상을 그려준다. • 정면도 하단에 위치하고 아래에서 본 형상을 그려준다.
도면 작성	• 각 방향에서 본 형상을 정면도 건너편에 그려주므로 도면 작성이 불편하다.	• 각 방향에서 본 형상을 정면도 바로 옆에 그려주므로 도면 작성이 용이하다.
비교 대조	• 정면도를 기준으로 좌우상하에서 본 형상을 정면도 건너편에 그려주므로 정면도를 기준으로 비교 대조가 불편하다. • 길이가 긴 물체는 도형을 비교하기가 더욱 불편하다.	• 정면도를 기준으로 좌우상하에서 본 형상을 바로 인접해서 그려주므로 비교 대조가 용이하다. • 길이가 긴 물체는 특히 비교 대조가 용이하다.
치수기입	• 정면도 건너편에 관계도가 배열되므로 치수기입이 불편하고 치수 누락 및 이중기입의 우려가 있다.	• 정면도 바로 옆에 관계도가 인접되어 배열되므로 치수기입이 용이하고 치수 누락이나 이중기입의 우려가 없다.
투상법기호		

04 특수 투상도과 전개도

특수 투상도는 축측 투상도와 사투상도, 투시투상도 등으로 나뉘며, 축측 투상도는 등각투상도와 부등각투상도로 나눈다.

4.1 축측 투상도

정투상법의 정면도, 평면도, 측면도를 서로 직각으로 만나는 모서리를 세 축으로 하여 하나의 투상도에 모두 나타내는 방법이다.

1) 등각투상도

(1) 등각투상법의 의미

평행투상도로 나타내면 투상물체와 평행하게 도형을 나타내기 때문에 경우에 따라서는 선이 겹치는 경우가 있어 이해하기 곤란한 경우가 있다. 등각투상도는 물체의 정면, 평면, 측면을 하나의 투상도에 나타내는 투상법으로, 직각좌표계의 세 좌표축이 서로 120°를 이루어 입방체의 밑면의 2면이 수평면과 등각이 되도록 기울여 입체적으로 나타내 물체의 생긴 형상을 이해하기 쉽고 척도에 제한이 없기 때문에 확대, 축소가 자유롭다.

(2) 등각투상도의 특징

① 물체의 정면, 평면, 측면이 하나의 투상도에 같은 각도로 보인다.
② 2개의 옆면모서리가 수평선과 30°를 이룬다.
③ 정투상법을 잘 모르는 사람도 물체의 모양을 쉽게 알아볼 수 있다.
④ 등각투상도용 모눈종이를 사용하면 편리하게 투상도를 그릴 수 있다.

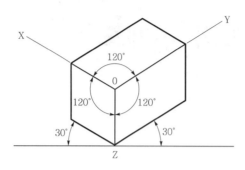

[그림 1.25] 등각투상도의 각도

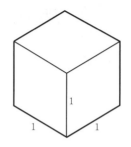

[그림 1.26] 등각투상도의 척도비

2) 부등각투상도

수평선과 2개의 축선이 이루는 각을 서로 다르게 그린 것을 부등각투상도라 한다. 부등각투상도를 그릴 때에는 3개의 축방향 중에서 2개는 같은 척도로 그리고, 나머지는 보통 3/4, 1/2 등의 다른 척도로 그린다.

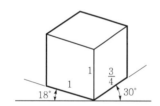
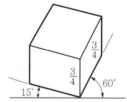
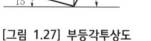
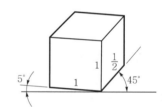

[그림 1.27] 부등각투상도

4.2   사투상도

정면도를 실제 모습대로 그린 다음 평면도와 측면도를 한쪽 방향으로 경사지게 투상하여 입체적으로 나타낸 투상도이다.

① 정면은 정투상도의 정면도처럼 그린다.

② 측면이나 윗면은 30°, 45°, 60° 등 삼각자로 그리기에 편리한 각도로 경사각을 주어 그린다.

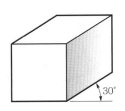 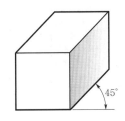 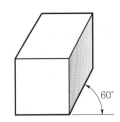

[그림 1.28] 사투상도의 각도

③ 경사면의 길이는 입체감을 주기 위하여 정면의 길이에 대하여 1, 3/4, 1/2의 비율로 그린다.

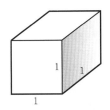 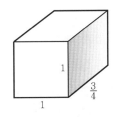 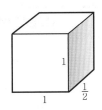

[그림 1.29] 경사면의 길이비

4.3 투시투상도

투시도법은 물체의 앞 또는 뒤에 화면을 놓고, 시점에서 물체를 본 시선이 화면과 만나는 각 점을 연결하여 눈에 비치는 모양과 같게 물체를 그리는 투상도이다. 원근감이 있으며 건축, 도로, 교량의 도면 작성에 많이 쓰인다.

- 기면 : 화면과 수직으로 놓인 기준이 평화면
- 화면 : 물체를 투시하여 도면을 그리는 입화면

① 평행투시도 : 인접한 두 면이 각각 화면과 기면에 평행한 때의 투시도
② 유각투시도 : 인접한 두 면 가운데 윗면은 기면에 평행하고, 다른 면은 화면에 경사진 투시도
③ 경사투시도 : 면이 모두 기면과 화면에 기울어진 투시도

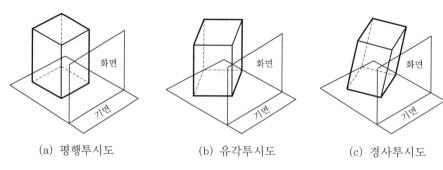

(a) 평행투시도   (b) 유각투시도   (c) 경사투시도

[그림 1.30] 투시도의 종류

전개도법

입체의 표면을 평면 위에 펼쳐 그린 도면을 전개도라 한다. 그려진 전개도를 접거나 감으면 그 물체의 모양이 된다. 전개도는 상자, 캐비닛, 덕트 및 항공기, 자동차 등의 몸체와 부품의 제작에 이용된다.

1) 전개도를 그리는 방법

전개도를 그릴 때에는 치수를 정확히 표시해야 하며, 판금전개도인 경우에는 겹치는 부분, 접는 부분의 여유치수를 고려해야 한다. 전개도 그리는 방법은 다음과 같다.
① 물체의 정투상도를 그린다(물체의 실제 치수를 얻을 수 있기 때문에).
② 펼치고자 하는 전개도의 기준선을 정한다.
③ 각 모서리의 치수를 정투상도로부터 그대로 옮겨 전개도를 그린다.

2) 평행선을 이용한 전개도법

원기둥, 각기둥 등 평행체의 전개도를 그릴 때 주로 사용되는 전개도법이다.
① 정면도와 평면도를 그린다.
② 원둘레의 길이(πD)를 구하여 수평선을 긋고 12등분 하여 각 등분점에 수직선을 긋는다.
③ 평면도의 원둘레를 12등분 하여 정면도에 내리긋는다.
④ 정면도의 각 점에서 수평선을 긋는다.
⑤ 정면도와 만나는 1″, 2″, 3″, 4″, 5″, 6″, 7″, 8″, 9″, 10″, 11″, 12″, 1″을 이으면 전개도가 된다.

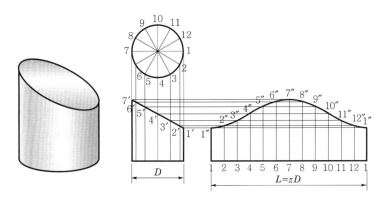

[그림 1.31] 평행선을 이용한 전개도법

3) 삼각형을 이용한 전개도법

① 정면도와 평면도를 그리고 $\overline{OA}$와 30°를 이루는 점 B와 D를 구한다.

② $\overline{BC}$의 높이와 $\overline{BC}$의 길이를 두 변으로 하는 직각삼각형을 그려 $\overline{BC}$의 실제 길이를 구한다.

③ $\overline{A'C'}$에 평행하게 $\overline{A''C''}$를 그린다.

④ $\overline{AB}$, $\overline{A'C'}$의 길이와 $\overline{BC}$의 실제 길이를 세 변으로 하는 삼각형을 그린다.

⑤ $\overline{CD}$, $\overline{A'C'}$의 길이와 $\overline{BC}$의 실제 길이를 세 변으로 하는 삼각형을 그린다.

⑥ 같은 방법으로 ④와 ⑤를 11번 더 반복한다.

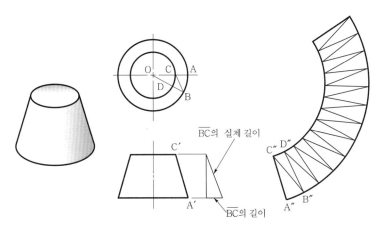

[그림 1.32] 삼각형을 이용한 전개도법

4) 방사선을 이용한 전개도법

① 정면도와 평면도를 그린다.

② 평면도의 원을 12등분 한다.

③ 정면도의 빗변과 같은 길이로 평행선을 긋는다.

④ 점 O를 중심으로 정면도의 $\overline{O0}$을 반지름으로 하는 원호를 그린다.

⑤ 평면도에서 원의 12등분 한 길이(x)를 디바이더로 재어 전개도의 0에서부터 12까지 12
등분 한다.

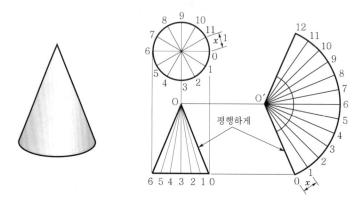

[그림 1.33] 방사선을 이용한 전개도법

05 도형의 표시방법

5.1 주투상도(정면도)

대상물의 모양, 기능을 가장 명확하게 나타내는 면을 그린다. 또한 대상물을 도시하는 상태는 도면의 목적에 따라 다음의 어느 한 가지에 따른다.

① **조립도** : 기능을 나타내는 도면이므로 사용하는 상태로 표시
② **물체의 중요한 면** : 투상면에 평행, 수직으로 표시
③ **부품도** : 가공도면은 가장 가공량이 많은 공정의 상태로 표시
　㉠ 원통절삭 : 중심선을 수평으로 하고 작업의 중요 부분이 우측에 위치([그림 1.34]의 (a) 참조)
　㉡ 평면절삭 : 길이방향을 수평으로 하고 가공면이 도면의 정면도에 나타나도록 표시([그림 1.34]의 (b) 참조)

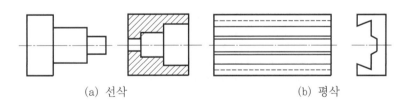

　　　　(a) 선삭　　　　　　　　　　(b) 평삭

[그림 1.34] 가공공정기준에 의한 배열

④ **특별한 이유가 없는 경우**
　㉠ 대상물을 가로길이로 놓은 상태대로 표시
　㉡ 정면도(1면도)만으로 나타낼 수 있으면 다른 투상도는 생략([그림 1.35] 참조). 다만, 정면도만으로 도시할 수 없을 때 평면도나 측면도 등으로 보충한다.

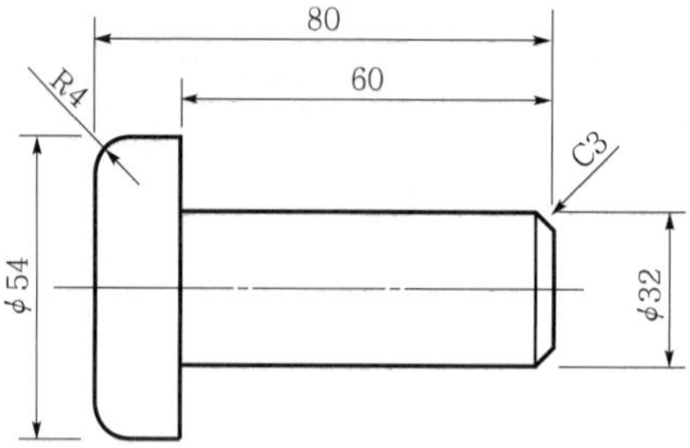

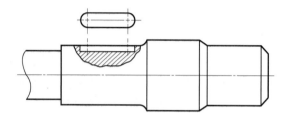

[그림 1.35] 1면도의 주투상도

⑤ 물체 일부분 모양만을 도시해도 충분할 경우 : 필요한 부분만 표시([그림 1.36] 참조)

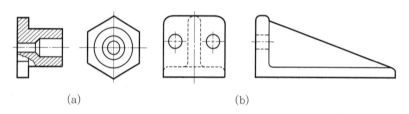

[그림 1.36] 필요한 부분만 표시한 경우

⑥ 서로 관련되는 그림의 배치 : 숨은선을 사용하지 않음([그림 1.37]의 (a) 참조). 다만, 비교 대조하기가 불편한 경우에는 [그림 1.37]의 (b)와 같이 예외로 표시한다.

(a)   (b)

[그림 1.37] 관계도의 배치에서 숨은선 처리

5.2   보조투상도

경사부가 있는 물체, 경사면의 실제 모양의 투상도를 따로 표시한다.

① 물체의 경사면을 실제의 모양으로 나타내고자 할 때 나타낸다([그림 1.38] 참조).

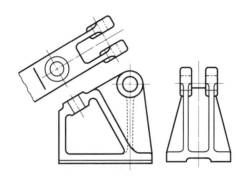

[그림 1.38] 경사면의 부분 보조투상도

② 제도용지의 여백이 충분하지 않는 경우 화살표와 문자로 나타낸다([그림 1.39]의 (a) 참
조). 다만, 구부린 중심선은 연결투상도의 관계를 표시한다([그림 1.39]의 (b) 참조).

③ 보조투상도의 배열관계가 분명하지 않을 경우 문자로 구역 표시 구분기호를 사용한다([그
림 1.39]의 (c) 참조).

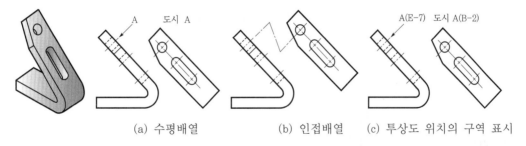

(a) 수평배열   (b) 인접배열   (c) 투상도 위치의 구역 표시

[그림 1.39] 보조투상도의 이동배열

※ 구역 표시기호 E-7은 보조투상도가 그려진 도면의 구역을 나타낸 것이며, 구역 표시
기호 B-2는 화살표가 그려진 도면의 구역을 나타낸다.

기계제도 및 설계

45

5.3   부분투상도

그림의 일부만 도시해도 충분한 경우로 필요한 부분만 투상하여 도시하며, 생략 부분 경계는 파단선으로 나타낸다. [그림 1.40]과 같이 명확한 경우에는 파단선 생략이 가능하다.

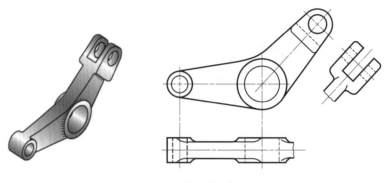

[그림 1.40] 부분투상도

5.4   국부투상도

대상물의 구멍, 홈과 같이 그 부분만 도시해도 충분한 경우로 필요한 부분만 국부투상도로 도시하며([그림 1.41] 참조), 투상관계는 원칙적으로 주투상도에 중심선, 기준선, 치수보조선 등으로 연결한다.

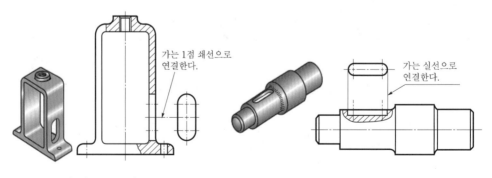

(a) 홈의 국부투상도   (b) 축의 키홈 국부투상도

[그림 1.41] 홈과 축의 국부투상도

5.5 회전투상도

대상물 일부가 각도를 가지고 있어 실제 모양을 나타내기 위해 사용하며([그림 1.42]의 (a) 참조), 그 부분을 회전해 실제 모양을 나타내면 잘못 볼 우려가 있을 경우 작도선을 남긴다 ([그림 1.42]의 (b) 참조).

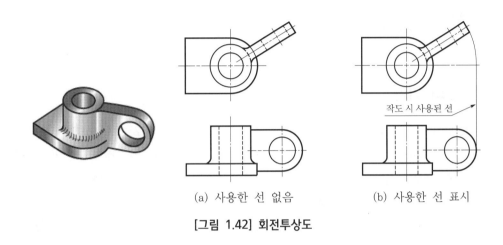

(a) 사용한 선 없음　　　　(b) 사용한 선 표시

[그림 1.42] 회전투상도

5.6 부분확대도

특정한 부분의 도형이 작아 치수기입을 할 수 없을 경우 그 부분을 가는 실선으로 에워싸고 대문자로 표시하며, 해당 부분 가까운 곳에 확대도를 나태내고 문자와 기호로 척도를 기입한다 ([그림 1.43] 참조). 다만, 확대도의 척도가 필요 없는 경우 '확대도'라고 기입한다.

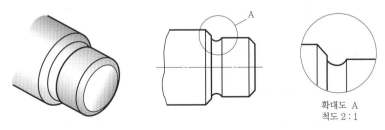

[그림 1.43] 부분투상도

1) 단면도의 의미

물체의 보이지 않는 부분을 도시하는 데는 주로 숨은선으로 표시하지만, 물체의 내부 모양이나 구조가 복잡한 경우에는 숨은선이 많으므로 혼동을 일으켜 단면을 정확하게 읽기 어렵게 된다. 이러한 경우에 물체를 좀 더 명확하게 표시할 필요가 있는 곳에서 절단 또는 파단하였다고 가상하여 물체 내부가 보이는 상태로 표시하면 대부분의 숨은선이 생략되고 필요한 부분이 외형선으로 분명히 도시된다. 이러한 방법을 투상법이라 하며, 이 방법으로 그린 투상도를 단면도라 한다.

2) 단면 표시법

① 단면은 원칙적으로 기본 중심선에서 절단한 면으로 표시한다. 이때 절단선은 기입하지 않는다.
② 단면은 필요한 경우에는 기본 중심선이 아닌 곳에서 절단한 면으로 표시해도 좋다. 단, 이때에는 절단위치를 표시해 놓아야 한다.
③ 단면을 표시할 때는 해칭을 한다.
④ 숨은선은 단면에 되도록 기입하지 않는다.
⑤ 관련도는 단면을 그리기 위하여 제거했다고 가정한 부분도 그린다.

3) 단면도의 종류

단면은 기본 중심선에서 절단한 면으로 표시하는 것을 원칙으로 한다. 그러나 물체의 모양에 따라 여러 가지로 단면을 그릴 때가 있다. 일반적으로 사용되는 절단법에는 다음과 같은 것들이 있다.

(1) 온단면도

물체를 2개로 절단하여 투상도 전체를 단면으로 표시한 것을 온단면도라 한다. 이때 절단면은 투상도에 평행하고 기본 중심선을 지나는 것이 원칙이지만 모양에 따라 반드시 기본 중심선을 지나지 않아도 좋다. 온단면도에서는 다음을 따른다.

① 단면이 기본 중심선을 지나는 경우에는 절단선을 생략한다.

② 숨은선은 필요한 것만 기입한다.

③ 절단면 앞쪽으로 보이는 선은 이해에 도움이 되지 않을 경우 생략한다.

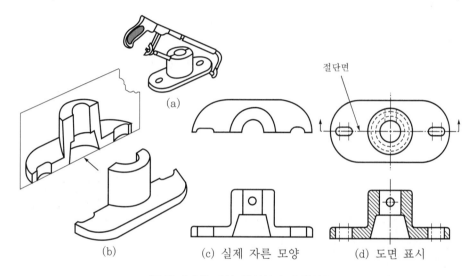

[그림 1.44] 기본 중심선의 온단면도

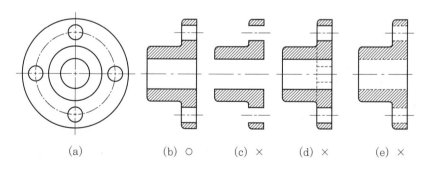

[그림 1.45] 선의 사용법

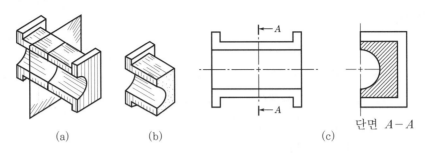

[그림 1.46] 기본 중심선 이외의 온단면도

(2) 한쪽 단면도

상하 또는 좌우가 대칭인 물체의 1/4을 제거하여 외형도의 절반과 온단면도의 절반을 조합해 동시에 표시한 것을 한쪽 단면도 또는 반단면도라 한다. 한쪽 단면도는 다음을 따른다.

① 대칭축의 상하 또는 좌우의 어느 쪽의 면을 절단해도 좋다.

② 외형도, 단면도의 숨은선은 가능한 대로 생략한다.

③ 절단면은 기입하지 않는다.

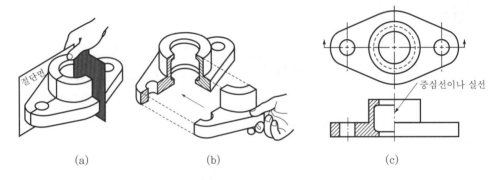

[그림 1.47] 한쪽 단면도

(3) 계단 단면도

절단면이 투상도에 평행 또는 수직하게 계단형태로 절단된 것을 계단 단면도라 한다. 계단 단면도는 다음을 따른다.

① 수직절단면의 선은 표시하지 않는다.

② 해칭은 한 절단면으로 절단한 것과 같이 온단면도에 대하여 구별 없이 같게 기입한다.

③ 절단한 위치는 절단선으로 표시하고 처음과 끝 그리고 굴곡 부분에 기호를 붙여 단면도 쪽에 기입한다.

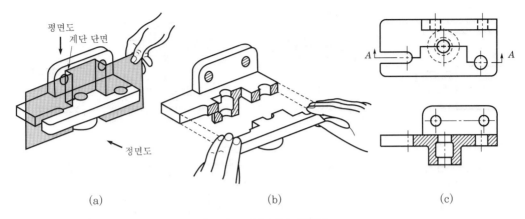

[그림 1.48] 계단 단면도

(4) 부분 단면도

물체에서 단면을 필요로 하는 임의의 부분에서 일부분만 떼어내어 나타낼 수 있다. 이것을 부분 단면도라 한다. 이때 파단한 곳은 자유실선의 파단선으로 표시하고 프리핸드로 외형선의 1/2굵기로 그린다. 이 단면도는 다음과 같은 경우에 적용된다.

① 단면으로 표시할 범위가 작은 경우([그림 1.50]의 (a) 참조)

② 키, 핀, 나사 등과 같이 원칙적으로 길이방향으로 절단하지 않는 것을 특별히 표시하는 경우([그림 1.50]의 (b), (c), (d) 참조)

③ 단면의 경계가 혼동되기 쉬운 경우([그림 1.50]의 (e), (f) 참조)

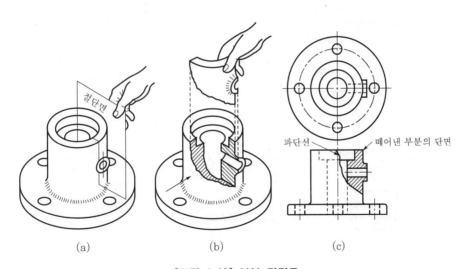

[그림 1.49] 부분 단면도

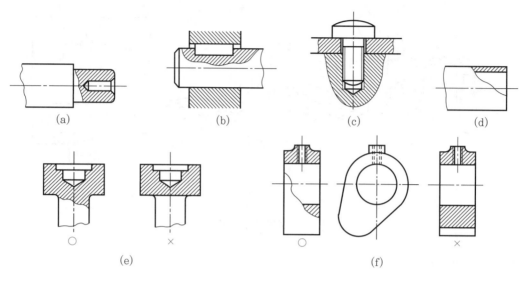

[그림 1.50] 부분 단면도 사용 예

(5) 회전 단면도

핸들이나 바퀴의 암, 리브, 훅, 축 등의 단면은 일반투상법으로는 표시하기 어렵다([그림 1.51]의 (a) 참조). 이러한 경우는 축에 수직한 단면으로 절단하여 이 면에 그려진 그림을 90° 회전하여 그린다. 이것을 회전 단면도라 한다.

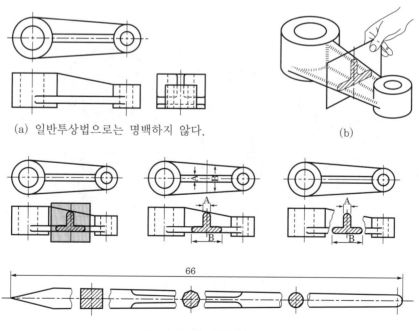

(a) 일반투상법으로는 명백하지 않다.

(b)

[그림 1.51] 회전 단면도

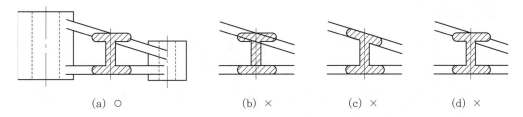

[그림 1.52] 회전 단면도의 올바른 표시

(6) 인출 회전 단면도

도면 내에 회전 단면을 그릴 여유가 없거나 또는 그려 넣으면 단면이 보기 어려운 경우에는 절단선과 연장선의 임의의 위치에 단면모양을 인출하여 그린다. 이것을 인출 회전 단면도라 한다. 임의의 위치에 도시하는 경우에는 절단위치를 절단선으로 표시하고 기호를 '단면 $A-A'$'과 같이 기입한다([그림 1.53] 참조). 이 도면은 주도면과 다른 척도로 도시할 수 있다.

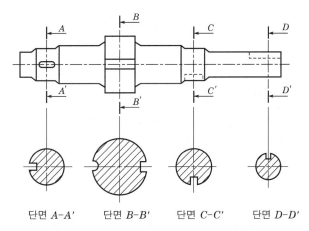

단면 A-A' 단면 B-B' 단면 C-C' 단면 D-D'

[그림 1.53] 인출 회전 단면도 Ⅰ

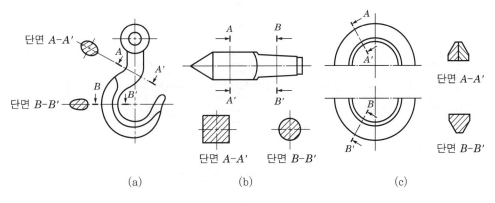

(a)   (b)   (c)

[그림 1.54] 인출 회전 단면도 Ⅱ

(7) 얇은 단면도

패킹, 얇은 판, 형강 등과 같이 단면이 얇은 경우에는 굵게 그린 1개의 실선 정도의 두께가 되는 얇은 선도 있다. 이런 단면이 인접하는 경우에는 단면을 표시하는 선 사이를 실제보다 좀 더 띄어 그린다([그림 1.55]의 (a) 참조). 또한 한 선으로 표시하여 오독의 염려가 있을 경우에는 지시선으로 표시한다([그림 1.55]의 (b) 참조).

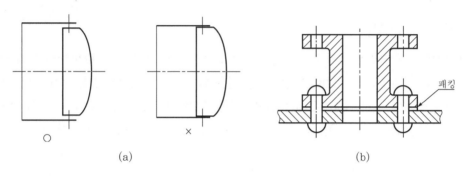

(a)   (b)

[그림 1.55] 얇은 단면

(8) 길이방향으로 절단하지 않는 부품

조립도를 단면으로 표시하는 경우에 다음 부품은 원칙적으로 길이방향으로 절단하지 않는다. 축, 핀, 볼트, 와셔, 작은 나사, 리벳, 키, 볼베어링의 볼, 리브, 웨브, 바퀴의 암, 기어 등이 그 예이다. [그림 1.56]과 [그림 1.57]에 이들 대부분이 표시되었다.

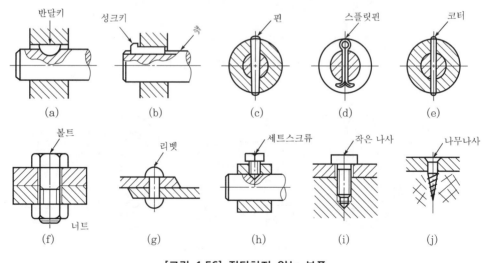

[그림 1.56] 절단하지 않는 부품

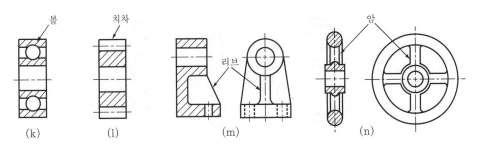

[그림 1.56] 절단하지 않는 부품 (계속)

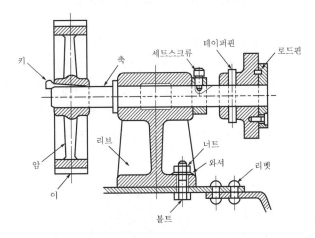

[그림 1.57] 절단하지 않는 부품의 예

(9) 특수한 경우의 단면 표시법

리브, 웨브, 스포크 등의 부품은 절단하게 되면 형상이 불명확하게 되거나 오독할 염려가 있다. [그림 1.58]의 (e)와 같이 절단하여 그리면 본체의 두께가 분명하게 나타나지 않으므로 리브는 절단하지 않는다.

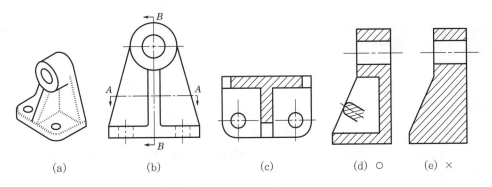

[그림 1.58] 리브의 단면 표시법

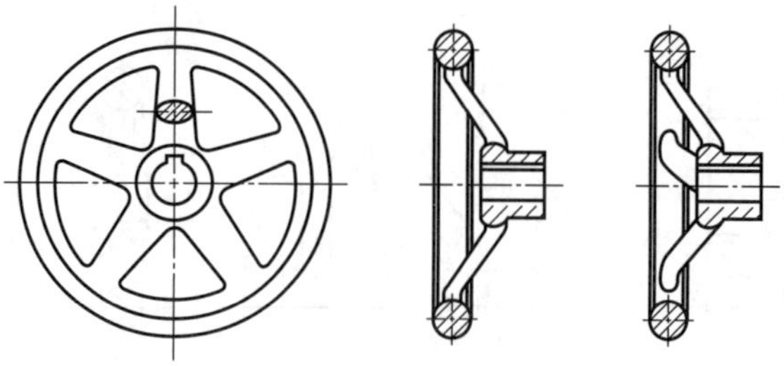

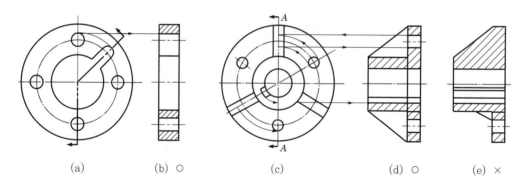

(a)　　　　(b) ○　　　　(c) ×

[그림 1.59] 스포크의 단면 표시법

[그림 1.60]과 같이 플랜지에 슬롯, 리브, 키홈 등 여러 가지가 복합적으로 표시된 도면은 한 방향으로 절단하면 그 형상을 다 나타낼 수가 없다. 이 경우에는 부분적으로 회전절단법을 이용하면 명확히 표시할 수 있다. [그림 1.60]의 (c)는 플랜지에 3개의 리브와 3개의 볼트구멍, 키홈 등을 포함하고 있다. 이것을 $A-A$ 단면으로 절단하면 리브와 볼트구멍은 하나씩 표시되나 키홈은 표시할 수가 없으므로 (d)와 같이 표시하면 된다.

(a)　　　(b) ○　　　(c)　　　(d) ○　　　(e) ×

[그림 1.60] 회전 단면법을 이용한 특수한 형상의 단면도

6.2　해칭

단면을 분명히 표시하기 위한 해칭은 다음 법칙을 따른다.

① 기본 중심선 또는 기선에 45°(또는 30°, 60°)의 가는 실선을 눈짐작으로 같은 간격 (2~3mm)으로 그린다(ISO는 단면이 클 때에는 주변만 해칭한다고 규정)([그림 1.61]의 (A)−(a) 참조).

② 서로 인접하는 단면의 해칭은 각도를 바꾸거나 해칭선의 간격을 바꾸어 구별한다.

③ 동일한 부품의 단면은 떨어져 있어도 해칭의 각도나 간격을 일정하게 한다.

④ 필요에 따라 해칭을 하지 않고 전체 면 또는 해칭할 면의 가장자리만을 종이 뒷면에서 채색할 수 있다. 이것을 스머징이라 한다([그림 1.63] 참조).

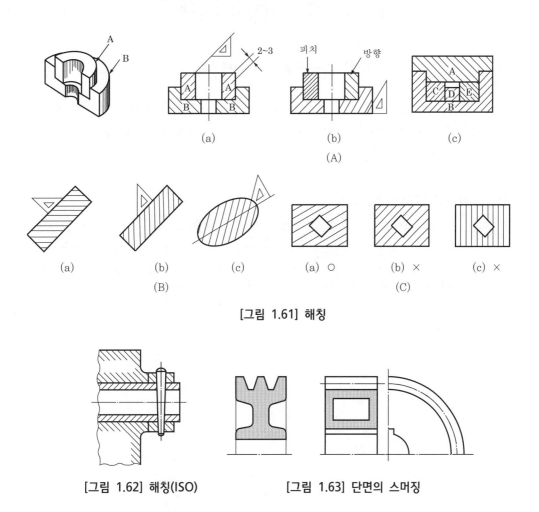

[그림 1.61] 해칭

[그림 1.62] 해칭(ISO) [그림 1.63] 단면의 스머징

⑤ 해칭한 곳에 치수를 기입할 필요가 있는 경우에는 그 부분은 해칭을 하지 않는다(ISO는 중단하도록 규정)([그림 1.64] 참조).

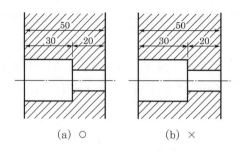

[그림 1.64] 해칭 단면의 치수기입

⑥ 비금속재료의 단면으로 특별히 재질을 명시할 필요가 있을 경우에는 원칙적으로 [표 1.14]와 같이 재료별 표시방법으로 표시한다. 이 경우 부품도에는 재질을 따로 문자를 써서 기입한다.

[표 1.14] 비금속재료의 재질 표시

재질	유리	목재	콘크리트	액체
표시				

7.1 치수기입의 종류

치수는 도면에 표시된 것 가운데 가장 중요한 것이다. 도면을 올바르게 제도해도 치수기입이 잘못되면 완전한 제품을 만들 수 없다. 즉 치수기입은 단순히 물체의 치수만을 표시하는 것이 아니고 가공법, 재료 등에도 관계되기 때문에 올바르지 못한 치수기입은 작업능률에 큰 영향을 주며 제품을 잘못 만드는 원인이 된다. 도면에 기입되는 부품의 치수에는 재료치수, 소재치수, 마무리치수 등 세 가지가 있다.

① **재료치수** : 탱크, 압력용기, 철골구조물 등을 만들 때 필요한 재료가 되는 강판, 형강, 배관 등의 치수로서, 가공을 위한 여유치수 또는 절단을 위한 부분이 모두 포함된 치수이다.

② **소재치수** : 반제품, 즉 주물공장에서 주조한 그대로의 치수로서, 기계로 가공하기 전의 미완성품의 치수이며 가공치수가 포함된 치수이다. 소재치수는 가상선을 이용하여 치수를 기입한다.

③ **마무리치수** : 마지막 다듬질을 한 완성품의 최종치수로, 재료치수나 소재치수가 포함되지 않는다.

※ 치수는 특별히 명시하지 않는 한 마무리치수를 기입하도록 한다.

7.2 치수기입의 구성

치수를 기입하기 위해서는 치수선, 치수보조선, 화살표, 지시선, 치수숫자 등을 사용하여 수치와 함께 나타낸다.

1) 치수선(KS B 0001)

① 치수기입에 사용되는 선은 치수선과 치수보조선이 같이 쓰이고 모두 가는 실선으로 하여 외형선과는 선명하게 구별되도록 한다.

② 치수선의 양 끝에는 [그림 1.65]와 같이 끝부분 기호를 붙이며, 한 장의 도면상에는 특별한 경우를 제외하고는 (a), (b), (c)를 같이 사용하지 않는다.

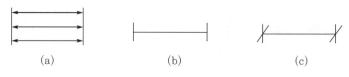

[그림 1.65] 치수선 및 화살표

2) 치수보조선(KS B 0001)

① 치수보조선은 치수선에 직각으로 치수선을 약간(2~3mm) 넘을 때까지는 연장하여 그린다.

② 치수선이 외형선과 접근하여 구별하기 어려운 경우(테이퍼 부분 등) 또는 치수기입의 관계로 필요한 경우에는 치수선에 대하여 적당한 각도(가능한 치수와 60°방향)로 그릴 수 있다([그림 1.66]의 (e) 참조).

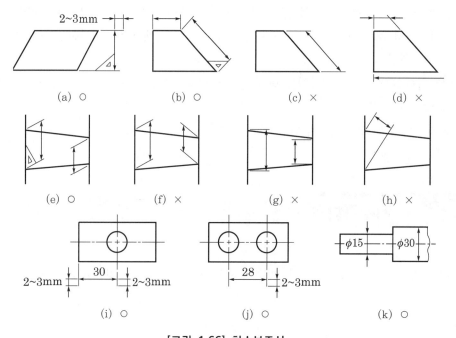

[그림 1.66] 치수보조선

③ 치수보조선은 중심선까지의 거리를 표시하는 경우([그림 1.66]의 (i), (j) 참조)나 치수를 도면 내에 기입할 때([그림 1.66]의 (k) 참조)에는 중심선이나 외형선을 가지고 대체할 수 있다.

3) 화살표

① 화살표는 치수선의 양쪽 끝에 붙여 그 한계를 명시하는 것이다.
② 화살표의 각도는 약 30°의 직선으로, 길이는 치수숫자의 높이 정도(2.5~4mm)로 칠하는 것과 칠하지 않는 것의 두 가지 방식이 있다.
③ 치수보조선의 사이가 좁아서 화살표로 표시할 여유가 없을 때에는 화살표를 안쪽으로 향하도록 하든가 화살표 대신 작은 흑점을 사용해도 좋다.
④ 도면의 크기에 따라 화살표의 크기는 약간씩 다르게 그릴 수 있으나, 같은 도면 내에서는 동일한 크기로 그리는 것을 원칙으로 한다.

4) 지시선(KS B 0001)

① 치수, 가공법, 주기, 부품번호 등을 기입하기 위하여 사용하는 지시선은 수평선에 대하여 60°나 45° 등의 직선으로 인출하여 수평선을 붙여 그리고, 이 수평선의 위쪽에 나타내며 치수, 가공법 등 기타 필요한 사항을 기입한다.
② 형상선 내부에서 끌어내는 경우에는 흑점을 끌어내는 쪽에 기입한다.
③ 원으로부터 나오는 지시선은 중심을 향하게 그리며 화살표는 원주에 붙인다.

5) 치수숫자(KS B 0001)

① 치수숫자는 정자로 명확하게 치수선의 중앙 위쪽에 치수선과 약간 띄워서 평행하게 표시한다. 즉 수평치수선에 대해서는 숫자의 머리가 위쪽으로 하고, 연직치수선에 대해서는 숫자의 머리가 왼쪽으로 향하도록 표시해야 한다.
② 치수를 기울여 표시할 필요가 있을 때에는 [그림 1.67]과 같이 표시한다. 단, 치수선이 수직선에 대하여 좌측 위로부터 우측 아래로 향하여 30° 이하의 각도를 이루는 방향([그림 1.67] (c)의 해칭부)에 대해서는 될 수 있는 대로 치수의 기입을 피해야 하지만, 부득이 기입을 해야 할 경우에는 그 장소에 따라 혼동하지 않게 한다.

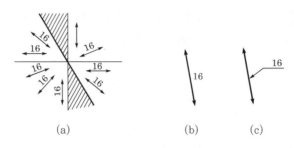

[그림 1.67] 치수숫자의 방향

③ 각도를 나타내는 숫자는 [그림 1.68]과 같이 기입한다. 또 치수보조선의 사이가 좁아서 위에 적은 방법으로는 치수숫자의 기입이 불가능할 때에는 [그림 1.69]의 (d)와 같이 화살표를 안쪽으로 그리고, 그 바깥쪽 치수선 위 또는 인출선을 그어 치수숫자를 기입한다. 이때 중간의 화살표는 흑점 또는 [그림 1.69]의 (d)와 같이 경사선으로 대용해도 좋다. 또 좁은 부분이 연속될 때에는 (b)와 같이 치수선의 위와 아래에 치수를 교대로 기입한다. [그림 1.69]의 (c)의 A 부분과 같이 사이가 아주 좁을 때에는 그 부분을 (d)와 같이 별도로 확대한 상세도를 그려 표시해도 좋다.

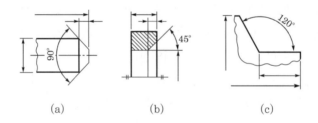

[그림 1.68] 각도의 표시법

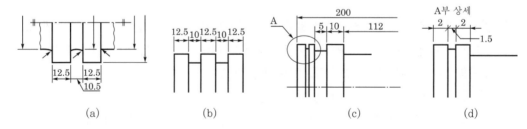

[그림 1.69] 좁은 곳의 치수기입법

7.3 치수기입에 같이 쓰이는 기호

치수숫자에 ϕ, □, t, R, C, S와 같은 기호를 같이 기입하여 어떤 성질의 치수인가를 표시한다.

1) 지름기호(ϕ)와 정사각형기호(□)

① 둥근 것의 지름은 ϕ, 정사각형은 □(사각이라 부름)의 기호를 치수숫자 앞에 기입하며, ϕ120은 지름이 120mm임을 표시하고, □12는 정사각형의 한 변이 12mm임을 의미한다.
② ϕ나 □을 붙이지 않아도 도형이 명백할 때에는 이것을 생략해도 좋다.

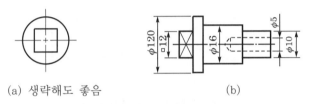

(a) 생략해도 좋음　　　　　　　　(b)

[그림 1.70] 정다각형 단면의 치수기입

2) 반지름기호(R)

① radius의 약자로서 반지름을 나타낼 때에는 R의 기호를 치수숫자 앞에 기입한다.
② 반지름을 표시하는 치수선이 그 원호의 중심까지 그어졌을 때에는 기호를 생략할 수 있다.

(a)　　　　　　　　(b)

[그림 1.71] 반지름의 치수기입

3) 구면기호(S)

표면이 구면으로 되어 있음을 표시할 때에는 그 구의 지름 또는 반지름의 치수를 기입하고 ϕ 또는 R의 앞에 'S'라고 기입한다. [그림 1.72]에서 'Sϕ450'이란 지름이 450mm인 구면임을 의미한다.

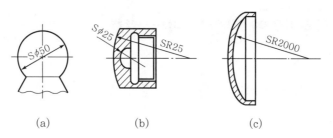

[그림 1.72] 구의 지름, 반지름의 치수기입

4) 얇은 판의 두께기호(t)

thickness의 약자로서, 얇은 판의 두께를 도시하지 않고 기호로 표시하려면 [그림 1.73]의
(b)와 같이 치수숫자 앞에 t의 기호를 명시한다.

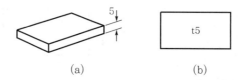

[그림 1.73] 얇은 판의 두께치수기입

5) 모따기 기호(C)

① 부품을 각이 있게 깎아내는 것을 모따기(chamfering)라 한다.

② 모따기의 표시법은 원칙적으로 모따기의 길이와 각도로 표시한다. 다만, 45°의 모따기에
한하여 C의 기호를 치수숫자 앞에 같이 쓴다. 예를 들면, C2란 각의 꼭짓점에서 가로와
세로 각각 2mm의 길이를 잡아 빗면으로 깎아 가공한다는 뜻이다.

※ ISO에는 등기호규정이 있어 치수가 몇 개로 똑같게 분할되어 있을 때에는 등기호 '='
를 사용하는 경우가 있다.

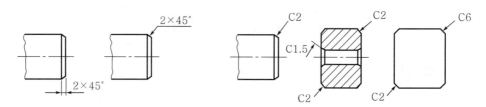

[그림 1.74] 모따기 기호의 기입

7.4   치수의 기입에 사용되는 단위

1) 길이의 단위

① 길이는 모두 mm단위로 기입하고, 단위기호는 별도로 쓰지 않는다. 그러나 단위가 mm가 아닌 때에는 이것을 명시해야 한다.

② 소수점은 아래쪽 숫자를 적당하게 분리하여 그 중간에 약간 크게 아래쪽에 찍는다. 또 치수숫자의 자릿수가 많은 경우에는 3자리마다 콤마(comma)를 찍지 않는다.

　예 12.125, 12.00, 123570

2) 각도의 단위

① 각도는 보통 도(°)로 표시하고, 필요할 때에는 분(′) 및 초(″)를 병용할 수가 있다.

② 도(°), 분(′), 초(″)를 표시할 때에는 숫자의 오른쪽 위에 °, ′, ″를 기입한다.

　예 90°, 22.5°, 5°20′15″

7.5   치수의 기입법

치수는 가공방법에 따라 기입하는 방식이 달라진다. 가공, 조립, 검사 등을 잘 고려하여 현장의 작업과 제품의 기능에 적합한 치수를 선택해야 하며, 치수를 기입하는 곳의 선택은 도면의 해석과 작업의 능률에 큰 영향을 주는 만큼 치수를 찾아내기 쉽고 읽기 쉬우며 혼란이 없는 곳을 택하여 기입한다.

1) 일반적인 부분의 치수기입

① 치수선은 부품의 모양을 표시하는 외형선과 평행으로 긋는다.

② 치수선은 외형선으로부터 10~15mm 떨어진 곳에 그으며, 이것에 나란하게 여러 개의 치수선을 나타낼 때에는 될 수 있는 대로 같은 간격(8~10mm)으로 한다.

③ 외형선, 숨은선, 중심선, 치수보조선은 치수선으로 사용하지 않는다.

④ 치수선은 될 수 있는 대로 다른 치수선, 치수보조선, 외형선과 교차하지 않도록 한다.

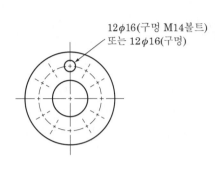

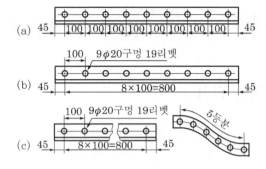

[그림 1.75] 등간격기입

[그림 1.76] 치수선의 사용 예

2) 지름의 치수기입

① 원기둥과 둥근 구멍의 크기는 지름의 치수로 표시한다. 이때 지름의 기호 ϕ는 치수숫자 앞에 같은 크기로 쓴다. 다만, 형태로 보아 원이 분명할 때에는 ϕ를 생략한다.

② 지름의 치수선은 될 수 있는 대로 원형원에 방사선기입을 피한다.

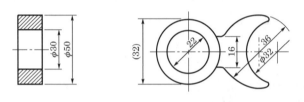

[그림 1.77] 지름의 치수기입

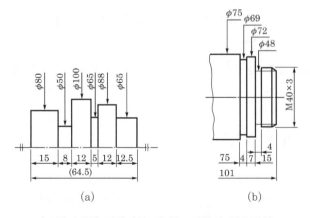

[그림 1.78] 키웨이를 지나는 지름의 치수기입

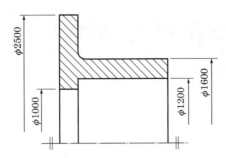

[그림 1.79] 대칭 중심선의 한쪽만 표시한 도형의 치수기입

치수공차 및 끼워맞춤은 한국공업규격 KS B 0401로 규정하고 있다. 제품가공 및 조립에 있어 가공정밀도, 재질상태, 온도나 습도의 영향 등 여러 가지 기술적 이유로 인해 편차 없는 이상적인 가공 및 조립이 어렵다. 이에 대해 부품의 조립이나 기능에 지장이 없는 치수의 범위를 미리 정해주고 그 범위에서 가공하도록 한다면 많은 노력과 비용을 줄일 수 있으며 제품의 정밀도를 높일 수 있다.

8.1 공차의 종류

1) 치수공차

크기(size), 위치(position), 방향(dimension), 표면조직(surface texture) 등이 있다.

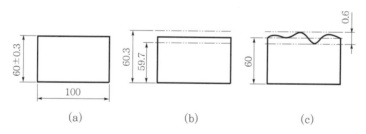

[그림 1.80] 치수공차만으로 규제된 형체의 크기

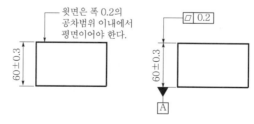

[그림 1.81] 주기와 기하공차를 적용한 도면의 규제

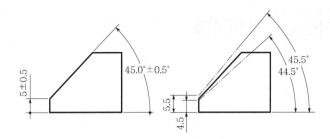

[그림 1.82] 치수공차에 의한 방향규제와 그 공차역

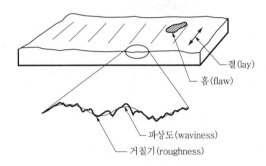

[그림 1.83] 형체의 표면구조

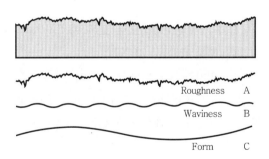

[그림 1.84] 형체의 표면구성

2) 기하공차

① 모양공차 : 진직도, 평면도, 진원도, 원통도, 윤곽도가 있으며 단독형체이다.

② 방향공차 : 평면도, 직각도, 경사도, 윤곽도가 있으며 관련 형체이다.

③ 흔들림공차 : 원주흔들림, 온흔들림이 있으며 관련 형체이다.

④ 위치공차 : 동축도, 대칭도, 위치도, 윤곽도가 있으며 관련 형체이다.

8.2 치수공차 용어설명

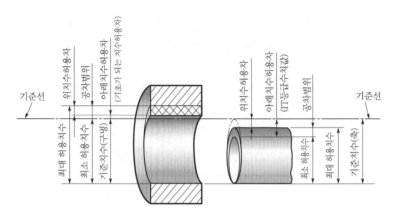

[그림 1.85] 치수공차 용어

① 기초가 되는 치수허용차 : 기준선에 가까운 쪽의 치수허용차이다.

② 기본공차 : 치수공차방식과 끼워맞춤방식에 속하는 모든 치수공차로, 기본공차는 기호 IT로 나타낸다.

③ 공차등급 : 치수공차방식과 끼워맞춤방식으로 모든 기준치수에 대하여 동일 수준에 속하는 치수공차의 한 그룹이다(예 IT6급, IT7급).

④ 공차역클래스 : 공차역의 위치와 공차등급의 조합이다(예 H7, g6).

⑤ 최대 실체치수(MMS : Maximum Material Size) : 형체의 실체가 최대가 되는 쪽의 허용한계치수, 즉 내측형체에 대해서는 최소 허용치수, 외측형체에 대해서는 최대 허용치수이다.

⑥ 최소 실체치수(LMS : Least Material Size) : 형체의 실체가 최소가 되는 쪽의 허용한계치수, 즉 내측형체에 대해서는 최대 허용치수, 외측형체에 대해서는 최소 허용치수이다.

⑦ 포락(Envelope)의 조건 : 기하공차의 크기에 의하여 형성된 완전한 형상의 경계조건이다.

⑧ 실치수 : 실제 가공완료된 제품의 실제 측정치수이다.

⑨ 한계허용치수 : 실치수를 미리 정한 치수로의 가공이 보통 곤란하므로 구멍과 축의 사용목적에 따라 적당한 대소 두 한계 사이로 다듬질하는 것을 허용한다. 이 두 한계를 표시하는 치수를 한계치수라 한다.

⑩ 최대 허용치수와 최소 허용치수 : 허용한계치수의 큰 쪽을 최대 허용치수라하며 실치수가 이 치수보다 크면 안 된다. 또한 작은 쪽을 최소 허용치수라 하고 실치수가 이 치수보다 작으면 안 된다.

⑪ 위치수허용차 : 최대 허용치수에서 기준치수를 뺀 것이다.

⑫ 아래치수허용차 : 최소 허용치수에서 기준치수를 뺀 것이다.

　※ 기본치수보다 한계치수가 클 때에는 치수차의 수치에 (+)의 부호를, 작을 때에는 치수
　　차의 수치에 (−)의 부호를 붙인다.

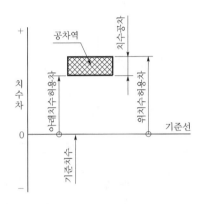

[그림 1.86] 치수허용차와 기준선의 관계

⑬ 최소 틈새 : 헐거운 끼워맞춤에서 구멍의 최소 허용치수와 축의 최대 허용치수와의 차
　이다.

⑭ 최대 틈새 : 헐거운 끼워맞춤에서 구멍의 최대 허용치수와 축의 최소 허용치수와의 차
　이다.

⑮ 최대 죔새 : 억지 끼워맞춤에서 축의 최대 허용치수와 구멍의 최소 허용치수와의 차이다.

⑯ 최소 죔새 : 억지 끼워맞춤에서 축의 최소 허용치수와 구멍의 최대 허용치수와의 차이다.

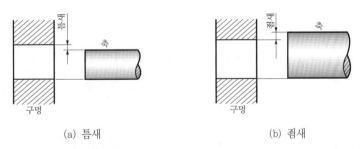

　　　　　(a) 틈새　　　　　　　　　　　　(b) 죔새

[그림 1.87] 틈새와 죔새

1) 헐거운 끼워맞춤

구멍의 최소 허용치수가 축의 최대 허용치수보다 클 때 끼워맞춤으로, 구멍과 축 사이 틈새가 존재하고 맞춤 정도는 아주 헐거운 끼워맞춤〉넉넉한 헐거운 끼워맞춤〉헐거운 끼워맞춤〉정밀 헐거운 끼워맞춤〉활합 순이며 손잡이와 같이 자주 분해와 조립이 빈번한 곳에 적용한다.

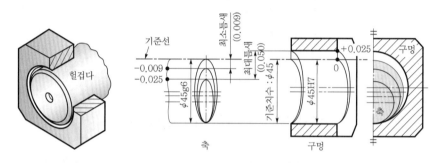

[그림 1.88] 헐거운 끼워맞춤

2) 억지 끼워맞춤

구멍의 최대 허용치수가 축의 최소 허용치수보다 작거나 같은 때 끼워맞춤으로, 구멍과 축 사이 죔새가 존재하며 맞춤 정도는 가열끼워맞춤〉강압입〉압입 순이며 축과 베어링 내륜의 조립처럼 분해와 조립이 영구적인 상태에 적용한다.

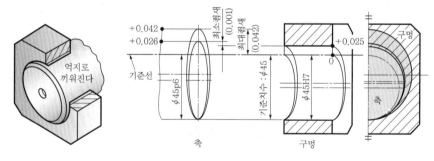

[그림 1.89] 억지 끼워맞춤

3) 중간 끼워맞춤

구멍의 최소 허용치수가 축의 최대 허용치수보다 작거나 같은 경우와 구멍의 최대 허용치수가 축의 최소 허용치수보다 큰 경우로 구멍과 실치수에 따라 틈새가 존재할 수도, 죔새가 존재할 수도 있으며 기계장치에서 직선이나 회전운동이 빈번한 곳에 적용한다.

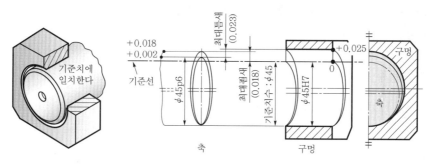

[그림 1.90] 중간 끼워맞춤

8.4 **끼워맞춤의 기준**

1) 구멍기준과 축기준

① 구멍기준 : 구멍의 아래치수허용차가 "0"인 끼워맞춤방식으로 공차기호 대문자 H로 표시한다.

② 축기준 : 축의 위치수허용차가 "0"인 끼워맞춤방식으로 공차기호 소문자 h로 표시한다.

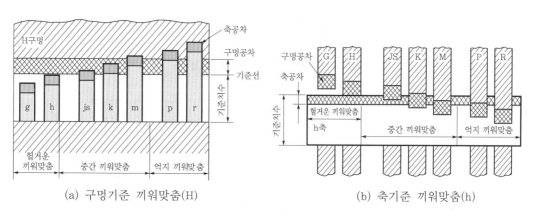

(a) 구멍기준 끼워맞춤(H) (b) 축기준 끼워맞춤(h)

[그림 1.91] 끼워맞춤의 방식

2) 기호와 표시방법

(1) 치수허용차

① 위치수허용차 : 구멍의 위치수허용차는 기호 ES기준, 축의 위치수허용차는 기호 es기준으로 표시한다.

② 아래치수허용차 : 구멍의 아래치수허용차는 기호 EI기준, 축의 아래치수허용차는 기호 ei기준으로 표시한다.

(2) 치수허용한계

$32H7$, $80js15$, $100g6$, $100^{-0.012}_{-0.034}$ 등으로 표시한다.

(3) 끼워맞춤

$52H7/g6$, $52H7{-}g6$ 또는 $52\dfrac{H7}{g6}$ 등으로 표시한다.

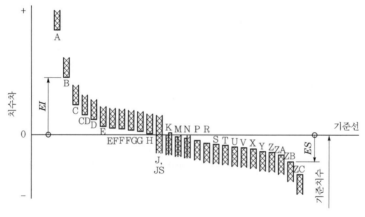

(a) 구멍(내측 형체)

[그림 1.92] 구멍과 축공차범위의 개념도

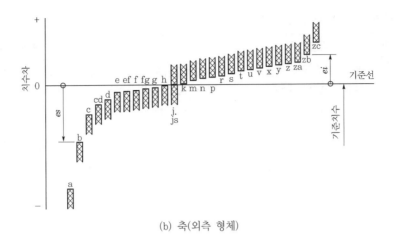

(b) 축(외측 형체)

[그림 1.92] 구멍과 축공차범위의 개념도 (계속)

[표 1.15] IT 기본공차의 수치

기준치수의 구분(mm)		IT공차등급																		
초과	이하	01	0	1	2	3	4	5	6	7	8	9	10	11	12	13	14	15	16	17	18
		기본공차의 수치(μm)													기본공차의 수치(mm)						
−	3	0.3	0.5	0.8	1.2	2	3	4	6	10	14	25	40	60	0.10	0.14	0.26	0.40	0.60	1.00	1.40
3	6	0.4	0.6	1	1.5	2.5	4	5	8	12	18	30	48	75	0.12	0.18	0.30	0.48	0.75	1.20	1.80
6	10	0.4	0.6	1	1.5	2.5	4	6	9	15	22	36	58	90	0.15	0.22	0.36	0.58	0.90	1.50	2.20
10	18	0.5	0.8	1.2	2	3	5	8	11	18	27	43	70	110	0.18	0.27	0.43	0.70	1.10	1.80	2.70
18	30	0.6	1	1.5	2.5	4	6	9	13	21	33	52	84	130	0.21	0.33	0.52	0.84	1.30	2.10	3.30
30	50	0.6	1	1.5	2.5	4	7	11	16	25	39	62	100	160	0.25	0.39	0.62	1.00	1.60	2.50	3.90
50	80	0.8	1.2	2	3	5	8	13	19	30	46	74	120	190	0.30	0.46	0.74	1.20	1.90	3.00	4.60
80	120	1.	1.5	2.5	4	6	10	15	22	35	54	87	140	220	0.35	0.54	0.87	1.40	2.20	3.50	5.40
120	180	1.2	2	3.5	5	8	12	18	25	40	63	100	160	250	0.40	0.63	1.00	1.60	2.50	4.00	6.30
180	250	2	3	4.5	7	10	14	20	29	46	72	115	185	290	0.46	0.72	1.15	1.85	2.90	4.60	7.20
250	315	2.5	4	6	8	12	16	23	32	52	81	130	210	320	0.52	0.81	1.30	2.10	3.20	5.20	8.10
315	400	3	5	7	9	14	18	25	36	57	89	140	230	360	0.57	0.89	1.40	2.30	3.60	5.70	8.90
400	500	4	6	8	10	16	20	27	40	63	97	155	250	400	0.63	0.97	1.55	2.50	4.00	6.30	9.70

주 : 공차등급 IT14~IT18은 기준치수 1mm 이하에는 적용하지 않는다.

[표 1.16] IT 기본공차의 적용 예

구분	초정밀그룹 게이지제작공차 또는 이에 준하는 제품	정밀그룹 기계가공품 등의 끼워맞춤 부분의 공차	일반그룹 일반공차로 끼워맞춤과 무관한 부분의 공차
구멍	IT1~IT5	IT6~IT10	IT11~IT18
축	IT1~IT4	IT5~IT9	IT10~IT18
가공방법	래핑, 호닝, 초정밀연삭	연삭, 리밍, 정밀선삭, 인발, 밀링, 셰이퍼가공	압연, 압출, 프레스, 단조, 주조
공차범위	0.001mm	0.01mm	0.1mm

[표 1.17] 축의 끼워맞춤공차(KS B 0401)   (단위 : μ=0.001mm)

호칭직경 (mm)	g5	g6	h5	h6	h7	js5	js6	js7	k5	k6	m5	m6	n6	p6	r6
0~3	-2 -6	-2 -8	0 -4	0 -6	0 -10	±2	±3	±5	$+4$ 0	$+6$ 0	$+6$ $+2$	$+8$ $+2$	$+10$ $+4$	$+12$ $+6$	$+16$ $+10$
3~6	-4 -9	-4 -12	0 -5	0 -8	0 -12	±2.5	±4	±6	$+6$ $+1$	$+9$ $+1$	$+9$ $+4$	$+12$ $+4$	$+16$ $+8$	$+20$ $+12$	$+23$ $+15$
6~10	-5 -11	-5 -14	0 -6	0 -9	0 -15	±3	±4.5	±7.5	$+7$ $+1$	$+10$ $+1$	$+12$ $+6$	$+15$ $+6$	$+19$ $+10$	$+20$ $+15$	$+28$ $+19$
10~18	-6 -14	-6 -17	0 -8	0 -11	0 -18	±4	±5.5	±9	$+9$ $+1$	$+12$ $+1$	$+15$ $+7$	$+18$ $+7$	$+23$ $+12$	$+29$ $+18$	$+34$ $+23$
18~30	-7 -16	-7 -20	0 -9	0 -13	0 -21	±4.5	±6.5	±10.5	$+11$ $+2$	$+15$ $+2$	$+17$ $+8$	$+21$ $+8$	$+28$ $+15$	$+35$ $+22$	$+41$ $+28$
30~50	-9 -20	-9 -25	0 -11	0 -16	0 -25	±5.5	±8	±12.5	$+13$ $+2$	$+18$ $+2$	$+20$ $+9$	$+25$ $+9$	$+33$ $+17$	$+42$ $+26$	$+50$ $+34$
50~80	-10 -23	-10 -29	0 -13	0 -19	0 -30	±6.5	±9.5	±15	$+15$ $+2$	$+21$ $+2$	$+24$ $+11$	$+30$ $+11$	$+39$ $+20$	$+51$ $+32$	$-$
80~120	-12 -27	-12 -34	0 -15	0 -22	0 -35	±7.5	±11	±17.5	$+18$ $+3$	$+25$ $+3$	$+28$ $+13$	$+35$ $+13$	$+45$ $+23$	$+59$ $+37$	$-$
120~180	-14 -32	-14 -39	0 -18	0 -25	0 -40	±9	±12.5	±20	$+21$ $+3$	$+28$ $+3$	$+33$ $+15$	$+40$ $+15$	$+52$ $+27$	$+68$ $+43$	$-$
180~250	-15 -35	-15 -44	0 -20	0 -29	0 -46	±10	±14.5	±23	$+24$ $+4$	$+33$ $+4$	$+37$ $+17$	$+46$ $+17$	$+60$ $+31$	$+79$ $+50$	$-$
250~315	-17 -40	-17 -49	0 -23	0 -32	0 -52	±11.5	±16	±26	$+27$ $+4$	$+36$ $+4$	$+43$ $+20$	$+52$ $+20$	$+66$ $+34$	$+88$ $+56$	$-$

[비고] ① 호칭경 3~6은 '3<직경≤6'을 의미함

② r6>50허용치는 생략함

[표 1.18] 구멍의 끼워맞춤공차(KS B 0401)　　　　　　　　(단위 : μ=0.001mm)

호칭직경 (mm)	F6	G6	H6	H7	H8	H10	JS5	JS6	JS7	K6	M6	M7	N7	P7
~3	+12 +6	+8 +2	+6 0	+10 0	+14 0	+40 0	±2	±3	±5	0 −6	−2 −8	−2 −12	−4 −14	−6 −16
3~6	+18 +10	+12 +4	+8 0	+12 0	+18 0	+48 0	±2.5	±4	±6	+2 −6	−1 −9	0 −12	−4 −16	−8 −20
6~10	+22 +13	+14 +5	+9 0	+15 0	+22 0	+58 0	±3	±4.5	±7.5	+2 −7	−3 −12	0 −15	−4 −19	−9 −24
10~18	+27 +16	+17 +6	+11 0	+18 0	+27 0	+70 0	±4	±5.5	±9	+2 −9	−4 −15	0 −18	−5 −23	−11 −29
18~30	+33 +20	+20 +7	+13 0	+21 0	+33 0	+84 0	±4.5	±6.5	±10.5	+2 −11	−4 −17	0 −21	−7 −28	−14 −35
30~50	+41 +25	+25 +9	+16 0	+25 0	+39 0	+100 0	±5.5	±8	±12.5	+3 −13	−4 −20	0 −25	−8 −33	−17 −42
50~80	+49 +30	+29 +10	+19 0	+30 0	+46 0	+120 0	±6.5	±9.5	±15	+4 −15	−5 −24	0 −30	−9 −39	−21 −51
80~120	+58 +36	+34 +12	+22 0	+35 0	+54 0	+140 0	±7.5	±11	±17.5	+4 −18	−6 −28	0 −35	−10 −45	−24 −59
120~180	+68 +43	+39 +14	+25 0	+40 0	+63 0	+160 0	±9	±12.5	±20	+4 −21	−8 −33	0 −40	−12 −52	−28 −58
180~250	+79 +50	+44 +15	+29 0	+46 0	+72 0	+185 0	±10	±14.5	±23	+5 −24	−8 −37	0 −46	−14 −60	−33 −79
250~315	+88 +56	+49 +17	+32 0	+52 0	+81 0	+210 0	±11.5	±16	±26	+5 −27	−9 −41	0 −52	−14 −66	−36 −88

[비고] 호칭경 6~10은 '6<직경≤10'을 의미함

[표 1.19] 자주 사용하는 구멍기준 끼워맞춤

기준 구멍	축의 공차범위클래스													
	헐거운 끼워맞춤						중간 끼워맞춤			억지 끼워맞춤				
H6					g5	h5	js5	k5	m5					
				f6	g6	h6	js6	k6	m5	n6*	p6*			
H7				f6	g6	h6	js6	k6	m5	n6	p6*	r6*	s6	t6	u6	x6
			e7	f7		h7	js7							
H8					f7		h7							
			e8	f8		h8								
			d9	c9										
H9			d8	e8			h8							
		c9	d9	e9			h9							
H10	b9	e9	d9											

주 : * 이들의 끼워맞춤은 치수의 구분에 따라 예외가 생긴다.

[표 1.20] 자주 사용하는 축기준 끼워맞춤

기준축	구멍의 공차범위클래스																
	헐거운 끼워맞춤							중간 끼워맞춤			억지 끼워맞춤						
h5							H6	JS6	K5	M5	N6*	P6					
h6					F6	G6	H6	JS6	K6	M5	N6	P6*					
					F7	G7	H7	JS7	K7	M7	N7	P7*	R7	S7	T7	U7	X7
h7				E7	F7		H7										
					F8		H8										
h8			D8	E8	F8		H8										
			D9	E9			H9										
h9			D8	E8			H8										
		C9	D9	E9			H9										
	B10	C10	D10														

주 : * 이들의 끼워맞춤은 치수의 구분에 따라 예외가 생긴다.

[표 1.21] ISO에서 권장하는 일반적인 끼워맞춤(ISO First Preference)

끼워맞춤 상태	끼워맞춤		설명
	구멍기준	축기준	
헐거운 끼워맞춤	H11-c11	C11-h11	(loose running) 외부구조재의 광범위한 상용공차나 허용차를 위한 끼워맞춤이다.
	H9-d9	D9-h9	(free running) 정밀도가 요구되는 곳에는 사용하지 않는다. 온도변화가 큰 곳, 고속구동 부분 또는 중압이 작용하는 저널에 좋다.
	H8-f7	F8-h7	(close running) 정밀기계의 구동 부분과 중간 정도의 속도와 압력이 작용하는 저널의 정확한 위치 선정을 위한 끼워맞춤이다.
	H7-g6	G7-h6	(sliding) 자유롭게 구동하는 부분이 아닌 이동하고 자유롭게 회전하고 정확하게 위치를 선정할 필요가 있는 부분을 위한 끼워맞춤이다.
	H7-h6	H7-h6	(locational clearance) 자유롭게 조립하고 분해하는 고정부품의 위치 선정에 알맞은 끼워맞춤이다.

[표 1.21] ISO에서 권장하는 일반적인 끼워맞춤(ISO First Preference) (계속)

끼워맞춤 상태	끼워맞춤		설명
	구멍기준	축기준	
중간 끼워 맞춤	H7-k6	K7-h6	(locational transition) 정밀한 위치 선정을 위한 끼워맞춤(틈새와 죔새 사이의 절충)이다.
	H7-n6	N7-h6	(locational transition) 큰 죔새가 가능한 곳의 더 정밀한 위치 선정을 위한 끼워맞춤이다.
억지 끼워 맞춤	H7-p6	P7-h6	(locational interference) 구멍에 특별한 압력요구 없이 매우 정밀한 위치 선정으로 엄밀함과 정렬이 요구되는 부품을 위한 끼워맞춤이다.
	H7-s6	S7-h6	(medium drive) 일반적인 철강부품 또는 얇은 단면의 가열끼움을 위한 끼워맞춤으로 주철에서 사용할 수 있는 가장 단단한 끼워맞춤이다.
	H7-u6	U7-h6	(force) 큰 응력을 받을 수 있는 부품 또는 요구되는 중압이 비실용적인 곳의 가열끼움에 적합하다.

8.5 치수공차의 기입방법

1) 길이치수의 허용한계기입방법

치수의 허용한계를 수치에 의하여 지시하는 경우는 다음 중 한 가지 방법에 따른다.
① 기준치수 다음에 치수허용차의 수치를 기입한다.

$30f7$

$30f7 \left(^{-0.020}_{-0.041}\right)$

$30f7 \left(^{29.950}_{29.980}\right)$

$30^{+0.1}_{-0.2}$

$30^{\;0}_{-0.2}$

30 ± 0.1

② 허용한계치수에 의하여 기입할 때에는 최대 허용치수는 위에, 최소 허용치수는 아래에
기입한다.

③ 최대 허용치수 또는 최소 허용치수의 어느 한쪽만을 지정할 필요가 있을 때는 치수의 수
치 앞에 "최대" 또는 "최소"라고 기입하거나, 치수의 뒤에 "Max" 또는 "Min"이라고 기
입한다.

④ 치수의 허용한계를 치수허용차의 기호에 의하여 지시하는 경우는 기준치수 뒤에 치수허
용차의 기호를 기입하거나 또는 치수허용차나 허용한계치수를 괄호 안에 부기한다.

⑤ 치수의 허용한계를 일괄하여 지시하는 경우는 각 치수의 구분에 대한 보통 허용차의 수
치를 [표 1.22]와 같이 표시한다.

[표 1.22] 일반공차

치수	공차	치수	공차
0~5	+0.01 −0.01	15~20	+0.15 −0.15
5~7	+0.02 −0.02	20~30	+0.2 −0.2
7~10	+0.05 −0.05	30~50	+0.3 −0.3
10~15	+0.1 −0.1	50~100	+0.5 −0.5

⑥ 인용하는 규격의 번호, 등급 등을 표시한다.
　㉠ 절삭가공치수의 보통 허용차 : KS B ISO 2768-1 보통급
　㉡ 주조가공치수의 보통 허용차 : KS B 0411 정밀급(폐지, 삭제)

⑦ 특정한 허용차의 값을 표시한다.
　㉘ 치수허용차를 지시하지 않은 치수의 허용차는 ±0.25로 한다.

2) 조립한 상태에서의 치수의 허용한계 기입방법

① 치수의 허용한계를 수치에 의하여 지시하는 경우 조립한 부품은 기준치수 및 치수허용차를 각각의 치수선의 위쪽에 기입하고 기준치수 앞에 그들의 부품명칭 또는 대조번호를 부기한다. 단, 구멍의 치수를 축의 치수 위에 기입한다.

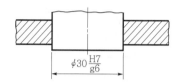
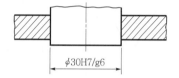

② 위치수선을 생략하고 기준치수를 공통으로 사용해도 된다.

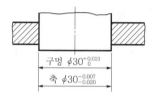

③ 치수의 허용한계를 치수허용차기호에 의하여 지시하는 경우는 조립한 상태에서의 기준치수와 각각의 허용차기호를 다음 그림과 같이 사용한다.

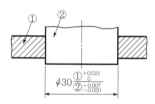

3) 각도치수의 허용한계 기입방법

각도치수의 허용한계 기입방법은 길이치수의 허용한계를 수치에 의하여 지시하는 경우의 기입방법을 적용한다.

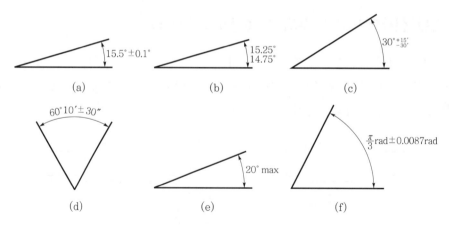

[그림 1.93] 각도치수의 허용한계 기입방법

4) 치수의 허용한계를 기입할 때의 일반사항

① 기능에 관련되는 치수와 그 허용한계는 그 기능을 요구하는 형체에 직접 기입하는 것이 좋다.

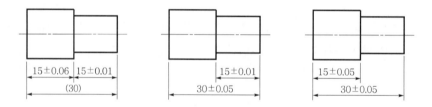

② 여러 개의 관련되는 치수에 허용한계를 지시하는 경우

ㄱ) 직렬치수기입법으로 치수를 기입할 때에는 치수공차가 누적되므로 공차의 누적이 기능에 관계가 없는 경우에만 사용하며, 중요도가 작은 치수는 기입하지 않거나 괄호를 붙여 참고치수로 표시한다.

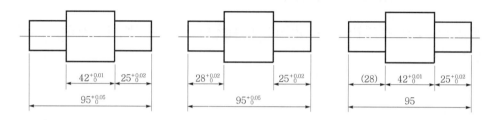

ⓒ 병렬치수기입법과 누진치수기입법은 치수공차가 다른 치수에 영향을 주지 않으며, 치
수의 기점은 기능, 가공 등의 조건을 고려하여 선택한다.

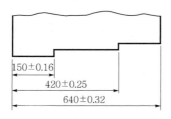
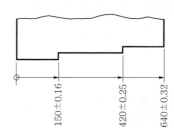

09 표면거칠기 표시방법

9.1 정의

기계부품의 표면은 기능 및 조립 등의 목적에 따라 표면의 거칠기 정도를 구분해서 도면에 표시해야 한다. 기하학적인 이상적인 표면으로 가공할 수는 없고 가공방법 등에 따라 표면이 거친 것과 아주 정밀한 면으로 만들어질 수 있다. 표면거칠기란 이상적인 표면에서부터의 거칠기 정도를 말한다.

9.2 적용 범위

KS B ISO 4287에 규정되어 있는 표면거칠기의 정의 및 표시에는 중심선 평균거칠기(R_a), 최대 높이(R_{max}), 10점 평균거칠기(R_z) 등 세 종류가 규격으로 되어 있으나, 국제적으로는 중심선 평균거칠기에 의한 표시법을 가장 많이 사용하고 있으므로 우리나라에서도 중심선 평균거칠기에 의한 표시법을 사용하는 것이 좋다.

9.3 종류

1) 중심선 평균거칠기(R_a)

중심선 평균거칠기는 거칠기 곡선에서 그 중심선의 방향으로 측정길이 L의 부분을 채취하고, 이 채취 부분의 중심선을 x축, 세로배율의 방향을 y축으로 하고 거칠기 곡선을 $y = f(x)$로 표시하였을 때 다음 식에 따라 구해지는 값을 마이크로미터(μm)로 나타낸 것을 말한다.

$$R_a = \frac{1}{L} \int_0^L |f(x)| dx$$

이것은 단면곡선에서 오목 볼록한 거칠기를 측정기의 고역필터에서 걸러내어 거칠기 곡선으로 변환시킨 다음 계산에 의해 구하게 된다. [그림 1.94]에서 중심선으로부터 아래쪽 면적의 합을 S_1, 중심선으로부터 위쪽의 면적의 합을 S_2로 할 때 $S_1 = S_2$가 되도록 그은 선을 중심선이라고 한다. 이들 면적 S_1과 S_2의 합 $S_1 + S_2 = S$를 구하고, 이 S를 측정길이 L로 나눈 값이 중심선 평균거칠기(R_a)가 된다. 수식으로 표시하면 $R_a = \frac{S_1 + S_2}{L} = \frac{S}{L}$가 된다. 이는 중심선에 대한 산술평균편차에 상당하며, 이와 같은 계산은 모두 측정기에서 하게 되고 결과값만을 지시계에서 직접 읽을 수 있게 되어 있다. 표시방법은 중심선 평균거칠기 1.6μm, 컷오프값 0.8mm, 평가길이 4.0mm 또는 R_a 1.6μm, λ_c 0.8mm, L 0.8mm로 나타낸다.

[그림 1.94] 중심선 평균거칠기를 구하는 방법

2) 최대 높이($R_{\max}$)

최대 높이는 단면곡선에서 기준길이만큼 채취한 부분의 가장 높은 봉우리와 가장 깊은 골밑을 통과하는 평균선에 평행한 두 직선의 간격을 단면곡선의 세로배율방향으로 측정하여 이 값을 마이크로미터(μm)로 나타낸 것이다. 표시방법은 중심선 평균거칠기 12.5μm, 컷오프값 2.5mm, 평가길이 12.5mm, 또는 R_a 12.5μm, λ_c 2.5mm, L 12.5mm로 나타낸다.

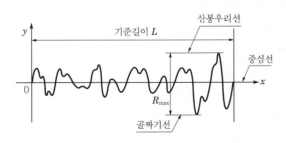

[그림 1.95] 최대 높이를 구하는 방법

3) 10점 평균거칠기(R_z)

10점 평균거칠기는 단면곡선에서 기준길이만큼 채취한 부분에 있어서 평균선에 평행한 직선 가운데 높은 쪽에서 5번째의 봉우리를 지나는 것과 깊은 쪽에서 5번째의 골 밑을 지나는 것을 택하여 이 2개의 직선간격을 단면곡선 세로배율의 방향으로 측정하여 그 값을 마이크로미터(μm)로 나타낸 것을 말한다.

$$R_z = \frac{(P_1 + P_2 + P_3 + P_4 + P_5) + (V_1 + V_2 + V_3 + V_4 + V_5)}{5}$$

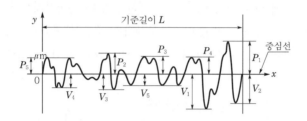

[그림 1.96] 10점 평균거칠기를 구하는 방법

9.4 표면의 결 도시방법(KS A ISO 1302)

1) 표면거칠기 파악

표면거칠기를 도면에 기입할 경우 반드시 지시해야 하는 사항과 필요한 때만 지시하는 사항이 있다.
　① 반드시 지시해야 하는 사항
　　㉠ 표면거칠기에 기입대상이 되는 면
　　㉡ 제거가공이 필요한지의 여부
　　㉢ 허용하는 표면거칠기의 최대값 등
　② 필요에 따라서 지시하는 사항
　　㉠ 면의 가공방법
　　㉡ 표면거칠기 결의 방향
　　㉢ 표면거칠기의 컷오프값
　　㉣ 다듬질 여유 등

2) 지시기호의 구분

① 대상 면을 지시하는 기호 : 표면의 결을 도시할 때 대상 면을 지시하는 기호는 60°로 벌린 길이가 다른 절선으로 하는 면의 지시기호를 사용하여 지시하는 대상 면을 나타내는 선의 바깥쪽에 붙여서 쓴다([그림 1.97] 참조).

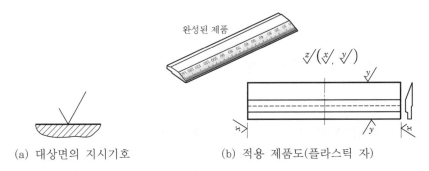

(a) 대상면의 지시기호   (b) 적용 제품도(플라스틱 자)

[그림 1.97] 대상 면을 지시하는 기호

② 제거가공의 지시방법 : 제거가공을 필요로 한다는 것을 지시하려면 면의 지시기호의 짧은 쪽의 다리 끝에 가로선을 부가한다([그림 1.98]의 (a) 참조).

③ 제거가공을 허용하지 않는다는 것을 지시하는 방법 : 제거가공을 허용하지 않는다는 것을 지시하려면 면의 지시기호에 내접하는 원을 부가한다([그림 1.98]의 (b) 참조).

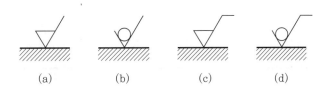

(a)   (b)   (c)   (d)

[그림 1.98] 제거가공의 지시방법

3) 표면거칠기의 지시방법

표면거칠기의 지시방법은 지시하는 표면거칠기의 종류에 따라 중심선 평균거칠기로서 지시하는 방법, 최대 높이 또는 10점 평균거칠기로써 지시하는 방법 등이 있다. 표면거칠기의 지시값의 단위는 μm로 하고, 단위기호의 기입은 생략한다.

(1) 중심선 평균거칠기(R_a)로써 지시하는 경우

① [그림 1.99]와 같이 허용할 수 있는 최대값만을 지시하는 경우에는 지시기호의 위쪽이나 아래쪽에 기입한다.

② [그림 1.100]과 같이 어느 구간으로 지시하는 경우에는 지시기호의 위쪽이나 아래쪽에 상한값은 위로, 하한값은 아래로 나란히 기입한다.

[그림 1.99] 최대값 지시하기   [그림 1.100] 최대값과 최소값 지시하기

③ 컷오프값의 지시방법 : 표면거칠기의 지시값에 대한 컷오프값을 지시할 필요가 있는 경우에는 중심선 평균거칠기의 컷오프값에 규정하는 값에서 선택하여 [그림 1.101]과 같이 면의 지시기호의 긴 쪽 다리에 붙인 가로선 아래에 표면거칠기의 지시값에 대응시켜서 기입한다. KS A ISO 1302에서는 컷오프값이 아니고 "Sampling length"를 기입하게 되어 있다. 따라서 혼란을 피하기 위하여 컷오프값의 앞에 있는 문자(λ_c)는 생략해서는 안 된다.

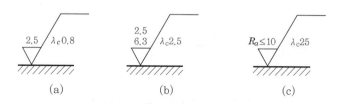

(a)   (b)   (c)

[그림 1.101] 컷오프값을 지시하는 방법

(2) 최대 높이($R_{\max}$) 또는 10점 평균거칠기(R_z)로써 지시하는 경우

표면거칠기는 원칙적으로 [표 1.23]에 판정하는 최대 높이 또는 10점 평균거칠기의 표준 수열 중에서 선택하여 [그림 1.102]의 (a)와 같이 지시한다. 특히 필요가 있어서 표준 수열에 따를 수 없는 경우에는 표면거칠기의 허용할 수 있는 최대값을 $R_{\max} \leq 10S$ 또는 $R_z \leq 10Z$와 같이 지시한다.

[표 1.23] 최대 높이 및 10점 평균거칠기의 표준 수열

0.05	0.8	12.5	200
0.1	1.6	25	400
0.2	3.2	50	–
0.4	6.3	100	–

① 표면거칠기 지시값의 기입위치 : [그림 1.102]의 (a), (b)와 같이 표면거칠기의 지시값은 면의 지시기호 긴 쪽 다리에 가로선을 붙여 그 아래쪽에 약호와 함께 기입한다.

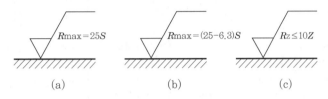

[그림 1.102] 표면거칠기 지시값의 기입위치

② 기준길이의 지시방법 : [그림 1.103]과 같이 표면거칠기의 지시값에 대한 기준길이를 지시할 필요가 있을 때에는 기준길이에 규정하는 값에서 선택하여 표면거칠기의 지시값 아래쪽에 기입한다.

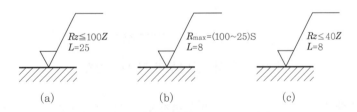

[그림 1.103] 기준길이의 지시방법

4) 특수한 요구사항의 지시방법

(1) 가공방법

원하는 표면의 결을 얻기 위하여 표면처리를 포함한 특정한 가공방법을 지시할 필요가 있는 경우에는 면의 지시기호의 긴 쪽 선에 가로선을 긋고 그 위에 문자 또는 기호로 기입한다. [표 1.24]는 가공방법의 문자 및 기호를 나타낸다. 가공방법의 지시기호기입은 [그림 1.104]와 같이 가로선의 길이는 가공방법의 지시내용과 같게 한다.

[표 1.24] 가공방법의 기호

가공방법	기호	가공방법	기호	가공방법	기호	가공방법	기호
주조	C	전조	RL	특수 가공	SP	열처리	H
사형 주조	CS	나사전조	RLTH	방전가공	SPED	노멀라이징	HNR
금속형 주조	CM	기어전조	RLT	전해가공	SPEC	어닐링	HA
정밀주조	CP	냉간전조	RLTC	전해연마	SPEG	담금질	HQ
다이캐스팅	CD	열간전조	RLTHT	초음파가공	SPU	템퍼링	HT
원심주조	CCR	절삭	C	레이저가공	SPLB	침탄	HC
단조	F	선삭	L	다듬질	F	질화	HNT
자유단조	FF	드릴링	D	치핑	FCH	표면처리	S
형단조	FD	리밍	DR	페이퍼다듬질	FCA	클리닝	SC
피어싱	FDP	태핑	DT	줄다듬질	FF	폴리싱	SP
트리밍	FDT	보링	B	폴리싱	FP	블라스팅	SB
프레스	P	밀링	M	리밍	FR	쇼트피닝	SHS
절단	PS	평삭	P	스크레이핑	FS	도장	SPA
펀칭	PP	형삭	SH	용접	W	도금	SPL
굽히기	PB	브로칭	BR	아크용접	WA	조립	A
드로잉	PD	호빙	TCH	저항용접	WR	체결	AFS
포밍	PF	연삭	G	가스용접	WG	압입	AFTP
V벤딩	V	래핑	GL	납땜	WS	때려박기	AFTD
U벤딩	U	호닝	GH	금긋기	ZM	가열박기	AFTS
스피닝	S	수퍼피니싱	GSP	챔퍼링	ZC	코킹	ACL

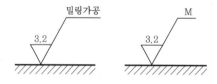

[그림 1.104] 가공방법의 지시기호방법

표면처리에 관한 사항을 지시하는 경우의 표면거칠기 값은 표면처리 후의 값이며, 표면처리 전과 후의 양쪽의 표면거칠기를 지시할 필요가 있을 때에는 [그림 1.105]와 같이 표시한다.

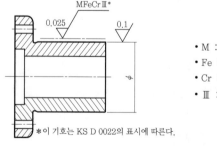

- M : 도금
- Fe : 철강소재
- Cr : 크롬도금
- Ⅲ : 도금의 등급으로, 3급으로 도금두께 $10\mu m$

*이 기호는 KS D 0022의 표시에 따른다.

[그림 1.105] 표면처리 전후의 지시기호

(2) 줄무늬방향

줄무늬방향을 지시해야 할 때에는 [표 1.25]에서 규정하는 기호를 가공면의 지시기호 오른 쪽에 [그림 1.106]과 같이 기입한다. 단, [표 1.25]에 규정되어 있지 않은 줄무늬방향을 지시 하고자 하는 경우에는 적당한 주기를 붙여서 지시한다.

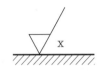

[그림 1.106] 줄무늬방향의 기호기입

[표 1.25] 줄무늬방향의 기호

기호	설명	그림
=	가공에 의한 커터의 줄무늬방향이 기호를 기입한 그림의 투상면에 평행 예 세이핑면	
⊥	가공에 의한 커터의 줄무늬방향이 기호를 기입한 그림의 투상면에 직각 예 세이핑면(옆으로부터 보는 상태)과 선삭, 원통연삭면	
×	가공에 의한 커터의 줄무늬방향이 기호를 기입한 그림의 투상면에 경사지고 두 방향으로 교차 예 호닝다듬질면	
M	가공에 의한 커터의 줄무늬가 여러 방향으로 교차 또는 무방향 예 래핑다듬질면, 수퍼피닝싱면, 가로이송을 준 정면밀링 또는 엔드밀절삭면	
C	가공에 의한 커터의 줄무늬방향의 기호를 기입한 면의 중심에 대하여 대략 동심원모양 예 끝면절삭면	
R	가공에 의한 커터의 줄무늬가 기호를 기입한 면의 중심에 대하여 대략 레이디얼모양(방사형모양)	

(3) 지시사항의 기입위치

면의 지시기호에 대한 여러 가지 사항의 기입위치를 [그림 1.107]과 같이 표시하는 위치에
배치하여 기입한다.

- a : 산술평균거칠기(R_a)의 값
- b : 가공방법
- c : 컷오프값
- c′ : 기준길이
- d : 줄무늬방향 기호
- e : 다듬질 여유
- f : 산술평균거칠기 이외의 표면거칠기 값
- g : 표면파상도(KS B ISO 4287에 따른다)

(a와 f 이외는 필요에 따라 기입)

[그림 1.107] 지시사항의 기입위치

5) 도면기입방법

(1) 기본사항

표면의 결을 지시하는 경우에는 다음에 따른다.

① 기호는 [그림 1.108]과 같이 그림의 아래쪽부터 읽을 수 있도록 기입한다.

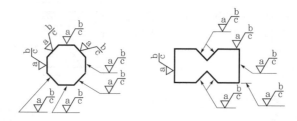

[그림 1.108] 기호의 기입방법

② 중심선 평균거칠기 값만을 지시하는 경우에는 [그림 1.109]와 같이 기입하고 아래쪽과
오른쪽부터 기입하는 방법을 따르지 않아도 좋다.

③ 지시기호는 대상 면을 나타내는 외형선과 그 연장선 또는 치수보조선에 접하여 [그림
1.109]의 (a), (b)와 같이 투상도의 바깥쪽에 기입한다.

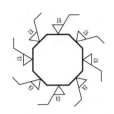
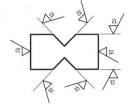

(a) 직접 면에 지시   (b) 연장선을 사용한 지시

[그림 1.109] R_a값만으로 기입하는 경우

④ 투상도의 형편상 앞의 ③에 따를 수 없는 경우에 [그림 1.110]의 (a)와 같이 치수 다음에 기입해도 좋으며, 지시선을 사용해야 할 필요가 있을 때에는 [그림 1.110]의 (b)와 같이 지름치수 다음에 기입한다.

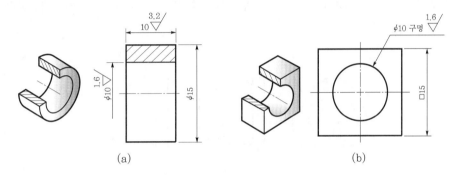

(a)   (b)

[그림 1.110] 지시선 위의 기호기입

⑤ 라운드 및 모따기부의 지시는 [그림 1.111]과 같이 라운드의 반지름, 모따기를 나타내는 치수선 또는 연장선과 지시선을 사용한다.

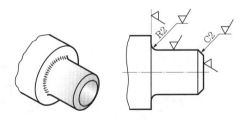

[그림 1.111] 라운드 및 모따기부의 기입

(2) 간략방법

① 표면의 결기호를 여러 곳에 반복해서 기입해야 할 경우에는 가공지시기호와 로마자, 알

파벳 소문자(w, x, y, z)를 거칠기 값의 약호로 정하여 기입하고 그 뜻을 [그림 1.112] 와 같이 표제란의 옆이나 위에 위치한 주석란에 기입한다.

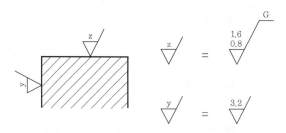

[그림 1.112] 약호와 지시기호 기입방법

② 전체의 면을 동일한 결로 지시할 경우에는 [그림 1.113]의 (a)와 같이 주투상도(정면도) 의 위나 [그림 1.113]의 (b)와 같이 부품번호의 옆 또는 표제란 부근에 기입한다.

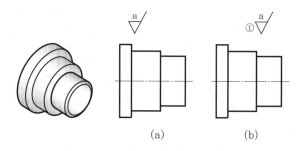

[그림 1.113] 지시기호가 하나인 경우의 간단한 기입방법

③ 대부분이 동일한 표면거칠기이고 일부분만이 다르게 되어 있는 경우에는 [그림 1.114]와 같이 투상도에 지시한 기호나 지시하지 않은 기호 다음에 괄호를 사용하여 기입한다.

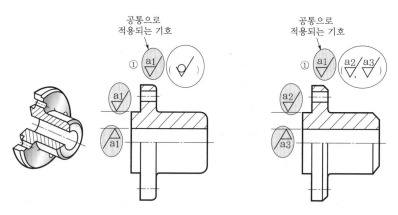

[그림 1.114] 지시기호가 여러 개인 경우의 간단한 기입방법

6) 다듬질기호 및 기입방법

표면의 결을 지시하는 경우 지시기호 대신에 사용할 수 있는 다듬질기호 및 그 기입방법에 대하여 규정(KS B 0617 부속서)에 대하여 설명한다. 다듬질기호는 ISO 1302(Technical drawing Method of indicating surface texture on drawing)와는 꼭 맞지 않으므로 면의 지시기호로 바꾸는 것이 좋다.

(1) 다듬질기호

① 다듬질기호를 사용하여 표면거칠기를 지시할 때에는 그 정도를 [표 1.26]과 같이 삼각기호의 수 및 파형기호로 표시한다. 이 경우 [표 1.26]과 같이 표면거칠기의 표준 수열에서 중심선 표면거칠기는 a, 최대 높이는 S, 10점 평균거칠기는 Z의 기호를 표준 수열 다음에 기입한다.

[표 1.26] 다듬질기호의 표면거칠기 표준 수열

다듬질기호		표면거칠기의 표준 수열			비고
		R_a	R_{max}	R_z	
z ▽	▽▽▽▽	0.2a	0.8S	0.8Z	• 다듬질기호는 삼각기호 및 파형기호로 한다. • 삼각기호는 제거가공을 하는 면에 사용하고, 파형기호는 제거가공을 하지 않은 면에 사용한다.
y ▽	▽▽▽	1.6a	6.3S	6.3Z	
x ▽	▽▽	6.3a	25S	25Z	
w ▽	▽	25a	100S	100Z	
▽	⌒	특별히 규정하지 않음			

② 다듬질기호의 사용 예 : 다듬질기호를 면의 결을 지시하는 데에 사용하는 경우에는 필요에 따라 [그림 1.108]에 준하여 표면거칠기의 표준 수열, 컷오프값 또는 기준길이, 가공 방법, 줄무늬방향의 기호 및 다듬질 여유의 값을 부기할 수 있다.

[표 1.27] 다듬질기호의 표면거칠기

명칭	다듬질기호 (종래)	표면거칠기기호 (개정)	다듬질 정도
주물표면 (다듬질 안 함)			주물이나 단조품 등의 거스름을 따내는 정도의 면
거친 다듬질	▽		줄가공, 선반, 밀링, 연마 등에 의한 가공으로 그 흔적이 남을 정도의 거친 면
중다듬질	▽▽		줄가공, 선반, 밀링, 연마 등의 가공으로 그 흔적이 남지 않을 정도의 가공면
상다듬질	▽▽▽		선반, 밀링, 연마, 래핑 등의 가공으로 그 흔적이 전혀 남지 않는 정밀한 가공면
정밀다듬질	▽▽▽▽		래핑, 버핑 등의 가공으로 광택이 나는 극히 초정밀가공면

[표 1.28] 다듬질기호의 표시

번호	기호	뜻	비고
1	∼	제거가공을 하지 않음	파형기호 및 삼각기호의 수에 상당한 표면거칠기의 값을 표제란 또는 그 근처에 표시한 경우에는 기호 a, S, Z은 생략 가능
2	100S	L 8mm에서 R_{max}가 100μm보다 세밀한 주조 등의 면	
3	50Z	L 8mm에서 R_z가 최대 50μm보다 세밀한 주조 등의 면	
4	▽▽▽	[표 1.27]에서 표시하는 표면거칠기의 범위에 들어가는 제거가공을 하는 면(대략 1.6a)	
5	0.8a	λ_c 0.8mm에서 R_a가 최대 0.8μm인 제거가공을 하는 면	
6	G	[표 1.27]에 표시하는 표면거칠기의 범위에 들어가는 연삭가공을 하는 면	
7	1.6a G/2.5	λ_c 2.5mm에서 R_a가 최대 1.6μm인 연삭가공을 하는 면	

(2) 다듬질기호의 기입

다듬질기호를 기입하는 경우에는 [그림 1.115]와 같이 기입한다.

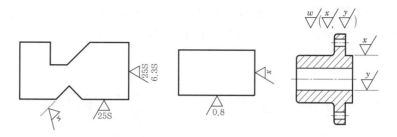

[그림 1.115] 다듬질기호의 도면기입방법

7) 다듬질기호의 기입상 주의

① 기호는 [그림 1.116]과 같이 치수를 기입한 주요 부분에 모아서 보기 쉽도록 기입한다.

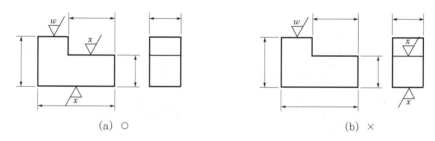

(a) ○   (b) ×

[그림 1.116] 주요 부분에 모아 기입

② 다듬질기호는 [그림 1.117]과 같이 외형선상에 기입하고 숨은선상에 기입하지 않도록 한다.

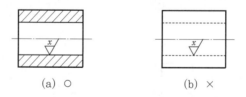

(a) ○   (b) ×

[그림 1.117] 외형선에 기입

③ 회전체의 면에 대한 기호는 [그림 1.118]과 같이 모선상(1개소)에 기입한다.

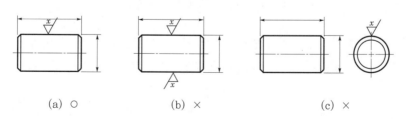

(a) ○   (b) ×   (c) ×

[그림 1.118] 회전체의 면에 대한 기호기입

④ [그림 1.119]와 같이 단면도에 기호를 기입할 경우에는 되도록 단면의 외형선상에 기입하고 단면의 전방에 보이는 선 위에 기입하지 않도록 한다.

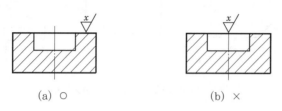

[그림 1.119] 절단면에 기호기입

⑤ [그림 1.120]과 같이 접촉면이 같은 표면상태인 경우에는 어느 한쪽 면을 나타내는 선 위에만 기호를 기입하고, 다른 면에는 기입하지 않는다.

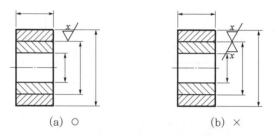

[그림 1.120] 접촉면에 기호기입

⑥ [그림 1.121]과 같이 대칭면의 면에는 그 양면을 나타내는 선 위에 기호를 기입한다.

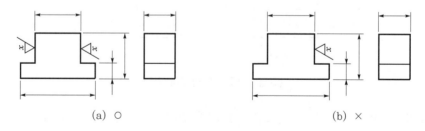

[그림 1.121] 대칭면에 기호기입

⑦ 기호는 각 면에 기입하는 것이 원칙이지만, [그림 1.122]와 같이 각 면의 상태가 도형에서 분명한 경우에는 한 면만 기입하고 다른 면에 생략할 수 있다.

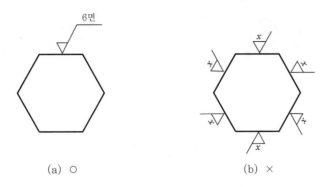

[그림 1.122] 한 면에 기호기입

⑧ 구멍에 기호를 써 넣을 때는 [그림 1.123]과 같이 구멍으로 향한 지시선 위에 기입한다.

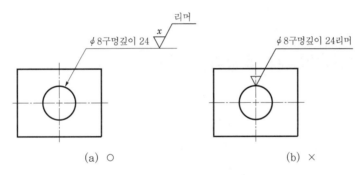

[그림 1.123] 구멍의 기호기입

용접은 2개의 금속부재를 가스, 아크(arc)전기저항열을 이용하여 용접부를 용융시켜 영구적으로 결합시키는 방법으로, 용접하는 재질은 철금속만이 아니라 알루미늄, 동 및 플라스틱류까지 다양하다. 용접의 종류는 가스용접, 아크용접, 테르밋용접, 스폿용접, 납땜 등이 있다. 용접부의 모양에 따른 기본기호와 보조기호를 사용하여 도면상에 표시하며, 기본기호는 원칙적으로 두 부재 사이의 용접부모양을 표시한다.

10.1 용접이음과 용접의 종류

모재의 배치에 따라 다음과 같이 분류한다.
① 맞대기 용접(butt welding)([그림 1.124]의 (a) 참조)
② 겹치기 용접(lap welding)([그림 1.124]의 (b), (c), (d) 참조)
③ 필릿용접(fillet welding)([그림 1.124]의 (e), (f) 참조)
④ 모서리용접(corner welding)([그림 1.124]의 (g) 참조)
⑤ 가장자리용접(edge welding)([그림 1.124]의 (h) 참조)
⑥ 플러그용접(plug welding)([그림 1.124]의 (i) 참조)

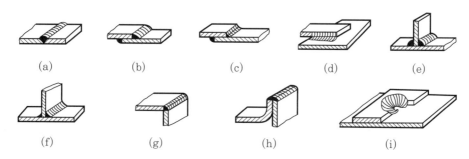

[그림 1.124] 용접이음과 용접의 종류

10.2 맞대기 이음 홈의 형상

가장 많이 쓰이는 용접법으로 모재의 두께에 따라 용접부의 끝에 홈(groove)을 가공하여 용접한다.

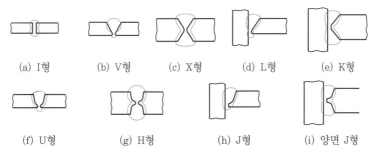

| (a) I형 | (b) V형 | (c) X형 | (d) L형 | (e) K형 |

| (f) U형 | (g) H형 | (h) J형 | (i) 양면 J형 |

[그림 1.125] 맞대기 이음 홈의 형상

10.3 용접기호(KS B 0052)

1) 기본기호

구분	기호	형상	설명
양쪽 플랜지형	八		2개의 1/4원을 마주 보게 합쳐 그린다.
한쪽 플랜지형	八		1/4원과 그 원의 반지름과 같은 직선을 마주 보게 합쳐 그린다.
I형(한쪽)	||		기선에 대하여 90°로 평행선을 그린다. 업셋용접, 플래시용접, 마찰용접 등을 포함한다.

구분	기호	형상	설명
V형, 양면 V형(X형)	∨		기호의 각도는 90°로 한다. X형은 설명선의 기선(이하 '기선'이라 한다)에 대칭으로 이 기호를 기재한다. 업셋용접, 플래시용접, 마찰용접 등을 포함한다.
V형, 양면 V형(K형)	∨		K형은 기선에 대칭으로 이 기호를 기재한다. 기호의 세로선은 왼쪽에 쓴다. 업셋용접, 플래시용접, 마찰용접 등을 포함한다.
J형, 양면 J형	⋀		양면 J형은 기선에 대칭으로 이 기호를 기재한다. 기호의 세로선은 왼쪽에 쓴다.
U형, 양면 U형(H형)	⋎		H형은 기선에 대칭으로 이 기호를 기재한다.
플레어 V형, 플레어 X형 (한쪽)	⋏		플레어 X형은 기선에 대칭으로 이 기호를 기재한다.
플레어 V형 플레어 X형 (양쪽)	⫝		플레어 K형은 기선에 대칭으로 이 기호를 기재한다. 기호의 세로선은 왼쪽에 쓴다.
필릿	◺		기호의 세로선은 왼쪽에 쓴다. 병렬용접일 경우에는 기선에 대칭으로 이 기호를 기재한다. 다만, 지그재그용접일 경우에는 ⟋⟍, ⟍⟋와 같은 기호를 사용할 수 있다.
플러그, 슬롯	⊓		수직선은 윗변의 1/2로 한다. 플러그용접, 슬롯용접에 적용한다.
비드살돋음	⌣		살돋음용접일 경우에는 이 기호 2개를 나란히 기재한다.
점	◯ 또는 ✳		겹치기 이음의 저항용접, 아크용접, 전자빔용접 등에 의한 용접부를 나타낸다. 다만, 필릿용접은 제외한다. 심용접일 경우에는 이 기호를 2개 나열하여 기재한다.
프로젝션	⤬		
심	⊖		

2) 보조기호

구분		기호	설명
용접부의 표면모양	평면	——	용접부 평면다듬질 처리
	볼록	⌒	용접부를 볼록하게 처리
	오목	⌣	용접부를 오목하게 처리
	다듬질	⏝	필릿용접부의 매끄러운 다듬질
	육성	⌢	용접부 표면 육성
	이면판재	M	영구적인 이면판재 사용
용접부의 다듬질방법	이면판재	MR	제거 가능한 이면판재 사용
	연삭	G	그라인더다듬질일 경우
	절삭	M	기계다듬질일 경우
	지정하지 않음	F	다듬질방법을 지정하지 않을 경우
현장용접		▶	전체 둘레용접이 분명할 때는 생략해도 좋다.
전체 둘레용접		○	
전체 둘레 현장용접		⦿▶	

10.4 용접부의 기호 표시방법

1) 설명선

① 설명선은 용접부를 기호로 표시하기 위하여 사용하는 것으로서 기선, 화살표 및 꼬리로 구성되며, 꼬리는 필요 없으면 생략해도 좋다([그림 1.126]의 (a), (b) 참조).

② 기선은 수평선으로 하고 기선의 한 끝에 화살표를 붙인다.

③ 화살표는 용접부를 지시하는 것으로서 기선에 대해 되도록 60°의 직선으로 한다. 다만, L형, K형, J형, 양면 J형에서 그루브를 취하는 부재의 면을, 또 플레어 L형 및 플레어 K형에서 플레어가 있는 부재의 면을 지시할 필요가 있을 경우에는 화살표를 선으로 하고, 그루브를 취하는 면 또는 플레어가 있는 면에 화살표의 앞 끝을 향한다([그림 1.126]의 (c) 참조).

④ 화살표는 필요하면 기선의 한 끝에서 2개 이상 붙일 수 있다. 다만, 기선의 양 끝에 화살
표를 붙일 수는 없다([그림 1.126]의 (d) 참조).

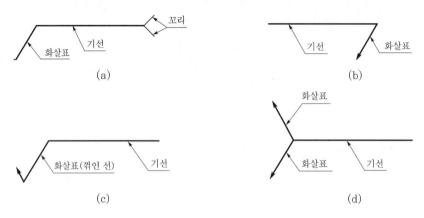

[그림 1.126] 설명선

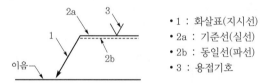

- 1 : 화살표(지시선)
- 2a : 기준선(실선)
- 2b : 동일선(파선)
- 3 : 용접기호

[그림 1.127] 용접부 설명선의 기입방법

2) 기본기호의 기입방법

① 기본기호의 기입방법은 용접하는 쪽이 화살표 쪽 또는 앞쪽일 때는 기선의 아래쪽에, 화
살표의 반대쪽 또는 맞은편 쪽일 때는 기선의 위쪽에 밀착하여 기재한다.

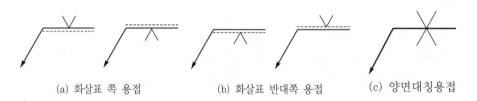

[그림 1.128] 기본기호의 표시와 용접위치

3) 보조기호 등의 기입방법

보조기호, 치수, 강도 등의 용접시공내용 기재방법은 기선에 대하여 기본기호와 같은 쪽에 [그림 1.129]와 같이 나타낸다.

① 표면모양 및 다듬질방법의 보조기호는 용접부의 모양기호표면에 근접하여 기재한다.

② 현장용접, 전체 둘레용접 등의 보조기호는 기선과 화살표선의 교점에 기재한다.

③ 비파괴시험의 보조기호는 꼬리의 가로에 기재한다.

④ 기본기호는 필요한 경우 조합하여 사용할 수 있다.

⑤ 그루브용접의 단면치수는 특별히 지시가 없는 한 다음의 것을 표시한다.

　여기서, S : 그루브길이 S에서 완전 용입그루브용접

　　　　　ⓢ : 그루브깊이 S에서 부분 용입그루브용접

단, S를 지시하지 않을 경우 전체를 용입그루브용접으로 한다.

⑥ 필릿용접의 단면치수는 다리길이로 한다.

⑦ 플러그용접, 슬롯용접의 단면치수 및 용접선방향의 치수는 구멍 밑의 치수로 한다. 단면 치수만을 기재할 경우에는 충전용접을 나타내는 것으로 하고, 부분 충전용접의 경우에는 단면치수인 구멍 밑의 지름 또는 너비를 앞으로, 용접깊이를 뒤로 하여 기재한다.

⑧ 점용접 및 프로젝션용접의 단면치수는 너깃의 지름으로 한다.

⑨ 용접방법 등 특별히 지시할 필요가 있는 사항은 꼬리 부분에 기재한다.

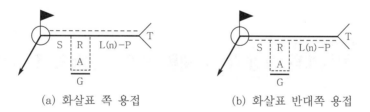

(a) 화살표 쪽 용접　　　　　(b) 화살표 반대쪽 용접

[그림 1.129] 용접시공내용의 기입방법

11 파이프 및 배관제도

11.1 관의 표시방법

　관은 원칙적으로 한 줄의 실선으로 도시하고, 동일 도면 내에서는 같은 굵기의 선을 사용한다. 다만, 관의 계통, 상태, 목적을 표시하기 위하여 선의 종류(실선, 파선, 쇄선, 두 줄의 평행선 등 및 틀의 굵기)를 바꾸어서 도시해도 좋다. 이 경우 각각의 선의 종류의 뜻을 도면상의 보기 쉬운 위치에 명기한다. 또한 관을 파단하여 표시하는 경우는 [그림 1.130]과 같이 파단선으로 표시한다.

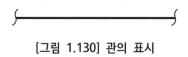

[그림 1.130] 관의 표시

11.2 배관계의 시방 및 유체의 종류·상태의 표시방법

　이송유체의 종류·상태 및 배관계의 종류 등의 표시방법은 다음에 따른다.

1) 표시방법

　표시항목은 원칙적으로 다음 순서에 따라 필요한 것을 글자·글자기호를 사용하여 표시한다. 또한 추가할 필요가 있는 표시항목은 그 뒤에 붙인다. 또 글자기호의 뜻은 도면상의 보기 쉬운 위치에 명기한다.
　① 관의 호칭지름
　② 유체의 종류·상태, 배관계의 식별

③ 배관계의 시방(관의 종류 · 두께 · 배관계의 압력구분 등)

④ 관의 외면에 실시하는 설비 · 재료

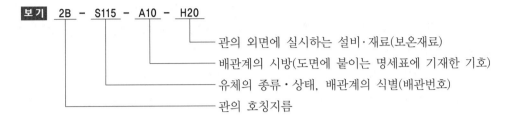

※ 관련 규격
  • KS B ISO 3511-2 : 계장용 기호
  • KS A ISO 5456-1 : 제도에 사용하는 투상법
  • KS B ISO 129-1 : 제도에 있어서 치수의 기입방법
  • KS B 0082 : 진공장치용 도시기호
  • KS B 0054 : 유압 · 공기압도면기호
  • KS B 0063 : 냉동용 그림기호
  • KS V 0060 : 선박통풍계통의 그림기호
  • KS V 7016 : 선박용 배관계통도기호

2) 도시방법

[그림 1.131]의 (a)의 표시는 관을 표시하는 선의 위쪽에 선을 따라서 도면의 밑변 또는 우변으로부터 읽을 수 있도록 기입한다. 다만, 복잡한 도면 등에서 오해를 일으킬 우려가 있을 때는 각각 인출선을 사용하여 기입해도 좋다([그림 1.132] 참조).

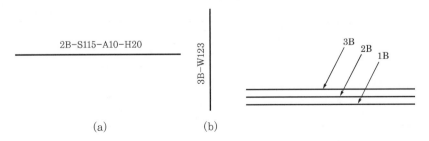

[그림 1.131] 도시방법   [그림 1.132] 인출선을 사용한 도시방법

11.3   유체흐름방향의 표시방법

① 관 내 흐름방향 : 관 내 흐름의 방향은 관을 표시하는 선에 화살표로 방향을 표시한다 ([그림 1.133]의 (a) 참조).

② 배관계의 부속품·부품·구성품 및 기기 내의 흐름방향 : 배관계의 부속품, 기기 내의 흐름의 방향을 특히 표시할 필요가 있는 경우는 그 그림기호에 따르는 화살표로 표시한다([그림 1.133]의 (b) 참조).

(a)   (b)

[그림 1.133] 배관계 부속품 등 기기 내의 흐름방향 표시

11.4   관 접속상태의 표시방법

관을 표시하는 선이 교차하고 있는 경우에는 [표 1.29]의 그림기호에 따라 각각의 관이 접속하고 있는지, 접속하고 있지 않은지를 표시한다.

[표 1.29] 관 접속상태

상태		그림기호
접속하고 있지 않을 때		┼ ┼ 또는 ─┤├─
접속하고 있을 때	교차	┿
	분기	┷

[비고] 접속하고 있지 않은 것을 표시하는 선의 끊긴 자리, 접속하고 있는 것을 표시하는 검은 동그라미는 도면을 복사 또는 축소했을 때에도 명백하도록 그려야 한다.

11.5 관 결합방식의 표시방법

관의 결합방식은 [표 1.30]의 그림기호에 따라 표시한다.

[표 1.30] 관 결합방식

종류	그림기호	종류	그림기호
일반		턱걸이식	
용접식		유니언식	
플랜지식			

11.6 관이음의 표시방법

① 고정식 관이음쇠 : 엘보, 벤드, 티, 크로스, 리듀서, 하프커플링은 [표 1.31]의 그림기호에 따라 표시한다.

[표 1.31] 고정식 관이음쇠

종류		그림기호	설명
엘보 및 벤드		또는	[표 1.30]의 그림기호와 결합하여 사용한다. 지름이 다르다는 것을 표시할 필요가 있을 때는 인출선을 사용하여 그 호칭을 기입한다.
티			
크로스			
리듀서	동심		특히 필요한 경우에는 [표 1.30]의 그림기호와 결합하여 사용한다.
	편심		
하프커플링			

② 가동식 관이음쇠 : 팽창이음쇠 및 플렉시블이음쇠는 [표 1.32]의 그림기호에 따라 표시한다.

[표 1.32] 가동식 관이음쇠

종류	그림기호	설명
팽창이음쇠		특히 필요한 경우에는 [표 1.30]의 그림기호 와 결합하여 사용한다.
플렉시블이음쇠		

11.7 관 끝부분의 표시방법

관의 끝부분은 [표 1.33]의 그림기호에 따라 표시한다.

[표 1.33] 관 끝부분

종류	그림기호
막힌 플랜지	
나사박음식 캡 및 나사박음식 플러그	
용접식 캡	

11.8 밸브 및 콕 몸체의 표시방법

밸브 및 콕의 몸체는 [표 1.34]의 그림기호를 사용하여 표시한다.

[표 1.34] 밸브 및 콕 몸체

종류	그림기호	종류	그림기호
밸브 일반		버터플라이밸브	또는
게이트밸브		앵글밸브	

[표 1.34] 밸브 및 콕 몸체 (계속)

종류	그림기호	종류	그림기호
글로브밸브		3방향 밸브	
체크밸브	또는	안전밸브	
볼밸브		콕 일반	

[비고] 1) 밸브 및 콕과 관의 결합방법을 특히 표시하고자 하는 경우는 [표 1.34]의 그림기호에 따라 표시한다.
2) 밸브 및 콕이 닫혀 있는 상태를 특히 표시할 필요가 있는 경우에는 그림기호를 칠하여 표시하든가, 또는 닫혀 있는 것을 표시하는 글자(폐, c 등)를 첨가하여 표시한다.

11.9 밸브 및 콕 조작부의 표시방법

밸브 개폐조작부의 동력조작과 수동조작의 구별을 명시할 필요가 있는 경우에는 [표 1.35]의 그림기호에 따라 표시한다.

[표 1.35] 밸브 및 콕 조작부

종류	그림기호	설명
동력조작		조작부, 부속기기 등의 상세에 대하여 표시할 때에는 KS B ISO 3511-2(계장용 기호)에 따른다.
수동조작		특히 개폐를 수동으로 할 것을 지시할 필요가 없을 때에는 조작부의 표시를 생략한다.

11.10 계기의 표시방법

계기를 표시하는 경우에는 관을 표시하는 선에서 분기시킨 가는 선의 끝에 원을 그려서 표시한다([그림 1.134] 참조). 계기의 측정하는 변동량 및 기능 등을 표시하는 글자기호는 KS B ISO 3511-2에 따른다. 그 예는 [그림 1.135]와 같다.

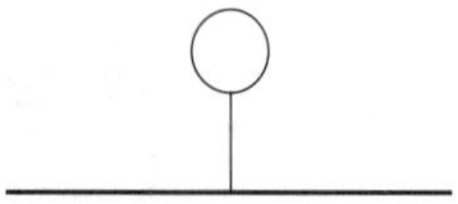

압력지시계
PI

온도지시계
TI

유량지시계
FI

[그림 1.134] 계기 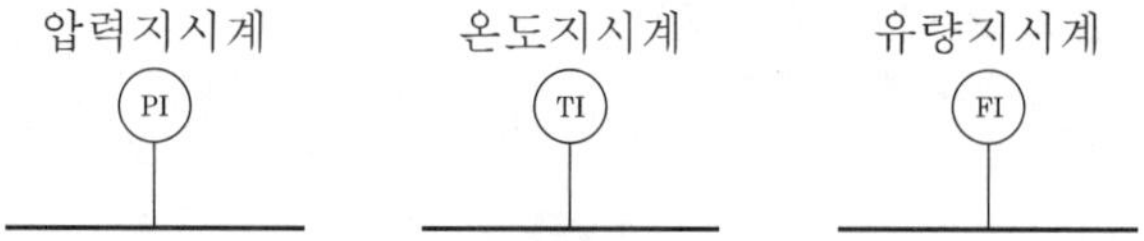　　　　　　　　[그림 1.135] 계기표시의 예

11.11　지지장치의 표시방법

지지장치를 표시하는 경우에는 [그림 1.136]의 그림기호에 따라 표시한다.

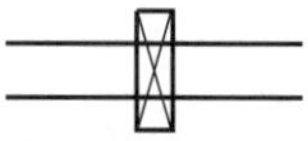

[그림 1.136] 지지장치

11.12　투명에 의한 배관 등의 표시방법

① 관의 입체적 표시방법 : 1방향에서 본 투영도로 배관계의 상태를 표시하는 방법은 [표 1.36], [표 1.37]에 따른다.

[표 1.36] 화면에 직각방향으로 배관되어 있는 경우

	정투영도		등각도
관 A가 화면에 직각으로 바로 앞쪽으로 올라가 있는 경우	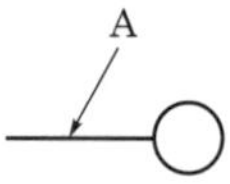 A	또는 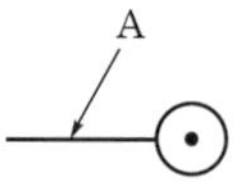　A	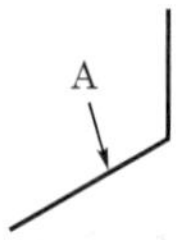 A
관 A가 화면에 직각으로 반대쪽으로 내려가 있는 경우	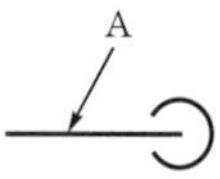 A	또는 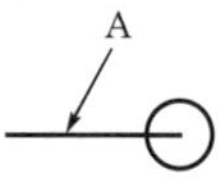　A	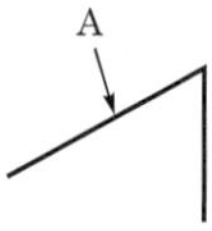 A
관 A가 화면에 직각으로 바로 앞쪽으로 올라가 있고 관 B와 접속하고 있는 경우	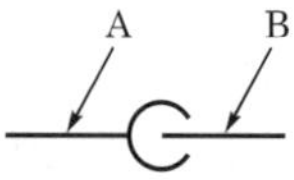 A　　B	또는 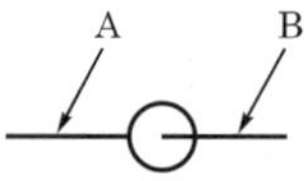　A　　B	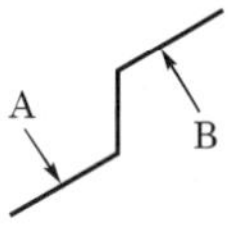 A　　B

[표 1.36] 화면에 직각방향으로 배관되어 있는 경우 (계속)

정투영도			등각도
관 A로부터 분기된 관 B가 화면에 직각으로 바로 앞쪽으로 올라가 있으며 구부러져 있는 경우	A / B	또는	A / B B
관 A로부터 분기된 관 B가 화면에 직각으로 반대쪽으로 내려가 있고 구부러져 있는 경우	A / B	또는	A / B

[비고] 정투영도에서 관이 화면에 수직일 때 그 부분만을 도시하는 경우에는 [그림 1.137]에 따른다.

[그림 1.137] 관의 입체적 표시

[표 1.37] 화면에 직각 이외의 각도로 배관되어 있는 경우

정투영도		등각도
관 A가 위쪽으로 비스듬히 일어서 있는 경우	A B	A B
관 A가 아래쪽으로 비스듬히 내려가 있는 경우	A B	A B
관 A가 수평방향에서 바로 앞쪽으로 비스듬히 구부러져 있는 경우	A B	A B
관 A가 수평방향으로 화면에 비스듬히 반대쪽 위 방향으로 일어서 있는 경우	A B	B A

[표 1.37] 화면에 직각 이외의 각도로 배관되어 있는 경우 (계속)

정투영도		등각도
관 A가 수평방향으로 화면에 비스듬히 바로 앞쪽 위 방향으로 일어서 있는 경우	A ⌒ B	B A

[비고] 등각도의 관의 방향을 표시하는 가는 실선의 평행선들로 그리는 방법에 대하여는 KS A ISO 5456(제도에 사용하는 투상법)을 참조한다.

② 밸브, 플랜지, 배관 부속품 등의 입체적 표시방법([그림 1.138] 참조)

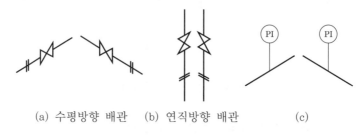

(a) 수평방향 배관   (b) 연직방향 배관   (c)

[그림 1.138] 밸브, 플랜지, 배관 부속품 등의 입체적 표시

11.13   치수의 표시방법

1) 일반원칙

원칙적으로 KS A 0113(제도에 있어서 치수의 기입방법)에 따라 기입한다.

2) 관치수

도시한 관에 관한 치수의 표시방법은 다음에 따른다.
① 관과 관의 간격([그림 1.139]의 (a) 참조), 구부러진 관의 구부러진 점으로부터 구부러진 점까지의 길이([그림 1.139]의 (b) 참조) 및 구부러진 반지름각도([그림 1.139]의 (c) 참조)는 특히 지시가 없는 한 관의 중심에서의 치수를 표시한다.
② 특히 관의 바깥지름면으로부터의 치수를 표시할 필요가 있는 경우에는 관을 표시하는 선

을 따라 가늘고 짧은 실선을 그리고, 여기에 치수선의 말단 기호를 댄다. 이 경우 가는 실선을 붙인 쪽의 바깥지름면까지의 치수를 뜻한다([그림 1.139] 참조).

③ 관의 결합부 및 끝부분으로부터의 길이는 그 종류에 따라 [표 1.38]에 표시하는 위치로 부터의 치수로 표시한다.

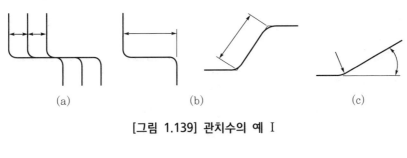

[그림 1.139] 관치수의 예 Ⅰ

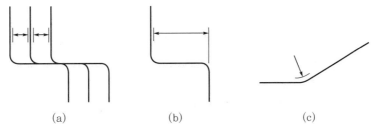

[그림 1.140] 관치수의 예 Ⅱ

[표 1.38] 관의 결합부 및 끝부분의 위치

결합부 및 끝부분의 종류	도시	치수가 표시하는 위치
결합부 일반		결합부의 중심
용접식		용접부의 중심
플랜지식		플랜지면
관의 끝		관의 끝면
막힌 플랜지		관의 플랜지면
나사박음식 캡 및 나사박음식 플러그		관의 끝면
용접식 캡		관의 끝면

3) 배관의 높이

배관의 기준으로 하는 면으로부터의 고저를 표시하는 치수는 관을 표시하는 선에 수직으로 댄 인출선을 사용하여 다음과 같이 표시한다.

① 관 중심의 높이를 표시할 때 기준으로 하는 면으로부터 위인 경우에는 그 치수값 앞에 '+'를, 기준으로 하는 면으로부터 아래인 경우에는 그 치수값 앞에 '−'를 기입한다([그림 1.141] 참조).

② 관 밑면의 높이를 표시할 필요가 있을 때는 ①의 방법에 따른 기준으로 하는 면으로부터의 고저를 표시하는 치수 앞에 글자기호 'BOP'를 기입한다([그림 1.142] 참고).

[비고] BOP는 Bottom Of a Pipe의 약자이다(ISO/DP 6412/1).

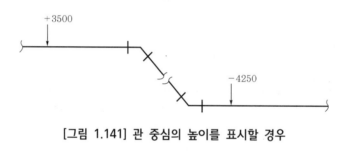

[그림 1.141] 관 중심의 높이를 표시할 경우

[그림 1.142] 관 밑면의 높이를 표시할 경우

4) 관의 구배

관의 구배는 관을 표시하는 선의 위쪽을 따라 붙인 그림 기호(가는 선으로 그린다)와 구배를 표시하는 수치로 표시한다([그림 1.143 참조]). 이 경우 그림기호의 뾰족한 끝은 관의 높은 쪽으로부터 낮은 쪽으로 향하여 그린다.

[그림 1.143] 관의 구배

12 유압·공기압도면기호

12.1 적용 범위

이 규격은 유압 및 공압기기 또는 장치의 기능을 표시하기 위한 도면기호(이하 '기호'라 칭한다)에 대하여 규정한다. 이 규격은 배관공사 등이 도면에 사용하는 기호에 대하여는 규정하지 않는다.

12.2 용어설명

이 규격에서 사용되는 주된 용어의 뜻은 유압 및 공기압용어(KS B 0120)에 따르는 외에 다음에 따른다.

① 기호요소 : 기기, 장치, 유로 등의 종류를 기호로 표시할 때 사용하는 기본적인 선 또는 도형

② 기능요소 : 기기, 장치의 특성작동 등을 기호로 표시할 때 사용하는 기본적인 선 또는 도형

③ 간략기호 : 제도의 간략화를 시도하기 위하여 기호의 일부를 생략하든가, 또는 다른 간단한 기호로 대체시키는 경우에 사용하는 기호

④ 일반기호 : 기기, 장치의 상세한 기능·형식 등을 명시할 필요가 없는 경우에 사용하는 대표적인 기호

⑤ 상세기호 : 기호를 간략화 또는 일반화시키지 않고 기능을 상세히 명시하는 경우에 사용되는 기호로 보통 간략기호 또는 일반기호에 대비하여 사용

⑥ 선택조작 : 2개 이상의 조작방식 중 어느 하나에 의하여 조작하는 방식

⑦ 순차조작 : 2개 이상의 조작방식을 사용하여 조작하는 방식

⑧ 2단 파일럿의 조작 : 2개의 파일럿조작에 의한 순차조작

⑨ 1차 조작 : 순차조작에 따라 기기를 조작할 경우의 최초의 조작으로 보통 1차 조작수단은 인력, 기계 또는 전기방식으로 조작

⑩ 내부 파일럿 : 파일럿조작용 유체를 조작하는 기기의 내부로부터 공급하는 방식

⑪ 외부 파일럿 : 파일럿조작용 유체를 조작하는 기기의 외부로부터 공급하는 방식

⑫ 내부 드레인 : 드레인유로를 기기 내부에 있는 귀환유로에 접속시켜 드레인이 귀환유체에 합류되는 방식

⑬ 외부 드레인 : 드레인이 단독으로 기기의 드레인포트로부터 밖으로 빼내는 방식

⑭ 단동 솔레노이드 : 코일을 여자시킬 때 1방향만으로 작동하는 전자액추에이터

⑮ 복동 솔레노이드 : 코일의 여자방법을 변경시킴으로써 작동방향을 변화시키는 여자액추엑이터

⑯ 가변식 전자액추에이터 : 입력전기신호의 변화에 따라 출력 또는 변위량이 변화하는 전자액추에이터

⑰ 가변행정제한기구 : 밸브의 개도 또는 교축 정도 등을 변화시키기 위하여 스풀의 이동량을 규제하는 조정기구

12.3 기본사항

유공압기호의 표시방법과 해석, 기본사항은 다음에 따른다.

① 기호는 기능조작방법 및 외부 접속구를 표시한다.

② 기호는 기기의 실제 구조를 나타내는 것은 아니다.

③ 복잡한 기능을 나타내는 기호는 원칙적으로 기호요소와 기능요소를 조합하여 구성한다. 단, 이들 요소로 표시되지 않는 기능에 대하여는 특별한 기호를 그 용도에 한정시켜 사용해도 좋다.

    ※ 관련 규격
- KS B 0001 : 기계제도
- KS B 0120 : 유압 및 공기압용어

④ 기호는 원칙적으로 통상의 운휴상태 또는 기능적인 중립상태를 나타낸다. 단, 회로도 속에서는 예외도 인정된다.

⑤ 기호는 해당 기기의 외부 포트의 존재를 표시하나 그 실제의 위치를 나타낼 필요는 없다.

⑥ 포트는 관로와 기호요소의 접점으로 나타낸다.

⑦ 포위선기호를 사용하고 있는 기기의 외부 포트는 관로와 포위선의 접점으로 나타낸다.

⑧ 복잡한 기호의 경우 기능상 사용되는 접속구만을 나타내면 된다. 단, 식별하기 위한 목적으로 기기에 표시하는 기호는 모든 접속구를 나타내야 한다.

⑨ 기호 속의 문자(숫자는 제외)는 기호의 일부분이다.

⑩ 기호의 표시법은 한정되어 있는 것을 제외하고는 어떠한 방향이라도 좋으나 90°방향마다 쓰는 것이 바람직하다. 또한 표시방법에 따라 기호의 의미가 달라지는 것은 아니다.

⑪ 기호는 압력유량 등의 수치 또는 기기의 설정값을 표시하는 것은 아니다.

⑫ 간략기호는 그 규격에 표시되어 있는 것 및 그 규격의 규정에 따라 고안해 낼 수 있는 것에 한하여 사용해도 좋다.

⑬ 2개 이상의 기호가 1개의 유닛에 포함되어 있는 경우에는 특정한 것을 제외하고 전체를 일점쇄선의 포위선기호에 둘러싼다. 단, 단일기능의 간략기호에는 통상 포위선을 필요하지 않는다.

⑭ 회로도 중에서 동일 형식의 기기가 수개소에 사용되는 경우에는 제도를 간략화하기 위하여 각 기기를 간단한 기호로 표시할 수 있다. 단, 기호요소 중에는 적당한 부호를 기입하고 회로도 속에 부품란과 그 기기의 완전한 기호를 나타내는 기호표를 별도로 붙여서 대조할 수 있게 한다.

12.4　관로 및 접속구

① 관로 : 관로의 기호는 기호요소를 사용하여 구성하며, 일반적으로 사용하는 기호의 보기는 KS규격으로 표시한다.

② 접속구 : 접속구의 기호는 KS규격에서 제시하는 기호요소와 기능요소를 사용하여 구성하며, 일반적으로 사용하는 기호의 보기는 KS규격으로 표시한다.

[표 1.39] 유압구동장치의 요소

명칭	기호	설명
공기빼기		연속적인 공기빼기
		특정 시간 공기빼기
		체크기구 이용 공기빼기

[표 1.39] 유압구동장치의 요소 (계속)

명칭	기호	설명
배기구		접속구 없음
		접속구 있음
급속연결구		체크밸브 없음
		체크밸브 부착
회전연결구		1관로 1방향 회전
		3관로 2방향 회전

12.5 조작기구

1) 기호의 표시법

(1) 기호의 구성

조작기구의 기호는 KS규격에서 규정한 기호요소와 기능요소를 사용하여 구성하며 KS규격의 특별한 기호에 따른다.

(2) 단일조작기구와 기기의 관계

① 조작기호를 도시하는 크기의 비율은 KS규격에 따른다.

② 밸브의 조작기호는 조작하는 기호요소에 접하는 임의의 위치에 써도 좋다([그림 1.144]의 (a), (b) 참조).

③ 가변기기의 가변조작을 나타내는 화살표는 조작기호와 관련되어 있고 늘리거나 구부려도 좋다([그림 1.144]의 (c) 참조).

④ 2방향 조작의 조작요소가 실제로 하나인 경우 조작기호는 원칙적으로 하나밖에 쓰지 않는다([그림 1.144]의 (d) 참조). 또한 복동 솔레노이드로 조작되는 밸브의 기호에서 전기신호와 밸브의 상태와의 관계를 명확히 할 필요가 있는 경우에는 복동 솔레노이드의 기

호를 사용하지 않고 2개의 단동 솔레노이드의 기호를 사용하여 그린다([그림 1.144]의 (e), (f) 참조).

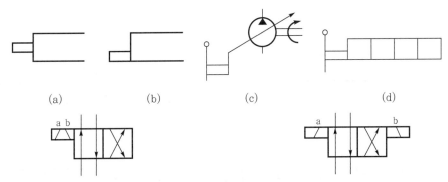

(a)   (b)   (c)   (d)

(e) 전기신호와 관계를 나타낼 필요가 없는 경우 (f) 전기신호와 관계를 나타낼 필요가 있는 경우

[그림 1.144] 단일조작밸브의 표시방법

(3) 복합조작기구와 기기의 관계

① 1방향 조작의 조작기호는 조작하는 기호요소에 인접해서 쓴다([그림 1.145]의 (a) 참조).

② 3개 이상 스풀의 위치를 갖는 밸브의 중립위치의 조작은 중립위치를 나타내는 직사각형의 경계선을 위 또는 아래로 연장하고, 여기에 적절한 조작기호를 기입함으로써 명확히 할 수가 있다([그림 1.145]의 (b) 참조).

③ 3위치 밸브의 중앙위치의 조작기호는 외측 직사각형의 양쪽 끝면에 기입해도 좋다([그림 1.145]의 (c) 참조).

④ 프레셔센터의 중앙위치의 조작기호는 기능요소의 정삼각형을 사용하여 나타내고, 외측의 직사각형 양쪽 끝면에 삼각형 정점이 접하도록 그린다([그림 1.145]의 (d) 참조).

⑤ 간접파일럿조작기기에 내부 파일럿과 내부 드레인관로의 표시는 간략기호에서는 생략한다.

⑥ 간접파일럿조작기기에 1개의 외부 파일럿포트와 1개의 외부 드레인포트가 있는 경우의 관로 표시는 간략기호에서는 한쪽 끝에만 표시한다. 단, 이외에 다른 외부 파일럿과 외부 드레인포트가 있는 경우에는 다른 끝에 표시한다. 또한 기기에 표시하는 기호는 모든 외부 접속구를 표시할 필요가 있다([그림 1.145]의 (e) 참조).

⑦ 선택조작의 조작기호는 나란히 병렬해서 표시하든가 필요에 따라 직사각형의 경계선을 연장하여 표시해도 좋다. 그림은 솔레노이드나 누름버튼스위치에 의하여 각각 독립적으로 조작될 수 있는 밸브를 나타낸다([그림 1.145]의 (f), (g) 참조).

⑧ 순차조작의 경우에는 조작기호를 조작되는 순서에 따라 직렬로 표시한다. 그림은 솔레노이드가 파일럿밸브를 조작하고 이어 그 파일럿압력으로 주밸브를 작동시키는 밸브를 나타낸다([그림 1.145]의 (h) 참조).

⑨ 멈춤쇠는 스풀의 위치와 동수로 그리고 같은 순서로 분할하여 표시한다. 고정용 그루브
의 위치는 고정하는 위치에만 표시한다. 또한 밸브의 스풀위치에 대응시켜 고정구를 나
타내는 선을 표시한다([그림 1.145]의 (i) 참조).

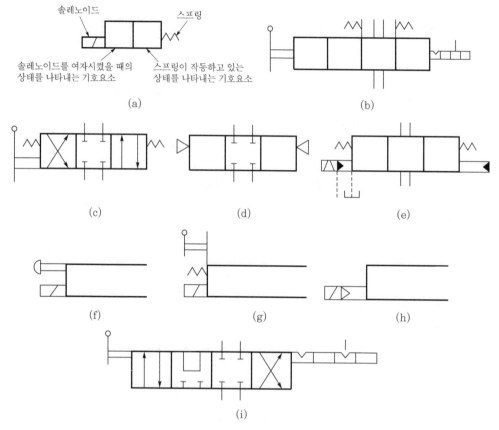

[그림 1.145] 복합조작밸브의 표시방법

[표 1.40] 조작방식

명칭	기호	비고
입력조작		특정하지 않는 경우의 일반기호
푸시버튼		1방향 조작
풀버튼		1방향 조작
풀/푸시버튼		2방향 조작

[표 1.40] 조작방식 (계속)

명칭	기호	비고
레버		2방향 조작
페달		1방향 조작
양기능 페달		2방향 조작
플런저기계조작		1방향 조작
리밋기계조작		2방향 조작 (가변스트로크)
스프링조작		1방향 조작
롤러조작		2방향 조작
		한쪽 방향 조작
단동 솔레노이드		1방향 조작
복동 솔레노이드		2방향 조작
액추에이터		단동 가변식
		복동 가변식
		회전형
파일럿조작		직접파일럿조작 (필요시 면적비 기입)
		내부 파일럿조작
		외부 파일럿조작

12.6 에너지의 변환과 저장

1) 펌프 및 모터

(1) 기호의 표시법

① 펌프 및 모터의 기호는 KS규격의 기호요소와 기능요소를 사용하여 구성한다.
② 기계식 회전구동은 KS규격을 사용하여 표시한다.
③ 1회전당의 배제량이 조정되는 경우에는 KS규격을 사용하여 표시한다.
④ 다음과 같은 상호 관련을 표시하는 경우에는 부속서에 따른다.
　　㉠ 축의 회전방향
　　㉡ 유체의 유동방향
　　㉢ 조립 내장된 조작요소의 위치
⑤ 가변용량형 기기의 조작기구의 기호는 다음과 같이 표시한다.

(2) 기호보기

일반적으로 사용되는 기호는 [표 1.41]과 같이 표시한다.

[표 1.41] 펌프 및 모터

명칭	기호	비고
유압모터		1방향 흐름 회전, 정용량형
유압펌프		1방향 흐름 회전, 가변용량형
공기압모터		2방향 흐름 회전, 정용량형
펌프모터		1방향 흐름 회전, 정용량형
		2방향 흐름 회전, 가변용량형
액추에이터		2방향 요동형

2) 실린더

(1) 기호의 표시법

① 실린더의 기호는 기호요소와 기능요소를 사용하여 KS규격에 의해서 구성한다.

② 단동 실린더는 한쪽 포트를 배기(드레인)에 접속시킨다.

③ 쿠션과 쿠션조정은 KS규격을 사용하여 표시한다.

④ 필요에 따라서는 피스톤기호 위에 피스톤면적비를 표시한다.

(2) 기호보기

일반적으로 사용되는 기호는 [표 1.42]와 같이 표시한다.

[표 1.42] 실린더

명칭	기호		비고
단동 실린더			밀어내는 형
			스프링으로 밀어내는 형
			스프링으로 당기는 형
복동 실린더			편로드형
			양로드형
			양쿠션/편로드형

3) 특수 에너지변환기기

특수 에너지변환기기의 기호는 [표 1.43]과 같이 표시한다.

[표 1.43] 에너지변환기기

명칭	기호	비고
공유변환기		단동형
		연속형
증압기		단동형
		연속형 (압력비 표기)

4) 에너지용기(어큐뮬레이터(축압기), 보조가스용기 및 공기탱크)

(1) 기호의 표시법

① 에너지용기의 기호는 KS규격의 기호요소를 사용한다.

② 어큐뮬레이터의 접속구는 하부 반원과 KS규격의 접점으로 표시한다.

③ 보조가스용기의 접속구는 상부 반원과 KS규격의 접점으로 표시한다.

④ 어큐뮬레이터의 부하의 종류(기체압, 추, 스프링력)를 나타내는 경우에는 KS규격의 기호를 사용한다.

(2) 기호보기

일반적으로 사용하는 기호는 [표 1.44]와 같이 표시한다.

[표 1.44] 에너지용기

명칭	기호	비고
어큐뮬레이터		일반기호 (부하의 종류 무시)
		기체식 부하

[표 1.44] 에너지용기 (계속)

명칭	기호	비고
어큐뮬레이터		추식 부하
		스프링식 부하
보조가스용기		어큐뮬레이터와 조합 사용
공기탱크		일반형

5) 에너지원

(1) 기호의 표시법

에너지원의 기호는 기호요소와 기능요소를 KS규격을 사용하여 구성한다.

(2) 기호보기

일반적으로 사용하는 기호는 [표 1.45]와 같이 표시한다.

[표 1.45] 에너지원

명칭	기호	비고
유압원		
공기압원		
전동기		
원동기		전동기 제외

12.7 기호 표시법

1) 일반사항

① 에너지의 제어와 조정의 기호는 기호요소로 KS규격을 사용한다.

② 제어기기의 주기호는 1개의 직사각형(정사각형 포함) 또는 서로 인접한 복수의 직사각형으로 구성한다([그림 1.146]의 (a) 참조).

③ 유로, 접속점, 체크밸브, 교축 등의 기능은 특정의 기호를 제외하고 대응하는 기능기호를 주기호 속에 표시한다([그림 1.146]의 (b) 참조).

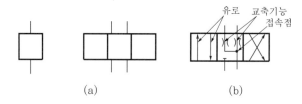

(a)   (b)

[그림 1.146] 유로, 접속점, 체크밸브, 교축 등의 표시방법

④ 작동위치에서 형성되는 유로 등의 상태는 조작기호에 의하여 눌려진 직사각형이 이동되어 그 유로가 외부 접속구와 일치되는 상태가 소정의 상태가 되도록 표시한다([그림 1.147] 참조).

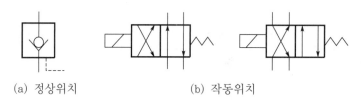

(a) 정상위치   (b) 작동위치

[그림 1.147] 유로 등의 상태 표시방법

⑤ 외부 접속구는 통상, 일정간격으로 직사각형과 교차되도록 표시한다. 단, 2포트 밸브의 경우는 직사각형의 중앙에 표시한다([그림 1.148]의 (a) 참조).

⑥ 드레인접속구는 드레인관로기호를 직사각형의 모서리에서 접하도록 그려 나타낸다. 단, 회전형 에너지변환기기의 경우는 주관로접속구로부터 45°의 방향에서 주기호(대원)와 교차되도록 표시한다([그림 1.148]의 (b) 참조).

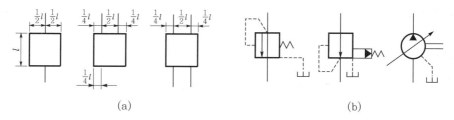

[그림 1.148] 드레인접속구의 표시방법

⑦ 과도위치를 나타내고자 할 경우에는 명백한 작동위치를 표시하는 인접하는 두 직사각형을 분리시키고 그 중간에 상하변을 파선으로 하는 직사각형을 삽입시켜 표시한다([그림 1.149]의 (a) 참조).

⑧ 복수의 명백한 작동위치가 있고 교축 정도가 연속적으로 변화하는 중간 위치를 갖는 밸브는 직사각형 바깥쪽에 평행선을 기입한다([그림 1.149]의 (b), (c) 참조).

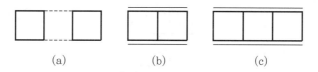

[그림 1.149] 중간 위치를 갖는 밸브의 표시방법

⑨ 명백한 작동위치가 2개 있는 밸브는 통상 다음과 같은 일반기호로 표시한다. 또한 기호를 완성시키면 유동방향을 나타내는 화살표를 기입한다.

번호	명칭	상세기호	일반기호	비고
(a)	2포트 밸브			• 상시 폐 • 가변교축
(b)	2포트 밸브			• 상시 개 • 가변교축
(c)	3포트 밸브			• 상시 개 • 가변교축

⑩ 제어기기와 조작기구의 관계를 나타내는 방법은 KS규격에 따른다.

⑪ 적층밸브의 기호는 이 규격에서는 규정하지 않는다.

2) 전환밸브

(1) 기호의 표시법

전환밸브의 기호는 KS규격에 따르는 것 이외에 기능요소를 사용하여 구성한다.

(2) 기호보기

일반적으로 사용하는 기호는 [표 1.46]과 같이 표시한다.

[표 1.46] 전환밸브

명칭	기호	비고
2포트 수동전환밸브		2위치 인력방식, 스프링옵셋파일럿방식
3포트 전자전환밸브		전자조작 스프링리턴
5포트 파일럿전환밸브		2위치, 2방향 파일럿조작
4포트 전자파일럿전환밸브		파일럿밸브, 4포트 3위치 스프링센터, 전자조작(복동 솔레노이드), 수동 오버라이드조작붙이, 외부 파일럿, 내부 드레인
4포트 교축전환밸브		3위치, 스프링센터, 무단계 중간 위치
서보밸브		

3) 체크밸브, 셔틀밸브, 배기밸브

(1) 기호의 표시법

① 체크밸브, 셔틀밸브, 배기밸브의 기호는 KS규격에 따른 것 이외에 기호요소와 기능요소를 사용하여 구성한다.

② 지장이 없는 한 간략기호를 사용한다.

③ 간략기호에서 스프링의 기호는 가능상 필요가 있는 경우에만 표시한다.

(2) 기호보기

일반적으로 사용하는 기호는 [표 1.47]과 같이 표시한다.

[표 1.47] 체크밸브, 셔틀밸브, 배기밸브

명칭	기호	비고
체크밸브		스프링 없음
		스프링 있음
		파일럿작동, 스프링 없음
		파일럿작동, 스프링 있음
셔틀밸브		고압 우선형
		저압 우선형
급속배기밸브		

4) 압력제어밸브

(1) 기호의 표시법

① 압력제어밸브의 기호는 KS규격에 따른 것 이외에 기호요소를 사용하여 구성한다.
② 압력제어밸브는 KS규격에서 규정하는 일반기호로 표시한다.
③ 정사각형의 한쪽에 작용하는 내부 또는 외부 파일럿압력은 반대쪽에 작용하는 힘에 대항하여 작용한다.
④ 외부 드레인관로는 표시한다.

(2) 기호보기

일반적으로 사용하는 기호는 [표 1.48]과 같이 표시한다.

[표 1.48] 압력제어밸브

명칭	기호	비고
릴리프밸브		일반기호
		파일럿작동형
		전자밸브 부착
		비례전자식
감압밸브		일반기호
		파일럿작동형
		릴리프 부착

[표 1.48] 압력제어밸브 (계속)

명칭	기호	비고
감압밸브		비례전자식
		정비례식
시퀀스밸브		일반기호
		보조조작 부착 (면적비 표기)
		파일럿작동형
언로드밸브		일반기호
카운터밸런스밸브		
언로드릴리프밸브		
양방향 릴리프밸브		직동형
브레이크밸브		

5) 유량제어밸브

(1) 기호의 표시법

① 유량제어밸브의 기호는 KS규격에 따른 것 이외에 기능요소를 사용하여 구성한다.

② 조작과 밸브의 상태변화 사이의 관계를 표시할 필요가 있는 경우에는 KS규격에서 규정하는 일반기호를 사용한다.

③ 밸브의 상태변화는 존재하나, 조작과의 관계를 명시할 필요가 없는 경우에는 간략기호를 사용한다.

(2) 기호보기

일반적으로 사용하는 기호는 [표 1.49]와 같이 표시한다.

[표 1.49] 유량제어밸브

명칭	기호	비고
교축밸브		가변교축
스톱밸브		NC형
감속밸브		기계조작 가변교축
유량조절밸브		일련형
분류밸브		
집류밸브		

12.8 유체의 저장과 조정

1) 기름탱크

(1) 기호의 표시법

① 기름탱크의 기호는 기호요소로 KS규격을 사용하여 구성한다.
② 기름탱크의 기호는 수평위치로 표시한다.
③ 각 기기로부터 탱크에의 귀환 및 드레인관로에는 국소 표시기호를 사용해도 좋다.

(2) 기호보기

일반적으로 사용하는 기호는 [표 1.50]과 같이 표시한다.

[표 1.50] 기름탱크

명칭	기호	비고
기름탱크(통기식)		관 끝을 액체 속에 넣지 않는 경우
		관 끝을 액체 속에 넣는 경우
		관 끝을 밑바닥에 접속하는 경우
		국소 표시기호
기름탱크(밀폐식)		3관로의 경우 가압 또는 밀폐된 것으로 각 관 끝을 액체 속에 집어넣는다. 관로는 탱크의 긴 벽에 수직이다.

2) 유체조정기기

(1) 기호의 표시법

① 유체조정기기의 기호는 기호요소와 기능요소로 KS규격을 사용하여 구성한다.
② 배수기 또는 배수기를 조립 내장한 기기의 기호는 수평위치로 표시한다.

(2) 기호보기

일반적으로 사용하는 기호는 [표 1.51]과 같이 표시한다.

[표 1.51] 유체조정기구

명칭	기호	비고
필터		일반기호
		드레인 부착
드레인배출기		
기름분리기		
공기드라이어		
루브리케이터		
공기압조정유닛		
냉각기		관로 생략
		관로 표기
가열기		
온도조절기		가열 또는 냉각

12.9 보조기기

1) 계측기 및 표시기

(1) 기호의 표시법

① 계측기 및 표시기의 기호는 기호요소와 기능요소로 KS규격을 사용하여 구성한다.

② 전기접속은 KS규격에 따라 표시한다.

(2) 기호보기

일반적으로 사용하는 기호는 [표 1.52]와 같이 표시한다.

[표 1.52] 계측기 및 표시기

명칭	기호	비고
압력계		
차압계		
유면계		
온도계		
검류계		
유량계		
		적산계
회전속도계		
토크계		

2) 기타 기기

　기타 기기의 기호는 [표 1.53]과 같이 표시하며, 부품을 만드는 재료는 사용목적에 따라 종류가 다양하다. 도면에 부품재료의 명칭을 지정할 때에는 강, 동, 알루미늄, 주철 등의 일반적인 명칭을 사용하지 않고 KS규격에 정해진 재료기호를 사용하여 표제란이나 부품란에 기입한다. 기계재료기호는 KS D규격에 여러 종류의 재료기호가 규정되어 있으며, 기호를 이해하면 재료의 종류와 기계적 성질을 알 수 있다.

[표 1.53] 기타 기기

명칭	기호	비고
압력스위치		
리밋스위치		
아날로그변환기		공압
소음기		공압
경음기		공압
마그넷분리기		

13 기계재료

13.1 기계재료의 표시법

기계재료기호는 재질, 강도, 제품명 등으로 구성되어 다음과 같이 세 부분으로 구성되어 있으나, 특별한 경우에는 다섯 부분으로 구성되는 경우도 있다.

1) 처음 부분

재질을 표시하는 기호로 되어 있으며 영어이름의 머리글자나 원소기호를 사용하여 나타낸다.

기호	재질	기호	재질
S	강(Steel)	PB	인청동(Prosper Bronze)
B	청동(Bronze)	NS	양백(Nickel Silver)
Bs	황동(Brass)	SS	스테인리스강(Stainless Steel)
Al	알루미늄(Aluminum)	F	철(Ferrum)
Cu	구리(Copper, 원소기호)	SM	기계구조용 강(Machine Structure Steel)

2) 중간 부분

재료의 규격명 또는 제품명을 표시하는 기호로서 봉, 관, 판, 선재, 주조품, 단조품과 같은 제품의 모양별 종류나 용도를 표시하며 영어의 머리글자를 사용하여 표시한다.

기호	제품명 또는 규격명	기호	제품명 또는 규격명
B	봉(Bar)	BsC	황동주물(Brass Casting)
C	주조품(Casting)	BC	청동주물(Bronze Casting)
F	단조품(Forging)	NC	니켈크롬강(Nickel Chromium)

기호	제품명 또는 규격명	기호	제품명 또는 규격명
Cr	크롬강(Chromium)	PW	피아노선(Piano Wire)
P	판(Plate)	SW	강선(Steel Wire)
T	관(Tube)	WR	선재(Wire rod)
W	선(Wire)	DC	다이캐스팅(Die Casting)

3) 끝부분

재료의 종류를 나타내는 기호로 종별 재료의 최저인장강도 등을 나타내는 숫자를 사용한다. 경우에 따라 재료기호 끝부분에 제조방법, 열처리상황 등을 덧붙여 표시하는 경우도 있다.

기호	의미	기호	의미
1 또는 2	1종 또는 2종	34	최저인장강도
A 또는 B	A종 또는 B종	C	탄소함유량

보기 1) SC37(탄소강 주강품)

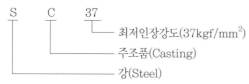

2) SM20C(기계구조용 탄소강)

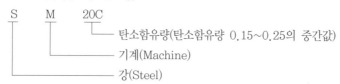

3) SCP1(냉간압연강판)

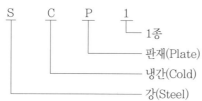

4) STC3(탄소공구강)

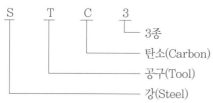

[Chapter 01. 기계제도의 기초]

01 제도의 의미를 설명하시오.

02 우리나라는 KS규격을 적용하고 있다. 다음의 국가에 대한 공업규격을 제시하시오.
① 영국   ② 미국   ③ 프랑스
④ 네덜란드   ⑤ 독일

03 세계는 국제화로 인하여 인간의 생명을 보호하는 관련 지침을 준수하도록 하고 있다. ISO 26262의 지침의 의미는 무엇인가?

04 기계설계자는 도면을 설계할 때 반드시 표제란을 작성해야 한다. 표제란에 포함되는 내용을 제시하시오.

[Chapter 02. 문자와 척도 및 선의 종류]

05 척도의 의미를 설명하고 그 종류를 간단히 설명하시오.

06 선의 종류와 용도(KS B 0001)에서 가는 실선을 사용하는 용도에 의한 명칭을 쓰고 간단히 설명하시오.

[Chapter 03. 평면도법과 투상법]

07 기어 제작에 적용되는 인벌류트곡선을 설명하시오.

08 도면에서 물체를 이해하는 능력은 설계의 능력을 좌우할 수가 있다. 제3각법의 도면배치에 대해 설명하시오.

[Chapter 04. 특수 투상도과 전개도]

09 등각투상법을 설명하고 등각투상도의 각도와 척도비를 그림으로 표현하시오.

10 전개도법을 설명하고 전개도를 그리는 방법에 대해 설명하시오.

[Chapter 05. 도형의 표시방법]

11 도형의 도시법에서 주투상도(정면도)를 제도할 때 부품도에 대한 규정과 원통절삭과 평면절삭의 제도방법을 그림을 그리고 설명하시오.

12 도형의 표시방법에 대한 종류를 간단히 설명하시오.

[Chapter 06. 단면도와 해칭]

13 단면도는 물체의 보이지 않는 부분을 명확하게 나타내므로 부품을 가공 시 불량률을 최소화할 수 있다. 단면 표시법을 설명하시오.

14 한쪽 단면도, 계단 단면도, 인출 회전 단면도를 설명하시오.

15 길이방향으로 절단하지 않는 부품에 대해서 나열하시오.

16 도면에서 단면도로 처리하는 것은 부품의 내부를 상세하게 알고 가공하기 위함이다. 이와 같이 단면으로 처리하는 부분은 해칭을 한다. 해칭하는 기울기와 선의 간격은 얼마인가?

[Chapter 07. 치수기입법]

17 치수기입의 종류를 설명하시오.

18 치수숫자에 ϕ, ㅁ, t, R, C, S와 같은 기호를 기입한다. 각각 어떤 성격의 치수인가?

[Chapter 08. 치수공차와 끼워맞춤의 종류]

19 기하공차를 분류하고 공차의 종류를 나열하시오.

20 다음 그림의 빈칸에 관련 용어를 넣으시오.

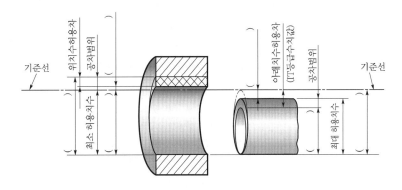

21 끼워맞춤의 종류와 적용하는 기계부품을 설명하시오.

[Chapter 09. 표면거칠기 표시방법]

22 표면거칠기는 기계요소들이 운동을 할 때 표면의 상태에 따라 운동의 조건이 상이하다. 기계부품에 적용하는 표면거칠기의 종류를 설명하시오.

23 표면거칠기를 도면에 기입할 경우 반드시 지시해야 하는 사항을 제시하시오.

[Chapter 10. 용접]

24 용접이음에서 모재의 배치에 따른 분류를 제시하시오.

25 다음은 용접보조기호 등의 기입방법을 설명한 것이다. ( ) 안을 채우시오.

① 표면모양 및 다듬질방법의 보조기호는 용접부의 ( )에 근접하여 기재한다.

② 현장용접, 전체 둘레용접 등의 보조기호는 기선과 화살표선의 ( )에 기재한다.

③ 비파괴시험의 보조기호는 꼬리의 ( )에 기재한다.

④ 기본기호는 필요한 경우 ( )하여 사용할 수 있다.

⑤ 그루브용접의 단면치수는 특별히 지시가 없는 한 S는 그루브길이 S에서 완전 용입그루브 용접, Ⓢ는 그루브깊이 S에서 ( ) 용입그루브용접, S를 지시하지 않을 경우 ( )를 용입 그루브용접으로 한다.

⑥ 필릿용접의 단면치수는 ( )로 한다.

⑦ 플러그용접, 슬롯용접의 단면치수 및 용접선방향의 치수는 ( )의 치수로 한다.

⑧ 점용접 및 프로젝션용접의 단면치수는 (   )의 지름으로 한다.

⑨ 용접방법 등 특별히 지시할 필요가 있는 사항은 (   ) 부분에 기재한다.

[Chapter 11. 파이프 및 배관제도]

26 관 결합방식의 표시방법에 대한 그림기호를 그리시오.

종류	그림기호	종류	그림기호
일반		턱걸이식	
용접식		유니언식	
플랜지식			

27 밸브 및 콕에 대한 그림기호를 다음 빈칸에 그려 넣으시오.

종류	그림기호	종류	그림기호
글로브밸브		3방향 밸브	
체크밸브	▷◁ 또는 ( )	안전밸브	, ( )
볼밸브		콕 일반	

[Chapter 12. 유압·공기압도면기호]

28 액추에이터를 제어하는 솔레노이드밸브에서 단동과 복동 솔레노이드밸브의 작동과 적용 방법을 설명하시오.

29 에너지변환장치에서 유압펌프와 모터, 공유압펌프와 모터의 에너지 적용 상태와 기호를 설명하시오.

[Chapter 13. 기계재료]

30 기계재료의 표시법은 보통 세 부분으로 구성하고 있으나, 특별한 경우에는 다섯 부분으로 구성하는 경우도 있다. 세 부분으로 구성 시 내용을 설명하시오.

PART

02

창의적인 설계를 위한 단계별 진행방법

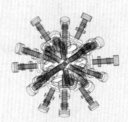

Mechanical Drawing

01 개요

1.1 자료수집 및 조사

설계자는 설계를 위한 시스템에 요구되는 여러 변수들을 찾아 사전에 검토를 하고 에러가 발생할 수 있는 부분을 미리 개선하여 나감으로써 효율적인 설계를 할 수 있다.

자료수집은 시스템의 구상과 연관되어 진행이 될 것이다. 자료의 수집을 다양하게 진행하고 설계자가 추구하는 시스템의 이론과 실무적인 차원에서 검토해 나가고, 검토과정 중에 문제점이 도출되면 다시 수정하여 추후에 시스템을 설계·제작하여 완성이 되었을 때 여러 가지로 발생할 수 있는 에러를 최소화해 나가야 한다. 또한 기계시스템은 모든 시스템이 동적인 운동을 지속적으로 수행하며 인간이 요구하는 역할을 하고 있기 때문에 치명적인 에러가 발생하면 시스템의 전체적인 흐름에 영향을 주기 때문이다.

설계자는 기획, 연구, 개발에서 필요한 시스템, 전체 성능이 고려되어야 한다. 보통 시스템은 기계, 측정, 정보처리 등으로 구성되지만, 일부분의 기계의 경우에는 기능, 기구를 고려하고 그것을 구성하는 구체적인 부품의 형상, 치수, 재질 등을 고려한다. 특히 실제로 실현하기 위해서는 가공방법을 고려하고, 그것의 조립, 분해 등에 대해서도 고려를 해야 한다. 또한 기계의 운전, 설치, 보수, 점검으로 고려해야 한다.

설계구상단계

2.1 사양서 및 사양 협의

사양서의 내용에 있어서 협의는 담당자와 관련 업무를 수행하는 모든 엔지니어와들과 협의를 해야 하며 시스템을 설계, 제작이 완성되었을 때 고객이 추구하는 부분에 만족할 수 있도록 사양협의를 해야 한다. 또한 시스템을 추진함에 있어서 전체적인 계획에 의거하여 체계적인 진행이 되도록 일정을 효율적으로 관리해야 하며 고객이 요구하는 납기를 준수할 수 있도록 포괄적인 상태에서 검토하고 결정을 내려야 한다.

2.2 사양서 검토

사양서는 충분히 검토를 하여 시스템을 추진해야 하며, 각 사양서가 결정되면 설계용 사양서에 기록을 하고 설계 시에 고려하여 추진을 해야 한다. 또한 설계용 사양서에는 설계방침을 포함해야 한다. 예를 들면, 공압, 유압, 전기 병용으로 구동유닛을 설정할 것인지를 포괄적으로 검토를 해야 하며 전기구동에도 교류인지, 직류인지, 제어방법을 개회로인지, 폐회로방식인지를 여러 변수들을 하나하나 검토하면서 변수를 줄여나가야 한다.

2.3 사양서 정리, 설계를 위한 자료준비

설계단계를 위해 충분히 검토하는 작업으로 진행해야 한다. 자료수집은 두뇌에서 상상하여 구상한 자료 나 카탈로그 내 기술자료 등을 세밀하게 준비한다. 사양서가 정리되고 자료수집이 완료되면 설계를 위한 구상에 들어가야 한다. 구상은 시스템의 전체적인 배치상태, 기본적인 각 유닛의 연계방법을 검토하여 시스템에 효율성을 주도록 진행해야 한다. [표 2.1]은 사양서 작성기준을 보여주고 있다.

[표 2.1] 사양서 작성기준

No	내용	No	내용
1	사용자의 사양서를 기초로 작성	15	속도의 범위, 표준속도
2	작업에 관한 사양서 정리 ① 작업의 방법에 따라 변화하는 최소 치수, 최대 치수, 기타, 종류에 따라 변화하는 치수 ② 가공 정도 또는 강도 등 ③ 사상상태(표면의 손상이나 Burr 등) ④ 위치결정의 실시위치 ⑤ Chuck 또는 Clamp하는 부분	16	감속비, 감속의 방법(감속기의 종류)
3	작업점의 조정범위	17	동력원의 종류와 출력
4	운동 부분의 수	18	커플링의 종류, 토크리미터의 유무
5	운동 부분의 최대 스트로크	19	클러치, 브레이크의 종류, 크기
6	운동 부분의 조정범위	20	공정분할의 수
7	운동 부분을 움직이는 힘	21	트랜스퍼방식인가, 인덱스테이블방식인가
8	운동 부분을 움직이는 방법	22	간결운동의 경우 그 기구의 선택
9	운동 부분의 속도	23	기계등급의 결정
10	운동 부분의 작동시간	24	상기 등급에 따른 공차등급의 범위, 나사, 치차의 등급 결정
11	운동의 정지시간	25	특히 주의하지 않으면 안 되는 재료가 있는 경우는 반드시 명기
12	작업높이	26	프레임구조의 개요
13	작동 부분을 포함한 작업면적	27	기타의 사양
14	동력전달방식		

2.4 구상도

조립도 및 중요개소의 유닛별 조립도 등을 검토하며, 도면은 깨끗하지 않아도 되지만 축척하여 그린다. 구상도는 사양서가 결정되고 사양에서 요구되는 시스템의 특성을 충분히 반영하여 구상을 진행해야 하며 시스템의 효율성과 유지관리측면에서도 검토하여 추후에 발생할 수 있는 에러를 감소시켜 나가야 한다.

먼저 전체적인 배치도(Lay-out design)를 설계한 다음에 각 유닛별로 세부적인 검토를 수행하며 추후에 전체적인 계획설계(Schematic design)를 완성해야 한다.

2.5 사내검토회의

영업, 제조 등 관계부서와 검토회의를 실시하고 각각의 입장에서 의견을 충분히 검토하여 반드시 설계자가 기록하고, 의견의 불합리는 설계자가 후에 검토하여 조율하여 결정한다. 검토회의는 앞에서 언급한 시스템의 요구조건과 고객이 요구하는 조건을 전부 고려하여 사양서를 결정한다. 사양서에 의해서 시스템설계자는 구상도를 완성하여 관련 담당자들에게 진행사항을 발표하고, 발표한 시스템의 진행에 문제가 발견되거나 개선해야 할 부분이 발생하면 수용하고 설계자 입장에서 다시 검토를 진행해야 한다.

2.6 구상도 추가 및 수정

시스템설계자는 자기 중심적인 생각과 판단에 의해서 설계의 구상을 할 수도 있다. 따라서 사내검토회의 구상도에 지적사항을 시스템설계자는 충분히 검토한 후에 추가사항이 발생한 부분을 시스템에 추가해야 하며 시스템의 수정 부분도 마찬가지로 진행하면 된다.

여기서 검토는 고객과 설계의 효율성 등에 관련된 부분을 고려하여 타당성이 있다고 판단하면 구상도를 수정해야 한다. 구상도에 추가하거나 수정을 할 때는 시스템설계자는 반드시 구상도를 진행할 때의 여러 가지 검토사항을 다시 한번 확인하면서 추가하거나 수정을 진해해야 한다. 혹시 자신도 모르게 중요한 사항을 제외하고 할 수도 있기 때문에 시스템설계자는 설계의 각 과정에 대한 자신이 수행하는 업무에 대해서 점검표(Check list)를 만들어 진행하는 것이 트러블요인을 방지할 수 있다.

2.7 시뮬레이션

시뮬레이션은 공학에서 의미가 다양하지만, 시스템설계에서 시뮬레이션은 설계자가 시스템을 수행하면서 여러 조건과 환경을 검토하여 진행하지만 이론과 실무에 불확실성을 포함하는 장치나 운동 부분이 발생할 수 있다. 그런 부분을 똑같은 조건이나 축소를 해서 제작하거나 컴퓨터를 통한 여러 시뮬레이션프로그램을 활용하여 검토하므로 시스템설계자가 수행하는 설계 부분의 문제점을 해결하거나 불확실한 부분을 확실성을 가지고 진행할 수 있도록 하는 데 의미를 부여한다.

03 실시설계단계

3.1 계획도설계

　계획도(Schematic design)는 전체와 부분으로 나누어 작성하고, 축척은 통일한다. 관계치수, 구성부품치수도 중요한 것은 상세하게 기입한다. 계획도는 시스템의 설계를 위한 모든 지식과 관련된 내용을 하나의 종이 위에 표현하기 때문에 모든 기록이나 과정을 일관성 있게 유지하는 것이 설계업무의 흐름을 원활하게 할 수 있다.

3.2 조립도설계

　조립도설계는 시스템설계의 가장 중요한 과정이라 할 수가 있다. 일본과 우리나라가 수행하는 과정은 차이가 있다. 일본은 부품도를 먼저 완성하고 조립도를 설계하지만, 우리나라는 대부분 조립도설계가 완성이 된 다음에 부품도를 진행하는 과정을 택하고 있다.

　즉 시스템의 전체적인 윤곽과 장치를 먼저 포괄적으로 파악하기 위해서는 조립도가 필요하다. 그래서 조립도는 가장 중요하면서 조립도에 추후 발생할 수 있는 에러가 보이지 않는다면 시스템의 트러블을 감소할 수 있지만, 조립도를 소홀하게 한 다음에 부품도를 진행하면 진행과정과 시스템의 전체적인 부분을 검토해 나갈 때 많은 문제점과 시간손실이 많아지고 도면관리가 효율적이지 못하게 된다. 다시 말해 시스템의 조립도를 완벽하게 하기 위해서는 시간이 지연되더라도 시스템의 조립도를 완성하는 부분에 충분한 시간과 여러 변수를 검토한 후에 부품도를 진행하는 것이 좋다. 조립도에는 시스템의 운동 부분은 최소와 최대의 운동 부분을 표시하고 시스템의 전체 길이와 운동 부분의 필요한 치수만 표기하며, 부품목록에는 상세하게 표기를 하는 것이 추후 부품도를 진행할 때 원활한 설계흐름을 가질 수 있다. 또한 3차원 프로그램을 이용해서 정면도, 평면도, 측면도로 표기한 2차원 도면에 트러블 슈팅이 있는지 다양하게 검토하여 문제점을 최소화하여 나가야 한다. 조립도에 가능한 보조조립도를 도면화하여 보이지 않은 에러를 찾아주므로 조립상 혹은 가공상의 문제점을 최소화할 수가 있다.

3.3 부품도설계

부품도는 시스템의 조립도에 문제점이 없고 시스템의 운동이나 작동, 기타 검토한 부분에 문제점이 없다면 부품도를 진행하면 된다. 부품도에는 조립상, 가공상의 문제점이 발생하지 않도록 진행해야 하며 재질, 사상기호, 형상기호, 수량, 열처리상태 등의 상세한 부분을 표기하고, 가공상에 주의를 요하는 부분에는 노트(Note)란에 기입하거나 부품도에 직접 표기하여 가공상에 불량이 발생하지 않도록 해야 한다. 또한 부품도는 각종 공작기계의 용도와 가공방법에 대해서 충분하게 이해를 한 다음에 도면을 작성하는 것이 좋다. 운동상태에 따라 사상기호를 표기하며 사상기호에 따라 선반이나 밀링가공에서 경면가공을 요구하는 래핑가공까지 부품도의 상태를 가공할 수 있다. 또한 부품과 부품이 서로 체결하는 부분에 대해서는 미터법을 사용할 것인지, 인치법을 사용할 것인지를 정확하게 결정을 한 다음에 모든 체결부품을 일관성 있게 사용할 수 있어야 한다. 우리나라는 미터법을 사용하므로 예로 M4×0.7×15라면 직경이 4mm이고 나사의 피치가 0.7mm, 길이가 15mm라는 의미이다.

부품도에 체결되는 볼트와 너트를 체계적으로 활용하므로 추후에 야기되는 유지관리측면에서의 각종 체결부품의 관리에도 효율적으로 관리할 수 있다.

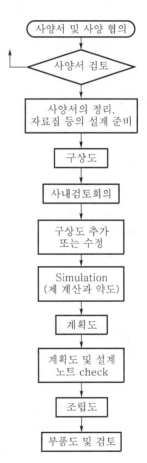

[그림 2.1] 설계단계 흐름도

[표 2.2] 설계진행 시 검토항목

No	검토사항
1	• 사양서내용에 있어서 협의는 담당자와 함께 진행해야 한다. • 납기에 관한 협의도 진행해야 한다.
2	• 사양서를 충분히 검토 후 설계용 사양서에 기록한다. • 설계용 사양서는 설계방침을 포함해야 한다(예 공압, 전기 병용, motor는 stepping motor 채용 등).
3	• 설계단계를 충분히 행한 후 작업을 행한다. • 자료수집은 구상을 머릿속에 상상하여 필요한 자료, 카탈로그 내 기술자료를 수집하여 충분히 준비한다.
4	• 전체도 및 중요개소의 부분도 등 2~3개를 정리한다. • 도면은 깨끗하지 않아도 되지만 축척하여 그린다.
5	• 영업, 제조 등 관계부서와 검토회의를 개최하고 각각의 입장에서 의견을 충분히 묻는다. • 반드시 설계자가 기록하고, 의견의 불합리는 설계자가 후에 행한다.
6	• 의견을 참고로 수집, 추가 등을 행하고 1인을 결정한다. • 다른 안도 참고한다.
7	• 여러 역학적인 계산을 파트별로 검토하여 제원을 결정하며 진행한다. • 고려방법을 포함하여 반드시 설계NOTE에 기록을 행한다.
8	• 전체와 부분으로 나누어 작성하고, 축척은 통일한다. • 관계치수, 구성부품치수도 중요한 것은 상세하게 기입한다.
9	• Check항목을 구분하고 1매의 도면을 완성한 것으로 행하지만 전부 종료 후 재검토한다. • 표제란 부분표의 check도 반드시 행한다.
10	• 시스템의 전체적인 상태를 파악하여 조립도를 그리고 그 과정에서 치수 Check를 행한다. • 최후에 종합검사를 행한다.
11	• 조립도가 완료 후 조립도를 참조하여 부품도를 그리고 그 과정에서 치수 Check를 행한다. • 최후에 종합검사를 행한다.

3.4 조립도

조립도설계는 시스템설계의 가장 중요한 과정이라 할 수가 있다. 일본과 우리나라가 수행하는 과정은 차이가 있다. 일본은 부품도를 먼저 완성하고 조립도를 설계하지만, 우리나라는 대부분 조립도설계가 완성이 된 다음에 부품도를 진행하는 과정을 택하고 있다.

즉 시스템의 전체적인 윤곽과 장치를 먼저 포괄적으로 파악하기 위해서는 조립도가 필요하다. 그래서 조립도는 가장 중요하면서 조립도에 추후 발생할 수 있는 에러가 보이지 않는다면 시스템의 트러블을 감소할 수 있지만, 조립도를 소홀하게 한 다음에 부품도를 진행하면 진행과정과 시스템의 전체적인 부분을 검토해 나갈 때 많은 문제점과 시간손실이 많아지고 도면관리가 효율적이지 못하게 된다. 다시 말해 시스템의 조립도를 완벽하게 하기 위해서는 시간이 지연되더라도 시스템의 조립도를 완성하는 부분에 충분한 시간과 여러 변수를 검토한 후에 부품도를 진행하는 것이 좋다. 조립도에는 시스템의 운동 부분은 최소와 최대의 운동 부분을 표시하고 시스템의 전체 길이와 운동 부분의 필요한 치수만 표기하며, 부품목록에는 상세하게 표기를 하는 것이 추후 부품도를 진행할 때 원활한 설계흐름을 가질 수 있다. 또한 3차원 프로그램을 이용해서 정면도, 평면도, 측면도로 표기한 2차원 도면에 트러블 슈팅이 있는지 다양하게 검토하여 문제점을 최소화하여 나가야 한다. 조립도에 가능한 보조조립도를 도면화하여 보이지 않은 에러를 찾아주므로 조립상 혹은 가공상의 문제점을 최소화할 수가 있다.

[그림 2.2]는 Sand Seperator로서 복잡하지 않은 조립도이지만 살펴보면 정면도와 평면도로 조립도를 완성하였으며, 치수표기한 부분을 보면 시스템의 전체 범위(가로×세로×높이)를 표기하고 모터가 회전 시 회전각도에 따른 기구장치의 운동상태를 표시하므로 예상하지 못하는 트러블요인을 발견할 수가 있으며 작동공간을 확보할 수가 있다. 부품을 표기하는 부품번호는 제3자가 볼 때 혼돈하지 않도록 일관성 있는 배열로 하는 것이 좋으며 품명을 표기해도 되지만 부품목록표가 있기 때문에 표기하지 않아도 된다. 부품목록표(Parts list)는 품번란, 품명란, 규격란, 재질란, 수량란, 처리란, 비고란을 만들어 부품에 필요한 내용을 기입해 주어야 한다. 표제란은 회사나 단체를 나타낼 수 있는 로고가 있어야 하며 시스템의 명칭을 기입하고 척도, 설계자, 설계완성일, 파일을 관리하기 위한 파일명을 부여하여 수많은 시스템도면과 혼돈하지 않고 바로바로 활용하는 관리시스템을 구축해야 한다.

[그림 2.3]은 프레임에 대한 조립도를 나타내며, [그림 2.2]와 같이 가로, 세로, 높이에 대한 치수를 표기하고 상세도로 처리하여 도면을 혼돈하지 않도록 단면도로 표기한다.

도면에서 보는 바와 같이 모터를 작동하는 AUTO SW의 부착위치도 작업자의 편리성을 고려하여 도면에 나타내므로 시스템의 전체적인 윤곽을 체계적으로 보여줄 수가 있다. 따라서 21세기의 기계설계자는 탁월한 능력을 발휘하는 설계를 위해, 전기공학, 전자공학에 대한 지식도 기본적으로 갖추고 있어야 탁월한 설계가 가능하다.

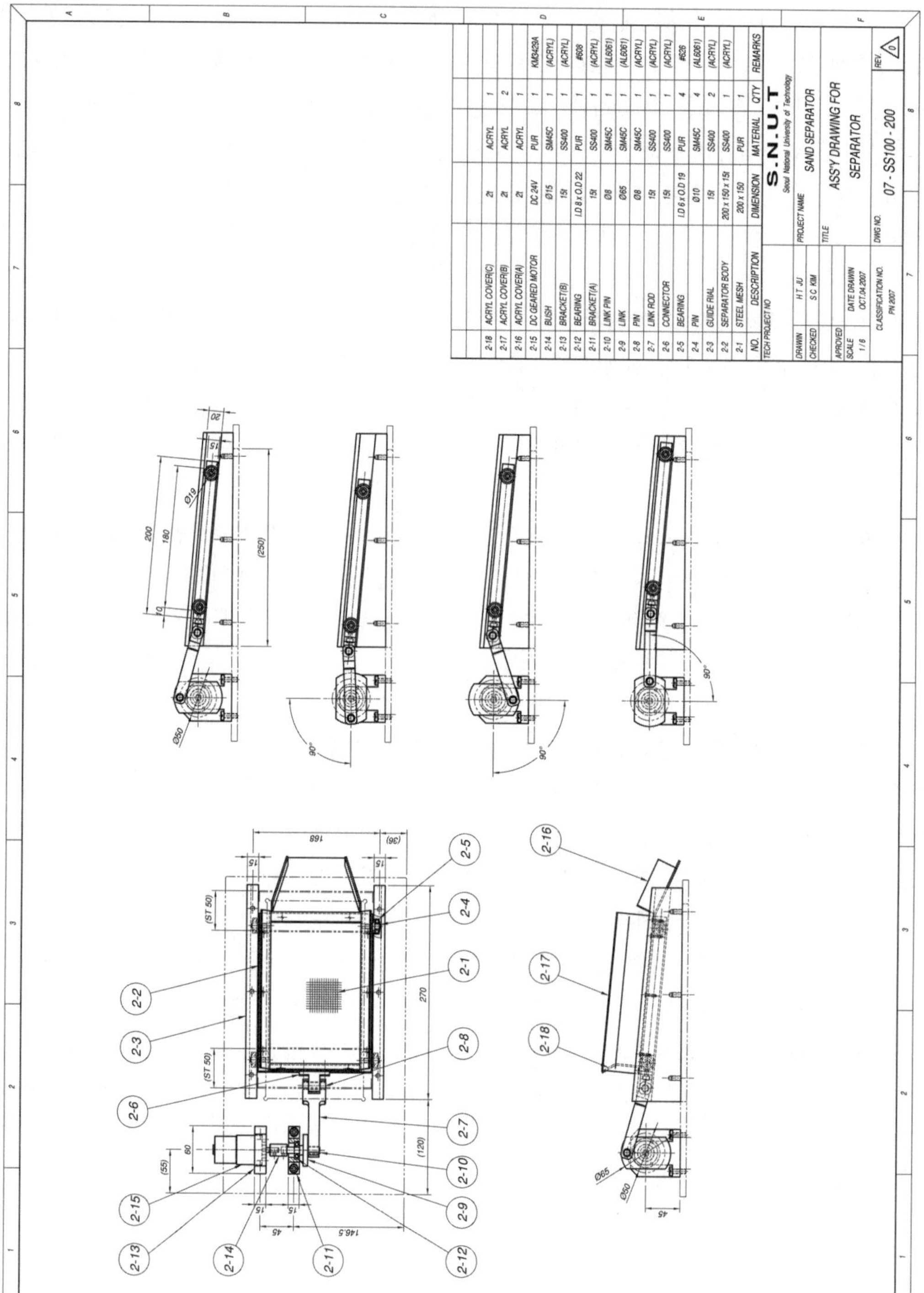

[그림 2.2] 조립도

NO.	DESCRIPTION	DIMENSION	MATERIAL	Q'TY	REMARKS
2-18	ACRYL COVER(C)	2t	ACRYL	2	
2-17	ACRYL COVER(B)	2t	ACRYL	2	
2-16	ACRYL COVER(A)	2t	ACRYL	1	
2-15	DC GEARED MOTOR	DC 24V	PUR	1	KMK4284
2-14	BUSH	Ø15	SM45C	1	(ACRYL)
2-13	BRACKET(B)	15t	SS400	1	#608
2-12	BEARING	I.D 8 x O.D 22	PUR	1	(ACRYL)
2-11	BRACKET(A)	15t	SS400	1	(AL6061)
2-10	LINK PIN	Ø8	SM45C	1	(ACRYL)
2-9	LINK	Ø65	SM45C	1	(ACRYL)
2-8	PIN	Ø8	SS400	1	(ACRYL)
2-7	LINK ROD	15t	SM45C	4	(ACRYL)
2-6	CONNECTOR	I.D 6 x O.D 19	PUR	1	#626
2-5	BEARING	Ø10	SM45C	2	(AL6061)
2-4	PIN	15t	SS400	2	(ACRYL)
2-3	GUIDE RAIL	200 x 150 x 15t	SS400	1	(ACRYL)
2-2	SEPARATOR BODY	200 x 150	PUR	1	
2-1	STEEL MESH				
TECH PROJECT NO.					

S.N.U.T
Seoul National University of Technology

PROJECT NAME	SAND SEPARATOR
TITLE	ASS'Y DRAWING FOR SEPARATOR

DRAWN	H.T JU
CHECKED	S.C. KIM
APPROVED	
SCALE 1/6	DATE DRAWN OCT.04.2007

DWG. NO. 07 - SS100 - 200

CLASSIFICATION NO.

PN 2007

REV.

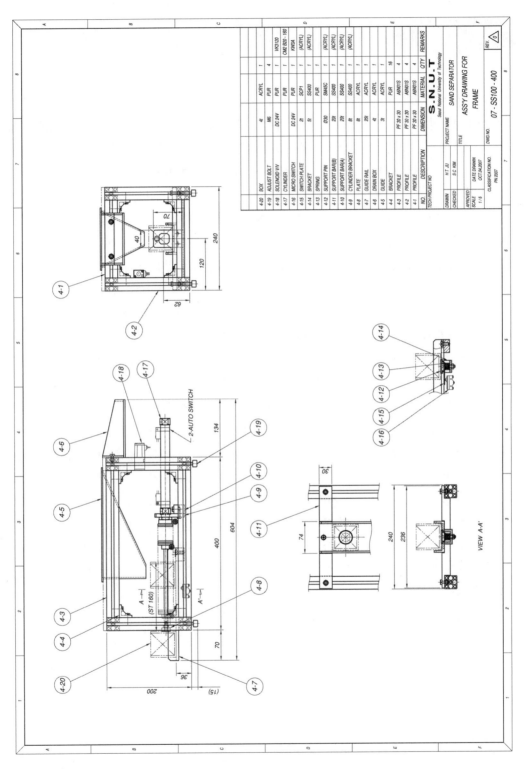

[그림 2.3] 프레임조립도

3.5 부품도

부품도는 시스템의 조립도에 문제점이 없고 시스템의 운동이나 작동, 기타 검토한 부분에 문제점이 없다면 부품도를 진행하면 된다. 부품도에는 조립상, 가공상의 문제점이 발생하지 않도록 진행해야 하며 재질, 사상기호, 형상기호, 수량, 열처리상태 등의 상세한 부분을 표기하고, 가공상에 주의를 요하는 부분에는 노트(Note)란에 기입하거나 부품도에 직접 표기하여 가공상에 불량이 발생하지 않도록 해야 한다. 또한 부품도는 각종 공작기계의 용도와 가공방법에 대해서 충분하게 이해를 한 다음에 도면을 작성하는 것이 좋다. 운동상태에 따라 사상기호를 표기하며 사상기호에 따라 선반이나 밀링가공에서 경면가공을 요구하는 래핑가공까지 부품도의 상태를 가공할 수 있다. 또한 부품과 부품이 서로 체결하는 부분에 대해서는 미터법을 사용할 것인지, 인치법을 사용할 것인지를 정확하게 결정을 한 다음에 모든 체결부품을 일관성 있게 사용할 수 있어야 한다. 우리나라는 미터법을 사용하므로 예로 M4×0.7×15라면 직경이 4mm이고 나사의 피치가 0.7mm, 길이가 15mm라는 의미이다.

부품도에 체결되는 볼트와 너트를 체계적으로 활용하므로 추후에 야기되는 유지관리측면에서의 각종 체결부품의 관리에도 효율적으로 관리할 수 있다.

[그림 2.4]는 Sand Seperator의 Base plate로서 전체적인 시스템의 조립상태를 이 부품도 위에 설치되어야 한다. 부품도 중에서 가장 중요한 역할을 하는 부품으로 Base plate에 여러 부품을 조립하기 위한 암나사의 위치나 Wrench bolt를 조립하기 위한 카운터보링위치가 정확하게 가공이 되어야 하며 정확한 위치에 표기가 되어야 한다. 그래서 모든 시스템에 Base plate는 시스템의 조립에 대한 효율성과 시스템의 성공 여부가 달려 있다고 해도 무리는 아니다.

그러므로 치수기입을 살펴보면 X축에 대한 치수기입은 센터를 중심으로 하였으며, Y축에 대한 치수기입은 도면보기를 기준할 때 좌측면을 기준으로 치수를 기입을 하였다. 이와 같이 치수기입을 할 때는 반드시 기준면을 결정한 다음 치수를 기입해야 공차의 누적으로 조립을 불량을 방지할 수 있다.

[그림 2.5]와 [그림 2.6]은 Table lifter의 부품도로서 도면의 표기방법에 대해 언급하고자 한다.

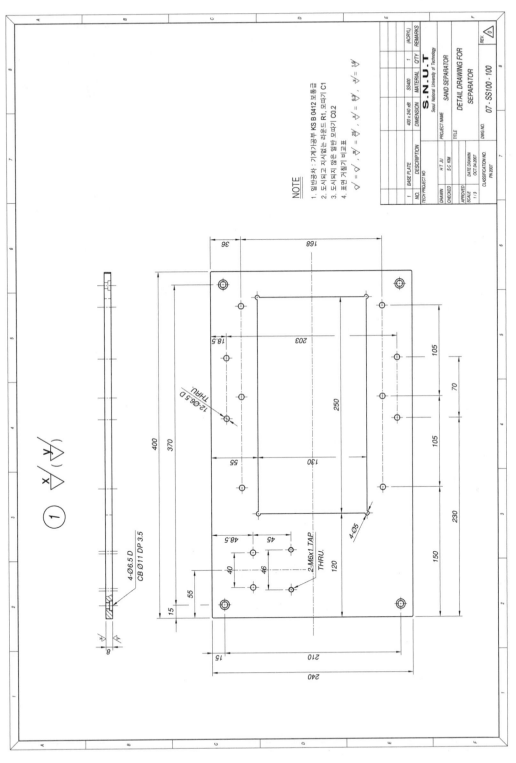

[그림 2.4] Base plate

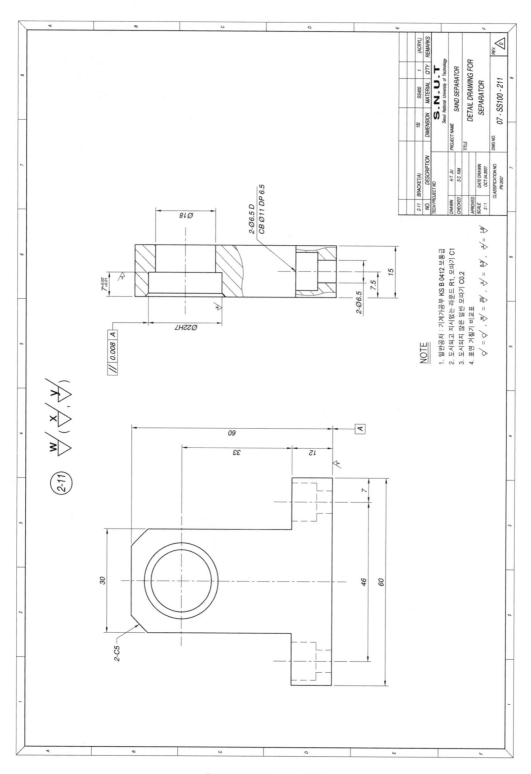

[그림 2.5] Bracket(A)

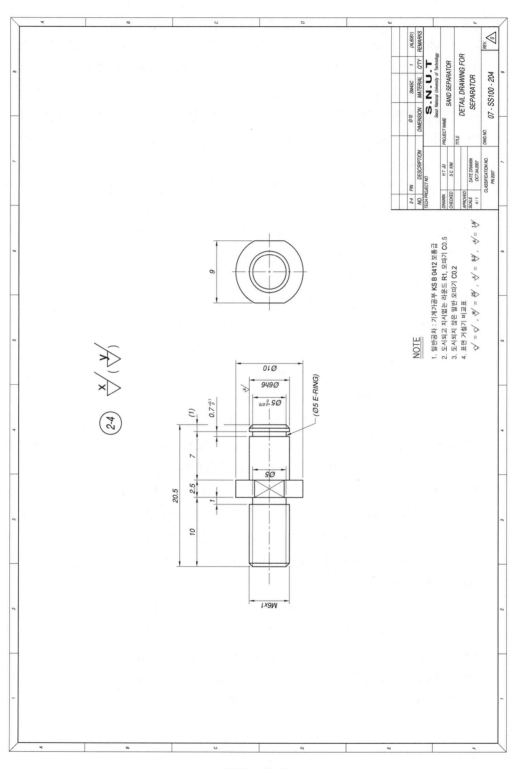

[그림 2.6] Pin

① 먼저 [그림 2.5]를 살펴보면 부품도를 배치할 때 정면도, 평면도, 측면도에 대해서 먼저 검토를 해야 한다. 즉 정면도와 평면도, 정면도와 측면도를 배치해야 할 것인지를 판단하여 도면을 배치해야 한다. 모든 부품도를 표기할 때 3각법에 의해서 정면도, 평면도, 측면도를 표기할 필요는 없다. 예를 들면, 축이나 링의 형태를 가진 부품과 같이 정면도 혹은 평면도로 부품의 전체 형상과 치수를 표기할 수 있는 경우에는 부가적인 측면도를 생략해도 상관없다. 축이나 링의 형태는 직경표기를 할 때 ϕ를 표기하면 누구나 직경임을 알 수 있기 때문이다([그림 2.6] 참조).

② 다음은 치수기입에 대해 언급하고자 한다. [그림 2.5]를 살펴보면 2차원 도면에서는 반드시 X축과 Y축에 대한 기준을 설정하고 원점에서 치수를 기입해야 한다. 원점을 설정하지 않고 치수기입을 하게 되면 표기하는 치수에 대해서는 불량이 발생하지 않겠지만, 그 부품의 길이방향에 대한 전체 길이를 합해보면 누적공차가 발생하여 부품이 서로 조립이 되지 않는 조건을 만들게 된다. 이와 같이 치수기입은 매우 중요하다. 시스템을 설계하고 제작을 한다는 것은 일부분은 구속이 되지만, 일부분은 주어진 공간에서 운동을 해야 시스템의 역할을 할 수 있기 때문이다. 따라서 치수기입은 반드시 원점에서부터 기입하여 공차를 부여해야 하며, 꼭 원점에 관계없이 표기할 치수가 있을 때는 다른 방법으로 주석으로 표기하여 언급하는 것이 좋다.

③ 부품명에 대해 언급하면 시스템을 설계하고 제작을 하면 수많은 부품이 만들어지고 그 부품들이 서로 조합하여 하나의 시스템을 구성하게 된다. 따라서 시스템을 유지관리하는 측면이나 조립상의 혼돈을 방지하기 위해서는 유닛별로 부품명과 파일명을 부여하고 관리를 해야 한다. 시스템을 설계하거나 관여한 엔지니어는 시스템에 대해서 잘 이해를 하고 있지만 현 상황의 관리도 중요하지만 앞으로 시스템을 유지하고 관리하는 과정을 항상 생각해야 한다. 따라서 누구나 보고 쉽게 판단할 수 있는 설명과 명칭을 부여함으로써 시스템에 관여하지 않은 엔지니어가 담당해도 문제점이 없도록 하는 것이 중요하다. 이러한 과정을 거쳐서 도면을 관리하지 않는 것이 현재 우리나라 중소기업의 문제점 중에 하나라고 볼 수 있다.

또한 부품도명을 유닛이나 부품에 적당한 용어로 부여해야 한다. 예를 들면, 연필에 지우개라고 이름을 부여하면 어떻게 인식하겠는가? 이와 같이 부품에도 역할에 맞는 명칭을 부여해야 가공하는 엔지니어는 부품의 역할을 인식하며 가공하므로 불량이 감소할 수가 있으며, 설계자나 조립하는 엔지니어는 부품을 찾는 데 많은 시간이 걸리지 않고 원활한 조립과 시스템의 진행을 할 수 있을 것으로 판단한다.

④ 기하공차에 대해서 살펴보면 부품은 정적인 상태를 유지하는 부품과 동적인 상태를 유지하는 부품이 있다. 정적인 부품은 주어진 공차에 의해서 조립만 되면 역할을 하지만, 동적인 부품은 시스템이 제작되어 가동하고 있는 동안에 문제점이 발생하면 고장으로 인한 손실시간과 수리비가 발생한다. 이와 같이 부품의 용도가 다르게 시스템에 조립되면 설계변경으로 인한 시간손실, 부품수정으로 인한 가공비, 조립시간, 시운전 등의 과정으로 손실이 발생하므로 기하공차의 중요성을 항상 검토해야 한다. 예를 들면, 선반에서 축을 가공한다면 축이란 부품을 선반의 척에 고정하여 가공을 할 때 한쪽에서 모든 가공을 마무리할 수가 없다. 따라서 공작물을 돌려서 다시 척에 고정하여 마무리를 해야 하는데, 이때 중요한 것이 축의 동심도와 진원도가 요구조건에 만족해야 한다. 동심도와 진원도가 요구조건에 만족하지 못하면 축이 회전하면서 진동을 유발하고, 편마모로 인하여 수명이 단축되면 다른 부품에도 전달하여 부품의 고정상태를 이완시키고 정밀도를 저하하는 여러 원인을 주기 때문이다. 이와 같이 기하공차는 설계자의 판단에 의해서 중요성이 요구된 부분에는 [그림 2.7]에 표기한 것처럼 기하공차의 한계를 표기해야 한다.

⑤ 치수공차에 대해서 살펴보면 부품은 주어진 공차의 범위에서 여러 가지 역할을 하는 것이다. 공차는 부품의 끼워맞춤과 관계가 있으며, 끼워맞춤은 부품의 운동과 관계가 있다. 즉 끼워맞춤에는 3가지로 분리하여 적용하고 있는데, 헐거운 끼워맞춤은 자주 분해·조립이 요구되는 분야에 적용하는 것이며 주로 손잡이와 같이 정밀을 요하지 않은 부분에 적용한다. 중간 끼워맞춤은 부품이 서로 운동이 필요한 부분에 적용된다. 주로 축기준에서는 h을 적용하고, 구멍기준에서는 H를 적용하여 공차를 부여한다. 억지 끼워맞춤은 2개의 부품이 서로 움직이면 안 되는 부분에 적용한다. 예를 들어, 베어링에 대해서 살펴보면 베어링의 내륜은 축과 억지 끼워맞춤이 되어야 하고, 베어링의 외륜은 베어링하우징과 억지 끼워맞춤이 되어야 한다. 그래야 축이 베어링의 볼 부분과 원활하게 회전하므로 요구되는 조건을 만족할 수가 있다.

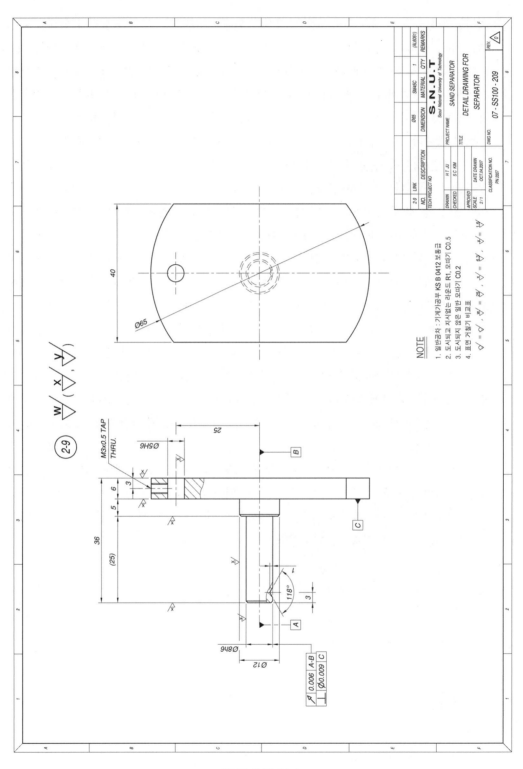

[그림 2.7] Link

3.6 검도

검도는 조립도와 부품도가 완성되면 진행하는 과정이다. 또한 최종적으로 시스템의 모든 부분이 전부 도면으로 표기되어 가공하는 부분과 구매 부분으로 출도하기 전에 도면의 문제점이나 시스템의 문제점을 최종확인하는 과정이라고 볼 수가 있다.

검도의 가장 효율적인 방법은 모든 도면을 1 : 1로 축척된 상태에서 검토하는 것이 이상적이지만, 시스템의 크기에 따라서 도면의 축척은 다양하게 부여할 수가 있다. 따라서 검도의 중요성은 도면의 축척에 따른 혼돈이 있어서는 안 되고, 인접 부품과의 조립 여부도 같이 병행하여 검토해 나가야 한다.

검도는 1차로 시스템설계자가 한 다음 시스템에 관련된 엔지니어가 검도를 수행하는 것이 에러를 찾는 데 효율적일 수 있다. 시스템설계자는 시스템을 수행할 때 여러 가지 생각한 과정이 머릿속에 내재되어 있기 때문에 착각하여 검도를 진행하므로 에러 부분을 찾지 못할 수도 있다. 따라서 검도는 시스템설계자 외에 다른 엔지니어가 한번 이상 검도하는 것이 진행상의 에러를 최소화할 수 있을 것이다.

검도가 완료되면 도면을 1장 이상 복사하여 출도를 해야 한다. 출도를 하기 전에 도면을 분류작업해야 한다. 즉 선반가공도면, 밀링가공도면, 선반과 밀링가공 후 연삭가공도면, 선반과 밀링가공 후 특수 정밀가공도면(방전가공, EDM가공 등), 판금도면, 용접가공도면, 구매 후 가공도면 등을 분리하여 시스템의 전체적인 일정에 문제가 발생하지 않도록 시스템설계자는 점검표를 만들어 효율적인 관리가 되도록 해야 한다.

[Chapter 01. 개요]

01 기계시스템을 설계하기 전에 자료수집을 진행한다. 귀하가 생각하는 자료수집의 목적에 대해 설명하시오.

02 다음은 시스템설계 시 설계단계 흐름도를 나타낸 것이다. 빈칸에 연계된 용어를 완성하시오

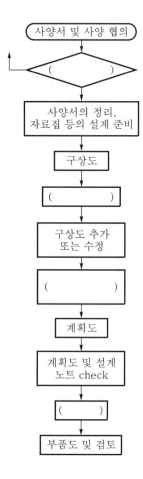

[Chapter 02. 설계구상단계]

03 설계자는 시스템설계를 효율적으로 진행하기 위해서는 사양서를 충분히 검토하여 완성해야
한다. 사양서 작성기준에서 작업에 관한 사양서를 설명하시오.

04 시스템설계의 단계별 진행과정에서 시뮬레이션(simulation)의 의미와 진행하는 목적을 설명
하시오.

[Chapter 03. 실시설계단계]

05 계획도설계에서 모든 에러 부분을 충분히 검토한 후에 조립도설계를 진행한다. 조립도설계에
포함할 내용에 대해 설명하시오.

06 조립도설계가 종료되고 문제점을 충분히 검토를 한 후에 부품도설계를 진행한다. 부품도설계
시 포함하는 내용을 설명하시오.

PART 03

기계요소의 설계법

Mechanical Drawing

01 나사

1.1 개요

1) 나사곡선과 리드

[그림 3.1]과 같이 지름 d인 원통에 밑변 $\overline{AB} = \pi d$인 직각삼각형 ABC를 감으면 빗변 $\overline{AC}$는 원통면상에 곡선을 만드는데, 이 곡선을 나선곡선이라 한다. 나선의 경사각을 나선각(helix angle) 또는 리드각(lead angle)이라고도 한다. 리드(lead)는 그림에서 $\overline{BC}$의 높이 l을 말하며, 나선곡선을 따라 축의 둘레를 한 바퀴 돌 때 축방향으로 이동한 거리를 말한다. 리드각을 α, 리드를 l, 나선곡선의 지름을 d라 하면

$$\tan \alpha = \frac{l}{\pi d} \quad \text{또는} \quad \alpha = \tan^{-1} \frac{l}{\pi d}$$

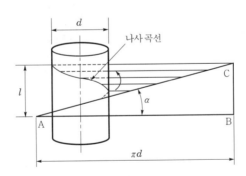

[그림 3.1] 나선곡선과 리드

비틀림각은 나사곡선과 나사의 축에 평행한 직선과 맺는 각으로 γ라고 한다면 리드각 α와는 다음과 같은 관계가 성립한다.

$$\alpha + \gamma = 90°$$

2) 나사의 명칭

나사산은 원통 또는 원뿔의 표면에 코일모양으로 만들어진 단면의 일률적인 돌기를 말한다. 피치(pitch)는 나사산의 축선을 지나는 단면에서 인접하는 두 나사산의 직선거리이다. 원통면의 바깥면에 깎은 것을 수나사(external screw thread), 즉 볼트(bolt)라 하며, 구멍의 안쪽면에 깎은 것을 암나사(internal screw thread), 즉 너트라 한다. 나사의 리드를 l, 피치를 p, 줄수를 n이라 할 때 다음과 같은 관계가 성립한다.

$$l = np \ \text{또는} \ p = \frac{l}{n}$$

유효지름(effective diameter)은 나사홈의 너비가 나사산의 너비와 같은 가상적인 원통의 지름(피치지름)을, 호칭지름은 나사의 치수를 대표하는 지름으로, 주로 수나사의 바깥지름의 기준치수가 사용된다. 바깥지름(major diameter)을 d, 골지름(minor diameter)을 d_1, 유효지름을 d_e라고 하면 다음과 같은 관계가 성립한다.

$$d_e = \frac{d + d_1}{2}$$

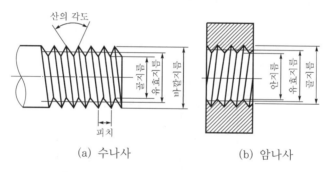

[그림 3.2] 수나사와 암나사의 각부 명칭

1.2 나사의 종류와 용도

1) 나사의 종류

나선이 오른쪽으로 감긴 것을 오른나사(right-hand thread), 왼쪽으로 감긴 것을 왼나사(left-hand thread)라 한다. 1줄의 나사산을 가지는 나사를 1줄 나사(single thread screw),

2줄 이상의 나사산을 가지는 나사를 다줄 나사(multiple thread screw)라 하며 줄 수에 따라 2줄 나사, 3줄 나사 등으로 구분한다. 그 종류는 다음과 같다.

① 외형에 따라 : 수나사, 암나사

② 감긴 방향에 따라 : 오른나사, 왼나사

③ 줄 수에 따라 : 1줄 나사, 2줄 나사, 다줄 나사

④ 산의 크기에 따라 : 보통 나사, 가는 나사

⑤ 호칭에 따라 : 미터나사, 인치나사

⑥ 산의 모양에 따라 : 삼각나사, 사다리꼴나사, 사각나사, 톱니나사

⑦ 용도에 따라 : 체결용 나사, 조정용 나사, 전동용 나사

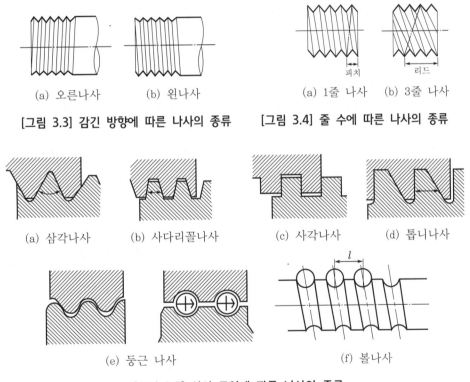

| (a) 오른나사 | (b) 왼나사 | (a) 1줄 나사 | (b) 3줄 나사 |

[그림 3.3] 감긴 방향에 따른 나사의 종류 **[그림 3.4] 줄 수에 따른 나사의 종류**

(a) 삼각나사   (b) 사다리꼴나사   (c) 사각나사   (d) 톱니나사

(e) 둥근 나사   (f) 볼나사

[그림 3.5] 산의 모양에 따른 나사의 종류

2) 나사의 용도

(1) 결합용 나사

주로 삼각나사로서, 기계 부분의 죔용, 계측, 조정용 나사로 사용된다.

① 미터나사(metric thread : M)

 ㉠ 나사산의 각도 60°, 지름과 피치를 mm로 표시하고, 산마루 부분은 편편하고 골 부분은 둥글다.

 ㉡ 보통 나사(coarse thread)와 가는 나사(find thread)가 있다.

② 유니파이나사(unified thread)

 ㉠ 나사산의 각도는 60°, 지름은 인치로 표시하고, 피치는 1인치(25.4mm)에 대한 나사산의 수로 나타낸다.

 ㉡ 유니파이 보통 나사(UNC)와 유니파이 가는 나사(UNF)가 있다.

③ 관용나사(pipe thread)

 ㉠ 나사산의 각도는 55°, 피치는 1인치(25.4mm)에 대하여 나사산의 수로 나타낸다.

 ㉡ 주로 파이프이음에 쓰이는 것으로 테이퍼는 1/16로 하는 것이 보통이다.

 ㉢ 관용테이퍼나사(PT)는 주로 기밀을 목적으로, 관용평행나사(PF)는 기계적 결합을 목적으로 한다.

④ 둥근 나사(round thread)

 ㉠ 원형 나사(knuckle thread)라고도 하며 나사산의 각도는 30°로 나사산의 끝과 밑이 둥글다.

 ㉡ 급격한 충격을 받는 부분, 전구나사, 먼지와 모래 등이 많이 끼는 나사, 토목공사용 윈치(winch) 등에 많이 사용된다.

(2) 운동용 나사

① 사각나사(square thread) : 주로 축방향의 하중을 받는 나사로서 효율이 높으나 가공이 어려워 높은 정밀도를 필요로 하는 곳에는 적합하지 않다.

② 사다리꼴나사(trapezoidal thread)

 ㉠ 애크미(acme)나사라고도 하며 사각나사보다 공작이 용이하고 고정밀도의 것을 얻을 수 있다.

 ㉡ 나사산의 각도는 30°인 미터계 사다리꼴나사(TM)와 29°인 인치계 사다리꼴나사(TW)가 있다.

 ㉢ 선반의 리드스크루, 나사잭, 바이스, 프레스 등의 나사, 밸브 개폐용의 나사와 같이 축력을 전달하는 운동용 나사로 사용된다.

③ 톱니나사(buttress thread)

 ㉠ 나사산의 각도는 30°와 45°의 것이 있으며 축방향의 힘이 한 방향으로만 작용하는 경우(바이스, 프레스) 등에 사용된다.

     ⓛ 제작을 간단히 하기 위하여 나사산의 각이 30°일 때는 3°의 기울기를, 45°일 때는 5°의 기울기를 준다.
 ④ 볼나사(ball thread)
     ㉠ 수나사와 암나사 사이에 볼을 넣어 구름마찰로 인하여 너트의 직진운동을 볼트의 회전운동으로 바꾸는 나사이다.
     ⓛ 장점 : 효율이 좋고 백래시(back lash)를 작게 할 수 있다. 먼지에 의한 마모가 적고 고정밀도가 오래 유지된다.
     ⓒ 단점 : 자동체결이 곤란하고 가격이 비싸며 피치를 그다지 작게 할 수 없다. 또 고속 회전하면 소음이 발생한다.

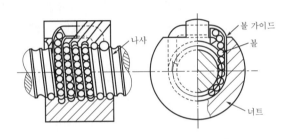

[그림 3.6] 볼나사의 구조

(3) 계측용 나사

측정용으로 사용되는 나사로서 직선변위를 회전변위로 변환 또는 확대시키는 데 사용된다.

1.3   나사의 호칭법

나사를 도면에 나타낼 때는 나사의 도시방법과 나사의 호칭법에 의해 나사를 표시한다. 나사는 나사산의 감긴 방향, 나사산의 줄 수, 나사의 호칭, 나사의 등급으로 표시한다.

1) 피치를 mm로 표시하는 나사의 호칭법

미터 보통 나사와 같이 동일한 지름에 피치가 하나만 규정되어 있는 나사는 원칙적으로 피치를 생략한다.

> 나사의 종류를 표시하는 기호 - 나사의 지름을 표시하는 숫자 × 피치 - 나사의 호칭길이

2) 피치를 산의 수로 표시하는 나사의 호칭법(유니파이나사 제외)

관용 나사와 같이 동일한 지름에 대하여 나사산의 수가 하나만 규정되어 있는 나사는 원칙적으로 나사산의 수를 생략한다.

> 나사의 종류를 표시하는 기호 – 나사의 지름을 표시하는 숫자 – 나사산의 수

3) 유니파이나사의 호칭법

① 나사를 호칭법에 의해 표시할 때 일반적으로 나사의 종류를 나타내는 기호와 나사의 지름, 나사의 크기(피치, 산 수), 나사의 길이로 표시하지만, 감긴 방향이 왼쪽 방향, 감긴 줄 수가 2줄 이상인 경우에는 좌 또는 2줄 등을 나타내야 한다.

② 나사산의 감긴 방향이 왼나사의 경우에는 '좌'의 글자를 표시하고, 오른나사의 경우에는 표시하지 않는다. 또한 '좌' 대신에 'L'을 사용할 수 있다.

③ 나사산의 줄 수가 여러 줄 나사일 경우 '2줄', '3줄'과 같이 표시하고, 1줄 나사의 경우는 표시하지 않는다. 또한 '줄' 대신에 'N'을 사용할 수 있다.

> 나사의 지름을 표시하는 숫자 또는 번호 – 나사산의 수 – 나사의 종류를 표시하는 기호

보기 나사의 호칭법 예

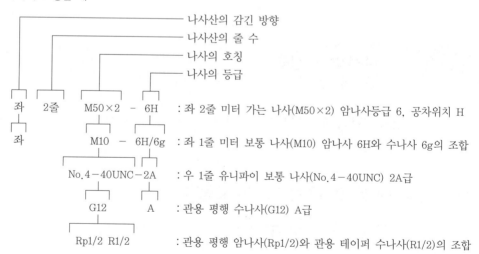

			나사산의 감긴 방향
			나사산의 줄 수
			나사의 호칭
			나사의 등급

좌 2줄 M50×2 – 6H : 좌 2줄 미터 가는 나사(M50×2) 암나사등급 6, 공차위치 H

좌 M10 – 6H/6g : 좌 1줄 미터 보통 나사(M10) 암나사 6H와 수나사 6g의 조합

No.4–40UNC–2A : 우 1줄 유니파이 보통 나사(No.4–40UNC) 2A급

G12 A : 관용 평행 수나사(G12) A급

Rp1/2 R1/2 : 관용 평행 암나사(Rp1/2)와 관용 테이퍼 수나사(R1/2)의 조합

[표 3.1] 나사의 호칭 표시방법

구분		나사의 종류		나사의 종류를 표시하는 기호	나사의 호칭에 대한 표시 예
일반용	ISO규격에 있는 것	미터 보통 나사[1]		M	M8
		미터 가는 나사[2]			M8×1
		미니어처나사		S	S0.5
		유니파이 보통 나사		UNC	3/8−16UNC
		유니파이 가는 나사		UNF	No.8−36UNF
		미터사다리꼴나사		Tr	Tr10×2
		관용 테이퍼나사	테이퍼 수나사	R	R3/4
			테이퍼 암나사	Rc	Rc3/4
			평행 암나사[3]	Rp	Rp3/4
	ISO규격에 없는 것	관용평행나사		G	G1/2
		30° 사다리꼴나사		TM	TM18
		29° 사다리꼴나사		TW	TW20
		관용 테이퍼나사	테이퍼나사	PT	PT7
			평행 암나사[4]	PS	PS7
		관용평행나사		PF	PF7
특수용		후강 전선관나사		CTG	CTG16
		박강 전선관나사		CTC	CTC19
		자전거나사	일반용	BC	BC3/4
			스포크용		BC2.6
		미싱나사		SM	SM1/4 산40
		전구나사		E	E10
		자동차용 타이어밸브나사		TV	TV8
		자전거용 타이어밸브나사		CTV	CTV8 산30

주 : 1) 미터 보통 나사 중 M1.7, M2.3 및 M2.6은 ISO규격에 규정되어 있지 않다.
   2) 가는 나사임을 특별히 명확하게 나타낼 필요가 있을 때에는 피치 다음에 '가는 눈'의 글자를 ( ) 안에 넣어서 기입할 수 있다(예 M8×1(가는 눈)).
   3) 이 평행 암나사 Rp는 테이퍼 수나사 R에 대해서만 사용한다.
   4) 이 평행 암나사 PS는 테이퍼 수나사 PT에 대해서만 사용한다.

1.4 나사의 등급

나사는 정밀도에 따라 [그림 3.7]과 같이 등급이 정해져 있다. 필요에 따라 나사의 등급을 나타내는 숫자 또는 암나사와 수나사를 나타내는 기호(수나사 : A, 암나사 : B)의 조합으로 나타낼 수 있다.

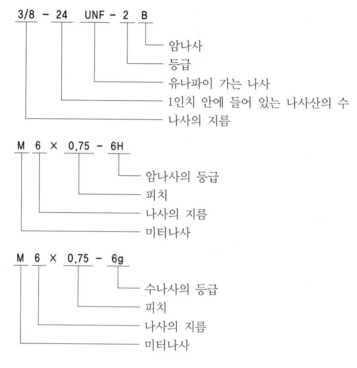

[그림 3.7] 나사의 등급 표시 예

[표 3.2] 나사의 등급 표시방법

구분	나사의 종류	암·수나사의 구별		나사의 등급 표시 예
ISO규격에 있는 등급	미터나사	암나사	유효지름과 안지름의 등급이 같은 경우	6H
		수나사	유효지름과 바깥지름의 등급이 같은 경우	6g
			유효지름과 바깥지름의 등급이 다른 경우	5g 6g
		암나사와 수나사를 조합한 것		6H/6g, 5H/5g 6g
	미니어처 나사	암나사		3G6
		수나사		5h3
		암나사와 수나사를 조합한 것		3G6/5h3
	미터 사다리꼴 나사	암나사		7H
		수나사		7e
		암나사와 수나사를 조합한 것		7H/7e
	관용 평행나사	수나사		A
ISO규격에 없는 등급	미터나사	암나사	암나사와 수나사의 등급 표시가 같은 것	2등급, 혼동될 우려가 없을 경우에는 "급"의 문자를 생략해도 좋다.
		수나사		
		암나사와 수나사를 조합한 것		3급/2급, 혼동될 우려가 없을 경우에는 3/2로 해도 좋다.
	유니파이 나사	암나사		1B 2B 3B
		수나사		1A 2A 3A
	관용 평행나사	암나사		B
		수나사		A

[표 3.3] 미터나사의 등급 표시방법

끼워맞춤구분	암·수나사의 구별	등급	적용 예
정밀급	암나사	4H(M1.8×0.2 이하) 5H(M2×0.25 이상)	특히 백래시가 적은 정밀나사
	수나사	4h	
보통급	암나사	6H	기계, 기구, 구조체 등에 사용되는 일반용 나사
	수나사	6h(M1.4×0.2 이하) 6g(M1.6×0.2 이상)	
거친급	암나사	7H	건설공사, 설치 등 더러워지거나 흠이 생기기 쉬운 장소에서 사용되는 나사 또는 열간압연봉의 나사절삭, 한쪽이 막혀있는 암나사가공과 같이 나사가공상의 어려움이 있는 나사
	수나사	8g	

1.5 나사의 제도

나사를 도면에 나타낼 때는 나사의 형상 그대로를 그려주지 않고 간략한 약도로 그리고 호칭법에 의해 표시한다.

① 수나사의 바깥지름과 암나사의 골지름은 굵은 실선으로 그린다([그림 3.8]의 (a), [그림 3.9]의 (a) 참조).

② 완전 나사부와 불완전 나사부의 경계와 모따기부의 경계는 굵은 실선으로 그린다([그림 3.8]의 (a) 참조).

③ 나사의 골을 나타내는 선과 불완전 나사부를 나타내는 선은 30°의 가는 실선으로 그린다 ([그림 3.8]의 (a) 참조).

④ 수나사와 암나사의 골을 원으로 그릴 때는 가는 실선으로 원을 3/4만 그린다([그림 3.8] 참조).

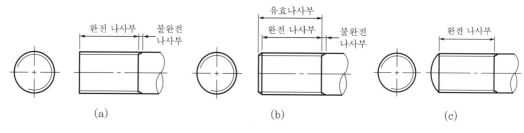

[그림 3.8] 수나사의 제도

⑤ 보이지 않는 부분의 나사를 나타낼 때는 선의 굵기를 구분하여 숨은선으로 그린다([그림 3.9]의 (b) 참조).

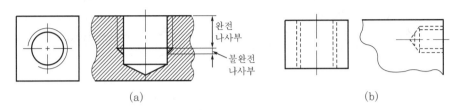

[그림 3.9] 암나사의 제도

⑥ 암나사와 수나사의 결합된 상태를 나타낼 때는 수나사를 기준으로 그린다([그림 3.10]의 (b) 참조).

⑦ 나사를 단면으로 나타낼 때는 수나사는 나사산 끝까지, 암나사는 안지름까지 해칭하여 나사를 나타낸다([그림 3.9]의 (a), [그림 3.10]의 (b), (c) 참조).

⑧ 나사산 끝과 골밑까지는 나사지름의 1/8~1/10의 간격으로 그린다([그림 3.8], [그림 3.10] 참조).

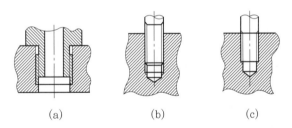

[그림 3.10] 수나사와 암나사의 결합부제도

⑨ 작은 나사는 모따기 부분과 불완전 나사 부분을 생략한다([그림 3.11] 참조).

⑩ 작은 나사머리 부분의 홈은 -자 홈일 경우는 45°의 굵은 하나의 선으로, +홈일 경우는 굵은 선으로 대각선을 그린다([그림 3.11] 참조).

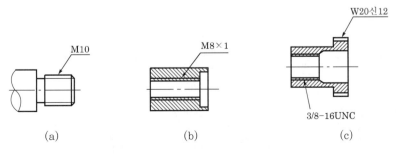

[그림 3.11] 나사의 종류에 따른 표시법

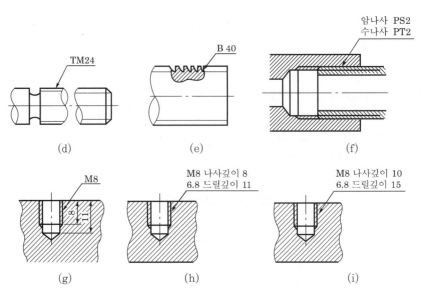

[그림 3.11] 나사의 종류에 따른 표시법 (계속)

2.1 볼트와 너트

1) 볼트

(1) 정의

볼트와 너트는 나사를 이용하여 만들어진 것으로 결합 및 해체가 쉽기 때문에 체결용 기계부품으로 사용된다. 주로 연강재를 사용되며 특수한 경우 황동과 청동이 쓰이고 일반적으로 도금을 한다. 정밀도는 상, 중, 하로 나뉜다.

① 상 : 육각형 머리의 다듬질부
② 중 : 머리 밑면과 축 부분 다듬질부
③ 하 : 나사부

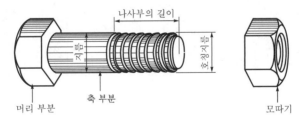

[그림 3.12] 볼트와 너트의 각부 명칭

(2) 종류

① 관통볼트(through bolt) : 체결할 부분에 관통구멍을 뚫어 너트로 죈다.
② 탭볼트(tap bolt) : 체결할 재료의 구멍에 암나사(Internal thread)를 깎아 너트 없이 결합(비관통)한다.
③ 스터드볼트(stud bolt) : 볼트의 양쪽에 나사를 깎는다. 탭볼트형태에서 너트가 볼트머리 역할을 하며 떼었다 붙였다 하거나 나사부 손상이 쉬운 곳에 사용한다.

④ 아이볼트(eye bolt) : 자주 분해하거나 기계 기구를 매달아 올릴 때 사용하는 쇠고리모양의 볼트로서, 재료는 SM20C를 사용한다.

⑤ 나비볼트(wing bolt) : 손으로 간단히 죄고 풀 때 사용한다.

⑥ T볼트(T-bolt) : 아래쪽에서 볼트를 끼울 수 없을 때 사용되며 T형 홈의 임의의 위치에 고정할 수 있다.

⑦ 리머볼트(reamer bolt) : 드릴링 후에 리머로 다듬질된 구멍에 볼트의 축부를 정밀하게 끼워 전단력이나 두 부품의 관계위치를 유지할 때 사용한다.

⑧ 테이퍼볼트(taper bolt) : 다듬질구멍에 꼭 맞게 끼우는 볼트로 주로 전단력이 작용하는 곳에 많이 사용된다.

⑨ 스테이볼트(stay bolt) : 두 장의 판의 간격을 정해 놓고 그 판을 지지하는 역할을 하며 양끝에 나사가 있는 볼트이다.

⑩ 기초볼트(foundation bolt) : 기계류 및 구조물 등을 바닥 위에 고정할 때 사용하는 볼트로 KS B 1016에 규격화되어 있다.

⑪ 접시머리볼트 : 볼트의 머리가 표면에 나오지 않게 끼우는 볼트이다.

⑫ 둥근 머리 사각목볼트 : 둥근 머리의 자리 밑을 사각형의 목으로 받치고 있는 볼트로서 목재구조물 등에 많이 쓰인다.

⑬ 연신볼트 : 볼트 축부의 단면적을 작게 해 충격을 받으면 늘어나기 쉽게 하여 인장력이 작용할 수 있게 한 볼트이다.

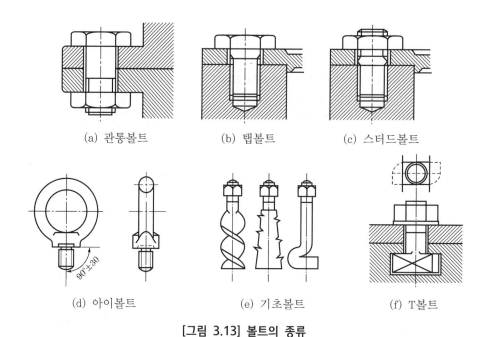

| (a) 관통볼트 | (b) 탭볼트 | (c) 스터드볼트 |
| (d) 아이볼트 | (e) 기초볼트 | (f) T볼트 |

[그림 3.13] 볼트의 종류

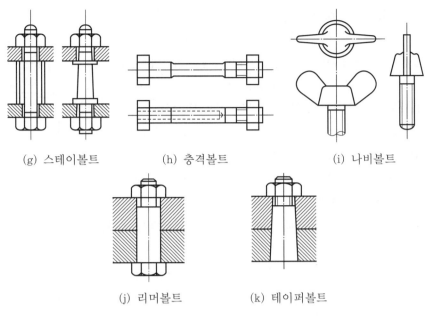

(g) 스테이볼트   (h) 충격볼트   (i) 나비볼트

(j) 리머볼트   (k) 테이퍼볼트

[그림 3.13] 볼트의 종류 (계속)

2) 너트

(1) 육각너트

육각너트의 종류는 나사의 호칭지름에 대한 맞변거리의 크기에 따라 구별하고 육각볼트에 따른다.

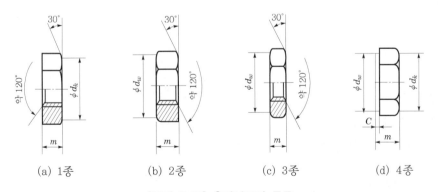

(a) 1종   (b) 2종   (c) 3종   (d) 4종

[그림 3.14] 육각너트의 종류

(2) 특수 너트

① 사각너트(square nut) : 겉모양이 사각인 너트로서 주로 목재에 쓰이며 나사의 호칭이 M3~M23까지 정해져 있다.

② 둥근 너트(circular nut) : 외형이 원형인 너트로서 바깥표면에 홈이 있는 것, 윗면 또는 바깥표면에 구멍을 뚫은 것, 바깥표면이 널링(knurling)된 것 등이 있다.

③ 플랜지너트(flange nut) : 육각머리에서 대변거리보다 지름이 큰 자리면을 가지는 너트를 말한다. 이것은 주로 패킹 등과 같이 사용하며 공기의 누설을 방지하는 데 사용한다.

[그림 3.15] 플랜지너트

④ 홈붙이 육각너트(castle nut) : 너트의 윗면에 6개의 홈이 파여 있으며, 이곳에 분할판을 끼워 너트가 풀리지 않게 하여 사용한다.

⑤ 육각캡너트(cap nut) : 나사의 접촉면 사이 틈이나 볼트와 너트의 구멍 틈으로 내부의 유체나 기름 등이 새는 것을 방지할 때 사용한다.

⑥ 아이너트(eye nut) : 머리에 링(ring)이 달린 너트로서 아이볼트와 같은 목적으로 사용한다.

⑦ 나비너트(wing nut) : 손으로 돌려서 죌 수 있는 모양의 너트이다.

⑧ 슬리브너트(sleeve nut) : 머리 밑에 슬리브가 있는 너트로서 수나사 중심선의 편심을 방지하는 목적으로 사용한다.

⑨ 스프링판너트 : 얇은 강판을 펀칭(punching)하여 만든 너트를 볼트골 사이로 끼워 간편하게 고정시킬 때 사용한다.

⑩ T홈너트 : T형인 너트로 볼트와 같이 공작기계의 테이블 T홈 속에 넣어 가공물의 장착 등에 쓰인다.

(3) 너트의 풀림 방지법

① 로크너트(lock nut)에 의한 방법
② 자동죔너트에 의한 방법
③ 와셔에 의한 방법
④ 분할핀에 의한 방법
⑤ 멈춤나사에 의한 방법
⑥ 철사에 의한 방법
⑦ 나일론플러그에 의한 방법

3) 볼트와 너트의 호칭

볼트의 호칭은 명칭, 등급, 나사의 호칭×길이, 재료, 지정사항으로 한다.

보기 육각볼트 상2급　　　M10×100　　　SM　　　15C (A형 S=26)
　　　(명칭) (등급) (나사의 호칭×길이) (재료) (지정사항)

필요에 따라서는 "재료" 표시를 생략하고 KS B 1002, KS B 1012에 따른 볼트, 너트의 기계적 성질을 등급 다음에 표시하기도 한다.

보기 육각볼트 중3급 4T M8×40 (B형 S=22)

4) 볼트와 너트의 제도방법

(1) 볼트와 너트의 머리

① 중심선을 그린 후 볼트외경의 1.5배 크기 원을 그린다.
② POLTGON명령으로 외접하는 육각형을 그린다.

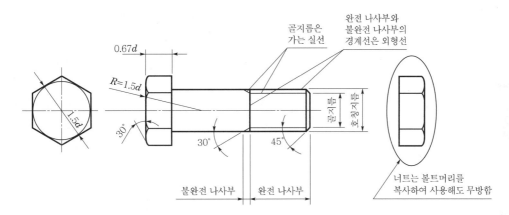

[그림 3.16] 볼트와 너트의 머리제도

③ 연장선을 그린다.
④ 볼트머리높이는 0.67D로 하고, 일반 너트는 0.8D로 한다.
⑤ 볼트 가운데 선을 삭제한다(양옆 선분의 중심 스냅을 위해).
⑥ 볼트머리에서 직경의 1.5배만큼 아래로 간격 띄우기 한다.
⑦ 간격 띄우기를 한 선과 중심선의 교차점에서 반지름이 직경의 1.5배인 원을 그린다.
⑧ 원과 볼트머리가 교차되는 선을 그린다.
⑨ ARC로 볼트의 나머지 호 부분을 그린다.
⑩ 필요 없는 선을 지운다.

(2) 볼트 몸체(나사부)

① 중심선을 그린다.
② 볼트 몸체 시작선을 그린다.

③ 몸체의 직경과 높이를 맞춘다.

④ 외경에서 안쪽으로 직경의 1/8~1/10 오프셋하며, 골지름은 가는 선, 바깥지름과 골지
름 사이의 간격은 호칭지름의 1/8~1/10로 한다.

⑤ 완전 및 불완전 나사부의 경계를 짓는다.

⑥ 완전 나사길이만큼 자른다.

⑦ 불완전 나사부 경계부는 60° 모따기로 하고, 몸체 직경선과는 30°이다.

⑧ 완전 나사부 끝은 45° 모따기를 한다.

⑨ 선굵기를 맞춘다.

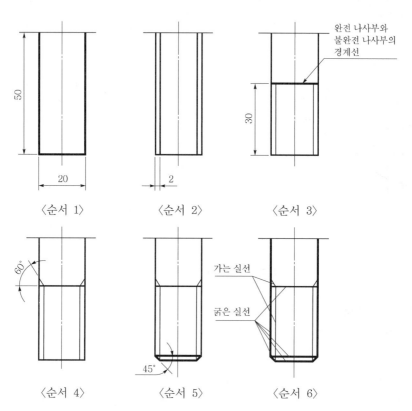

[그림 3.17] 볼트 몸체(나사부)의 제도

5) 육각구멍붙이 볼트에 대한 깊은 자리파기 및 볼트구멍의 치수

육각구멍붙이 볼트를 구멍에 결합시킬 때는 볼트의 머리 부분이 깊은 자리파기 구멍에 들어
갈 수 있도록 구멍을 뚫어주어야 한다. 나사의 호칭지름에 따른 깊은 자리파기의 지름치수와
깊이, 볼트의 지름과 구멍지름차를 [표 3.4]에 나타냈다.

[표 3.4] 나사의 호칭치수에 따른 깊은 자리파기 치수

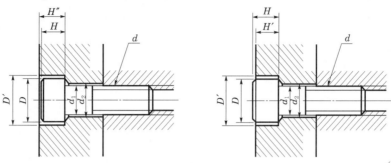

(단위 : mm)

나사의 호칭(d)	M3	M4	M5	M6	M8	M10	M12	M14	M16	M18	M20	M22	M24	M27	M30	M33	M36	M39	M42	M45	M48	M52
d_1	3	4	5	1	8	10	12	14	16	18	20	22	24	27	30	33	36	39	42	45	48	52
d_2	3.4	4.5	5.5	6.6	9	11	14	16	18	20	22	24	26	30	33	36	39	42	45	48	52	56
D	5.5	7	8.5	10	13	16	18	21	24	27	30	33	36	40	45	50	54	58	63	68	72	78
D'	6.5	8	9.5	11	14	17.5	20	23	26	29	32	35	39	43	48	54	58	62	67	72	76	82
H	3	4	5	6	8	10	12	14	16	18	20	22	24	27	30	33	36	39	42	45	48	52
H'	2.7	3.6	4.6	5.5	7.4	9.2	11	12.8	14.5	16.5	18.5	20.5	22.5	25	28	31	34	37	39	42	45	49
H''	3.3	4.4	5.4	6.5	8.6	10.8	13	15.2	17.5	19.5	21.5	23.5	25.5	29	32	35	38	41	44	47	50	54

[비고] 위 표의 볼트구멍지름(d_2)은 KS B ISO 273(볼트구멍 및 카운터보어지름)의 볼트구멍지름 2급에 따른다.

[표 3.5] 호칭지름 육각볼트(부품등급 A, B 및 C)의 형상 및 치수(KS B 1002)

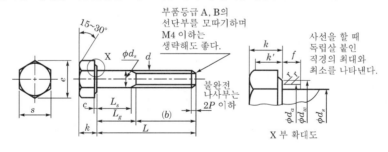

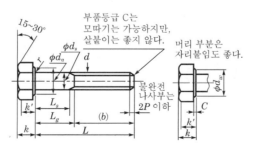

[표 3.5] 호칭지름 육각볼트(부품등급 A, B 및 C)의 형상 및 치수(KS B 1002) (계속) (단위 : mm)

나사호칭(d)		M3	M4	M5	M6	M8	M10	M12	M16	M20	M24	M30	M36
피치(P)		0.5	0.7	0.8	1	1.25	1.5	1.75	2	2.5	3	3.5	4
b (참고)	(1)	12	14	16	18	22	26	30	38	46	54	66	78
	(2)	–	–	–	–	(28)	(32)	(36)	44	52	60	72	84
	(3)	–	–	–	–	–	–	–	57	65	73	85	97
c	최소	0.15	0.15	0.15	0.15	0.15	0.15	0.15	0.2	0.2	0.2	0.2	0.2
	최대	0.4	0.4	0.5	0.5	0.6	0.6	0.6	0.8	0.8	0.8	0.8	0.8
d_a	최대 부품등급 A, B	3.6	4.7	5.7	6.8	9.2	11.2	13.7	17.7	22.4	26.4	33.4	39.4
	부품등급 C	–	–	6	7.2	10.2	12.2	14.7	18.7	24.4	28.4	35.4	42.4
d_s	최대(기준치수) 부품등급 A, B	3	4	5	6	8	10	12	16	20	24	30	36
	최소	2.86	3.82	4.82	5.82	7.78	9.78	11.73	15.73	19.67	23.87	29.67	35.61
	최대(기준치수) 부품등급 C	–	–	5.48	6.48	8.58	10.58	12.7	16.7	20.84	24.84	30.84	37
	최소	–	–	4.52	5.52	7.42	9.42	11.3	15.3	19.16	28.16	29.16	35
d_w	최소 부품등급 A	4.6	5.9	6.9	8.9	11.6	14.6	16.6	22.5	28.2	33.6	–	–
	부품등급 B, C	–	–	6.7	8.7	11.4	14.4	16.4	22	27.7	33.2	42.7	51.1
l	계산값(약)	6.4	8.1	9.2	11.5	15	18.5	20.8	27.7	34.6	41.6	53.1	63.5
	최소 부품등급 A	6.01	7.66	8.79	11.05	14.38	17.77	20.03	26.75	33.63	39.98	–	–
	부품등급 B, C	–	–	8.63	10.89	14.2	17.59	19.85	26.17	32.95	39.55	50.85	60.79
f	최대	1	1.2	1.2	1.4	2	2	3	3	4	4	6	6
k	호칭(기준치수)	2	2.8	3.5	4	5.3	6.4	7.5	10	12.5	15	18.7	22.5
	최소 부품등급 A	1.88	2.68	3.35	3.85	5.15	6.22	7.32	9.82	12.28	14.78	–	–
	최대	2.12	2.92	3.65	4.15	5.45	6.58	7.68	10.18	12.72	15.22	–	–
	최소 부품등급 B	–	–	3.26	3.76	5.06	6.11	7.21	9.71	12.15	14.65	18.28	22.06
	최대	–	–	3.74	4.24	5.54	6.69	7.79	10.29	12.85	15.35	19.12	22.92
	최소 부품등급 C	–	–	3.12	3.62	4.92	5.95	7.05	9.25	11.6	14.1	17.65	21.45
	최대	–	–	3.88	4.38	5.68	6.85	7.95	10.75	13.4	15.9	19.75	23.55
k'	최소 부품등급 A	1.3	1.9	2.28	2.63	3.54	4.28	5.05	6.8	8.5	10.3	12.8	15.5
	부품등급 C	–	–	2.2	2.5	3.45	4.2	4.95	6.5	8.1	9.9	12.4	15.0
r	최소	0.1	0.2	0.2	0.25	0.4	0.4	0.6	0.6	0.8	0.8	1	1
s	최대(기준치수)	5.5	7	8	10	13	16	18	24	30	36	46	55
	최소 부품등급 A	5.32	6.78	7.78	9.78	12.73	15.73	17.73	23.67	29.67	35.38	–	–
	부품등급 B, C	–	–	7.64	9.64	12.57	15.57	17.57	23.16	29.16	35	45	53.8

기계제도 및 설계

6) 육각구멍붙이 볼트의 형상 및 치수

볼트나 작은 나사가 들어가는 구멍의 지름, 나사의 바깥지름, 구멍지름, 틈새에 의한 등급, 자리파기의 지름 및 모따기의 치수는 [표 3.6]에 따른다.

[표 3.6] 육각구멍붙이 볼트의 형상 및 치수

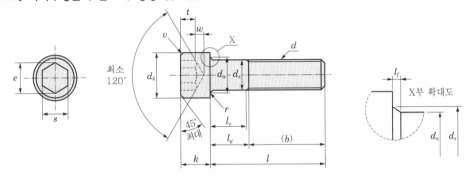

(단위 : mm)

d	P	b	d_k			d_a	d_s		e	l_f	k		r	s				t	v	d_w	w	l
나사의 호칭	나사의 피치	참고	기본	최대	최소	최대	최대	최소	최소	최대	최대	최소	최소	호칭	최소	최대 강도구분	최대 기타 강도구분	최소	최대	최소	최소	상용적인 호칭길이의 범위
M1.6	0.35	15	3.00	3.14	2.86	2	1.6	1.46	1.73	0.34	1.6	1.46	0.1	1.5	1.52	1.560	1.545	0.7	0.16	2.72	0.55	2.5~16
M2	0.4	16	3.80	3.98	3.62	2.6	2	1.86	1.73	0.51	2	1.83	0.1	1.5	1.52	1.560	1.545	1	0.2	3.4	0.55	3~20
M2.5	0.45	17	4.50	4.68	4.32	3.1	2.5	2.36	2.3	0.51	2.5	2.36	0.1	2	2.02	2.080	2.045	1.1	0.25	4.18	0.85	4~25
M3	0.5	18	5.50	5.68	5.32	3.6	3	2.86	2.87	0.51	3	2.86	0.1	2.5	2.52	2.580	2.560	1.3	0.3	5.07	1.15	5~30
M4	0.7	20	7.00	7.22	6.78	4.7	4	3.82	3.44	0.6	4	3.82	0.2	3	3.02	3.080	3.080	2	0.4	6.53	1.4	6~40
M5	0.8	22	8.50	8.72	8.28	5.7	5	4.82	4.58	0.6	5	4.82	0.2	4	4.02	4.095	4.095	2.5	0.5	8.03	1.9	8~50
M6	1	24	10.00	10.22	9.78	6.8	6	5.82	5.72	0.68	6	5.70	0.25	5	5.02	5.140	5.095	3	0.6	9.38	2.3	10~60
M8	1.25	28	13.00	13.27	12.73	9.2	8	7.78	6.86	1.02	8	7.64	0.4	6	6.02	6.140	6.095	4	0.8	12.3	3.3	12~80
M10	1.5	32	16.00	16.27	15.73	11.2	10	9.78	9.15	1.02	10	9.64	0.4	8	8.025	8.115	8.175	5	1	15.3	4	16~100
M12	1.75	36	18.00	18.27	17.73	13.7	12	11.7	11.4	1.45	12	11.57	0.6	10	10.025	10.115	10.175	6	1.2	17.2	4.8	20~120
(M14)	2	40	21.00	21.33	20.67	15.7	14	13.7	13.7	1.45	14	13.57	0.6	12	12.032	12.142	12.212	7	1.4	20.2	5.8	25~140
M16	2	44	24.00	24.33	23.67	17.7	16	15.7	16	1.45	16	15.57	0.6	14	14.032	14.142	14.212	8	1.6	23.2	6.8	25~160
M20	2.5	52	30.00	30.33	29.67	22.4	20	19.7	19.4	2.04	20	19.48	0.8	17	17.05	17.230	17.230	10	2	28.9	8.6	30~200
M24	3	60	36.00	36.39	35.61	26.4	24	23.7	21.7	2.04	24	23.48	0.8	19	19.065	19.275	19.275	12	2.4	34.8	10.4	40~200
M30	3.5	72	45.00	45.39	44.61	33.4	30	29.67	25.2	2.89	30	29.48	1	22	22.065	22.275	22.275	15.5	3	43.6	13.1	45~200
M36	4	84	54.00	54.46	53.54	39.4	36	35.6	30.9	2.89	36	35.38	1	27	27.065	27.275	27.275	19	3.6	52.5	15.3	55~200
M42	4.5	96	63.00	63.46	62.54	45.6	42	41.6	36.6	3.06	42	41.38	1.2	32	32.08	32.330	0.000	24	4.2	61.3	16.3	60~300
M48	5	108	72.00	72.46	71.54	52.6	48	47.6	41.1	3.91	48	47.38	1.6	36	36.08	36.330	0.000	58	4.8	70.3	17.5	70~300
M56	5.5	124	84.00	84.54	83.46	63	56	55.5	46.8	5.95	56	55.26	2	41	41.33	41.080	0.000	34	5.6	82.3	19	80~300
M64	6	140	96.00	96.54	95.46	71	64	63.5	52.5	5.95	64	63.26	2	46	46.33	46.080	0.000	38	6.4	94.3	22	90~300

2.2   와셔

1) 의미

볼트나 너트의 머리 밑에 끼워 함께 죄는 것을 와셔(washer)라 한다.

2) 용도

① 너트의 자리면이 볼트의 체결압력이나 미끄럼마멸에 견딜 수 없을 때
② 개스킷을 죌 때
③ 고압에 견디지 못하는 부분
④ 볼트의 구멍이 커서 자리면이 충분하지 않을 때
⑤ 자리가 편편하지 않을 때

3) 종류

① 평와셔 : 원형와셔라고도 하며 주로 기계용으로 사용된다.
② 특수 와셔 : 혀붙이 와셔, 갈퀴붙이 와셔, 구면와셔, 스프링와셔, 이붙이 와셔, 접시스프
링와셔, 기울기붙이 와셔 등이 있다.

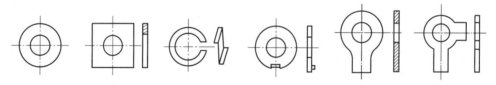

(a) 둥근 와셔   (b) 사각와셔   (c) 스프링와셔   (d) 구름베어링   (e) 혀붙이 와셔   (f) 양쪽 혀붙이
와셔   와셔

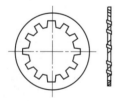 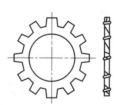 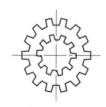 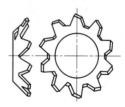

(g) 내접형 이붙이 와셔   (h) 외접형 이붙이 와셔 (i) 내외접형 이붙이 와셔 (j) 접시형 이붙이 와셔

[그림 3.18] 와셔의 종류

2.3 나사부품

① 턴버클(turn buckle) : 양끝에 오른 나사, 왼나사가 깎여 있어 막대와 로프 등을 죄는 데 사용하면 아주 편리하다.

② 와셔조립나사, 테이퍼나사플러그, 평행나사플러그 등이 있다.

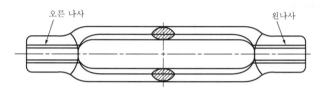

오른 나사   왼나사

[그림 3.19] 턴버클

03 키

3.1 개요

키(key)는 축에 벨트풀리(belt pully), 커플링(coupling), 기어(gear) 등의 회전체를 고정시킬 때 축과 보스(boss) 쪽에 키홈을 파서 키를 박아 고정시켜 축과 회전체가 미끄럼 없이 회전을 전달시키는 데 사용되는 기계요소이다. 축과 키를 포함하는 단면에 직각으로 작용하므로 주로 전단력을 받게 된다. 키의 재료는 축의 재료보다 다소 강도가 높은 단단한 것으로 기계구조용 탄소강 8종 SM45C와 탄소강 단강품 5종 SF55를 사용한다.

3.2 키의 종류

(a) 새들키

(b) 평키

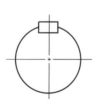
(c) 묻힘키

(d) 미끄럼키

(e) 접선키

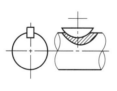
(f) 반달키

(g) 스플라인

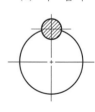
(h) 핀키

[그림 3.20] 키의 종류

1) 새들키(saddle key)

① 안장키라고도 하며 훅 쪽에는 가공을 하지 않고 보스 쪽에만 키홈(구배 1/100)을 만들어 끼운다.

② 마찰에 의하여 회전력을 전달하기 때문에 큰 힘의 전달에는 부적합하다.

2) 평키(flat key)

① 납작키라고도 하며 키의 폭만큼 축을 평행하게 깎아 그곳에 키를 쳐서 박도록 한 것이다.

② 새들키보다는 약간 큰 힘을 전달할 수 있다.

3) 성크키(sunk key)

① 묻힘키라고도 하며 축과 보스에 홈을 파고 끼우는 키로 일반적으로 많이 사용한다.

② 이 키는 상·하면이 평행인 평행키, 윗면에만 1/100경사를 붙인 경사키(taper key)가 있다.

4) 둥근 키(round key)

① 핀키(pin key)라고도 하며 축과 보스를 끼워 맞춘 후 구멍을 뚫어 키를 박아 넣으면 공작이 쉽고 간단하다.

② 이 키는 토크전달용이 아니고 축방향으로 보스를 움직여 고정하는 것이다.

5) 반달키(woodruff key)

① 반달모양의 키로서 일반적으로 작은 축(60mm 이하)에 사용한다.

② 홈의 깊이 때문에 축의 강도를 감소시키고 자동차, 공작기계 등의 테이퍼축에 적합하다.

③ 보스 쪽 키홈에 대한 경사(접촉)가 자동적으로 행하여지므로 가공과 조정이 용이하다.

6) 접선키(tangential key)

① 키가 전달하는 힘은 축의 접 방향으로 작용하므로 큰 힘을 전달할 수 있다. 역전을 가능하게 하기 위하여 120°로 두 곳에 키를 키운다.

② 이 키와 비슷한 것으로 정사각형의 키를 90°로 배치한 케네디키(kennedy key)가 있다.

7) 원뿔키(cone key)

① 축에 키홈을 파기 어렵고 축의 임의의 위치에 보스를 고정시키려고 할 때 사용한다.
② 축과 보스와의 사이에 2~3곳을 축방향으로 분할한 속이 빈 원뿔을 박아 압박함으로써 마찰에 의하여 축과 보스를 고착시킨다.

8) 미끄럼키(sliding key)

페더키(feather key)라고도 하는데, 키를 보스 혹은 축에 고정하고 축에 키홈을 길게 만든 것으로 보스를 축방향으로 이동할 수 있다.

9) 스플라인(spline)

① 축에 미끄럼키와 같은 것을 원주상에 4~20개 정도의 이를 깎아낸 형상이다.
② 축과 보스와의 중심축을 정확히 맞출 수 있고 키홈에 의한 축의 강도 저하를 방지하며, 몇 개의 이에 의하여 키의 측면압력을 분산시켜 작은 허용압력으로 큰 토크를 전달한다.
③ 선반의 변속장치, 자동차의 변속기, 클러치, 항공기 등에 사용된다.

10) 세레이션(serration)

① 수많은 작은 삼각형의 작은 이를 세레이션이라 하며, 축과 보스의 상대위치가 되도록 가늘게 조절해서 고정하려고 할 때 사용한다.
② 스플라인보다 이가 작아 면압강도가 크며, 또 활동시키지 않는 것으로 큰 토크를 전달할 수 있다.

3.3   키홈의 치수기입법

키홈의 치수를 기입할 때에는 다음 그림과 같이 키홈의 아래쪽에서 축지름까지의 치수를 기입하고, [그림 3.21]의 (a)와 같이 보스 쪽 키홈의 치수는 키홈의 위쪽에서 안지름까지의 치수를 기입한다([그림 3.21]의 (b) 참조). 키홈의 치수를 지시선에 의해 나타낼 때는 키홈의 폭×높이로 표시한다.

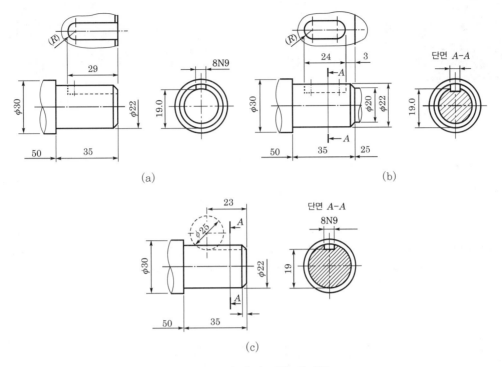

[그림 3.21] 축의 키홈 표시법

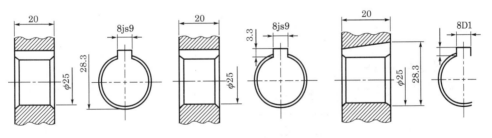

[그림 3.22] 구멍의 키홈 표시법

3.4 키의 호칭방법

키의 호칭방법은 키의 종류, 호칭치수×길이, 끝모양의 지정 및 재료 순으로 기입한다.

보기 ① 평행키 : 10×8×35 SM45C
② 경사키 : 6×6×50 양끝 둥근 SM45C
③ 머리붙이 경사키 : 20×12×70 SF55
④ 반달키 : 5×22 SM45C

04 핀

4.1 개요

핀(pin)은 기계부품을 축에 연결하여 고정하는 데 사용되는 기계요소로, 핸들을 축에 고정하거나 부품이 축에서 빠져나오는 것을 방지하거나 나사의 풀어짐을 방지하기 위하여 사용된다.

4.2 핀의 종류 및 용도

핀의 종류 및 용도는 [표 3.7]과 같다.

[표 3.7] 핀의 종류 및 용도

종류		형상	용도
평행핀	A형		지름이 같은 둥근 막대로, 주로 부품의 위치를 정확하게 고정시킬 때 사용한다. 끝 쪽이 모따기로 된 A형과 둥글게 된 B형이 있다.
	B형		
테이퍼핀	테이퍼핀		핀지름이 다른 테이퍼가 1/50로 되어 있으며 테이퍼를 이용하여 축에 고정시킨다. 경하중의 기어, 핸들 등을 축에 고정시킬 때 사용한다. 테이퍼핀과 분할테이퍼핀이 있으며 호칭지름은 작은 쪽의 지름으로 표시한다.
	분할 테이퍼핀		
분할핀			너트의 풀림 방지용이나 축에서 부품이 빠져나오는 것을 방지하기 위하여 사용되며, 재료는 강이나 황동으로 만든다. 호칭법은 분할핀이 들어가는 핀구멍과 길이가 짧은 쪽에서 둥근 부분의 교점까지의 길이로 나타낸다.

4.3 핀의 호칭방법

① 평행핀 : 규격번호 또는 규격명칭, 종류, 형식, 호칭지름×길이(l) 및 재료

② 테이퍼핀 : 규격번호 또는 규격명칭, 등급, 호칭지름×길이(l) 및 재료

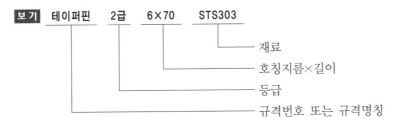

③ 분할핀 : 분할핀이 들어가는 핀구멍의 지름이 호칭지름이며, 호칭길이는 짧은 쪽에서 둥근 부분의 교점까지로 나타낸다.

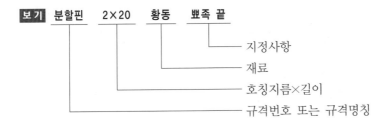

05 코터

5.1 개요

코터(cotter)는 단면이 평판모양의 쐐기이며, 주로 인장 또는 압축을 받는 두 축을 흔들림 없이 연결하는 이음에 사용하는 일시적인 결합요소이다. 코터이음에서 코터는 주로 굽힘모멘트를 받게 되며, 코터의 구배는 자주 분해하는 것은 1/5~1/10, 일반적인 것은 1/25, 영구결합의 것은 1/50 정도를 사용한다.

5.2 코터의 제도

코터를 제도를 위한 방법은 구동축의 직경 d를 기준으로 관련 치수를 부여하며 다음과 같다.

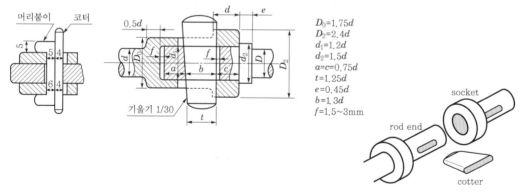

$$D_0=1.75d$$
$$D_2=2.4d$$
$$d_1=1.2d$$
$$d_2=1.5d$$
$$a=c=0.75d$$
$$t=1.25d$$
$$e=0.45d$$
$$b=1.3d$$
$$f=1.5\sim3mm$$

[그림 3.23] 코터의 제도법

CHAPTER

06 리벳

6.1 개요

리벳이음(rivet joint)은 보일러, 탱크, 철골구조물, 교량 등을 만들 때에 영구적으로 결합시키는 데 널리 사용된다. 코킹(caulking)은 기밀을 필요로 하는 경우에는 리벳팅이 끝난 뒤에 리벳머리의 주위와 강판의 가장자리를 정과 같은 공구로 때리는 작업이다. 강판의 가장자리를 75~85°가량 경사지게 놓는다. 주로 5mm 이상의 강판에서 작업이 가능하다. 풀러링(fullering)은 기밀을 더욱 완벽하게 하기 위하여 강판과 같은 너비의 끝이 넓은 공구로 때리는 작업이다.

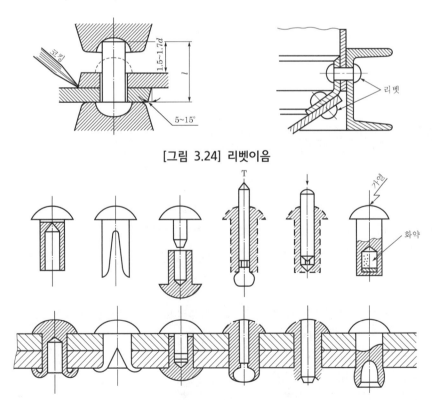

[그림 3.24] 리벳이음

(a) 관리벳 (b) 스플릿리벳 (c) 압축리벳 (d) 하크리벳 (e) 박음리벳 (f) 폭발리벳

[그림 3.25] 리벳의 작업방법에 따른 분류

6.2 리벳의 종류

리벳의 종류는 머리부의 모양에 따라 둥근 머리, 소형 둥근 머리, 접시머리, 얇은 납작머리, 냄비머리, 납작머리, 둥근 접시머리리벳이 있으며 냉간에서 성형한 냉간성형리벳과 열간에서 성형한 열간성형리벳이 있다.

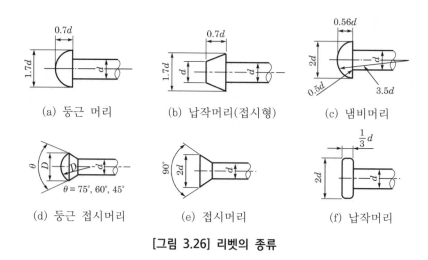

(a) 둥근 머리   (b) 납작머리(접시형)   (c) 냄비머리

(d) 둥근 접시머리   (e) 접시머리   (f) 납작머리

[그림 3.26] 리벳의 종류

6.3 리벳의 호칭방법

리벳의 호칭방법은 규격번호, 리벳의 종류, 호칭지름(d)×호칭길이(l) 및 재료를 표시하고, 특별히 지정할 사항이 있으면 그 뒤에 붙인다. 규격번호는 특별히 명시하지 않으면 생략해도 좋으며, 호칭번호에 규격번호를 사용하지 않을 때에는 종류의 명칭에 '열간' 또는 '냉간'이란 말을 앞에 붙인다.

보기				
KS B 1101	둥근 머리리벳	6×18	SWRM10	끝붙이
	냉간 둥근 머리리벳	3×8	동	
KS B 1102	열간 접시머리리벳	20×50	SV34	
	둥근 머리리벳	16×40	SV34	
↓	↓	↓	↓	↓
규격번호	리벳종류	호칭지름×호칭길이	재료	지정사항

6.4 리벳이음의 도시방법

① 여러 개의 리벳구멍이 같은 간격일 때 간략하게 약도로 [그림 3.27]의 (a)와 같이 중심선만을 나타낸다.

② 리벳구멍의 치수는 피치의 수×피치의 간격＝합계치수로 나타낸다(피치 : 리벳구멍과 인접한 리벳구멍의 중심거리).

③ 여러 개의 판이 겹쳐 있을 때는 각 판의 단면 표시는 해칭선을 서로 어긋나게 그린다.

④ 리벳은 단면으로 잘렸어도 길이방향으로 단면하지 않는다.

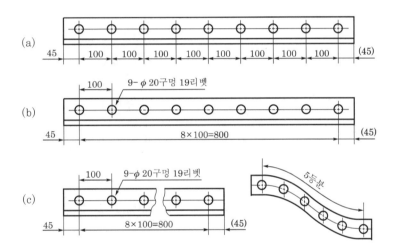

[그림 3.27] 리벳의 치수기입과 도시법

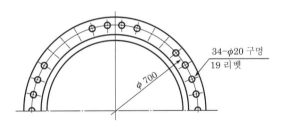

[그림 3.28] 리벳의 위치 표시법

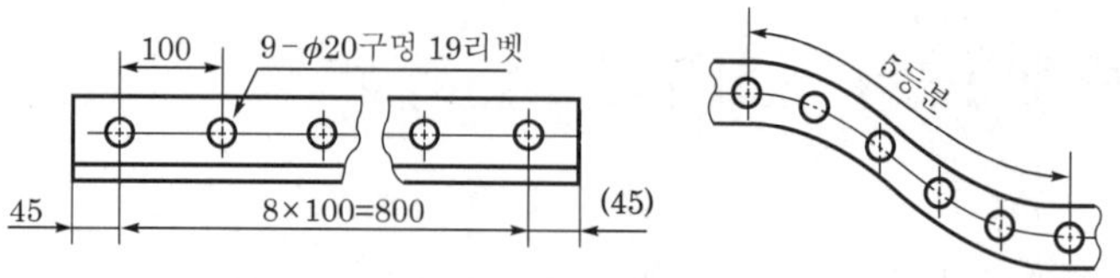

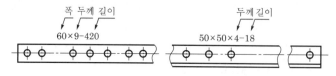

[그림 3.29] 같은 간격이 있는 구멍의 위치 표시법

[그림 3.30] 평판의 치수기입법

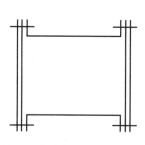

[그림 3.31] 얇은 판의 단면 표시법

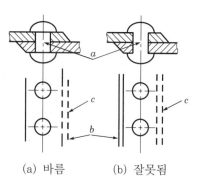

(a) 바름   (b) 잘못됨

[그림 3.32] 리벳이음의 표시법

7.1 개요

스프링(spring)은 탄력을 이용하여 진동과 충격완화, 힘의 축적, 측정 등에 사용되는 기계요소로 많이 사용되고 있다. 재료는 스프링강, 피아노선, 인청동 등이 사용되며, 종류에는 [그림 3.33]과 같이 여러 종류가 있으며 다음과 같은 역할을 한다.

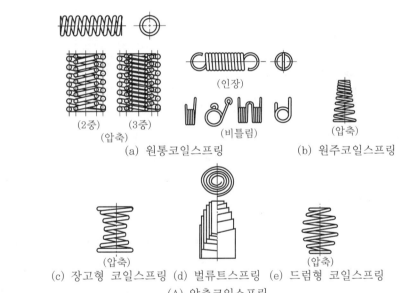

(2중) (3중)
(압축)
(a) 원통코일스프링

(인장)

(비틀림)

(압축)
(b) 원주코일스프링

(압축)   (압축)
(c) 장고형 코일스프링 (d) 벌류트스프링 (e) 드럼형 코일스프링
(A) 압축코일스프링

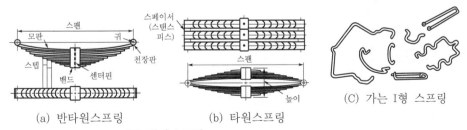

(a) 반타원스프링   (b) 타원스프링
(B) 겹판스프링

(C) 가는 I형 스프링

[그림 3.33] 스프링의 종류

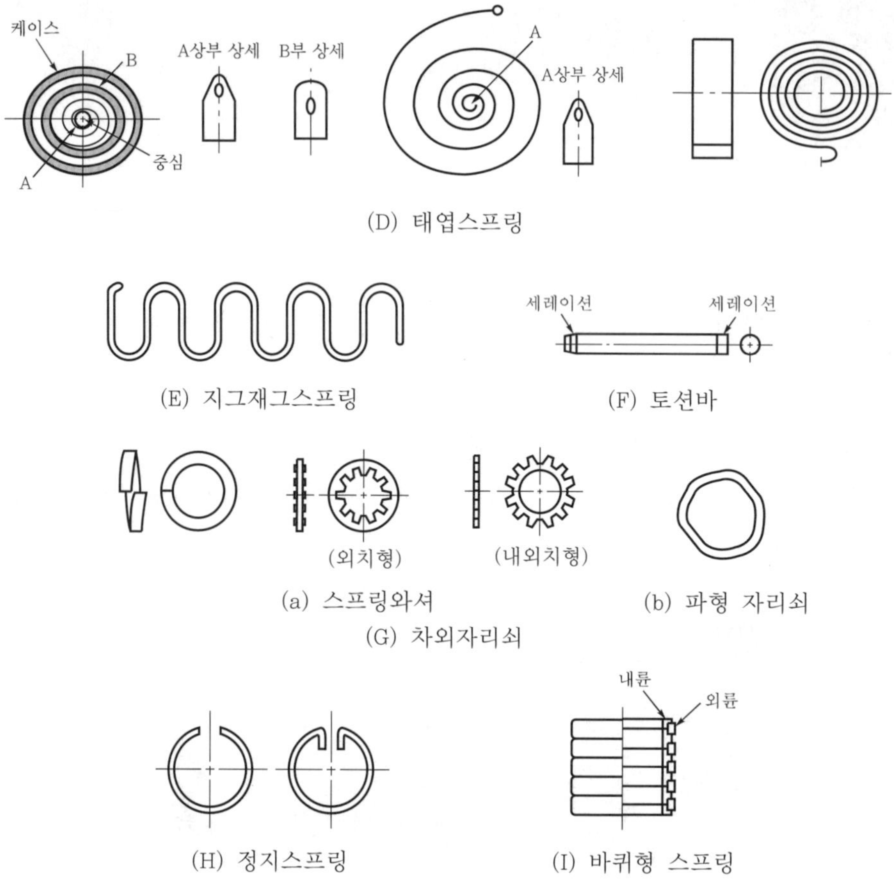

케이스
B
A
중심
A상부 상세
B부 상세
A
A상부 상세
(D) 태엽스프링
(E) 지그재그스프링
세레이션
세레이션
(F) 토션바
(외치형)
(내외치형)
(a) 스프링와셔
(b) 파형 자리쇠
(G) 차외자리쇠
내륜
외륜
(H) 정지스프링
(I) 바퀴형 스프링

[그림 3.33] 스프링의 종류 (계속)

1) 진동을 억제하는 방진과 완충작용

진동(vibration)이란 물체 또는 질점이 외력을 받아 평형위치에서 요동하거나 떨리는 현상으로, 일정시간마다 같은 운동이 반복되는 주기운동 및 비주기적인 과도운동, 불규칙운동을 포함한다. 기계나 구조물에서 대부분의 진동은 응력의 증가와 더불어 에너지손실을 일으킨다. 따라서 진동원으로부터 진동이 전해지지 않도록 방진, 완충의 조치가 고려되어야 한다.

2) 힘의 축적과 측정장치

일반적으로 탄성체는 하중을 받으면 하중에 따른 만큼 변형을 하게 되고, 그 일을 탄성에너지로 흡수·축적하는 특성을 가진다. 따라서 이 기본특성에서 동적으로 고유진동을 가지고 충격을 완화하든지 진동을 방지하는 기능을 가진다. 탄성체가 갖는 특성과 기능을 적극적으로 이용한 기계요소가 스프링이다.

7.2 스프링의 제도

① 스프링은 도형을 그리고 도형에 나타내지 않은 치수, 하중, 감긴 방향, 총감김수, 재료지름, 코일안지름 등을 요목표를 별도로 작성하여 나타낸다. 요목표에 기입할 사항과 그림에 기입할 사항은 중복되어도 좋다.
② 코일스프링, 벌류트스프링, 스파이럴스프링은 무하중상태에서 그리고, 겹판스프링은 일반적으로 스프링판이 수평인 상태에서 그린다.
③ 요목표에 설명이 없는 코일스프링 및 벌류트스프링은 모두 오른쪽으로 감은 것을 나타낸다. 또한 왼쪽으로 감긴 경우에는 '감긴 방향 왼쪽'이라 표시한다.
④ 코일스프링의 정면도는 나선모양이 되나 이를 직선으로 나타낸다.
⑤ 코일스프링에서 양끝을 제외한 동일한 모양의 일부를 생략하여 그릴 때 생략하는 부분의 선지름 중심선을 가는 일점쇄선으로 나타낸다.
⑥ 스프링의 종류 및 모양만을 간략도로 나타내는 경우에는 스프링재료의 중심선만을 굵은 실선으로 그린다.

7.3 스프링의 요목표 작성방법

용어는 각 스프링의 요목표와 같고, 각 스프링에서 피치는 코일과 인접해 있는 코일의 중심거리를 말한다.

1) 인장코일스프링

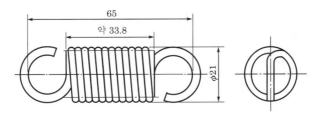

[그림 3.34] 인장코일스프링

[표 3.8] 인장코일스프링의 요목표

재료			HSW-3
	재료의 지름(mm)		2.6
	코일평균지름(mm)		18.4
	코일바깥지름(mm)		21±0.3
	총감김수		11.5
	감긴 방향		오른쪽
	자유길이(mm)		(64)
	스프링상수(N/mm)		6.28
	초장력(N)		(26.8)
지정	하중(N)		—
	하중 시의 길이(mm)		—
	길이[1](mm)		86
	길이 시의 하중(N)		165±10%
	응력(N/mm^2)		532
	최대 허용인장길이(mm)		92
	고리의 모양		둥근 고리
표면 처리	성형 후의 표면가공		—
	방청처리		방청유 도포

주 : (1) 수치보기는 길이를 기준으로 하였다.

[비고] 1. 기타 항목 : 세팅한다.

      2. 용도 또는 사용조건 : 상온, 반복하중

      3. 1N/mm^2=1MPa

2) 냉간성형 압축코일스프링

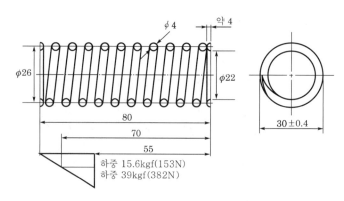

[그림 3.35] 냉간성형 압축코일스프링

[표 3.9] 냉간성형 압축코일스프링의 요목표

재료		SWOSC-V
재료의 지름(mm)		24
코일평균지름(mm)		26
코일바깥지름(mm)		30±0.4
총감김수		11.5
자리감김수		각 1
유효감김수		9.5
감긴 방향		오른쪽
자유길이(mm)		(8.0)
스프링상수(N/mm)		15.3
지정	하중(N)	—
	하중 시의 높이(mm)	—
	높이[1](mm)	70
	높이 시의 하중(N)	153±10%
	응력(N/mm^2)	190
최대 압축	하중(N)	—
	하중 시의 높이(mm)	—
	높이[1](mm)	55
	높이 시의 하중(N)	382
	응력(N/mm^2)	476
밀착높이(mm)		(44)
코일 바깥쪽 면의 경사(mm)		4 이하
코일 끝부분의 모양		클로즈엔드(연삭)
표면 처리	성형 후의 표면가공	쇼트피닝
	방청처리	방청유 도포

주 : (1) 수치보기는 길이를 기준으로 하였다.

[비고] 1. 기타 항목 : 세팅한다.

    2. 용도 또는 사용조건 : 상온, 반복하중

    3. 1N/mm^2=1MPa

3) 겹판스프링

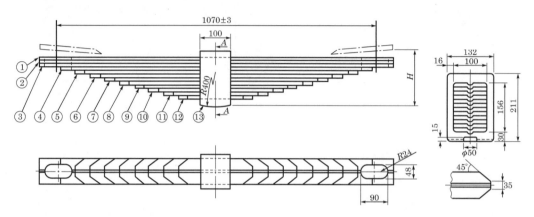

[그림 3.36] 겹판스프링

[표 3.10] 겹판스프링의 요목표

스프링판(KS D 3701의 A종)				
번호	전개길이	두께	너비	재료
①	1,200			
②	1,200			
③	1,200			
④	1,050			
⑤	950			
⑥	850			
⑦	750	13	100	SPS6
⑧	650			
⑨	550			
⑩	450			
⑪	350			
⑫	250			
번호	명칭	재료	개수	
⑬	밴드 죔띠	SM10C	1	

스프링상수(N/mm)				21.7
구분	하중(N)	높이	스팬	응력(N/mm^2)
무하중 시	0	224	–	–
상용하중 시	5,120		–	–
최대 하중 시	5,840	6±5	186±4	1,070±3
시험하중 시	10,250	–	–	–

[비고] 1. 경도 : 388~461HBW(텅스텐카바이드압자, 브리넬경도)
　　　 2. 쇼트피닝 : No.1~4리프
　　　 3. 완성도장 : 흑색 도장
　　　 4. 1N/mm^2=1MPa

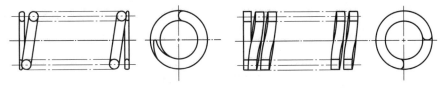

(a) 압축코일스프링의 중간부를 생략한 제도법

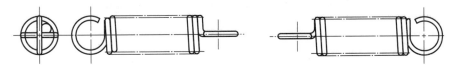

(b) 인장코일스프링의 중간부를 생략한 제도법

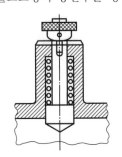

(c) 단면으로 표시된 코일스프링

[그림 3.37] 스프링제도

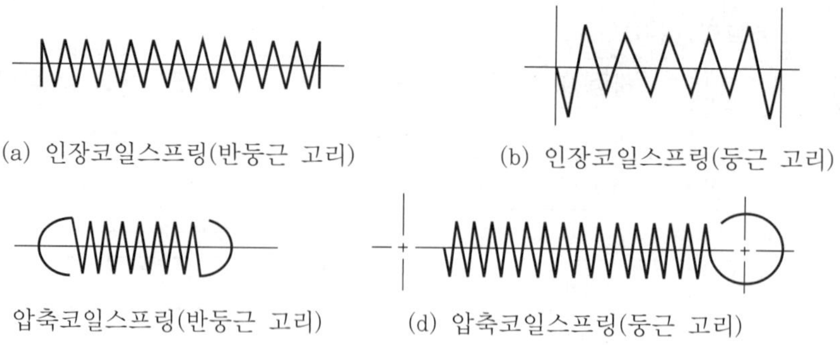

(a) 인장코일스프링(반둥근 고리)

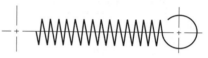

(b) 인장코일스프링(둥근 고리)

(c) 압축코일스프링(반둥근 고리)

(d) 압축코일스프링(둥근 고리)

[그림 3.38] 인장 · 압축코일스프링의 둥근 고리와 반둥근 고리제도

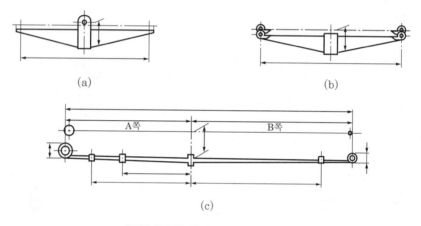

(a)

(b)

(c)

[그림 3.39] 겹판스프링의 간략도

CHAPTER 08 베어링

8.1 개요

베어링(bearing)은 회전하고 있거나 왕복운동을 하는 축을 지지하여 축에 작용하는 하중을 받는 역할을 하는 기계요소로, 베어링과 접촉하고 있는 축 부분을 저널(journal), 축방향의 하중을 받치고 있는 저널을 피벗(pivot)이라 한다.

8.2 베어링의 종류

베어링은 축과 접촉하는 상태에 따라 미끄럼베어링(sliding bearing)과 롤러베어링(roller bearing)으로 나누고, 하중의 작용방향에 따라 축과 직각방향으로 하중을 받는 레이디얼베어링(radial bearing)과 축방향으로 하중을 받는 스러스트베어링(thrust bearing)으로 나눈다. 또한 사용용도, 회전방향, 윤활조건 등에 따라 다양하게 분류하고 있다.

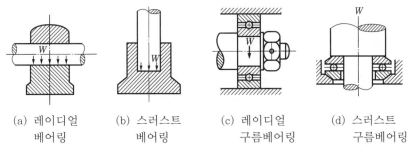

(a) 레이디얼 베어링　(b) 스러스트 베어링　(c) 레이디얼 구름베어링　(d) 스러스트 구름베어링

[그림 3.40] 베어링의 종류

1) 축과 베어링 접촉의 종류에 따라(마찰운동의 종류에 따라)

① 미끄럼베어링(sliding bearing) : 베어링과 저널이 서로 미끄럼접촉
② 구름베어링(rolling bearing) : 베어링과 저널이 서로 구름접촉

2) 하중의 방향에 따라

① 레이디얼베어링(radial bearing) : 하중이 축에 수직방향으로 작용
② 스러스트베어링(thrust bearing) : 하중이 축방향으로 작용

3) 미끄럼베어링의 종류

① 레이디얼미끄럼베어링(radial sliding bearing) : 단일베어링(solid bearing), 분할베어링 (split bearing)
② 스러스트미끄럼베어링(thrust sliding bearing) : 피벗베어링(pivot bearing), 칼라베어 링(collar bearing)

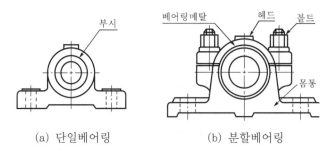

(a) 단일베어링   (b) 분할베어링

[그림 3.41] 미끄럼베어링

4) 구름베어링의 종류

① 레이디얼볼베어링(radial ball bearing) : 깊은 홈볼베어링(deep-groove ball bearing), 마그네토볼베어링(magneto ball bearing), 앵귤러볼베어링(angular ball bearing), 자동 조심 볼베어링(self-aligning ball bearing)
② 레이디얼롤러베어링(radial roller bearing) : 원통롤러베어링(cylindrical roller bearing), 니들롤러베어링(needle roller bearing), 테이퍼롤러베어링(taper roller bearing), 자동 조심 롤러베어링(self-aligning roller bearing)

③ 스러스트볼베어링(thrust ball bearing) : 단식 스러스트볼베어링(single-direction thrust ball bearing), 복식 스러스트볼베어링(double-direction thrust ball bearing),

④ 스러스트롤러베어링(thrust roller bearing) : 스러스트원통롤러베어링(thrust cylindrical roller bearing), 스러스트니들롤러베어링(thrust needle roller bearing), 스러스트테이퍼롤러베어링(thrust raper roller bearing), 스러스트 자동조심 롤러베어링(thrust cylindrical roller bearing)

⑤ 복합베어링 : 레이디얼하중과 스러스트하중이 동시에 적용이 가능한 베어링이다.

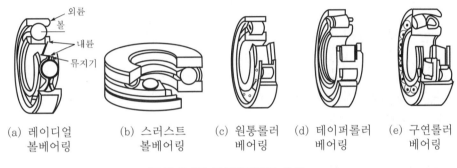

(a) 레이디얼 볼베어링 (b) 스러스트 볼베어링 (c) 원통롤러 베어링 (d) 테이퍼롤러 베어링 (e) 구연롤러 베어링

[그림 3.42] 구름베어링의 종류

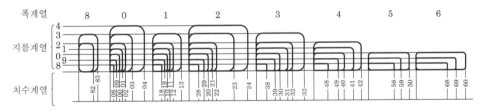

[그림 3.43] 레이디얼베어링의 주요 치수

8.3 베어링의 재료

1) 미끄럼베어링의 재료

① 화이트메탈(white metal) : 연하며 축과 붙임성이 좋고 윤활유와의 흡착성이 높아 가장 많이 사용한다.

　㉠ 주석계 화이트메탈(tin base white metal) : Sn+Cu+Sb의 합금으로, 배빗메탈(babbit metal)이라고도 하며 고속·강압용 베어링에 사용한다.

  ⓒ 납계 화이트메탈(lead base white metal) : Pb＋Sn＋Sb의 합금으로, 값이 저렴하
   고 마찰계수가 작아 일반적으로 널리 사용한다.

  ⓒ 아연계 화이트메탈(zinc base white metal) : Zn＋Cu＋Sn＋Sb＋Al의 합금으로,
   경도가 높아 작용하중이 큰 곳에 사용한다.

 ② 구리합금 : 연하며 붙임성이 좋고 화이트메탈에 비하여 경도나 강도가 크다.

  ㉠ 청동 : Cu＋Su의 합금으로, 내연기관의 피스톤용 베어링으로 사용한다.

  ⓒ 연청동 : Cu＋Sn＋Pb의 합금으로, 기름의 윤활능력을 향상시킨다.

  ⓒ 켈밋(kelmet) : Cu＋Pb의 합금으로, 고속·고하중의 베어링메탈로 사용한다.

2) 소결금속베어링의 재료

① 분말야금에 의한 성형베어링메탈로서 오일리스베어링(oilless bearing)이라고도 한다.

② 급유가 곤란하고 저속·경하중의 베어링용으로 사용되며 인쇄기, 식품기계, 선풍기, 냉
 장고 등에도 사용한다.

3) 비금속베어링의 재료

① 굳고 지방분을 많이 포함하여 내수성이 큰 목재인 리그넘바이티(lignum bitae)가 있다.

② 수차, 펌프와 같이 부식하기 쉬운 곳에 사용되며 페놀합성수지와 나일론 등도 경하중용
 베어링재료로 사용한다.

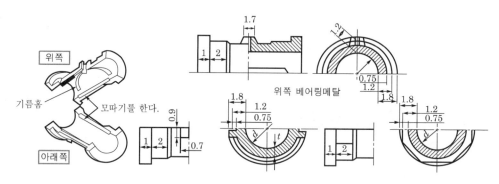

[그림 3.44] 베어링메탈의 종류

8.4 마찰과 윤활

1) 마찰(friction)의 종류

① 고체마찰(solid friction)
- ㉠ 건조마찰(dry friction)이라고도 하며 접촉면 사이에 윤활제의 공급이 없는 경우의 마찰상태를 말한다.
- ㉡ 마찰저항이 가장 크고 마멸·발열을 일으키므로 베어링에는 절대로 존재해서는 안 되는 상태이다.

② 경계마찰(boundary friction)
- ㉠ 고체마찰과 유체마찰의 중간쯤 되는 마찰로, 접촉면 사이의 유막이 아주 얇은 경우의 마찰상태이다.
- ㉡ 어느 곳에서는 양쪽 윤활면의 유막이 깨져 직접 접촉이 일어나 윤활작용이 완전하지 못하게 되며 혼성마찰이라고도 한다.

③ 유체마찰(fluid friction)
- ㉠ 접촉면 사이에 윤활제가 충분한 유막을 형성하여 접촉면이 서로 완전히 떨어져 있는 경우의 마찰상태로 베어링으로서는 가장 양호한 상태이다.
- ㉡ 이 마찰상태는 윤활유의 점성(viscosity)에 기인하며 접촉면의 재질, 표면상태와는 무관하므로 마멸이나 발열은 아주 미소하다.

2) 윤활(lubrication)의 종류

① 완전 윤활(perfect lubrication) : 유체윤활이라고도 하며 유체마찰로 이루어지는 윤활상태를 의미한다.
② 불완전 윤활(imperfect lubrication) : 경제윤활이라고도 하며 유체마찰상태에서 유막이 약해지면서 마찰이 급격히 증가하기 시작하는 경계윤활상태를 의미한다.

8.5   저널베어링

1) 저널베어링 설계 시의 유의점

① 하중에 대한 충분한 강도를 가져야 한다.
② 과도한 변형률이 생기지 않도록 해야 한다.
③ 베어링압력이 제한 내에 있어야 한다.
④ 마찰, 마멸이 적어야 한다.
⑤ 윤활유를 잘 유지하고 있어야 한다.
⑥ 마찰열 발생이 적고 열발산이 좋아야 한다.

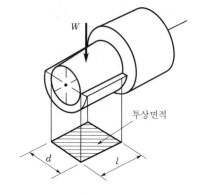

[그림 3.45] 베어링의 압력

2) 레이디얼저널의 설계

(1) 베어링의 수압력

$$p = \frac{가로하중}{투상면적} = \frac{W}{dl}[\text{kgf/mm}^2]$$

(2) 베어링에 가해지는 하중

$$W = p\,dl\,[\text{kgf}]$$

여기서, p : 베어링의 수압력(kgf/mm^2), d : 축지름(mm), l : 저널의 길이(mm)

(3) 굽힘응력

① 축끝 저널(end journal)의 경우 : 외팔보에 균일분포하중이 작용한다고 생각하면 굽힘모멘트 M은 다음과 같다. 여기서 단면계수 z는 원형인 경우 $z = \dfrac{\pi d^3}{32}$이므로 축지름 d는

$$M = \frac{Wl}{2} = \sigma_b z = \sigma_b \frac{\pi d^3}{32}[\text{kg} \cdot \text{mm}]$$

$$d^3 = \frac{16\,Wl}{\pi\,\sigma_b}$$

$$\therefore d = \sqrt[3]{\frac{16\,Wl}{\pi\,\sigma_b}} \fallingdotseq \sqrt[3]{\frac{5.1\,Wl}{\sigma_b}} \fallingdotseq 1.72\sqrt[3]{\frac{Wl}{\sigma_b}}\ [\mathrm{mm}]$$

폭지름비 $\dfrac{l}{d}$은 $W = p\,dl,\ M = \dfrac{Wl}{2}$ 에서

$$\frac{p\,dl^2}{2} = \sigma_b z = \frac{\pi d^3}{32}\,\sigma_b$$

$$\frac{l^2}{d^2} = \frac{\pi\,\sigma_b}{16p}$$

$$\therefore \frac{l}{d} = \sqrt{\frac{\pi\,\sigma_b}{16p}} \fallingdotseq \sqrt{\frac{\sigma_b}{5.1p}}$$

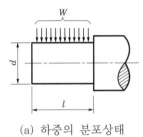

(a) 하중의 분포상태   (b) 하중의 작용점

[그림 3.46] 축끝 저널의 굽힘응력

② 중간 저널(neck journal)의 경우

$$M = \frac{W}{2}\left(\frac{l}{2} \times \frac{l_1}{2}\right) - \frac{W}{2} \times \frac{l}{4} = \frac{WL}{8} = \sigma_b z = \frac{\pi d^3 \sigma_b}{32}$$

여기서, $L = l + 2l_1[\mathrm{mm}]$

축지름 d는

$$d = \sqrt[3]{\frac{4\,WL}{\pi\,\sigma_b}} \fallingdotseq \sqrt[3]{\frac{1.25\,WL}{\sigma_b}}\ [\mathrm{mm}]$$

폭지름비 $\dfrac{l}{d}$은 전길이 L과 저널 부분의 길이 l과의 비 $\dfrac{L}{l} = 1.5$ 정도이므로

$$d = \sqrt[3]{\frac{1.25\,p\,d\,l\,L}{\sigma_b}} = \sqrt[3]{\frac{1.25 \times 1.5\,p\,d\,l^2}{\sigma_b}}$$

$$\therefore\ \frac{l}{d} = \sqrt{\frac{\sigma_b}{1.875\,p}}$$

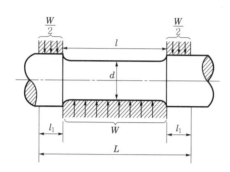

[그림 3.47] 중간 저널

3) 스러스트저널의 설계

(1) 베어링의 압력과 축지름

① 베어링의 압력

ㄱ 중실축의 경우 : $p = \dfrac{W}{A} = \dfrac{W}{\dfrac{\pi}{4}d^2}$ [kgf/mm^2]

ㄴ 중공축의 경우 : $p = \dfrac{W}{A} = \dfrac{W}{\dfrac{\pi}{4}(d_o^2 - d_i^2)}$ [kgf/mm^2]

② 축지름

ㄱ 중실축의 경우 : $W = \dfrac{\pi}{4}d^2 p$ [kgf], $v = \dfrac{\pi\dfrac{d}{2}N}{60 \times 1,000}$ [m/s]에서 $d = \dfrac{WN}{30,000\,p\,v}$ [mm]

ㄴ 중공축의 경우 : $W = \dfrac{\pi}{4}(d_o^2 - d_i^2)p$ [kgf], $v = \dfrac{\pi\left(\dfrac{d_o + d_i}{2}\right)N}{60 \times 1,000}$ [m/s]에서

$d_o - d_i = \dfrac{WN}{30,000\,p\,v}$ [mm]

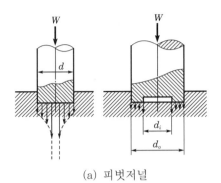 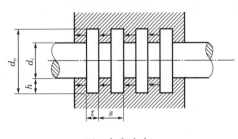

(a) 피벗저널   (b) 칼라저널

[그림 3.48] 스러스트베어링

(2) 칼라저널

① 평균지름 : $d_m = \dfrac{d_o + d_i}{2}\,[\text{mm}]$

② 칼라높이 : $h = \dfrac{d_o - d_i}{2}\,[\text{mm}]$

③ 베어링압력 : $p = \dfrac{W}{\dfrac{\pi}{4}(d_o^2 - d_i^2)Z} = \dfrac{W}{\pi\,d_m\,h\,Z}\,[\text{kgf/mm}^2]$

여기서, Z : 칼라 수, d_i : 안지름(mm), d_o : 바깥지름(mm)

④ 축지름 : 원주속도 $v = \dfrac{\pi\,d_m\,N}{60 \times 1,000} = \dfrac{\pi\left(\dfrac{d_o + d_i}{2}\right)N}{60 \times 1,000}\,[\text{m/s}]$이므로

$$h = \frac{W}{\pi\,d_m\,z\,p} = \frac{W}{\pi\,\dfrac{6,000v}{\pi N}\,z\,p}$$

$$\therefore\ d_o - d_i = 2h = \frac{WN}{30,000\,z\,p\,v}\,[\text{mm}]$$

8.6 구름베어링

1) 미끄럼베어링과 구름베어링의 비교

구름베어링은 외륜(outer race)과 내륜(inner race), 볼 또는 롤러, 리테이너(retainer)로 구성되며 KS에 규격화되어 있다.

[표 3.11] 미끄럼베어링과 구름베어링의 비교

구분 \ 종류	미끄럼베어링	구름베어링
하중	스러스트, 레이디얼하중을 1개의 베어링으로는 받을 수 없다.	양방향의 하중을 1개의 베어링으로 받을 수 있다.
모양, 치수	바깥지름은 작고, 폭은 크다.	바깥지름이 크고 폭이 작다(니들베어링 제외).
마찰	기동마찰이 크다(0.01~0.1).	기동마찰이 작다(0.002~0.006).
내충격성	비교적 강하다.	약하다.
진동·소음	발생하기 어렵다. 유막구성이 좋으면 매우 정숙하다.	발생하기 쉽다.
부착조건	구조가 간단하므로 부착할 때의 조건이 적다.	축, 베어링하우징에 내·외륜이 끼워지므로 끼워맞춤에 주의해야 한다.
윤활조건	주의를 요한다. 윤활장치가 필요하다.	용이하며 그리스윤활의 경우에는 거의 윤활장치가 필요 없다.
수명	마멸에 좌우되며 완전 유체마찰이면 반영구적인 수명을 가진다.	반복응력에 의한 피로손상(flaking)에 의하여 한정된다.
온도	점도와 온도의 관계에 주의하여 윤활유를 선택할 필요가 있다.	미끄럼베어링만큼 직접적인 점도변화의 영향은 받지 않는다.
운전속도	고속회전에 적당(마찰열의 제거 필요)하나, 저속회전에는 부적당하다. 유체마찰이 어렵고 혼합마찰로 된다.	고속회전에 비교적 부적당하며 유막이 반드시 필요한 것은 아니므로 저속운전에 적당하다.
호환성	규격이 없으므로 호환성은 없고 일반적으로 주문생산이다.	대부분 규격화되어 있으므로 호환성이 있고 대량생산이므로 쉽게 선택하고 사용할 수 있다.
보수	윤활장치가 있는 것만큼 보수에 시간과 수고가 든다.	간단하다.
가격	저가이다.	일반적으로 고가이다.

2) 구름베어링의 종류

(1) 레이디얼베어링(radial bearing)

① 단열 깊은 홈형 : 가장 널리 사용되고 내륜과 외륜이 분리되지 않는 형식이다.
② 마그네틱형 : 내륜과 외륜을 분리할 수 있는 형식으로 조립이 편리하다.
③ 자동조심형 : 외륜의 내면이 구면상으로 되어 있어 다소 축이 경사될 수 있는 형식이다.
④ 앵귤러형 : 볼과 궤도륜의 접촉각이 존재하기 때문에 레이디얼하중과 스러스트하중을 받는 형식이다.

(2) 스러스트베어링(thrust bearing)

① 스러스트하중만을 받을 수 있고 고속회전에는 부적합하다.
② 한쪽 방향의 스러스트하중만이 작용하면 단식을, 양쪽 방향의 스러스트하중이 작용하면 복식을 사용한다.
③ 볼베어링보다 롤러베어링은 선접촉을 하므로 큰 하중에 견딘다.
④ 원추롤러베어링은 레이디얼하중과 스러스트하중을 동시에 견딜 수 있다.

3) 구름베어링의 기본설계

(1) 부하용량(load capacity)

구름베어링이 견딜 수 있는 하중의 크기를 말한다.
① 정적부하용량(static load capacity) : 베어링이 정지하고 있는 상태에서 정하중이 작용할 때 견딜 수 있는 하중의 크기
② 동적부하용량(dynamic load capacity) : 회전 중에 있는 구름베어링이 견딜 수 있는 하중의 크기

(2) 베어링수명(bearing life)

베어링을 이상적인 상태에서 운전하여 베어링 내·외륜에 박리현상(flaking)이 최초로 생길 때까지의 총회전수를 말한다.

(3) 계산수명(정격수명 ; rating life)

동일 조건하에서 베어링의 그룹(bearing group) 중 90%가 박리현상을 일으키지 않고 회전할 수 있는 총회전수를 말한다.

(4) 기본부하용량(basic load capacity)

외륜이 정지하고 내륜만 회전할 때 정격수명이 100만회전이 되는 방향과 크기가 변동하지 않는 하중을 말하며 기본동정격하중이라고도 한다.

(5) 구름베어링의 정격수명 계산식

계산수명이 L_n[rpm], 베어링하중은 P[kgf], 기본부하용량은 C[kgf]라 하면

$$L_n = \left(\frac{C}{P}\right)^r \times 10^6 \text{회전단위}$$

여기서, r : 지수(3 : 볼베어링, $\frac{10}{3}$: 롤러베어링)

L_h가 수명시간이라면 $L_n = 60 L_h N$이 되므로

$$L_h = \frac{L_n \times 10^6}{60N} = \left(\frac{C}{P}\right)^r \frac{10^6}{60N}$$

그런데 $10^6 = 33.3\text{rpm} \times 500 \times 60$이 되므로

$$L_h = \left(\frac{C}{P}\right)^r \frac{33.3 \times 60 \times 500}{60N}$$

$$\frac{L_h}{500} = \left(\frac{C}{P}\right)^r \frac{33.3}{N}$$

8.7 베어링의 호칭번호와 기호

1) 구성과 배열

① 구성 : 기본번호(계열번호, 안지름번호 및 접촉각기호)와 보조기호(리테이너기호, 밀봉기호 또는 실드기호, 레이스형상기호, 복합 표시기호, 틈새 및 등급기호)로 구성된다.
② 배열 : 원칙적으로 표에 따르고 기본번호(베어링의 형식과 주요 치수)와 보조기호(베어링의 사양)로 되어 있으며 KS B 2001, 2021에 규정되어 있다.

[표 3.12] 호칭번호의 배열

기본기호			보조기호					
베어링 계열기호	안지름 번호	접촉각 기호	리테이너 기호	실기호 또는 실드번호	궤도륜 형상기호	복합 표시기호	틈새기호	등급기호

2) 기본번호

① 계열번호 : 베어링의 형식과 치수계열을 나타내며 [표 3.13]과 같다.

[표 3.13] 구름베어링의 치수계열

베어링계열기호	68	69	60	62	63	64
치수기호	18	19	10	02	03	04

② 안지름번호 : 안지름치수를 나타낸다.

[표 3.14] 안지름번호와 치수

안지름번호	안지름치수
00	10mm
01	12mm
02	15mm
03	17mm
⇩ 04	20mm
×5 05	25mm
⋮	⋮
	(500mm 미만까지)

[비고] 안지름번호 04부터 안지름번호×5＝안지름치수(mm)이다.

③ 접촉각기호 : 접촉각을 나타낸다.

3) 보조기호

리테이너기호, 실기호, 실드기호, 궤도륜형상기호, 조합 표시기호, 틈새기호 및 등급기호로 구성된다.

베어링 호칭번호의 〈보기〉를 설명하면 다음과 같다.

보기 1. 6026 P6

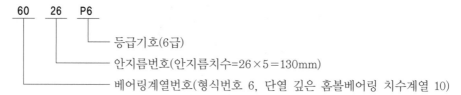

2. 6312 ZNR

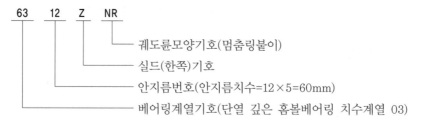

3. 7206 CDBP5

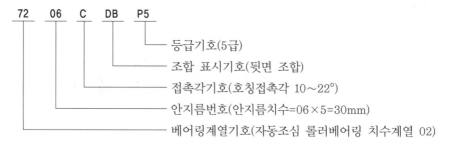

8.8 베어링의 제도

① 베어링은 지장이 없는 한 간략도로 나타낸다.
② 베어링은 간략도로 그리고 호칭번호로 나타낸다.
③ 베어링은 계획도나 설명도 등에서 나타낼 때는 [그림 3.50]과 같은 계통도로 나타낸다.
④ 베어링의 안지름번호는 1~9까지는 그 숫자가 베어링의 안지름이다. 00은 10mm, 01은 12mm, 02는 15mm, 03은 17mm가 베어링의 안지름이며, 04부터는 5를 곱하여 나온 숫자가 베어링의 안지름이다.

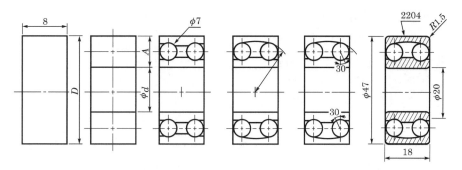

[그림 3.49] 자동조심형 레이디얼볼베어링의 간략도 그리는 방법

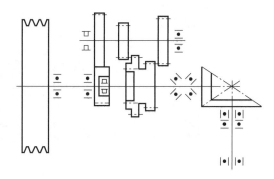

[그림 3.50] 베어링의 계통도

[표 3.15] 베어링의 약도와 간략도

베어링	단열 깊은 홈형	단열 앵귤러 컨덕터형	복렬 자동 조심형	원통롤러베어링				
				NJ	NU	NF	N	NN
표시	1.25	1.3	1.4	1.5	1.6	1.7	1.8	1.9
2.1	2.2	2.3	2.4	2.5	2.6	2.7	2.8	2.9

[표 3.15] 베어링의 약도와 간략도 (계속)

베어링	단열 깊은 홈형	단열 앵귤러 컨덕터형	복렬 자동 조심형	원통롤러베어링				
				NJ	NU	NF	N	NN
3.1	3.2	3.3	3.4	3.5	3.6	3.7	3.8	3.9
÷	÷	╱	∷	믐	믐	믐	믐	믊

니들베어링		원추롤러 베어링	자동조심형 롤러베어링	평면 좌스러스트베어링		스러스트 자동조심형 롤러베어링	깊은 홈형 베어링
NA	RNA			단식	복식		
1.10	1.11	1.12	1.13	1.14	1.15	1.16	1.21
2.10	2.11	2.12	2.13	2.14	2.15	2.16	2.21
3.10	3.11	3.12	3.13	3.14	3.15	3.16	
믐	⊟	◇	⊞	●│●	●│●│●	♭	

KS B 0102에 의하면 차례로 물리는 이(tooth)에 의하여 운동을 전달시키는 기계요소를 기어(gear ; tooth wheel)라 한다. 서로 맞물려 도는 기어 중에서 잇수가 많은 기어를 큰 기어 혹은 기어라 하고, 작은 기어를 피니언(pinion)이라 한다. 그리고 피치원이 무한대인 것을 래크(rack)라고 한다.

[표 3.16] 기어의 종류

구분		종류
두 축의 관계위치에 의한 분류	두 축이 평행한 기어	스퍼기어, 헬리컬기어, 내접기어, 래크와 피니언
	두 축이 서로 교차하는 기어	베벨기어
	두 축이 서로 엇갈려 교차하지도 평행하지도 않은 기어	웜과 웜기어, 하이포이드기어, 나사기어
용도에 의한 분류	기어트레인	
	체인지기어	
	유성기어장치	유성기어, 태양기어
	차동기어장치	
	감속기어장치	
	증속기어장치	
	변속기어장치	
크기에 의한 분류		큰 기어(기어), 피니언
동력전달에 의한 분류		구동기어, 피동기어
설계방법에 의한 분류		표준 기어, 전위기어
톱니의 위치에 의한 분류		외접기어, 내접기어
비틀림방향에 의한 분류		좌우헬리컬기어, 좌우비틀림웜, 좌우스파이럴베벨기어

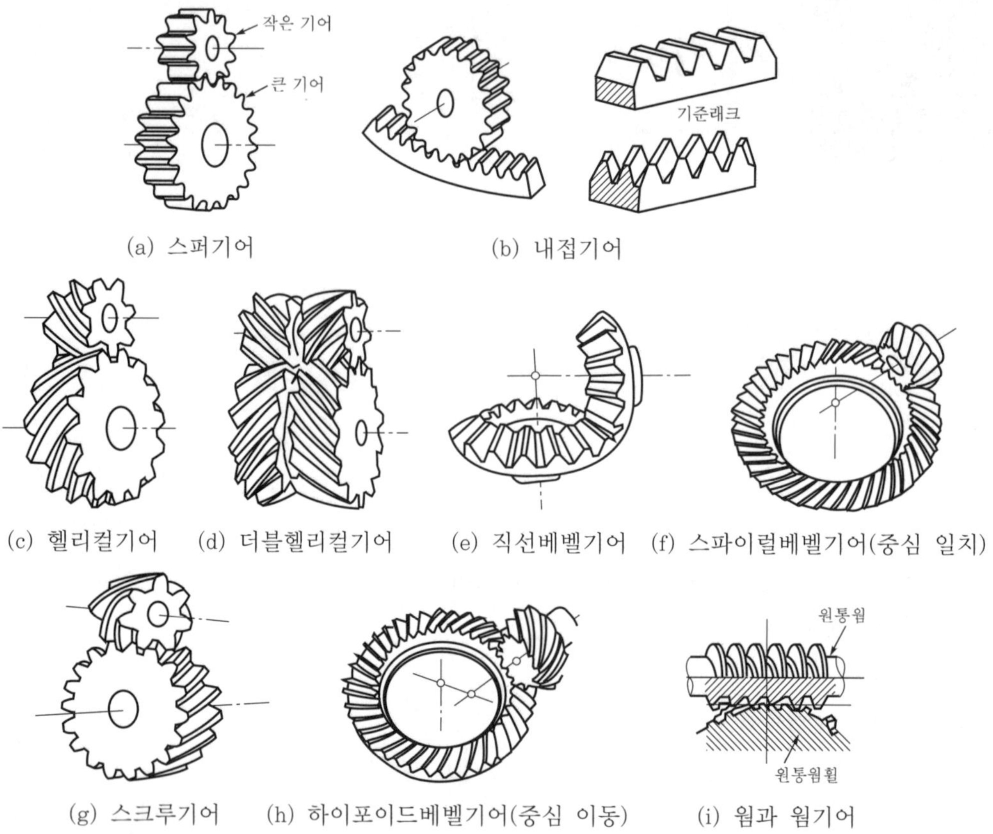
작은 기어
큰 기어
기준래크
(a) 스퍼기어
(b) 내접기어
(c) 헬리컬기어
(d) 더블헬리컬기어
(e) 직선베벨기어
(f) 스파이럴베벨기어(중심 일치)
(g) 스크루기어
(h) 하이포이드베벨기어(중심 이동)
원통웜
원통웜휠
(i) 웜과 웜기어

[그림 3.51] 기어의 종류

9.2 치형곡선의 분류

1) 사이클로이드곡선

주어진 피치원을 중심으로 하여 이 위를 작은 원인 구름원(rolling circle)이 미끄럼 없이 굴러갈 때 이 구름원 위의 한 점이 긋는 자취를 사이클로이드곡선(cycloid curve)이라 한다. 이 피치원을 경계로 하여 외측에 그려진 곡선을 에피사이클로이드곡선(epicycloid curve)이라 하고, 내측에 그려진 곡선을 하이포사이클로이드곡선(hypocycloid curve)이라 한다. 그 특징은 다음과 같다.

① 접촉면에 미끄럼이 적어 마멸과 소음이 작다.

② 효율이 높다.

③ 치형가공이 어렵고 호환성이 적다.

④ 피치점이 완전히 일치하지 않으면 물림이 불량해진다.

⑤ 정밀 측정기기, 시계 등의 기어에 사용된다.

2) 인벌류트곡선

원통에 실을 감고, 이 실의 끝을 당기면서 풀어갈 때 실 끝이 그리는 자취를 인벌류트곡선(involute curve)이라 한다. 그 특징은 다음과 같다.

① 치형제작가공이 용이하다.

② 호환성(compatibility)이 좋다.

③ 물림에서 축간거리가 다소 변해도 속비에 영향이 없다.

④ 이뿌리 부분이 튼튼하다.

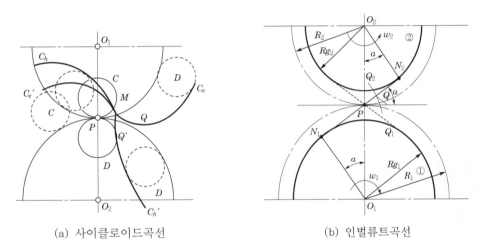

<table>
<tr><td>(a) 사이클로이드곡선</td><td>(b) 인벌류트곡선</td></tr>
</table>

[그림 3.52] 치형곡선

9.3 이의 크기

이의 크기는 원주피치, 모듈, 지름피치를 기준으로 한다.

1) 원주피치(circular pitch, p)

피치원둘레를 잇수로 나눈 값이다.

기계제도 및 설계

$$p = \frac{\pi D_p}{Z} = \pi m$$

여기서, Z : 잇수, D_p : 피치원지름(mm)

2) 모듈(module, m)

피치원지름(D_p)을 잇수로 나눈 값이다.

$$D_p = m Z [\text{m}]$$

$$\therefore m = \frac{D_p}{Z} = \frac{p}{\pi}$$

3) 지름피치(diameter pitch, p_d)

잇수를 인치(inch)로 표시한 피치원지름으로 나눈 값이다.

$$p_d = \frac{Z}{D[\text{in}]} = \frac{25.4 Z}{D_p[\text{mm}]} = \frac{25.4}{m}$$

9.4   기어의 각부 명칭

① 피치원(pitch circle) : 기어를 마찰차에 요철을 붙인 것으로 가상할 때 마찰차가 접촉하고 있는 원
② 원주피치(circular pitch) : 피치원주상에서 측정한 인접한 이에 해당하는 부분 사이의 거리
③ 기초원(base circle) : 이모양의 곡선을 만든 원
④ 이끝원(addendum circle) : 이의 끝을 연결하는 원
⑤ 이뿌리원(dedendum circle) : 이의 뿌리 부분을 연결하는 원
⑥ 이끝높이(addendum) : 피치원에서 이끝원까지의 거리
⑦ 이뿌리높이(dedendum) : 피치원에서 이뿌리원까지의 거리
⑧ 총이높이(height of tooth) : 이끝높이 + 이뿌리높이
⑨ 이두께(tooth thickness) : 피치원에서 측정한 이의 두께

⑩ 백래시(backlash) : 한 쌍의 이가 물렸을 때 이의 뒷면에 생기는 간격

⑪ 압력각(pressure angle) : 한 쌍의 이가 맞물렸을 때 접점이 이동하는 궤적을 작용선이라 하고, 이 선과 피치원의 공통 접선이 이루는 각을 압력각이라 하며 14.5°, 20°로 규정되어 있음

⑫ 법선피치(normal pitch) : 기초원의 둘레를 잇수로 나눈 값

$$p_g = \frac{\pi D_g}{Z} = \frac{\pi D \cos\alpha}{Z} = p\cos\alpha = \pi m \cos\alpha$$

9.5 인벌류트 표준 기어

1) 기준래크

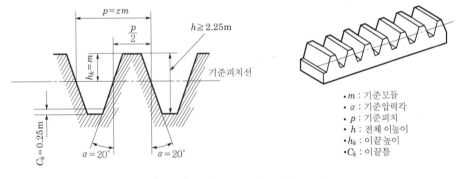

[그림 3.53] 기준래크의 치형 및 치수

① 피치원이 직선이고, 이의 형상이 중심선에 대하여 압력각만큼 경사진 직선으로 된 것을 래크(rack)라 한다. 또 피치원에 따라 이두께가 원주피치의 1/2에 해당하는 치형을 기준치형이라 한다. 기준치형에서 피치원지름을 무한대로 한 래크를 기준래크(basic rack)라 하고, 인벌류트기어는 이 래크를 기준으로 하여 절삭공구로 깎는 것이다.

② 기준래크의 피치, 이높이, 이두께, 압력각을 결정하면 모든 잇수의 치형을 결정할 수가 있으며 기어의 호환성을 가지게 할 수 있다.

③ KS에는 압력각 14.5°와 20°의 보통 이가 있다. 최근에는 20°가 주로 사용되고 있으며, 항공용 기어로서 강도가 필요한 것에는 26.5°를 사용한다.

2) 표준 스퍼기어(standard gear)

① 스퍼기어에는 치형의 절삭방식에 따라 표준 기어와 전위기어가 있다. 표준 스퍼기어 (standard gear)란 기준래크공구의 기준피치선이 기어의 기준피치원과 인접하여 구름접촉하도록 하고, 피치원의 원주상에서 측정한 이두께가 원주피치의 1/2이 되도록 한 것이다.

② 실제 회전은 다소의 치수오차가 있고 열팽창, 유막의 두께, 중심거리오차, 부하에 의한 이의 휨, 축의 처짐 등이 있으므로 이와 이 사이를 적당한 간격으로 틈새를 주게 되는데, 이 틈새를 백래시(뒤틈 ; backlash)라 한다. 백래시를 크게 하면 소음과 진동의 발생원인이 된다. 백래시는 치차의 회전을 원활히 하고 윤활유를 치면에 골고루 배치하기 위해서도 필요하다.

3) 이의 물림률

$$물림률(\varepsilon) = \frac{접촉호의\ 길이}{원주피치의\ 길이} = \frac{접근물림길이 + 퇴거물림길이}{법선피치}$$

$$= \frac{물림길이}{법선피치} = 1.2 \sim 1.5$$

여기서 법선피치(normal pitch)는 기초원의 원주를 잇수로 나눈 값이다. 기어는 물림률 $(\varepsilon) > 1$이다. ε의 값이 클수록 맞물림잇수가 많아 1개의 이에 걸리는 전달력은 분산되어 소음과 진동이 적고 강도의 여유가 있어 수명이 길고 회전이 원활하게 된다.

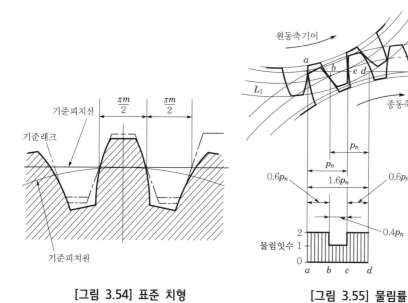

[그림 3.54] 표준 치형　　　　[그림 3.55] 물림률

4) 이의 간섭과 언더컷

(1) 이의 간섭

2개의 기어가 맞물려서 회전하고 있을 때 한쪽의 이 끝부분이 상대편 기어의 이뿌리 부분에 닿아서 회전할 수 없는 경우를 이의 간섭(interference)이라 한다. 이의 간섭은 다음과 같은 경우에 나타난다.

① 잇수가 너무 적은 경우
② 압력각이 작은 경우
③ 이의 유효높이가 클 경우
④ 잇수비(기어비)가 아주 클 경우

(2) 언더컷

① 래크공구, 호브 등을 이용하여 피니언을 절삭할 경우 이의 간섭이 일어나면 회전을 방해하여 이뿌리 부분이 깎여나가 가늘게 되는데, 이러한 현상을 언더컷(undercut)이라 한다.

② 언더컷이 일어나면 이뿌리가 가늘게 되어 이의 강도가 저하되고 잇면의 유효 부분이 짧게 되어 물림길이가 감소되며 미끄럼률이 크게 된다. 또한 원활한 전동이 되지 못해 성능이 많이 떨어진다.

③ 언더컷 방지방법은 다음과 같다.
　　㉠ 낮은 이(stub gear)를 사용한다.
　　㉡ 전위기어를 사용한다.
　　㉢ 잇수를 한계잇수 이상으로 한다.
　　㉣ 압력각을 크게 한다.

④ 언더컷을 일으키지 않을 최소 잇수 : $\alpha = 14.5°$와 $20°$의 경우 최소 이론적 한계잇수는 32개, 17개가 된다.

$$Z \geqq \frac{2}{\sin^2 \alpha}$$

5) 전위기어

전위기어(profile shifted gear)는 언더컷을 방지하기 위해서 치절공구의 기준피치선을 표준 기어의 기준피치원으로부터 반지름방향으로 xm만큼 떨어지게 전위하고 창성한 기어를 말한다.

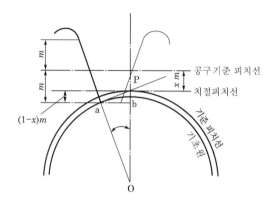

[그림 3.56] 전위량

- 양(+)의 전위 : 기준피치원으로부터 외측에 벗어나 있는 경우
- 음(−)의 전위 : 기준피치원으로부터 내측에 벗어나 있는 경우

x를 전위계수(addendum modification coefficient), x_m을 전위량이라 하면

$$x = 1 - \frac{Z}{2}\sin^2\alpha$$

$$x_m = xm$$

따라서 언더컷을 일으키지 않으려면 다음과 같아야 한다.

$$x \geq 1 - \frac{Z}{2}\sin^2\alpha$$

6) 기어에서 압력각을 증가시킬 때 나타나는 현상

① 언더컷을 일으키는 최소 잇수가 감소
② 베어링에 걸리는 하중 증가
③ 물림률 감소
④ 동시에 물리는 잇수 감소
⑤ 받을 수 있는 접촉면압력 증가
⑥ 이의 강도가 커짐

⑦ 치면곡률반지름이 커짐

⑧ 치면의 미끄럼률이 작아짐

9.6 스퍼기어의 설계

동력전달용 기어는 이뿌리부에 발생하는 휨응력에 의한 이의 손실과 잇면의 마멸 및 피팅 (pitting ; 점부식) 등에 의해 파손된다. 따라서 이의 강도설계는 굽힘강도, 면압강도, 윤활유 변질에 따른 부식, 마멸, 순간 온도 상승에 대해서는 스코어링강도 등을 검토해야 한다.

1) 굽힘강도

표면경화한 기어, 특히 모듈이 작은 기어에 대하여 과부하가 작용할 경우에는 주로 이의 굽힘강도를 기준으로 하여 기어설계를 한다. 기본설계식으로 미국의 루이스(Wilfred Lewis)식이 널리 쓰이고 있다.

2) 루이스식

루이스식은 다음 조건에 의해서 유도된다.

① 맞물림률은 1로 가정한다.

② 전달토크에 의한 하중이 1개의 이에 작용한다.

③ 전하중이 이 끝에 작용한다.

④ 이의 모양은 이뿌리의 이뿌리곡선에 내접하는 포물선을 가로 단면으로 하는 균일강도의 외팔보로 생각한다.

굽힘모멘트$(M) = F'l = F_n l \cos\beta = \sigma_b Z$에서 단면계수 $Z = \dfrac{b s^2}{6}$ 이므로

$$F \frac{\cos\beta}{\cos\alpha} l = \sigma_b \frac{b s^2}{6}$$

$$F = \sigma_b b \frac{2}{3} x \frac{\cos\alpha}{\cos\beta} = \sigma_b b m y$$

여기서, σ_b : 굽힘응력(kgf/mm²), b : 이너비(mm), m : 모듈, y : 치형계수

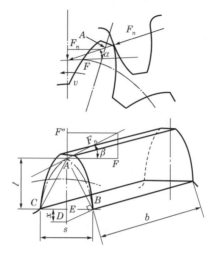

[그림 3.57] 이의 굽힘강도

헬리컬기어의 설계

1) 헬리컬기어의 치형

이의 줄이 나선으로 되어 있는 원통기어를 헬리컬기어라 하고, 나선과 피치원통의 모선이 이루는 각을 나선각(helix angle)이라 하며 추력을 방지하기 위하여 7~15°로 사용한다. 헬리컬기어는 이의 물림이 나선을 따라 연속적으로 변화한 이가 동시에 맞물림하는 것이 되므로 스퍼기어에 비하여 맞물림이 훨씬 원활하게 진행되며, 잇면의 마멸로 균일하므로 같은 크기의 피치원이라도 큰 치형을 창성할 수가 있고 크기에 비하여 큰 동력을 전달할 수 있다. 소음이나 진동이 적기 때문에 고속회전에 적합하나 축방향으로 추력이 발생하는 결점이 있다.

이러한 결점을 없애기 위하여 더블헬리컬기어(또는 헤링본기어 ; herringbone gear)를 사용한다. 헬리컬기어에는 헬리컬기어의 정면압력각, 정면모듈을 표준값으로 하는 축직각방식과, 이직각압력각, 이직각모듈을 표준값으로 하는 이직각방식이 있다.

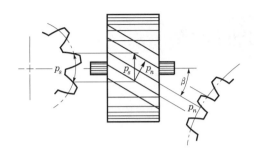

[그림 3.58] 축직각방식과 이직각방식

2) 헬리컬기어의 기본치수

① 원주피치 : $p_n = p_s \cos\beta$ 또는 $p_s = \dfrac{p_n}{\cos\beta}$

여기서, p_n : 이직각피치, p_s : 축직각피치

② 모듈 : $m_n = m_s \cos\beta$ 또는 $m_s = \dfrac{m_n}{\cos\beta}$

여기서, m_n : 이직각모듈, m_s : 축직각모듈

③ 피치원지름 : $D_s = m_s Z_s = \dfrac{m_n}{\cos\beta} Z_s$

④ 바깥지름 : $D_k = D_s + 2m_n = Z_s m_s + 2m_n = \dfrac{Z_s m_n}{\cos\beta} + 2m_n = \left(\dfrac{Z_s}{\cos\beta} + 2\right)m_n$

⑤ 중심거리 : $C = \dfrac{D_{s1} + D_{s2}}{2} = \left(\dfrac{Z_{s1} + Z_{s2}}{2\cos\beta}\right)m_n$

⑥ 상당 스퍼기어의 잇수 : $Z_e = \dfrac{Z_s}{\cos^3\beta}$

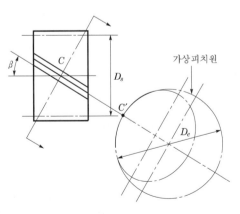

[그림 3.59] 상당 스퍼기어의 잇수

9.8 　 베벨기어의 설계

1) 베벨기어의 형식

서로 교차하는 두 축각의 동력전달용으로 쓰이는 기어로서, 원추면상에 방사선으로 이를 깎으면 우산꼭지모양의 기어가 생기며, 이를 베벨기어 또는 원추형 기어, 우산기어라고도 한다.

① 축각과 원뿔각에 따라 : 베벨기어, 마이터베벨기어, 예각베벨기어, 둔각베벨기어, 크라운 베벨기어, 내접베벨기어

② 이의 곡선에 따라 : 직선베벨기어, 헬리컬베벨기어, 더블헬리컬베벨기어, 스파이럴베벨기어, 인벌류트곡선베벨기어, 원호곡선베벨기어

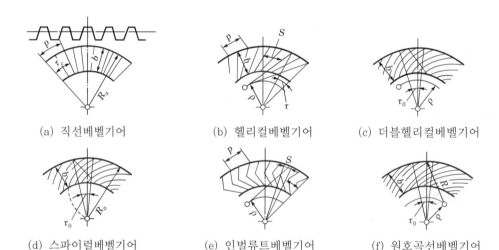

(a) 직선베벨기어 　　 (b) 헬리컬베벨기어 　　 (c) 더블헬리컬베벨기어

(d) 스파이럴베벨기어 　　 (e) 인벌류트베벨기어 　　 (f) 원호곡선베벨기어

[그림 3.60] 이의 곡선에 따른 베벨기어의 형식

2) 베벨기어의 기본치수

① 속도비 : $i = \dfrac{N_2}{N_1} = \dfrac{D_1}{D_2} = \dfrac{Z_1}{Z_2} = \dfrac{\sin\alpha_1}{\sin\alpha_2}$

② 바깥지름 : $D_o = D + 2a\cos\alpha = (Z + 2\cos\alpha)m$

③ 원추거리 : $A = \dfrac{D}{2\sin\alpha} = \dfrac{mZ}{2\sin\alpha}$

④ 피치원추각 : $\tan\alpha_1 = \dfrac{\sin\phi}{\dfrac{Z_2}{Z_1} + \cos\phi} = \dfrac{\sin\phi}{\dfrac{1}{i} + \cos\phi}$, $\tan\alpha_2 = \dfrac{\sin\phi}{\dfrac{Z_1}{Z_2} + \cos\phi} = \dfrac{\sin\phi}{i + \cos\phi}$

$\alpha_1 = \alpha_2 = 45°$일 때($\phi = 90°$) 마이터기어(miter gear)라 한다.

⑤ 상당 스퍼기어의 잇수(등가잇수) : $Z_e = \dfrac{Z}{\cos \alpha}$

3) 베벨기어의 강도 계산

굽힘강도는 다음과 같다.

$$P = f_v \sigma_b b m y_e \left(\frac{A - b}{A} \right)$$

여기서, A : 외단 원추거리(mm), b : 치폭(mm)

9.9 기어의 제도

1) 기어의 작성

기어는 도형을 간략도법으로 작성하고 항목표를 만들어 치형, 모듈, 압력각, 이두께, 다듬질 방법, 정밀도 등을 기입한다.

2) 기어 작성 시 표시방법

① 이끝원은 굵은 실선으로 표시한다.
② 피치원은 일점쇄선으로 표시한다.
③ 이뿌리원은 가는 실선으로 표시한다. 다만, 축과 직각방향에서 본 그림을 단면으로 나타낼 때는 이끝원의 선은 굵은 실선으로 나타낸다. 또한 이끝원은 생략해도 좋고, 특히 베벨기어 및 웜휠의 축방향에서 본 그림은 원칙적으로 생략한다.
④ 잇줄방향은 통상 3개의 가는 실선으로 표시한다.
⑤ 주투상도를 단면으로 도시할 때는 외접 헬리컬기어의 잇줄방향은 지면에서 앞 이의 잇줄 방향을 3개의 가는 이점쇄선으로 표시한다.
⑥ 맞물리는 한 쌍의 기어의 맞물림부의 이끝원은 양쪽 굵은 실선으로 표시하고, 주투상도를 단면으로 나타낼 때는 맞물리는 한쪽의 이끝원은 가는 숨은선이나 굵은 숨은선으로 표시한다.

⑦ 기어는 축과 직각방향에서 본 그림을 정면도로 하고, 축방향에서 본 그림을 측면도로 그린다.

⑧ 맞물린 한 쌍의 기어의 정면도는 이뿌리원을 나타내는 선은 생략하고 측면도에서 피치원만 나타낼 수 있다.

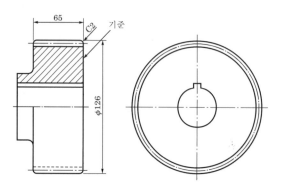

[그림 3.61] 기어의 제도

[표 3.17] 기어 제작 시 요목표 예   (단위 : mm)

스퍼기어					
기어치형		전위	다듬질방법		호브절삭
기준래크	치형	보통 이	정밀도		보통급
	모듈	6		상대기어전위량	0
	압력각	20°		상대기어잇수	50
잇수		18		중심거리	207
기준피치원지름		108	비고	백래시	0.20~0.89
전위량		+3.16		* 재료	
전체 이높이		13.34		* 열처리	
이두께	벌림이두께	$47.96\,^{-0.08}_{-0.38}$		* 경도	
		(벌림잇수=3)			

헬리컬기어				
기어치형	표준	이두께	오버핀(볼)치수	$95.19^{-0.17}_{-0.29}$
치형기준평면	치직각			(볼지름＝7.144)
공구	치형	보통 이	다듬질방법	연삭다듬질
	모듈	4	비고	상대기어잇수 24 중심거리 96.265 기초원지름 78.783 재료 SNCM415 열처리 침탄퀜칭 경도(표면) HRC 56~61 유효경화층깊이 0.8~1.2 백래시 0.15~0.31
	압력각	20°		
잇수		19		
비틀림각 및 방향		26°42′ 왼		
리드		531.385		
기준피치원지름		85.071		
정밀도		KS B 1405 1급		

10 축이음(커플링과 클러치)

10.1 개요

축이음은 커플링(coupling)과 클러치(cluch)로 나누어지며 축과 축을 연결하기 위하여 사용되는 요소부품으로 다양한 종류가 있고 각각 다른 특징을 가지고 있기 때문에 설계를 할 때에는 축이음의 구조와 축과의 고정방법, 허용회전수 등을 감안하여 기계에 가장 적합한 형식을 선택해야 한다. 축이음 설계 시 고려사항은 다음과 같다.

① 센터의 맞춤이 완전히 이루어져야 한다.
② 회전균형이 완전하도록 해야 한다.
③ 설치·분해가 용이하도록 해야 한다.
④ 전동에 의해 이완되지 않도록 해야 한다.
⑤ 토크전달에 충분한 강도를 가져야 한다.
⑥ 회전부에 돌기물이 없도록 해야 한다.

10.2 커플링의 종류

1) 고정커플링

고정커플링(rigid coupling)은 일직선상에 있는 두 축을 연결한 것으로, 주로 키를 사용하여 결합하고 양 축 사이의 상호 이동이 전혀 허용되지 않는 커플링으로서 원통커플링, 플랜지커플링이 있다.

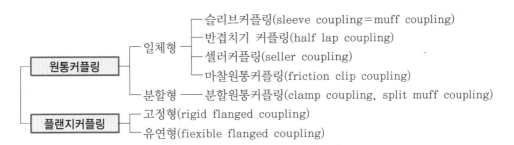

[그림 3.62] 고정커플링의 분류

① 원통커플링 : 두 축의 끝을 맞대어 맞추고 원통의 보스를 끼워맞춤시켜 키 또는 마찰력으로 동력을 전달하는 커플링이다.

　㉠ 머프커플링(muff coupling) : 주철제의 원통 속에서 두 축을 맞대어 맞추고 키로 고정하는 가장 간단한 구조의 커플링으로 축지름과 전달동력이 아주 작은 기계의 축이음에 사용되나, 인장력이 작용하는 축이음에는 적절하지 못하다.

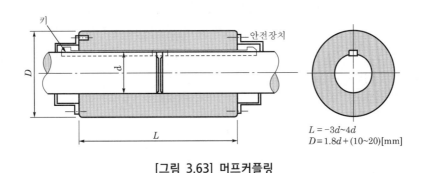

$L = -3d \sim 4d$
$D = 1.8d + (10 \sim 20)[\text{mm}]$

[그림 3.63] 머프커플링

　㉡ 반중첩커플링(half lap coupling) : 축단을 약간 크게 하여 경사지게 중첩시켜 공통의 키로 고정한 커플링으로 축 방향으로 인장력이 작용하는 경우에 사용한다.

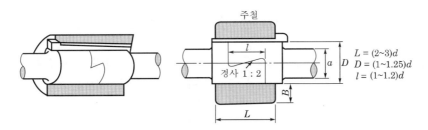

$L = (2 \sim 3)d$
$D = (1 \sim 1.25)d$
$l = (1 \sim 1.2)d$

[그림 3.64] 반중첩커플링

ⓒ 셀러커플링(seller coupling) : 안쪽은 원통형, 바깥쪽은 테이퍼진원추형인 안통과 내경이 양쪽 방향으로 테이퍼진바깥통으로 구성되어 있다.

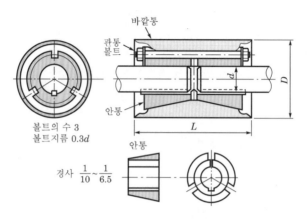

[그림 3.65] 셀러커플링

ⓓ 마찰원통커플링(friction clip coupling) : 바깥둘레가 원추형으로 된 주철제 분할통을 두 축의 연결 부분에 씌우고 연강제의 링을 양끝에서 두드려 박아 죄는 커플링이다. 큰 토크의 전달에는 적합하지 않으나 설치 및 분해가 용이하고 임의의 위치에 설치할 수 있다.

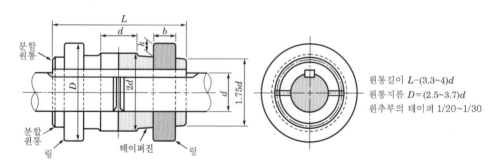

[그림 3.66] 마찰원통커플링

ⓔ 분할원통커플링 또는 클램프커플링(clamp coupling) : 주철 또는 주강제의 2개의 반원통(clamp)을 볼트로 죄고 두 축을 공동의 키로 연결한 커플링으로 축지름 20mm 정도까지 사용한다.

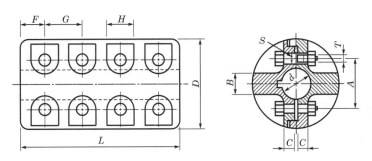

[그림 3.67] 분할원통커플링 또는 클램프커플링

[표 3.18] 분할원통커플링 또는 클램프커플링의 규격   (단위 : mm)

축지름	분체									타입 볼트			중량
(d)	D	L	A	B	C	E	F	G	H	S	T	치수	kg
40	115	160	70	32	20	1	27	53	38	15	1/2	6	8
45	127	180	76	36	22	1	30	60	40	15	1/2	6	11
50	138	200	82	39	24	1	33	67	43	18	5/8	6	14
55	150	220	88	42	26	1	37	73	46	18	5/8	6	18
60	162	240	96	46	28	1	40	80	50	22	3/4	6	24
65	172	260	102	50	30	1.5	43	87	52	22	3/4	6	30
70	185	280	108	53	32	1.5	47	93	55	25	7/8	6	35

② 플랜지커플링(flange coupling) : 두 축에 플랜지를 끼워 키로 고정하고 볼트로 결합시킨
 것으로, 일반 기계의 축이음으로 널리 사용하며 지름이 200mm 이상인 큰 축과 고속정
 밀회전축에 적당하다.

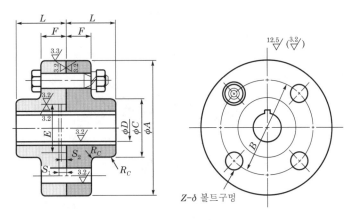

[그림 3.68] 플랜지커플링

[표 3.19] 플랜지커플링의 규격 (단위 : mm)

커플링 바깥 지름 (A)	D 최대 축구멍 지름	D (참고) 최소 축구멍지름	L	C	B	F	볼트수 (Z)	볼트 지름 (δ)	참고 끼움부 E	참고 끼움부 S_2	참고 끼움부 S_1	R_C (약)	R_A (약)	c (약)	볼트 뽑기 여유
112	28	16	40	50	75	16	4	10	40	2	3	2	1	1	70
125	32	18	45	56	85	18	4	14	45	2	3	2	1	1	81
140	38	20	50	71	100	18	6	14	56	2	3	2	1	1	81
160	45	25	56	80	115	18	8	14	71	2	3	3	1	1	81
180	50	28	63	90	132	18	8	14	80	2	3	3	1	1	81

2) 유연성 커플링(flexible coupling)

두 축의 중심선을 일치시키기 어렵거나 고속회전이나 급격한 전달력의 변화로 진동이나 충격이 발생하는 경우 고무, 가죽, 스프링 등을 이용하여 충격과 진동을 완화시켜 주며 동력을 전달하는 커플링이다.

① 올덤커플링(Oldham's coupling) : 두 축이 평행하며 두 축 사이가 비교적 가까운 경우에 사용하며 원심력에 의하여 진동이 발생하므로 고속회전의 이음으로는 적절치 못하다.

② 유니버설조인트(universal joint) : 두 축의 축선이 어느 각도로 교차되고 그 사이의 각도가 운전 중 다소 변하더라도 자유로이 운동을 전달할 수 있는 커플링으로 두 축의 각도는 원활한 전동을 위하여 30° 이하로 제한하는 것이 좋다.

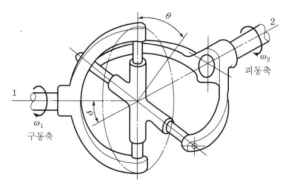

[그림 3.69] 유니버설조인트

③ 고무커플링(rubber coupling) : 방진고무의 탄성을 이용한 커플링으로 두 축의 중심선이 많이 어긋나는 경우나 충격이나 진동이 심한 경우 사용하나 큰 토크를 전달하기에는 적당하지 못하다.

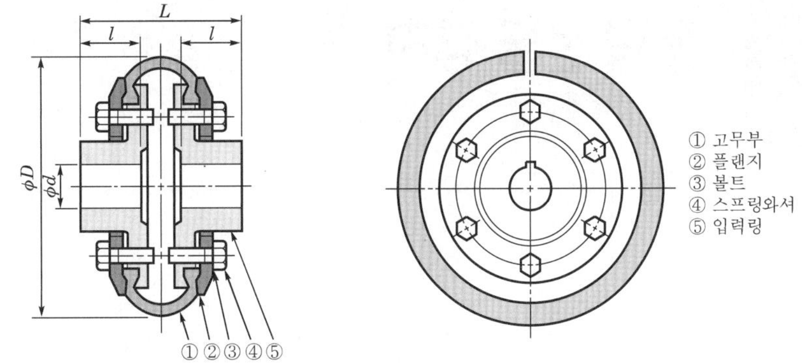

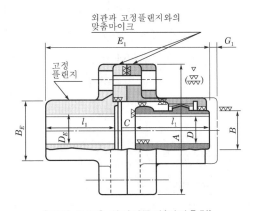

① 고무부
② 플랜지
③ 볼트
④ 스프링와셔
⑤ 입력링

[그림 3.70] 비틀림 전단형 고무커플링(타이어형)

④ 기어커플링(gear coupling) : 한 쌍의 내접기어로 이루어진 커플링으로 두 축의 중심이 다소 어긋나도 별지장 없이 토크를 전달할 수 있어 고속회전의 축이음에 사용된다.

[그림 3.71] 기어커플링(인장축형)

10.3 클러치의 종류

① 맞물림클러치(claw clutch) : 가장 간단한 구조로서 플랜지에 서로 물릴 수 있는 돌기모양의 이가 있어 이 이가 서로 물려 동력을 단속하게 된다.

② 마찰클러치(friction clutch) : 마찰력에 의하여 회전력을 전달하는 클러치로서 마찰면의 모양에 따라 원판클러치, 원통클러치, 분할링클러치, 띠클러치(밴드클러치)가 있다.

③ 유체클러치(fluid clutch) : 유체클러치 및 토크컨버터는 모두 원동축에 고정된 펌프의 날개바퀴와 종동축에 고정된 터빈날개바퀴의 그 사이에 충만된 유체로 구성되어 있다.

CHAPTER 11

동력전달장치

11.1 벨트

1) 개요

벨트(belt)는 긴 중심 간 거리에 사용되며 타이밍벨트를 제외하고는 미끄럼과 크리프 때문에 두 축 간의 각속도비는 일정하지도 않고 풀리직경의 비에 정확하게 비례하지도 않지만 진동은 적고 정숙한 운전이 가능하다. 평벨트의 경우 느슨한 풀리에서 팽팽한 풀리로 옮김에 의해 클러치작용이 얻어진다. V벨트의 경우 작은 풀리에 스프링하중을 가함으로써 각속도의 변화를 얻을 수 있다. 효율이 높고 간단하여 비용이 저렴하나 고부하 고속도에는 적합하지 않다.

[표 3.20] 벨트의 종류와 특징

종류	형상	연결부	크기범위	축간거리
flat belt	t	O	$t = 0.75 \sim 5\text{mm}$	제한 없음
round belt	d	O	$d = 3 \sim 19\text{mm}$	제한 없음
V-belt	b	×	$b = 8 \sim 19\text{mm}$	제한됨
timing belt	D	×	$p \geq 2\text{mm}$	제한됨

2) 벨트의 구동형상

(1) 바로 걸기

슬립현상으로 2~3% 느리고 속도변화가 발생하며 벨트속도와 풀리속도의 차이를 크리핑이라 한다. 벨트가 긴 경우 플래핑현상(파도)도 발생한다.

$$\frac{N_d}{N_D} = \frac{\omega_d}{\omega_D} = \frac{d}{D}$$

$$\theta_s = \pi \pm 2\sin^{-1}\frac{D-d}{2C}$$

$$L = \sqrt{4C^2 - (D-d)^2} + \frac{1}{2}(D\theta_L + d\theta_s)$$

여기서, L : 벨트의 길이

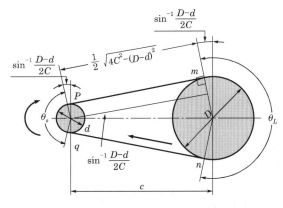

[그림 3.72] 바로 걸기

(2) 축 중심 간 거리

축 중심 간의 거리 C는 ISO R 155에서 다음과 같이 범위를 정하고 있다.

$$C \geq 0.7(D_1 + D_2), \quad C \leq 2(D_1 + D_2)$$

여기서, D_1, D_2 : 각 풀리의 지름

만약 중심 간 거리 C가 위의 범위를 초과하면 벨트의 진동(특히 이완측에서)이 일어나며, 벨트의 응력이 커진다. C가 위의 범위 이하이면 벨트에 과도한 열이 발생하거나 벨트가 조기 파손된다.

(3) 엇걸기

$$\theta = \pi + 2\sin^{-1}\frac{D+d}{2C}$$

$$L = \sqrt{4C^2 - (D+d)^2} + \frac{\theta}{2}(D+d)$$

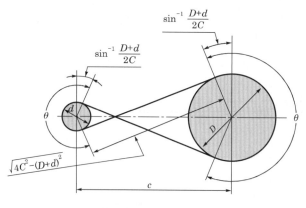

[그림 3.73] 엇걸기

(4) 평벨트와 원형벨트

재질은 철심이나 나일론선으로 보강된 우레탄이나 고무섬유를 사용하며 긴 축간거리에서 큰 동력전달이 가능하여 조용한 운전이나 고속에서 효율적이며 98% 이상의 효율을 얻을 수가 있다.

[표 3.21] 평벨트의 재질 특성

재질	결합방법	허용인장 (kN/m)	극한하중 (kN/m)	극한강도 (MPa)	무게 (kg/m³)
참나무로 그을린 가죽	강체		125	20~30	1,000~1,250
참나무로 그을린 가죽	리벳		53~106	7~14	1,000~1,250
참나무로 그을린 가죽	편직		53~106	7~14	1,000~1,250
고무면	경화	2.6~4.4	50		1,100
고무면	경화	2.6~4.4	53		1,300
고무면	경화	2.6~4.4	56		1,400
순면	직조			35	1,250
순면	직조			48	1,200
나일론	심에만 사용			240	
발라타	경화	3.9~4.4			1,100

(5) V벨트

재질은 면, 레이온재질의 천이나 나일론선에 고무를 침투시켜 사용하며 평벨트에 비하여 짧은 축간거리에 적용하여 70~96%의 효율을 얻으며 특정한 축간거리에 대해서 제작되므로 이음새가 없다. 또한 작은 장력에 큰 회전력(베어링하중 적음)을 얻으며 동일방향 회전의 경우에 25m/s 이상이나 5m/s 이하의 속도는 피하도록 한다. 중심거리는 풀리직경의 3배 이상을 넘지 않도록 한다.

[표 3.22] 표준 V벨트

단면	폭 (a)	벨트의 종류		벨트당 동력범위(kW)	풀리 최대 크기
		단일두께(b)	복합두께(b')		
13C(SPA)	13	8	10	0.1~3.6	80
16C(SPB)	16	10	13	0.5~72	140
22C(SPC)	22	13	17	0.7~15	224
32C	32	19	21	1.3~39	355

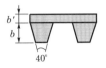

[표 3.23] V벨트

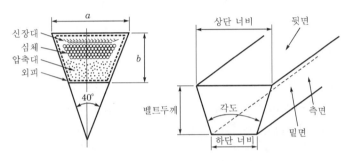

※ 하단 너비는 $bt' = bt - 2h\tan\dfrac{ab}{2}$ 이다.

종류	벨트의 치수					인장시험		풀리의 최소 지름 (mm)
	bt [mm]	h [mm]	ab	단면적 A [mm²]	단위길이당 질량 (kg/m)	1개당 인장강도 (kgf)	신장률 (%)	
M	10.0	5.5	40	44.0	0.06	120 이상	7 이하	40
A	12.5	9.0	40	83.0	0.12	250 이상	7 이하	67
B	16.5	11.0	40	137.5	0.20	360 이상	7 이하	118
C	22.0	14.0	40	236.7	0.36	600 이상	8 이하	180
D	31.5	19.0	40	467.1	0.66	1,100 이상	8 이하	300
E	38.0	24.0	40	732.3	1.02	1,500 이상	8 이하	450

(6) V벨트와 풀리에서의 유효마찰계수

① 힘의 평형식 : $F = \dfrac{N}{2}\sin\dfrac{\alpha}{2} + \dfrac{\mu N}{2}\cos\dfrac{\alpha}{2}$, $\mu N = \dfrac{\mu}{\sin\dfrac{\alpha}{2} + \cos\dfrac{\alpha}{2}}F = \mu' F$

② 상당 마찰계수 : $\mu' = \dfrac{\mu}{\sin(\alpha/2) + \mu\cos(\alpha/2)}$

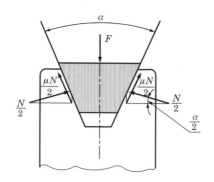

[그림 3.74] V벨트의 역학관계

(7) 타이밍벨트(timing belt)

고무섬유와 강선으로 제작하며 풀리에 대응하는 치형을 가지고 있다. 일정한 속도비로 동력전달이 가능하고 전달효율이 97~99% 범위이며 초기장력이 필요 없고 고정된 축간거리를 가진다. 저속 및 고속운전에 가능하고 가격이 비싸며 기어와 마찬가지로 주기적인 진동이 발생한다.

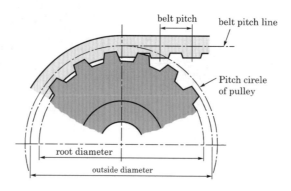

[그림 3.75] 타이밍벨트와 벨트풀리

11.2　롤러체인

1) 개요

롤러체인(roller chain)은 미끄럼이나 크리프가 없기 때문에 얻어지는 일정한 속도비와 수명이 길며 하나의 구동축으로 여러 개의 축을 구동시킬 수 있는 능력과 장력이 필요하지 않아 베어링하중도 작다.

2) 롤러체인의 특징과 구동한계

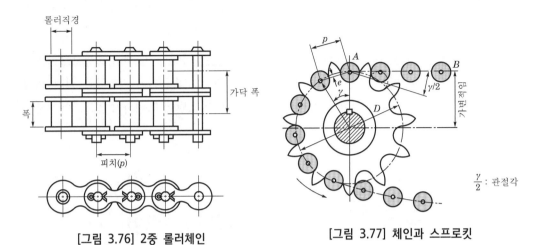

[그림 3.76] 2중 롤러체인

[그림 3.77] 체인과 스프로킷

$\dfrac{\gamma}{2}$: 관절각

체인의 길이조절이 가능하고 다축전동이 용이하며 환경의 영향이 적어 내열, 내유, 내습성이 강하다. 탄성에 의하여 충격하중에 대해 흡수가 가능하고 보수가 용이하며 진동과 소음이심하다.

$$D = \frac{p}{\sin\dfrac{\gamma}{2}}, \ \gamma = \frac{360°}{N}$$

여기서, p : 피치, D : 피치원지름, γ : 피치각, N : 스프로킷의 잇수

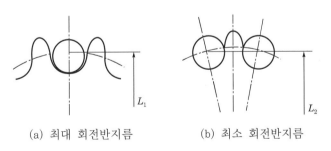

(a) 최대 회전반지름　　　(b) 최소 회전반지름

[그림 3.78] 관절각에 따른 물림거리의 변화

구동스프로킷의 잇수는 17개 이상, 19~21 정도가 수명과 소음면에서 유리하다. 종동스프로킷의 잇수는 120개 이하로 한다.

11.3 로프

로프(rope)는 먼 거리와 큰 동력을 전달하며 1개의 원동풀리에서 몇 개의 종동으로 전달이 가능하고 벨트에 비해 미끄럼이 적으나 전동이 불확실하다. 고속운전에 적합하며 직선동력전달이 아닌 곳에도 사용이 가능하고 장치가 복잡하여 로프의 착탈이 용이하지 않고 절단 시 수리가 불가능하다.

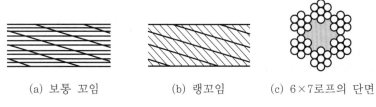

(a) 보통 꼬임   (b) 랭꼬임   (c) 6×7로프의 단면

[그림 3.79] 와이어로프의 형식

축의 분류 및 고려사항

1) 축(shaft)의 종류

(1) 단면모양에 의한 분류

① 원형축 : 속이 찬 축(solid shaft), 속이 빈 축(hollow shaft)
② 각축 : 사각형 축, 육각형 축

(2) 작용하중에 의한 분류

① 차축(axle) : 주로 굽힘모멘트를 받는 축
　㉠ 회전하는 축(예 철도차량)
　㉡ 회전하지 않는 축
② 스핀들(spindle) : 주로 비틀림모멘트를 받는 축(예 공작기계의 주축)
③ 전동축(transmission shaft) : 굽힘과 비틀림을 동시에 받는 축(예 프로펠러축, 공장의 동력전달축)

(3) 형상에 의한 분류

① 직선축(straight shaft) : 보통 사용되는 원통형의 곧은 축
② 크랭크축(crank shaft) : 왕복운동과 회전운동의 상호 변환에 쓰이는 축
③ 테이퍼축(taper shaft) : 원뿔형으로 연삭기의 주축에 사용되는 축
④ 플렉시블축(flexible shaft) : 자유롭게 휘어지고 구부러질 수 있는 축

2) 축의 재료와 표준 지름

(1) 축의 재료

① 축에는 보통 경도가 낮고 강인한 0.1~0.4 C 정도의 저탄소강이 많이 사용되지만, 고속 회전축에서 큰 하중을 받는 축은 Ni-Cr강, Ni-Cr-Mo강의 합금강을 사용하며, 마멸에 견뎌야 하는 축에는 침탄법, 고주파 담금질법으로 표면경화한 합금강이 사용된다.

② 크랭크축과 같이 복잡한 형상을 가진 축은 단조강, 미하나이트주철 등이 사용된다.

(2) 축의 표준 지름

① 축의 지름을 표준 수, 직선 원형축의 끝, 구름베어링의 안지름 등을 고려하여 사용하기에 편리하게 규정한 것을 표준 지름이라 한다.

② 축의 지름이 70mm 이하일 때는 열간가공축을 사용하고, 130mm 이상의 것은 단조축을 사용하며, 열간가공축의 원통축은 제작상·취급상 일정한 치수로 만들어지고 있다(미국, 일본 등).

3) 축 설계 시 고려사항

① 강도(strength) : 하중의 종류에 따라 재료와 형상치수를 고려하므로 충격하중은 정하중의 2배로, 교번하중은 다양한 조건으로 상황에 따라 설계에 반영해야 한다.

② 강성(stiffness) : 작용하중에 의한 변형이 어느 한도 이하가 되도록 필요한 강성을 가져야 한다.

③ 진동(vibration) : 굽힘과 비틀림의 진동은 축의 위험속도 또는 공진으로 파괴나 파손이 발생한다.

④ 열응력/열팽창(thermal stress) : 제트엔진과 증기터빈과 같이 고속으로 회전하면 온도상으로 열팽창에 의한 기계적 불균형이 발생할 수 있다.

⑤ 부식(corrosion) : 선박의 프로펠러 샤프트, 수차의 축, 펌프의 설계 시 부식 발생을 고려해야 한다. 액체 중 항상 접촉하거나 전기적, 화학적인 영향으로 부식이 발생한다.

⑥ 재료(material) : 축에 작용하는 하중의 상태에 따라 재료를 선택하고 열처리 유무도 결정을 해야 한다.

12.2 축의 설계

1) 축의 강도 설계

(1) 굽힘모멘트만을 받는 축

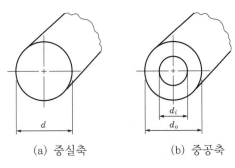

(a) 중실축   (b) 중공축

[그림 3.80] 중실축과 중공축

① 중실축의 경우(solid shaft)

$$M \leqq \sigma_b z \leqq \sigma_b \frac{\pi d^3}{32}$$

$$d = \sqrt[3]{\frac{32M}{\pi \sigma_b}} = \sqrt[3]{\frac{10.2M}{\sigma_b}} \fallingdotseq 2.17 \sqrt[3]{\frac{M}{\sigma_b}} \ [\text{mm}]$$

여기서, M : 축에 작용하는 굽힘모멘트(kgf·mm), σ_b : 굽힘응력(kgf/mm²)

d : 축지름(mm), z : 단면계수$\left(= \dfrac{\pi d^3}{32}\right)$

② 중공축의 경우(hollow shaft)

$$M \leqq \sigma_b z \leqq \sigma_b \frac{\pi}{32}\left(\frac{d_o^4 - d_i^4}{d_o}\right)$$

여기서 $n = \dfrac{d_i}{d_o}$(내외경비)라면

$$M = \sigma_b \frac{\pi d_o^3}{32}(1 - n^4)$$

$$d_o = \sqrt[3]{\frac{32M}{\pi(1 - n^4)\sigma_b}} = \sqrt[3]{\frac{10.2M}{(1 - n^4)\sigma_b}} \fallingdotseq 2.17 \sqrt[3]{\frac{M}{(1 - n^4)\sigma_b}} \ [\text{mm}]$$

여기서, d_o : 중공축의 바깥지름(mm), d_i : 중공축의 안지름(mm)

이때 중실축과 중공축의 경우 강도가 같다고 한다면 $d^3 = d_o{}^3(1-n^4)$이므로

$$d_o = \frac{d}{\sqrt[3]{1-n^4}}, \quad d_i = \frac{nd}{\sqrt[3]{1-n^4}}$$

여기서 $\dfrac{d_o}{d} = \sqrt[3]{\dfrac{1}{1-n^4}}$ 이라고 쓴다면 $n = \dfrac{d_i}{d_o} < 1$이므로 n^4은 매우 작은 값이 되고, $1-n^4$은 1에 가까운 값이 된다. 따라서 $\dfrac{d_o}{d} \doteqdot 1$, 즉 $d_o = d$보다 약간 크게 될 뿐이므로 중공축은 중실축보다 훨씬 가볍게 되는 것을 알 수 있다.

[표 3.24] 원통축의 모멘트와 단면계수

축 단면	단면 2차 모멘트 (I)	극단면 2차 모멘트 $(I_p = 2I)$	단면계수 (Z)	극단면계수 $(Z_p = 2Z)$
	$\dfrac{\pi}{64}d^4$	$\dfrac{\pi}{32}d^4$	$\dfrac{\pi}{32}d^3$	$\dfrac{\pi}{16}d^3$
	$\dfrac{\pi}{64}(d_o{}^4 - d_i{}^4)$	$\dfrac{\pi}{32}(d_o{}^4 - d_i{}^4)$	$\dfrac{\pi}{32}\left(\dfrac{d_o{}^4 - d_i{}^4}{d_o}\right)$	$\dfrac{\pi}{16}\left(\dfrac{d_o{}^4 - d_i{}^4}{d_o}\right)$

(2) 비틀림모멘트만을 받는 축

① 중실축의 경우

$$T = \tau_a z_p = \tau_a \frac{\pi d^3}{16}$$

$$d = \sqrt[3]{\frac{16T}{\pi \tau_a}} = \sqrt[3]{\frac{5.1T}{\tau_a}} = 1.72\sqrt[3]{\frac{T}{\tau_a}}$$

여기서, T : 비틀림모멘트$(\mathrm{kgf \cdot mm})$, τ_a : 비틀림응력$(\mathrm{kgf/mm^2})$

② 중공축의 경우

$$T = \tau_a z_p = \tau_a \frac{\pi}{16} \left(\frac{d_o^4 - d_i^4}{d_o} \right) = \tau_a \frac{\pi}{16} d_o^3 (1 - n^4)$$

$$d_o = \sqrt[3]{\frac{16\,T}{\pi(1-n^4)\tau_a}} = \sqrt[3]{\frac{5.1\,T}{(1-n^4)\tau_a}} = 1.72 \sqrt[3]{\frac{T}{(1-n^4)\tau_a}}$$

또 전달동력 H는

$$H_{\mathrm{kW}} = \frac{2\pi NT}{102 \times 60 \times 1,000}\,[\mathrm{kW}], \quad H_{\mathrm{PS}} = \frac{2\pi NT}{75 \times 60 \times 1,000}\,[\mathrm{PS}]$$

여기서, H : 전달동력

따라서 축의 전달토크 T는

$$T = 974,000 \frac{H_{\mathrm{kW}}}{N}\,[\mathrm{kgf \cdot mm}], \quad T = 716,200 \frac{H_{\mathrm{PS}}}{N}\,[\mathrm{kgf \cdot mm}]$$

N[rpm]으로 전달시키는 중실축의 지름 d는 $T = \dfrac{\pi d^3}{16}\tau_a = 974,000 \dfrac{H_{\mathrm{kW}}}{N}$ 또는 $T = \dfrac{\pi d^3}{16}\tau_a = 716,200 \dfrac{H_{\mathrm{PS}}}{N}$ 에서

$$d = \sqrt[3]{\frac{16 \times 974,000 H_{\mathrm{kW}}}{\pi \tau_a N}}\,[\mathrm{mm}], \quad d = \sqrt[3]{\frac{16 \times 716,200 H_{\mathrm{PS}}}{\pi \tau_a N}}\,[\mathrm{mm}]$$

N[rpm]으로 전달시키는 중공축의 바깥지름 d_o는 $T = \dfrac{\pi}{16} d_o^3 (1 - n^4)\tau_a = 974,000 \dfrac{H_{\mathrm{kW}}}{N}$ 에서

$$d_o = \sqrt[3]{\frac{16 \times 974,000 H_{\mathrm{kW}}}{\pi(1-n^4)\tau_a N}}\,[\mathrm{mm}]$$

(3) 굽힘모멘트와 비틀림모멘트를 동시에 받는 축

조합응력이 발생하는 축에는 굽힘과 비틀림모멘트가 동시에 작용하는 경우가 많다. 이때 축에 양 모멘트가 동시에 작용한 것과 같은 효과를 주는 상당 굽힘모멘트 M_e와 상당 비틀림모멘트 T_e를 생각하여 주철과 같은 취성재료일 때 최대 주응력설을, 연강과 같은 연성재료일 때는 최대 전단응력설의 식을 사용하여 축지름을 구하고 안전을 고려해서 그중에서 큰 값을 취하여 결정한다.

$$T_e = \sqrt{M^2 + T^2} = \frac{\pi d^3}{16}\tau_a 에서는\ d = \sqrt[3]{\frac{16}{\pi\tau_a}\sqrt{M^2 + T^2}}\ 이고,\ M_e = \frac{1}{2}\left(M + \sqrt{M^2 + T^2}\right)$$

$$= \frac{\pi d^3}{32}\sigma_b 에서는\ d = \sqrt[3]{\frac{16}{\pi\sigma_b}\left(M + \sqrt{M^2 + T^2}\right)}\ 이다.$$

(4) 동하중을 받는 축

축에 작용하는 모멘트가 일정하지 않고 변동하거나 충격적으로 작용하는 경우가 많다. 따라서 이러한 동적효과를 고려하여 축설계 시 동적효과계수를 모멘트에 곱하여 계산한다.

$$d = \sqrt[3]{\frac{16}{\pi\tau_a}\sqrt{(k_m\,M)^2 + (k_t\,T)^2}} = \sqrt[3]{\frac{16}{\pi\sigma_a}\left\{k_m\,M + \sqrt{(k_m\,M)^2 + (k_t\,T)^2}\right\}}$$

[표 3.25] 동적효과계수

하중의 종류	회전축		정지축	
	k_t	k_m	k_t	k_m
정하중 또는 극히 약한 동하중	1.0	1.5	1.0	1.0
심한 변동하중 또는 약한 충격하중	1.0~1.5	1.5~2.0	1.5~2.0	1.5~2.0
격렬한 충격하중	1.5~3.0	2.0~3.0	–	–

2) 축의 강성설계

(1) 굽힘에 의한 강성

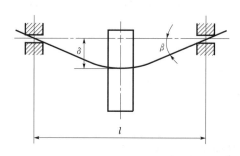

[그림 3.81] 축의 굽힘강성

양단 지지보에서 중앙에 집중하중이 작용할 때 보의 처짐 δ와 처짐각 β는

$$\delta = \frac{Pl^3}{48EI},\quad \beta = \frac{Pl^2}{16EI}$$

따라서 처짐과 처짐각 사이의 관계는 $\dfrac{\delta}{\beta}=\dfrac{l}{3}$ 이다. 여기서 $\beta \leqq \dfrac{1}{1,000}$ 로 제한하므로 $\delta_{\max} \leqq \dfrac{l}{3,000}$ 이다. 즉 축의 길이 1m에 대하여 처짐은 0.3mm 이하로 제한하고 있다.

(2) 비틀림에 의한 강성

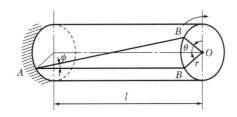

[그림 3.82] 축의 비틀림강성

토크를 전달하는 축에서는 탄성적으로 어느 각도만큼 비틀어진다. 이 값이 크게 되면 진동의 원인이 되므로 축의 파괴강도와는 관계없이 비틀림각도는 어떤 제한을 주고 있다. 길이 l [mm]에 대한 두 축 단면 사이의 비틀림각 θ는

$$\theta = \frac{Tl}{GI_p} = \frac{Tl}{G\,\dfrac{\pi d^4}{32}} \, [\text{rad}]$$

$$\theta[°] = \frac{180}{\pi}\theta\,[\text{rad}]$$

$$\theta = \frac{180}{\pi}\frac{Tl}{GI_p} = \frac{180}{\pi}\frac{Tl}{G\,\dfrac{\pi d^4}{32}} = 583.6\frac{Tl}{Gd^4}\,[°]$$

일반적으로 전동축의 비틀림각을 1m당 0.25°로 제한한다.

$$\theta[°] \leqq 0.25°/m \leqq \frac{1}{4}°/m$$

또 긴 축이나 급격하게 반복하중을 받는 축에서 $\theta[°]$는

$$\theta[°] \leqq 0.125°/m \leqq \frac{1}{8}°/m$$

축재료가 연강인 경우 전단탄성계수 $G=8,300\text{kgf/mm}^2$, 길이 $l=1,000\text{mm}$, $T=716,200\dfrac{H_{\text{PS}}}{N}[\text{kgf}\cdot\text{mm}]$이므로 바하(bach)의 축공식은

$$\theta[^\circ] = \frac{180}{\pi}\frac{Tl}{GI_p} \leqq 0.25^\circ/m$$

이것에 값을 대입하여 정리하면 $d \fallingdotseq 120\sqrt[4]{\dfrac{H_{PS}}{N}}$ [mm]이고, 중공축의 경우 바깥지름 d_o는

$$d_o = 120\sqrt[4]{\frac{(1-n^4)H_{PS}}{N}} \text{ [mm]}$$이다. 또한 $T = 974{,}000\dfrac{H_{kW}}{N}$ [kgf · mm]를 대입하면 축지름

d는

$$d \fallingdotseq 130\sqrt[4]{\frac{H_{kW}}{N}} \text{ [mm]}$$

강도상으로 구한 축지름에 비틀림강성을 고려한 비틀림각 $\theta = \dfrac{180}{\pi}\dfrac{Tl}{GI_p} = \dfrac{180}{\pi}\dfrac{Tl}{G\dfrac{\pi d^4}{32}}$ [°]

에 $T = \dfrac{\pi}{16}d^3\tau_a$를 대입하여 정리하면

$$\theta = \frac{180}{\pi}\frac{2l\tau_a}{Gd} \text{ [°]}$$

12.3 축을 개선하는 설계방법

축을 설계할 때에는 가급적 단의 수를 줄이고 단 사이의 날카로운 형상을 피해야 한다. 그렇지 않으면 단 부분에 높은 국부응력(응력집중)이 발생하여 결국 피로강도가 감소하게 된다. 축의 국부응력을 감소시키는 방법의 하나가 계단 부분에 둥근 모양의 윤곽을 형성하여 부드러운 면이 되도록 해야 한다. 축의 적합성을 판정하려면 다음과 같은 사항을 점검해야 한다.

① 정적강도(static strength)
② 피로강도(fatigue strength)
③ 강성(stiffness)
④ 안정성(chatter stability)

13 마찰차

1) 마찰차의 특성

마찰차는 2개의 바퀴를 직접 접촉시켜 이들 접촉면상에 작용하는 마찰력에 의하여 동력을 전달시키는 장치이다.

① 운전이 정숙하고 전동의 단속이 무리하지 않다.

② 무단변속하기 쉬운 구조로 할 수 있다.

③ 경하중용으로 전달동력이 작고 속도비가 정확하지 않아도 되는 경우에 사용된다.

④ 효율이 떨어진다.

⑤ 일정속도비를 얻을 수 없다.

⑥ 종동차가 과부하가 생기면 미끄럼에 의하여 과부하가 원동차에 전달되지 않고 손상을 방지할 수 있다.

2) 마찰차의 응용범위

① 무단변속을 하는 경우

② 양축 사이를 단속할 필요가 있는 경우

③ 회전속비가 커서 보통의 기어를 사용할 수 없는 경우

④ 전달동력이 그다지 크지 않고 속도비가 중요하지 않은 경우

3) 마찰차의 종류

① 원통마찰차(cylindrical friction wheel) : 두 축이 평행하고 바퀴는 원통이며 음반회전치의 회전판 구동부에 쓰인다.

② 원뿔마찰차(bevel friction wheel) : 두 축이 어느 각도로 만나며 바퀴는 원뿔형이고 무단변속장치의 변속기구에 사용된다.

③ 구멍마찰차(sphere friction wheel) : 두 축이 직각 또는 직선으로 만나는 경우에 쓰이며 주로 무단변속장치의 변속기구에 사용된다.

④ 홈붙이 마찰차(grooved friction wheel) : 두 축이 평행하고 접촉면에 홈이 있으며 약간의 큰 토크를 전달할 수 있으나 마멸과 소음이 있다.

⑤ 원판마찰차(disc friction wheel) : 두 축이 직각으로 만나는 경우에 주로 무단변속장치의 변속기구에 사용된다.

13.2 마찰차의 동력전달

1) 원통마찰차(cylindrical friction wheel)

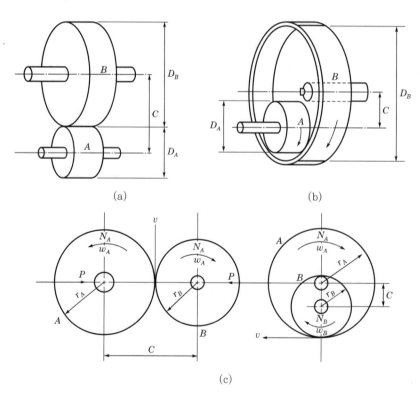

(a)

(b)

(c)

[그림 3.83] 원통마찰차(내접과 외접)

① 속도비(velocity ratio)

$$\omega_A = \frac{2\pi}{60} N_A [\text{rad/s}], \quad \omega_B = \frac{2\pi}{60} N_B [\text{rad/s}]$$

$$v = \frac{\pi D_A N_A}{60 \times 1,000} = \frac{\pi D_B N_B}{60 \times 1,000} [\text{m/s}]$$

$$i = \frac{\omega_B}{\omega_A} = \frac{N_B}{N_A} = \frac{D_A}{D_B} = \frac{r_A}{r_B}$$

여기서, ω_A, ω_B : 원동축, 종동축의 각속도, v : 회전속도(m/s)

$\quad\quad\quad r_A$, r_B : 원동차, 종동차의 반지름, N_A, N_B : 원동축, 종동축의 회전수

② 중간차가 있는 경우의 속도비 : [그림 3.84]와 같이 중간차가 있는 경우 이를 아이들휠
(idle wheel)이라고 한다. 중간차가 있으면 같은 방향, 없거나 짝수이면 종동차는 반대
방향이 된다.

$$i = \frac{N_B}{N_A} = \frac{N_C}{N_A} \frac{N_B}{N_C} = \frac{D_A}{D_C} \frac{D_C}{D_B} = \frac{D_A}{D_B}$$

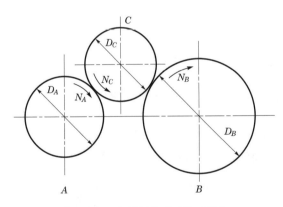

[그림 3.84] 중간차가 있는 경우

③ 중심거리(C)

　㉠ 외접일 경우 : $C = \dfrac{D_A + D_B}{2} = r_A + r_B$

　㉡ 내접일 경우 : $C = \dfrac{D_B - D_A}{2} = r_B - r_A$(단, $D_B > D_A$), $\quad C = \dfrac{D_A - D_B}{2} = r_A - r_B$

　（단, $D_A > D_B$）

④ 속비와 중심거리

　　㉠ 외접인 경우 : $D_A = \dfrac{2C}{1+\dfrac{N_A}{N_B}} = \dfrac{2C}{1+\dfrac{1}{i}}$, $\quad D_B = \dfrac{2C}{1+\dfrac{N_B}{N_A}} = \dfrac{2C}{1+i}$

　　㉡ 내접인 경우 : $D_A = \dfrac{2C}{1-\dfrac{N_A}{N_B}} = \dfrac{2C}{1-i}$, $\quad D_B = \dfrac{2C}{\dfrac{N_B}{N_A}-1} = \dfrac{2C}{i-1}$

⑤ 밀어붙이는 힘 : $Q \le \mu P$

　여기서, P : 양 마찰차를 밀어붙이는 힘(kg), $\quad Q$: 전달력(kg), $\quad \mu$: 마찰계수

⑥ 전달토크 : $T = Q\dfrac{D}{2} = \mu P\dfrac{D}{2}$

⑦ 전달동력 : $H_{kW} = \dfrac{Qv}{102} = \dfrac{\mu Pv}{102}$ [kW], $\quad H_{PS} = \dfrac{Qv}{75} = \dfrac{\mu Pv}{75}$ [PS]

⑧ 마찰계수와 마찰각 : $Q = \mu P$라 할 때 $\mu = \dfrac{Q}{P} = \tan\rho$이다.

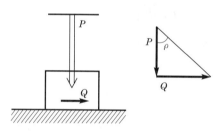

[그림 3.85] 마찰각

⑨ 마찰의 폭(너비) : 너비 b를 너무 크게 하면 마찰차의 균일한 접촉이 어려워지므로 대략 마찰차의 지름크기 정도로 $b \le D$가 되도록 한다.

$$P \le b p_0$$

$$\therefore b \ge \dfrac{P}{p_0}$$

여기서, b : 마찰차의 너비(mm), $\quad p_0$: 단위접촉선길이당 저항능력(kg/mm)

2) 홈붙이 마찰차(grooved friction wheel)

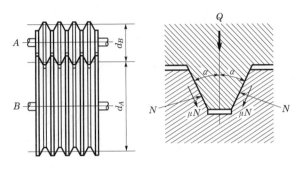

[그림 3.86] 홈붙이 마찰차

① 두 바퀴의 미는 힘 : $Q = 2N(\sin\alpha + \mu\cos\alpha)[\mathrm{kgf}]$

② 수직력 : 두 차를 밀어붙여 홈의 벽에 수직으로 작용하는 힘을 말한다.

$$N = \frac{Q}{2(\sin\alpha + \mu\cos\alpha)}[\mathrm{kgf}]$$

③ 회전력으로 작용하는 마찰력 : $P' = 2\mu N = \dfrac{\mu}{\sin\alpha + \mu\cos\alpha}Q = \mu' Q$

④ 유효마찰계수(등가, 상당 마찰계수) : $\mu' - \dfrac{\mu}{\sin\alpha + \mu\cos\alpha} > \mu$

⑤ 홈의 깊이와 수 : 홈의 깊이를 h, 홈의 수를 z, 마찰차가 접촉하는 전체 길이를 l이라 하면

$$h = 0.94\sqrt{\mu' Q}$$

$$l = 2z\frac{h}{\cos\alpha} \fallingdotseq 2zh$$

$$\therefore z = \frac{l}{2h} = \frac{N}{2hp}$$

⑥ 홈붙이 마찰차와 원통마찰차의 최대 토크비

$$T' : T = P' : P = \frac{\mu}{\sin\alpha + \mu\cos\alpha} : \mu = \mu' : \mu$$

예를 들면, $2\alpha = 30 \sim 40°$, $\mu = 0.1$일 때 토크비는 $T' : T = 2.8 : 1$로 약 3배의 큰 동력을 전달할 수 있다.

3) 원뿔마찰차(베벨마찰차 ; bevel friction wheel)

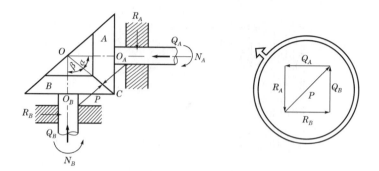

[그림 3.87] 원뿔마찰차

① 속도비 : 원동차 A, 종동차 B의 꼭지각을 2α, 2β, 회전수 N_A, N_B[rpm], 두 축이 맺는 각을 $\theta = \alpha + \beta[°]$라 하면

$$i = \frac{N_B}{N_A} = \frac{\overline{CO_A}}{\overline{CO_B}} = \frac{\overline{OC}\sin\alpha}{\overline{OC}\sin\beta} = \frac{\sin\alpha}{\sin\beta} = \frac{\sin\alpha}{\sin(\theta - \alpha)}$$

$$= \frac{\sin\alpha}{\sin\theta\cos\alpha - \cos\theta\sin\alpha} = \frac{\tan\alpha}{\sin\theta - \cos\theta\tan\alpha}$$

따라서 $\tan\alpha = \dfrac{\sin\theta}{\cos\theta + \dfrac{N_A}{N_B}} = \dfrac{\sin\theta}{\cos\theta + \dfrac{1}{i}}$, $\tan\beta = \dfrac{\sin\theta}{\dfrac{N_B}{N_A} + \cos\theta} = \dfrac{\sin\theta}{i + \cos\theta}$ 이다.

$\theta = 90°$이면 $\tan\alpha = \dfrac{N_B}{N_A}$, $\tan\beta = \dfrac{N_A}{N_B}$이다. $\alpha = \beta = 45°$이면 $i = 1$로써 마이터휠 (miter wheel)이라 하며 모양과 크기가 똑같고 방향만 바꾸게 된다.

② 접촉면에 서로 밀어붙이는 힘 : $P = \dfrac{Q_A}{\sin\alpha} = \dfrac{Q_B}{\sin\beta}$

③ 전달동력

$$H_{kW} = \frac{\mu P v_m}{102} = \frac{\mu Q_A v_m}{102\sin\alpha} = \frac{\mu Q_B v_m}{102\sin\beta} \, [kW]$$

$$H_{PS} = \frac{\mu P v_m}{75} = \frac{\mu Q_A v_m}{75\sin\alpha} = \frac{\mu Q_B v_m}{75\sin\beta} \, [PS]$$

여기서, v_m : 평균속도$\left(= \dfrac{\pi D_m n_B}{60 \times 1,000} = \dfrac{\pi\left(\dfrac{D_B + D_B{}'}{2}\right)N_B}{60 \times 1,000}\right)$(m/s)

④ 축방향에 미는 힘 : $Q_A = P\sin\alpha[\text{kgf}]$, $Q_B = P\sin\beta[\text{kgf}]$

⑤ 베어링에 작용하는 힘(분력) : $R_A = \dfrac{Q_A}{\tan\alpha}[\text{kgf}]$, $R_B = \dfrac{Q_B}{\tan\beta}[\text{kgf}]$

　 축각 $\theta = 90°$이면 $\alpha = \beta = 45°$이므로 $R_A = Q_A[\text{kgf}]$, $R_B = Q_B[\text{kgf}]$이다.

⑥ 베어링에 작용하는 합성하중 : $R_A = \sqrt{R_A^{\,2} + (\mu P)^2}[\text{kgf}]$, $R_B = \sqrt{R_B^{\,2} + (\mu P)^2}[\text{kgf}]$

⑦ 원뿔마찰차의 너비 : $b = \dfrac{P}{f} = \dfrac{Q_A}{f\sin\alpha} = \dfrac{Q_B}{f\sin\beta}[\text{mm}]$

4) 무단변속마찰차

① 1개의 원판을 이용한 변속

　 ㉠ 속도비 : $i = \dfrac{N_B}{N_A} = \dfrac{x}{R_B}$

　 ㉡ R_B는 일정하므로 x를 변화시키면 i가 변한다.

　 ㉢ 토크비 : $\dfrac{T_A}{T_B} = \dfrac{x}{R_B}$

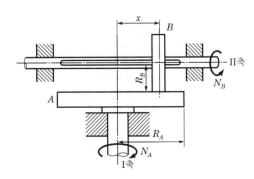

[그림 3.88] 1개의 원판차에 의한 무단변속기구

② 2개의 원판차를 이용한 변속

　 ㉠ 속도비 : $i = \dfrac{N_B}{N_A} = \dfrac{N_C}{N_A}\dfrac{N_B}{N_C} = \dfrac{x}{R_B}\left(\dfrac{R_C}{a - x}\right) = \dfrac{x}{a - x}$

　 ㉡ 접촉면에서 접촉방향의 힘 : $F = \dfrac{T_A}{x} = \dfrac{T_B}{a - x}$

　 ㉢ 토크비 : $\dfrac{T_A}{T_B} = \dfrac{x}{a - x}$

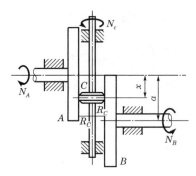

[그림 3.89] 2개의 원판차에 의한 무단변속기구

③ 원추마찰차에 의한 무단변속

㉠ 속도비 : $i = \dfrac{N_2}{N_1} = \dfrac{r_1}{r_2} = \dfrac{R_0(l_0 + x)}{r_2 l_0}$

㉡ 토크비 : $\dfrac{T_2}{T_1} = \dfrac{r_2}{r_1} = \dfrac{r_2 l_0}{R_0(l_0 + x)}$

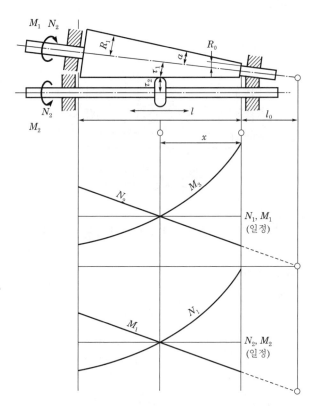

[그림 3.90] 원추차에 의한 무단변속기구

14 브레이크

14.1 개요

브레이크(brake)는 운동 중의 기계 부분이 가지고 있는 운동에너지를 변화시키거나 일부 다른 형태의 에너지로 변화시키므로 그 부분의 운동을 정지시키거나 속도를 감소시키는 데 사용한다. 브레이크를 분류하면 다음과 같다.

1) 마찰브레이크(friction brake)

① 반경방향 브레이크 : 블록브레이크(black brake), 밴드브레이크(band brake)
② 축압브레이크 : 원판브레이크(disc brake), 원추브레이크(cone brake)

2) 전기브레이크(electric brake)

① 전동기를 발전기로 역용하여 운동에너지를 전기로 바꾸고, 거기서 발생한 전기를 저항기에 의해 열로 방출하는 발전브레이크이다.
② 발생한 전기를 송전선에 되돌리는 전력회생(電力回生)브레이크이다.
③ 차축(車軸)에 장착한 원판 가까이의 전자석에 전기를 걸어 원판에 맴돌이 전류를 일으키게 하여 열로 방출하는 맴돌이 전류식 디스크브레이크이다.
④ 레일에서 일정한 간격을 유지한 전자석에 전기를 걸어 레일에 맴돌이 전류를 생기게 하여 열로 방출시키는 맴돌이 전류식 레일브레이크(전자기 흡수브레이크) 등이 있다.

이상은 주로 철도차량용으로 쓰이며 그 밖에 짐을 운반하는 컨베이어에 맴돌이 전류를 발생시켜 속도를 늦추게 하는 전기브레이크도 쓰인다.

14.2   **블록브레이크**

블록브레이크(block brake)는 회전하는 브레이크드럼(brake drum)에 브레이크블록을 반경방향으로 눌러 제동한다.

1) 단식 블록브레이크

① 철도차량이나 하역기계에 쓰이며 1개의 블록으로 눌러 제동하는 방식이다. [그림 3.67]에서와 같이 $c > 0$이면 내작용 선형, $c = 0$이면 중작용 선형, $c < 0$이면 외작용 선형이며 $\dfrac{a}{b}$의 표준값은 3~6이다.

② 수동의 경우 사람이 줄 수 있는 힘 F는 10~25kgf이고 보통 20kgf을 사용한다. 블록과 브레이크바퀴 사이의 최대 틈새 표준값으로서 2~3mm 정도가 적당하다.

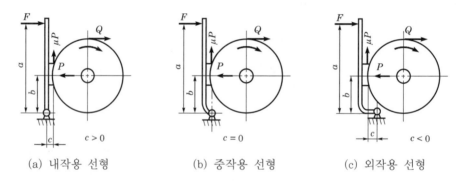

(a) 내작용 선형   (b) 중작용 선형   (c) 외작용 선형

[그림 3.91] 단식 블록브레이크의 형식

③ 브레이크드럼의 제동력 : $Q = \mu P[\text{kgf}]$

④ 브레이크축의 토크 : $T = \dfrac{QD}{2} = \dfrac{\mu PD}{2}[\text{kgf} \cdot \text{mm}]$

     여기서, D : 브레이크드럼의 지름(mm), P : 드럼의 원주력(kgf), μ : 마찰계수

            F : 브레이크레버에 작용하는 힘(kgf)

⑤ 브레이크레버 끝에 작용하는 힘 F는 [표 3.26]과 같다.

[표 3.26] 작동방식에 따라 레버 끝에 가하는 힘(kgf)

회전방향	내작용 선형 ($c>0$)	중작용 선형 ($c=0$)	외작용 선형 ($c<0$)
우회전	$F=\dfrac{P(b+\mu c)}{a}$	$F=\dfrac{Pb}{a}$	$F=\dfrac{P(b-\mu c)}{a}$
좌회전	$F=\dfrac{P(b-\mu c)}{a}$		$F=\dfrac{P(b+\mu c)}{a}$

2) 복식 블록브레이크

축에 대칭으로 블록을 놓고 브레이크링을 양쪽으로부터 죈다. 복식은 축에 대칭이므로 굽힘모멘트가 걸리지 않고, 베어링에도 그다지 하중이 걸리지 않는다. 복식 블록브레이크에서 레버에 작용하는 조작력 F'는

$$F' = \frac{Fd}{e} = \frac{Qbd}{\mu a}\,[\mathrm{kgf}]$$

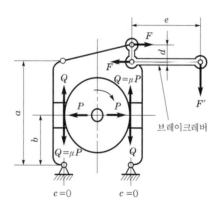

[그림 3.92] 복식 블록브레이크

내부 확장식 브레이크(expansion brake)는 복식 브레이크가 변형된 형식이며 [그림 3.93]과 같이 바깥쪽으로 확장하여 브레이크드럼에 접촉시켜서 제동을 하게 된다. 이것은 마찰면이 안쪽에 있으므로 먼지와 기름 등이 마찰면에 부착되지 않고, 또 브레이크드럼의 마찰면에서 열을 발산시키는 데 편리하다. 자동차에 널리 사용된다.

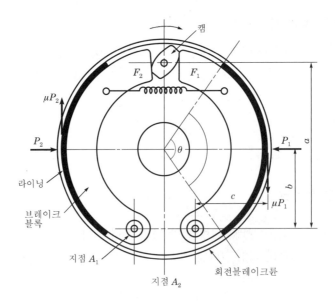

[그림 3.93] 내부 확장식 브레이크

① 우회전의 경우 : $F_1 = \dfrac{P_1}{a}(b - \mu c)$, $F_2 = \dfrac{P_2}{a}(b + \mu c)$

여기서, P_1, P_2 : 마찰면에 작용하는 수직력(kgf)

F_1, F_2 : 브레이크블록을 넓히는 데 필요한 힘(kgf), μ : 마찰계수

a, b, c : 브레이크블록의 치수

② 좌회전의 경우 : $F_1 = \dfrac{P_1}{a}(b + \mu c)$, $F_2 = \dfrac{P_2}{a}(b - \mu c)$

여기서 $\mu < 0.4$이면 $\theta < 90°$, $\mu < 0.2$이면 $\theta < 120°$ 정도로 한다.

③ 브레이크드럼상의 제동력 : $Q = \mu P_1 + \mu P_2$

④ 제동토크 : $T = Q\dfrac{D}{2} = (\mu P_1 + \mu P_2)\dfrac{D}{2}$

3) 브레이크용량

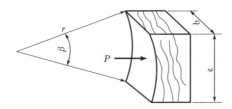

[그림 3.94] 브레이크블록

브레이크용량(capadity of brake)은 블록과 브레이크 사이의 제동압력이다.

$$p = \frac{P}{A} = \frac{P}{b\,e}\,[\text{kgf/mm}^2]$$

마찰에 의한 일량은 다음과 같다.

$$w_f = \mu P v = \mu\,p\,b\,e\,v\,[\text{kgf/m} \cdot \text{s}]$$

여기서, P : 블록을 밀어붙이는 힘(kgf), b : 블록의 너비(mm)

e : 블록의 길이(mm), A : 블록의 마찰면적(mm^2)

e의 값은 d에 대하여 균일하게 되어 좋으나 보통 $\beta \cong 50{\sim}70°$가 되도록 $\dfrac{e}{d}$의 값을 잡는다.

브레이크용량=마찰계수×브레이크압력×속도

$$= \frac{Q}{A} = \frac{\mu P v}{A} = \mu p v\,[\text{kgf/mm}^2 \cdot \text{m/s}]$$

여기서, H : 제동마력(PS)

$$H_{\text{PS}} = \frac{Q v}{75} = \frac{\mu P v}{75} = \frac{\mu\,p\,v}{75A}\,[\text{PS}]$$

$$H_{\text{kW}} = \frac{Q v}{102} = \frac{\mu P v}{102} = \frac{\mu\,p\,v}{102A}\,[\text{kW}]$$

14.3 밴드브레이크

밴드브레이크(band brake)는 브레이크드럼의 바깥둘레에 강철로 된 밴드를 감고 밴드에 장력을 주어서 밴드와 브레이크드럼 사이의 마찰에 의하여 제동작용을 한다. 마찰계수 μ를 크게 하기 위하여 밴드 안쪽에 나뭇조각, 가죽, 석면, 직물 등을 라이닝 한다. 밴드가 브레이크드럼에 감긴 위치로 단동식, 차동식, 합동식 등 세 가지 형식으로 나뉜다.

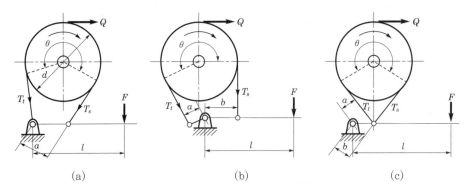

[그림 3.95] 밴드브레이크

14.4 원판브레이크

브레이크의 평균지름 위에 작용하는 힘을 f, 접촉면의 수를 n, 제동토크를 T_1이라 하면

$$f = n\mu\frac{\pi}{4}(d_2^2 - d_1^2)p$$

$$T_f = \frac{d}{2}f = \left(\frac{d_1 + d_2}{4}\right)n\mu\frac{\pi}{4}(d_2^2 - d_1^2)p$$

[그림 3.96] 원판브레이크

[Chapter 01. 나사]

01 나사에서 나사의 피치, 리드, 유효경을 설명하시오.

02 나사의 종류는 용도에 따라 다양하다. 운동용 나사의 종류를 간단히 설명하시오.

03 피치를 mm로 표시하는 나사의 호칭법을 나타내시오.

[Chapter 02. 볼트와 너트, 와셔, 나사부품]

04 볼트는 두 개 이상의 부품을 하나로 결합시키는 데 사용하며, 볼트의 종류는 다양하다. 다음 볼트의 특징을 설명하시오.
① 탭볼트   ② 스터드볼트   ③ 스테이볼트   ④ 아이볼트

05 기계시스템은 유지나 고장수리를 위해 볼트와 너트를 사용한다. 하지만 기계장치는 진동으로 인하여 간혹 너트가 풀리는 경우가 발생하여 안전사고를 유발한다. 너트의 풀림 방지법을 설명하시오.

[Chapter 03. 키]

06 키는 축과 보스를 고정하여 동력을 전달하기 위해 사용한다. 키의 종류와 축과 보스의 가공형 태를 설명하시오.

07 키의 호칭방법을 설명하시오.

[Chapter 04. 핀]

08 기계요소부품인 핀은 다양한 용도를 사용되고 있다. 핀의 역할에 대해 설명하시오.

09 다음은 테이퍼핀의 규격을 나타낸 것이다. 다음을 완성하시오.

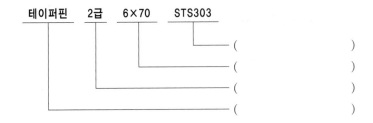

테이퍼핀　2급　6×70　STS303
(　　　　　　　　)
(　　　　　　　　)
(　　　　　　　　)
(　　　　　　　　)

[Chapter 05. 코터]

10 기계요소부품인 코터는 다양한 용도로 사용되고 있다. 코터의 역할에 대해 설명하시오.

[Chapter 06. 리벳]

11 부품을 결합시키는 방법은 볼트와 너트, 리벳팅, 용접이 있다. 리벳작업은 반영구적이다. 리벳작업 시 코킹과 풀러링을 설명하시오.

12 리벳의 호칭방법에 대해 설명하시오.

[Chapter 07. 스프링]

13 스프링은 기계장치에서 많이 사용하고 있다. 스프링의 역할과 재료에 대해 설명하시오.

14 다음은 스프링의 제도법에 대한 규정이다. ( )를 알맞은 용어로 채우시오.
① 코일스프링, 벌류트스프링, 스파이럴스프링은 ( )상태에서 그리고, 겹판스프링은 일반적으로 스프링판이 ( )상태에서 그린다.
② 코일스프링의 정면도는 나선모양이 되나, 이를 ( )으로 나타낸다.
③ 코일스프링에서 양끝을 제외한 동일한 모양의 일부를 생략하여 그릴 때 생략하는 부분의 선지름 중심선을 가는 ( )선으로 나타낸다.
④ 스프링의 종류 및 모양만을 간략도로 나타내는 경우에는 스프링재료의 중심선만을 ( )선으로 그린다.

[Chapter 08. 베어링]

15 베어링은 기계장치에서 운동하는 부분에 마찰력을 최소화하여 기계의 효율을 향상시키는 역할을 한다. 베어링의 종류에 대해 설명하시오.

16 미끄럼베어링의 재료로 사용하는 화이트메탈의 종류를 설명하시오.

17 베어링의 안지름은 04부터는 안지름번호에 5를 곱하면 안지름치수(mm)를 알 수가 있다. 하지만 베어링의 안지름번호가 00, 01, 02, 03은 규칙성이 없다. 이때 안지름치수를 제시하시오.

[Chapter 09. 기어]

18 기어의 치형곡선은 사이클로이드곡선과 인벌류트곡선이 있다. 가장 많이 적용하는 인벌류트곡선을 설명하고 그 특징을 쓰시오.

19 기어에서 이의 물림률에 대한 관련 식을 제시하고 설명하시오.

20 기어의 운동은 회전을 하면서 구름운동과 미끄럼운동을 연속적으로 하면서 회전한다. 이러한 과정에 이의 간섭이 발생하면서 언더컷이 발생한다. 언더컷의 발생원인과 방지대책에 대해서 설명하시오.

[Chapter 10. 축이음(커플링과 클러치)]

21 축이음은 커플링과 클러치가 있다. 설계자는 축과 축을 연결 시 충분히 검토하여 결정해야 한다. 축이음설계 시 고려사항을 열거하시오.

22 유연성 커플링의 종류를 설명하시오.

[Chapter 11. 동력전달장치]

23 동력전달장치 중에 타이밍벨트에 대해서 설명하시오.

[Chapter 12. 축]

24 축은 기계시스템에서 동력을 전달하는 역할을 한다. 축의 설계 시 고려사항을 설명하시오.

25 기계공학에서 시스템을 설계하거나 역학적인 계산을 진행할 때 원통축의 모멘트와 단면계수는 대단히 중요하다. 빈칸에 관련 식을 채우시오.

축 단면	단면 2차 모멘트 (I)	극단면 2차 모멘트 $(I_p = 2I)$	단면계수 (Z)	극단면계수 $(Z_p = 2Z)$

26 축에서 급힘모멘트와 비틀림모멘트를 동시에 받는 축을 설명하고, 상당 굽힘모멘트와 상당 비틀림모멘트의 관련 식을 제시하시오.

[Chapter 13. 마찰차]

27 마찰차는 정확한 속도비를 전달하지 않지만 기계장치에 용도에 맞게 적용되고 있다. 마찰차의 특성(장단점)에 대해 설명하시오.

28 마찰차는 마찰력을 부여하는 방법과 원리에 따라 종류를 부여한다. 마찰차의 종류에 대해 설명하시오.

[Chapter 14. 브레이크]

29 제동장치는 기계시스템을 운전 시 긴박한 상황에서 제동을 하거나 기계장치의 효율적인 정지를 위해 반드시 필요하다. 전기브레이크(electric brake)에 대해 설명하시오.

30 밴드브레이크에 대해 설명하시오.

PART

04

기하공차

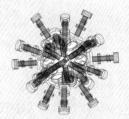

Mechanical Drawing

01 기하공차의 기초

1.1 개요

21세기는 컴퓨터의 보급과 산업의 융합으로 인하여 인간의 편리성을 추구하는 방향으로 발전되고 있다. 또한 국제적으로 자유무혁협정이 체결됨에 따라 국제화추세로 기하공차는 국제표준규격으로 제정되고 있다. 필요한 부분에 기하공차를 규제하지 않고 치수공차만으로 규제된 도면에 의해 부품을 제작할 때 기하공차에 대한 사항은 현장 작업자에 의해 판단하여 결정하였으나, 작업장에 일임된 사항으로는 조립상의 문제점이 발생하여 불량으로 인한 재료비와 가공비, 시간 낭비의 손실이 발생하여 결국 원가 상승의 원인이 되는 경우가 발생되었다. 이러한 문제점을 보완하고 해결하기 위해 기하공차에 대한 신기술규격이 국제적으로 규격화되어 있고, 한국산업규격(KS)에서는 기하공차에 대한 내용이 산업규격으로 제정되어 있다.

기하공차는 미국 ANSI(American National Standards Institute)에서 ANSI Y 14.5-1966이 표준 규격으로 제정되고, 그 후 ANSI규격을 바탕으로 국제표준화기구 ISO(International Organization for Standardization)에서 ISO/TC-10-1969규격이 제정되었다. 최근 ANSI규격은 ANSI Y 14.5 M-1982로 종전의 규격에 M을 추가하여 인치(inch)를 미터법(mm)으로 바꾸었다.

한국산업규격(KS)은 ISO규격을 받아들여 기하공차에 대한 규격으로 제정되어 있으며, 기하공차에 대한 KS규격은 다음과 같다.

① 기하공차기입-형상, 자세, 위치 및 흔들림공차(KS A ISO 1101)
② 기하공차-최대 실체 요구사항(MMR), 최소 실체 요구사항(LMR), 및 상호 요구사항 (RPR)(KS A ISO 2692)
③ 기하공차 표시-기하공차를 위한 데이텀 및 데이텀시스템(KS A ISO 5459)

1.2 　기하공차의 필요성

　치수공차만으로 나타낸 도면은 형상 및 위치에 대한 기하학적 특성을 규제할 수 없기 때문에 보다 정확한 제품을 제작하기 어렵다. 특히 다른 부품과의 조립에서 기능상이나 호환성에서 문제가 있어 조립 불능의 부품이 될 수 있고, 혹시 조립이 된다 해도 설계자가 의도한 충분한 기능을 발휘하지 못할 수 있다. 이 점을 개선하기 위해 국제적으로 통용되는 모양, 자세, 위치, 흔들림에 대한 규격을 제정하여 KS 혹은 ISO규격으로 기준을 정하였다.

1.3 　기하공차가 필요한 경우

① 부품과 부품 간의 기능 및 호환성이 중요할 때
② 기능적인 검사방법이 바람직할 때(검사기준이 확실할 때)
③ 제조와 검사의 일관성을 위해 참조기준이 필요할 때
④ 표준적인 해석 또는 공차가 미리 암시되어 있지 않은 경우

02 기하공차의 일반사항

2.1 　용어설명

이 규격에서 사용하는 중요한 용어의 뜻은 KS B ISO 5459 및 KS A ISO 1101에 따르며, 그 외의 것은 다음에 따른다.

① 기하공차(기하편차의 허용값) : 기하편차의 정의 및 표시에 대해서는 KS A ISO 1101에 따른다.

② 공차역 : 기하공차에 의하여 규제되는 형체(이하 "공차붙이 형체"라 한다)에 있어서 그 형체가 기하학적으로 옳은 모양, 자세 또는 위치로부터 벗어나는 것이 허용되는 영역을 말한다.

③ 데이텀(datum) : 형체의 자세, 위치 및 흔들림공차와 같이 관련 형체로 규제되는 기하공차를 규제하기 위해 설정한 이론적으로 정확한 기하학적 기준으로 정삼각형 기호를 사용하여 지시한다.

④ 데이텀형체 : 데이텀에 사용하는 대상물의 실제 형체이다.

⑤ 실용 데이텀형체(가상데이텀형체) : 데이텀형체에 접하는(닿는 부분) 충분히 정밀한 실제 형체(기준표면 : 정반, 엔드밀 등)이다.

⑥ 공통 데이텀 : 두 가지의 데이텀형체를 따라 설정되는 단일데이텀(중심축 : 데이텀 A-B)이다.

⑦ 데이텀계(datum system) : 두 가지 이상의 데이텀을 조합시켜 사용하는 데이텀그룹이다.
　예 서로 직교하는 3평면(A, B, C)을 기준으로 하는 위치공차 → 3평면 데이텀계

⑧ 데이텀표적(datum target) : 주조제품과 같이 표면이 거칠고 평평하지 않은 경우 형체의 표면 전체를 데이텀으로 사용하면 흔들림이 발생하여 정확한 데이텀설정이 어렵게 된다. 이럴 경우 부품과 접촉하는 점, 선이나 한정된 영역으로 데이텀을 규정하는 방법을 데이텀표적이라 한다. 데이텀표적틀은 원형의 테두리를 가로선으로 구분하여 화살표로 나타낸다. 데이텀표적은 데이텀대상이라는 용어로도 사용된다.

⑨ 이론적으로 정확한 치수(TED : Theoretically Exact Dimension) : 치수의 기준을 나타내는 것으로 형체나 데이텀표적의 크기, 윤곽, 방향 및 위치 등을 이론적으로 정확하게 나타내는 데 사용하며 치수 주위에 직사각형으로 표시한다.

⑩ 최대 실체공차방식 : 치수공차와 기하공차 사이의 상호 의존관계를 최대 실체상태를 기준으로 공차역을 설정하는 것으로 기하공차기입틀에 기호 Ⓜ으로 표시한다.

⑪ 최소 실체공차방식 : 치수공차와 기하공차 사이의 상호 의존관계를 최소 실체상태를 기준으로 공차역을 설정하는 것으로 기하공차기입틀에 기호 Ⓛ로 표시한다.

⑫ 포락조건(envelope condition) : 기하공차와 크기에 의하여 형성된 완전한 형상의 경계 조건이다.

2.2 일반사항

① 도면에 지정하는 대상물의 모양, 자세 및 위치의 편차, 그리고 흔들림의 허용값에 대하여는 원칙적으로 기하공차에 의하여 도시한다.

② 형체에 지정한 치수의 허용한계는 특별히 지시가 없는 한 기하공차를 규제하지 않는다.

③ 기하공차는 기능상의 요구, 호환성 등에 의거하여 꼭 필요한 곳에만 지정한다.

④ 기하공차의 지시는 생산방식, 측정방법 또는 검사방법을 특정한 것에 한정하지 않는다. 다만, 특정한 경우에는 별도로 지시한다.

　※ 특정한 측정방법 또는 검사방법이 별도로 지시되어 있지 않은 경우에는 대상으로 하는 공차역의 정의에 대응하는 한 임의의 측정방법 또는 검사방법을 선택할 수 있다.

2.3 기하공차의 종류와 그 기호

기하공차의 종류와 기호는 [표 4.1]에 따른다. 또 기하공차와 함께 사용하는 부가기호는 [표 4.2]에 따른다.

[표 4.1] 기하공차의 종류와 그 기호

적용하는 형체	공차의 종류		기호
단독형체	모양공차	진직도(straightness)	—
		평면도(flatness)	▱
		진원도(roundness)	○
		원통도(cylindricity)	⌭
단독형체 또는 관련 형체		선의 윤곽도(line profile)	⌒
		면의 윤곽도(surface profile)	⌓
관련 형체	자세공차	평행도(parallelism)	//
		직각도(squareness)	⊥
		경사도(angularity)	∠
	위치공차	위치도(position)	⊕
		동축도 또는 동심도(concentricity)	◎
		대칭도(symmetry)	⚌
	흔들림공차	원주흔들림	↗
		온흔들림	↗↗

[표 4.2] 부가기호

표시하는 내용		기호[1]	
공차붙이 형체	직접 표시하는 경우	↓⬚	
	문자기호에 의하여 표시하는 경우	A⬚ ⬚A	
데이텀	직접 표시하는 경우	▲⬚ △⬚	
	문자기호에 의하여 표시하는 경우	Ⓐ⬚ Ⓐ⬚	
데이텀표적기입틀		(φ2/A1)	
이론적으로 정확한 치수		50	직사각형 테두리를 표시
돌출공차역		Ⓟ	
최대 실체공차방식(MMS)		Ⓜ	최대 질량의 실체를 갖는 조건
최소 실체조건		Ⓛ	최소 질량의 실체를 갖는 조건
형체치수무관계(RFS)		Ⓢ	규제기호로 표시하지 않음

주 1) 기호란 중의 문자기호 및 수치는 P, M을 제외하고 한 보기를 나타낸다.

2.4 공차역에 관한 일반사항

공차붙이 형체가 포함되어 있어야 할 공차역은 다음에 따른다.

① 형체(점, 선, 축선, 면 또는 중심면)에 적용하는 기하공차는 그 형체가 포함되어야 할 공차역을 정한다.

② 공차의 종류와 그 공차값의 지시방법에 의하여 공차역은 [표 4.3]에 나타내는 공차역 중의 어느 한 가지로 한다.

[표 4.3] 공차역과 공차값

구분	공차역	공차값
(1)	원 안의 영역	원의 지름
(2)	2개의 동심원 사이의 영역	동심원반지름의 차
(3)	2개의 같은 거리 선 또는 2개의 평행한 직선 사이에 낀 영역	두 선 또는 두 직선의 간격
(4)	구 안의 영역	구의 지름
(5)	원통 안의 영역	원통의 지름
(6)	2개의 동축원통 사이에 낀 영역	동축원통반지름의 차
(7)	2개의 같은 거리 면 또는 2개의 평행한 평면 사이에 낀 영역	두 면 또는 두 평면의 간격
(8)	직육면체 안의 영역	직육면체 각 변의 길이

③ 공차역이 원 또는 원통인 경우에는 공차값 앞에 기호 ϕ를 붙이고, 공차역이 구인 경우에 $S\phi$를 붙여서 나타낸다.

④ 공차붙이 형체에는 기능상의 이유로 2개 이상의 기하공차를 지정하는 수가 있다. 또한 기하공차 중에는 다른 종류의 기하편차를 동시에 규제하는 것도 있다. 예를 들어, 평행도를 규제하면 그 공차역 내에서는 선의 경우에는 진직도, 면의 경우에는 평면도도 규제한다. 반대로 기하공차 중에는 다른 종류의 기하편차를 규제하지 않는 것도 있다. 예를 들어, 진직도의 공차는 평면도를 규제하지 않는다.

⑤ 공차붙이 형체는 공차역 내에 있어서 어떠한 모양 또는 자세라도 좋다. 다만, 보충의 주기나 더욱 엄격한 공차역의 지정에 의하여 제한이 가해질 때에는 그 제한에 따른다.

⑥ 지정한 공차는 대상으로 하고 있는 형체의 온길이 또는 온면에 대하여 적용된다. 다만, 그 공차를 적용하는 범위가 지정되어 있는 경우에는 그것에 따른다.

⑦ 관련 형체에 대하여 지정한 기하공차는 데이텀형체 자신의 모양편차를 규정하지 않는다. 따라서 필요에 따라 데이텀형체에 대하여 모양공차를 지시한다.

　※ 데이텀형체의 모양은 데이텀으로서의 목적에 어울리는 정도로 충분히 기하편차가 작은 것이 좋다.

3.1 도시방법 일반

도시방법에 대한 일반적인 사항은 다음에 따른다.

① 단독형체에 기하공차를 지시하기 위해서는 공차의 종류와 공차값을 기입한 직사각형의 틀(이하 "공차기입틀"이라 한다)과 그 형체를 지시선으로 연결해서 도시한다.

② 관련 형체에 기하공차를 지시하기 위해서는 데이텀에 데이텀 삼각기호(직각이등변삼각형으로 한다)를 붙이고 공차기입틀과 관련시켜서 ①에 준하여 도시한다.

3.2 공차기입틀의 표시사항

① 공차에 대한 표시사항은 공차기입틀을 두 구획 또는 그 이상으로 구분하여 그 안에 기입하며, 이들 구획에는 각각 다음의 내용을 ㉠~㉢의 순서로 왼쪽에서 오른쪽으로 기입한다.

㉠ 공차의 종류를 나타내는 기호

㉡ 공차값

㉢ 데이텀을 지시하는 문자기호

　　※ 데이텀이 복수인 경우의 데이텀을 지시하는 문자기호의 기입순서에 대하여는 [그림 4.1]을 참조할 것

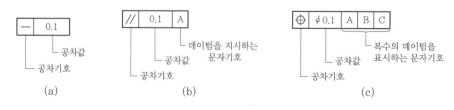

[그림 4.1]

② "6구멍", "4면"과 같은 공차붙이 형체에 연관시켜서 지시하는 주기는 공차기입틀의 위쪽에 쓴다([그림 4.2]의 (a) 참조).

③ 1개의 형체에 2개 종류 이상의 공차를 지시할 필요가 있을 때에는 이들의 공차기입틀을 상하로 겹쳐서 기입한다([그림 4.2]의 (b) 참조).

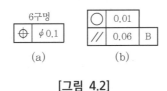

[그림 4.2]

3.3　공차에 의하여 규제되는 형체의 표시방법

공차에 의하여 규제되는 형체는 공차기입틀로부터 끌어내어 끝에 화살표를 붙인 지시선에 의하여 다음을 대상으로 하는 규정에 따라 형체에 연결해서 나타낸다. 또한 지시선에는 가는 실선을 사용한다.

① 선 또는 면 자체에 공차를 지정하는 경우에는 형체의 외형선 위 또는 외형선의 연장선 위에 치수선의 위치에 간섭 없이 지시선의 화살표를 수직으로 하여 나타낸다([그림 4.3], [그림 4.4] 참조).

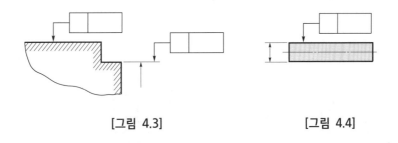

[그림 4.3]　　　　　　　　[그림 4.4]

② 치수가 지정되어 있는 형체의 선 또는 중심면에 공차를 지정하는 경우에는 치수선의 연장선이 공차기입틀로부터의 지시선이 되도록 한다([그림 4.5], [그림 4.6], [그림 4.7] 참조).

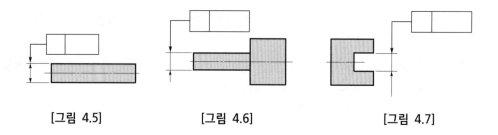

[그림 4.5]   [그림 4.6]   [그림 4.7]

③ 축선 또는 중심면이 공통인 모든 형체의 축선 또는 중심면에 공차를 지정하는 경우에는 축선 또는 중심면을 나타내는 중심선에 수직으로 공차지시선의 화살표를 연결한다([그림 4.8], [그림 4.9], [그림 4.10] 참조).

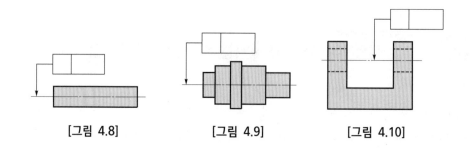

[그림 4.8]   [그림 4.9]   [그림 4.10]

④ 여러 개가 떨어져 있는 형체에 같은 공차를 지정하는 경우에는 개개의 형체에 각각 공차기입틀로 지정하는 대신에 공통의 공차기입틀로부터 끌어낸 지시선을 각각의 형체에 분기해서 대거나([그림 4.11] 참조) 각각의 형체를 문자기호로 나타낼 수 있다([그림 4.12] 참조).

※ 지시선의 분기점에는 둥근 흑점을 붙인다.

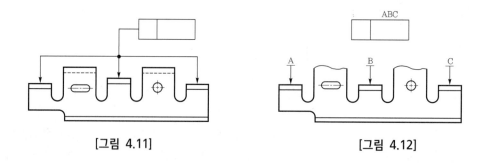

[그림 4.11]   [그림 4.12]

3.4 도시방법과 공차역의 관계

① 공차역은 공차값 앞에 기호 ϕ가 없는 경우에는 공차기입틀과 공차붙이 형체를 연결하는 지시선의 화살방향에 존재하는 것으로서 취급한다([그림 4.13] 참조). 또한 기호 ϕ가 부가되어 있는 경우에는 공차역은 원 또는 원통의 내부에 존재하는 것으로서 취급한다([그림 4.14] 참조).

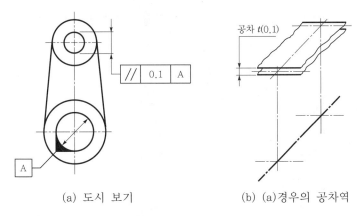

(a) 도시 보기   (b) (a)경우의 공차역

[그림 4.13] 공차값 앞에 ϕ기호가 없는 경우

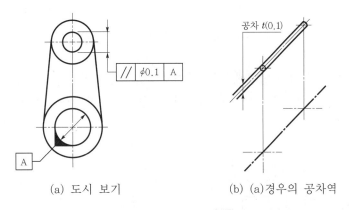

(a) 도시 보기   (b) (a)경우의 공차역

[그림 4.14] 공차값 앞에 ϕ기호가 있는 경우

② 공차역의 너비는 원칙적으로 규제되는 면에 대하여 법선방향에 존재하는 것으로서 취급한다([그림 4.15] 참조).

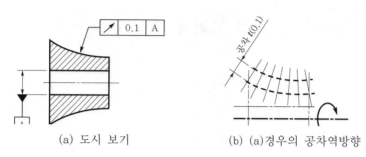

(a) 도시 보기   (b) (a)경우의 공차역방향

[그림 4.15] 공차역의 너비

③ 공차역을 면의 법선방향이 아니고 특정한 방향에 지정하고 싶을 때에는 그 방향을 지정한다([그림 4.16] 참조).

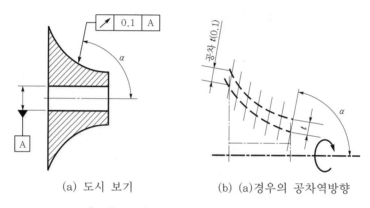

(a) 도시 보기   (b) (a)경우의 공차역방향

[그림 4.16] 공차역의 특정 방향 지정

④ 여러 개가 떨어져 있는 형체에 같은 공차를 공통인 공차기입틀을 사용하여 지정하는 경우에는 특별히 지정하지 않는 한 각각의 형체마다 지정하는 공차역을 적용한다([그림 4.17], [그림 4.18] 참조).

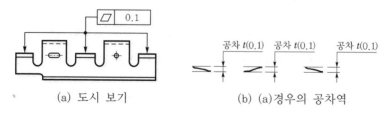

(a) 도시 보기   (b) (a)경우의 공차역

[그림 4.17] 떨어져 있는 여러 형체의 기하공차기입 I

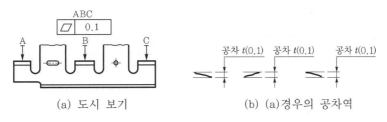

(a) 도시 보기 (b) (a)경우의 공차역

[그림 4.18] 떨어져 있는 여러 형체의 기하공차기입 Ⅱ

⑤ 여러 개가 떨어져 있는 형체에 공통의 영역을 갖는 공차값을 지정하는 경우에는 공통의 공차기입틀의 위쪽에 "공통 공차역"이라고 기입한다([그림 4.19], [그림 4.20] 참조).

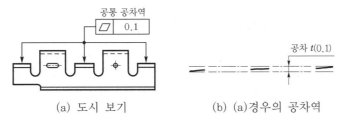

(a) 도시 보기 (b) (a)경우의 공차역

[그림 4.19] 공통의 영향을 갖는 공차값 지정 Ⅰ

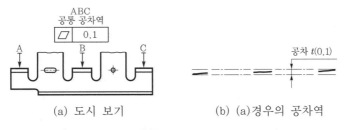

(a) 도시 보기 (b) (a)경우의 공차역

[그림 4.20] 공통의 영향을 갖는 공차값 지정 Ⅱ

3.5 　데이텀의 도시방법

① 형체에 지정하는 공차가 데이텀과 관련되는 경우에는 데이텀은 원칙적으로 데이텀을 지시하는 문자기호에 의하여 나타낸다. 데이텀은 영어의 대문자를 정사각형으로 둘러싸고, 이것과 데이텀이라는 것을 나타내는 데이텀 삼각기호를 지시선을 사용하여 연결해서 나타낸다. 데이텀 삼각기호는 빈틈없이 칠해도 좋고, 칠하지 않아도 좋다([그림 4.21] 참조).

[그림 4.21]

② 데이텀을 지시하는 문자에 의한 데이텀의 표시방법은 다음에 따른다.

   ⊙ 선 또는 면 자체가 데이텀형체인 경우에는 형체의 외형선 위 또는 외형선을 연장한 가는 선 위에 치수선의 위치를 피하여 데이텀 삼각기호를 붙인다([그림 4.22] 참조).

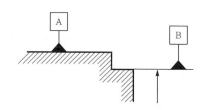

[그림 4.22] 선, 면이 데이텀형체인 경우

   ⓒ 치수가 지정되어 있는 형체의 축직선 또는 중심평면이 데이텀인 경우에는 치수선의 연장선을 데이텀의 지시선으로써 사용하여 나타낸다([그림 4.23], [그림 4.24] 참조).

     ※ 치수선의 화살표를 치수보조선 또는 외형선의 바깥쪽으로부터 기입한 경우에는 그 한쪽을 데이텀 삼각기호로 대신한다([그림 4.24], [그림 4.25] 참조).

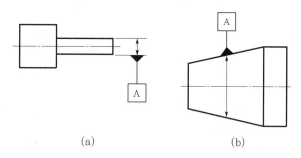

        (a)   (b)

[그림 4.23] 축직선 중심평면이 데이텀인 경우

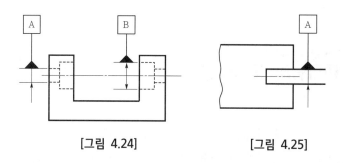

      [그림 4.24]   [그림 4.25]

   ⓒ 축직선 또는 중심평면이 공통인 모든 형체의 축직선 또는 중심평면이 데이텀인 경우에는 축직선 또는 중심평면을 나타내는 중심선에 데이텀 삼각기호를 붙인다([그림 4.26], [그림 4.27], [그림 4.28] 참조).

※ 다른 형체가 3개 이상 연속하는 경우 그 공통 축직선을 데이텀에 지정하는 것은 피하는 것이 좋다.

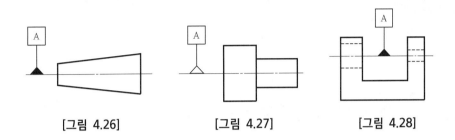

[그림 4.26]　　　　　　[그림 4.27]　　　　　　[그림 4.28]

㉣ 잘못 볼 염려가 없는 경우에는 공차기입틀과 데이텀 삼각기호를 직접 지시선에 의하여 연결함으로써 데이텀을 지시하는 문자기호를 생략할 수 있다([그림 4.29], [그림 4.30] 참조).

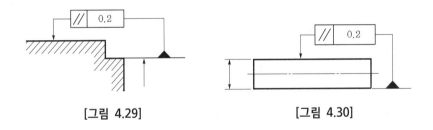

[그림 4.29]　　　　　　　　　[그림 4.30]

③ 데이텀을 지시하는 문자기호를 공차기입틀에 기입할 때에는 다음에 따른다.
　㉠ 1개의 형체에 의하여 설정하는 데이텀은 그 데이텀을 지시하는 1개의 문자기호로 나타낸다([그림 4.31] 참조).
　㉡ 2개의 데이텀형체에 의하여 설정하는 공통 데이텀은 데이텀을 지시하는 2개의 문자기호를 하이픈(−)으로 연결한 기호로 나타낸다([그림 4.32] 참조).
　㉢ 2개 이상의 데이텀이 있고, 그들 데이텀에 우선순위를 지정할 때에는 우선순위가 높은 순서로 왼쪽에서 오른쪽으로 데이텀을 지시하는 문자기호를 각각 다른 구획에 기입한다([그림 4.33] 참조).
　㉣ 2개 이상의 데이텀이 있고, 그들 데이텀의 우선순위를 문제 삼지 않을 때에는 데이텀을 지시하는 문자기호를 같은 구획 내에 나란히 기입한다([그림 4.34] 참조).

[그림 4.31]　　　　　[그림 4.32]　　　　　　[그림 4.33]　　　　　　[그림 4.34]

형상, 윤곽, 방향 및 흔들림공차의 이해

4.1   형상공차(모양공차)

    형상공차(form tolerance))는 데이텀과 관련이 없는 특성임을 앞에서 언급한 바 있으며 형상공차의 기하학적 특성이 단독형체로 적용되므로 형체의 치수공차범위를 벗어날 수 없다. 형체의 표면상태에 규제하므로 치수공차의 범위 내에 형상의 특성이 포함된다.

    형상공차의 대부분은 표면특성을 규제하는 조건들이다. 일부 사항이 예외인데, 그것이 진직도에 부여될 수 있는 축심(질량을 가지는 형체덩어리 및 그 중심)의 개념이다. 사실 GD&T의 전체 영역을 놓고 보면 축심의 개념이 더 포괄적인 개념이지만, 표면특성의 요구사항을 일반적으로 하는 형상공차라는 범위에서는 이런 축심의 개념이 예외의 개념이 된다.

1) 진직도

    진직도(straightness)는 표면 또는 축심의 요소가 직선인 경우의 조건으로 직선으로부터 벗어나는 정도로 표시(2개의 평행한 직선 사이 간격)하며, 이 평행한 직선(사실상 공차영역)은 단독형체로 적용되므로 밑면에 대해서 평행할 필요가 없다.

(1) 일정방향의 진직도

    직선 부분의 양 끝을 잇는 기하학적 직선을 포함하는 정해진 하나의 투영면 내에서의 진직도를 그 투영평면에 수직이고 서로 평행한 2개의 기하학적 평면으로 직선 부분을 사이에 끼울 때 그 두 평면의 간격이 최소로 될 경우의 두 평면간격으로 나타낸다.

구분	일정방향의 진직도	허용역과 정밀도
설명도	 〈수평방향의 진직도〉 〈수직방향의 진직도〉	• 허용역 : 2개의 평행평면 사이의 공간 • 정밀도 : 양 평면의 간격 부분

구분	일정방향의 진직도	허용역과 정밀도
도시 예		0.1mm 간격을 가진 서로 평행된 2개의 수평면 사이의 공간

(2) 서로 직각인 두 방향의 진직도

서로 직각인 두 방향의 진직도는 그 두 방향에 각각 수직한 두 쌍의 기하학적 평행인 두 평면으로 직선 부분을 사이에 끼울 때 두 쌍의 평행, 두 평면의 간격이 최소인 경우의 평행인 두 평면의 각각의 간격으로 나타낸다.

구분	서로 직각인 두 방향의 진직도	허용역과 정밀도
설명도		• 허용역 : 두 평행직선의 중간부 • 정밀도 : 두 직선의 간격
도시 예		도시된 화살표방향에 0.2mm 및 0.1mm의 간격을 가진 서로 평행한 2조의 평행인 두 평면으로 이루어진 평행육면체 내부의 공간

(3) 방향을 정하지 않을 경우의 진직도

방향을 정하지 않을 경우(예 원통의 축선 등)의 진직도는 그 직선 부분을 모두 포함하는 기하학적 원통 중 가장 작은 원통의 지름으로 나타낸다.

구분	방향을 정하지 않을 경우의 진직도	허용역과 정밀도
설명도		• 허용역 : 원통 내부의 공간 • 정밀도 : 원통의 지름

구분	방향을 정하지 않을 경우의 진직도	허용역과 정밀도
도시 예 1	— ⌀0.08	지름 0.08mm의 원통 내부의 공간
도시 예 2	— ⌀0.1/100	지름 0.1mm 간격을 가진 서로 평행된 2개의 수평면 사이의 공간

(4) 표면의 요소로서의 직선 부분의 진직도

표면의 요소로서의 직선 부분(회전대체제의 모선) 등의 진직도는 서로 평행한 2개의 기하학적 직선으로 직선 부분을 사이에 끼울 때 두 직선의 간격으로 나타낸다.

구분	표면의 요소로서의 직선 부분의 진직도	허용역과 정밀도
설명도	허용치	• 허용역 : 두 평행직선의 중간부 • 정밀도 : 두 직선의 간격
도시 예 1	— 0.1	축선을 포함한 임의의 평면 내에서 0.1mm의 간격을 가진 서로 평행한 2개의 직선 중간부
도시 예 2	— 0.1 — 0.05	왼쪽 그림방향에서는 0.1mm, 오른쪽 그림방향에서는 0.05mm의 간격을 가진 평행한 2개의 직선 중간부

2) 평면도

평면도(flatness)는 한 평면 내에서 모든 요소가 갖는 표면의 상태를 나타낸다.

구분	평면도	허용역과 정밀도
설명도		• 허용역 : 두 평행평면 사이의 공간 • 정밀도 : 두 평면의 간격
도시 예 1		0.1mm의 간격을 두고 서로 평행된 2개 평면 사이의 공간
도시 예 2	 〈지정넓이마다의 평면도〉	0.1mm의 간격을 두고 서로 평행한 2개의 평면 사이의 공간으로, 이것은 실체의 평면으로 임의의 100mm×100mm 부분에 적용한다.

3) 진원도

진원도(roundness)는 구인 형체와 구 이외의 형체로 나누어 출발하는데, 그 이유는 구 형체는 반드시 구의 중심이 통과되도록 단면을 취해야 하기 때문이다. 구 형체는 구의 중심을 통과하는 임의의 평면으로 구를 자른 후 잘라진 단면의 표면이 진원도 공차값 내에 들어와야 한다.

구분	진원도	허용역과 정밀도
설명도		• 허용역 : 두 동심원의 중간부 • 정밀도 : 두 원의 반지름 차
도시 예		반지름이 0.03mm의 차를 가진 두 동심원의 중간부로, 이것은 축선에 직결된 임의의 단면에 적용된다.

4) 원통도

원통도(cylindricity)는 원통표면의 모든 점이 공통의 축심으로부터 같은 거리에 있는 회전 표면의 상태로 정의되며, 원형·길이방향 요소가 모두 포함되므로 원통형체에만 적용(테이퍼·구 형체 규제 안 됨)된다.

구분	원통도	허용역과 정밀도
설명도		• 허용역 : 2개의 동축원통 사이의 공간 • 정밀도 : 두 원통의 반지름 차
도시 예		반지름이 0.1mm의 차를 가진 동축의 두 원통 사이의 공간

5) 선의 윤곽도

윤곽공차(profile tolerance)는 주어진 평면(2차원 도면, 투영도, 단면도)에서의 물체의 외형을 규제하는 특성이다. 형상, 방향, 위치 등을 조합하여 규제도 가능하나, 앞에서도 설명한 것처럼 윤곽공차는 MMC와 같은 재료조건이나 게이지와 관련된 특성이 아니므로 측정의 요구사항을 가지며, 전 표면에 적용 가능하고 부품의 단면을 취하여 각각의 형체에 대해서도 가능하다. 선의 윤곽도는 형체의 길이에 이어지는 2차원적인 것을 요구하는 특성이다.

구분	선의 윤곽도	허용역과 정밀도
설명도	 여기서, K : 선의 윤곽, K_T : 기하학적 윤곽선	• 허용역 : 두 포락선의 중간부 • 정밀도 : 포락선의 간격(원의 지름)

구분	선의 윤곽도	허용역과 정밀도
도시 예		정해진 기하학적 윤곽선상의 모든 점이 중심을 갖고 지름 0.04mm인 원을 포락하는 두 곡선의 중간부

6) 면의 윤곽도

이론적으로 정확한 치수에 의해서 결정된 기하학적 윤곽면상에 중심이 있는 같은 지름의 기하학적 구의 두 포락선면으로 면의 윤곽을 사이에 끼울 때 두 포락면의 간격을 공(구)의 지름으로 나타내며 형체의 길이와 폭(혹은 주위)으로 이어지는 3차원적인 요구사항을 의미한다.

구분	면의 윤곽도	허용역과 정밀도
설명도	여기서, F : 면의 윤곽, F_T : 기하학적 윤곽면	• 허용역 : 두 포락면 사이의 공간 • 정밀도 : 두 포락면의 간격(원의 지름)
도시 예		정해진 기하학적 윤곽선상의 모든 점이 중심을 갖고 지름 0.02mm인 원을 포락하는 2개의 곡면 사이의 공간

4.2 　자세공차

자세공차는 평행도, 직각도, 경사도가 있으며, 그 적용 방법은 다음과 같다.

1) 평행도

직선 부분 또는 평행 부분이 기준직선 또는 기준평면에 대하여 수직방향에서 차지하는 영역의 크기에 따라 다음과 같이 나타낸다.

(1) 직선 부분의 기준직선에 대한 평행도

① 일정방향의 평행도 : 한 방향에 수직이고 기준직선에 평행한 2개의 기하학적 평면으로 직선을 사이에 끼울 때 그 두 평면의 간격이 최소로 될 경우 두 평면의 간격으로 나타낸다.

　※ 일정방향은 일반적으로 세로방향과 가로방향으로 구분하며, 세로방향이란 직선 부분의 어느 한 끝과 기준직선을 포함하는 평면 안에서 기준직선에 수직한 방향을, 가로방향이란 그 평면에 수직한 방향을 말한다.

구분	일정방향의 평행도	허용역과 정밀도
설명도	여기서, L_D : 기준직선 L : 직선 부분	• 허용역 : 기준직선에 평행한 두 평행면 사이의 공간 • 정밀도 : 두 평면의 간격
도시 예 1		기준직선을 포함하는 평면에 직교하여 0.05mm의 간격을 가진 서로 평행된 두 평면 사이의 공간

구분	일정방향의 평행도	허용역과 정밀도
도시 예 2	 〈직선 부분의 기준직선에 대한 가로방향의 평행도(구멍축선의 경우)〉	기준직선을 포함하는 평면에 평행한 0.2mm의 간격을 가진 서로 평행된 두 평면 사이의 공간

② 서로 직각인 두 방향의 평행도 : 기준직선에 평행하고 그 두 방향에 각각 수직인 두 쌍의 기하학적 평행으로 직선 부분을 사이에 끼울 때 두 평면 사이의 간격이 각각 최소로 되는 경우의 두 평면의 간격으로 나타낸다.

구분	서로 직각인 두 방향의 평행도	허용역과 정밀도
설명도		• 허용역 : 기준직선에 평행한 직사각기둥의 내부공간 • 정밀도 : 단면의 가로, 세로의 길이
도시 예	 〈직선 부분의 기준직선에 대한 서로 직각인 두 방향의 평행도〉	기준직선을 포함하는 평면에 대하여 도시된 화살표방향에 0.1mm 및 0.2mm의 간격을 가진 서로 평행된 2조의 평행한 두 평면으로 둘러싸인 평행육면체 내부의 공간

③ 방향을 정하지 않을 때의 평행도 : 기준직선에 평행하고 그 직선 부분을 모두 포함하는
기하학적 원통 중 가장 지름이 작은 원통의 지름으로 나타낸다.

구분	방향이 정하지 않을 때의 평행도	허용역과 정밀도
설명도		• 허용역 : 기준직선에 평행한 원통 내부의 공간 • 정밀도 : 원통의 지름
도시 예	 〈직선 부분의 기준직선에 대한 평행도 (구멍축선의 경우)〉	기준직선을 포함하는 평면 내에 대하여 기준직선에 평행한 축선을 가진 지름이 0.05mm의 원통 내부의 공간

(2) 직선 부분의 기준평면에 대한 평행도

기준평면에 평행한 두 기하학적 평면으로 그 직선 부분을 사이에 끼울 때 두 평면의 간격이
최소로 될 경우의 두 평면의 간격으로 나타낸다.

구분	직선 부분의 기준평면에 대한 평행도	허용역과 정밀도
설명도		• 허용역 : 기준평면에 대한 두 평면 사이의 공간 • 정밀도 : 두 평면의 간격
도시 예	 〈직선 부분의 기준평면에 대한 평행도 (구멍축선의 경우)〉	기준평면에 평행한 0.01mm의 간격을 가진 서로 평행한 두 평면 사이의 공간

(3) 평면 부분의 기준직선 또는 기준평면에 대한 평행도

기준직선 또는 기준평면에 평행한 2개의 기하학적 평면으로 그 평면을 사이에 끼울 때 두 평면의 간격이 최소가 될 경우의 두 평면의 간격으로 나타낸다.

구분	평면 부분의 기준직선 또는 기준평면에 대한 평행도	허용역과 정밀도
설명도	 〈기준직선에 대한 평면 부분〉 〈기준평면에 대한 평면 부분〉	• 허용역 : 기준평면에 대한 평행한 두 평면 사이의 공간 • 정밀도 : 두 평면 사이의 간격
도시 예 1	 〈평면 부분의 기준직선에 대한 평행도 (구멍축선의 경우)〉	기준평면에 평행하고 0.1mm 의 간격을 가진 두 평면 사이의 공간
도시 예 2	 〈평면 부분의 기준평면에 대한 평행도〉	기준평면에 평행하고 0.01mm 의 간격을 가진 두 평면 사이의 공간으로, 이것은 실체의 평면으로 임의의 100mm × 100mm 의 부분에 적용

2) 직각도

직각도는 직선 부분 또는 평면 부분이 기준직선 또는 기준평면에 대하여 평행한 방향에서 차지하는 영역의 크기에 따라서 다음과 같이 나타낸다.

(1) 직선 부분 또는 평면 부분의 기준직선에 대한 직각도

기준직선에 수직한 2개의 기하학적 평면으로 그 직선 부분 또는 평면 부분을 사이에 끼울 때 이들 두 평면의 간격이 최소로 될 경우의 두 평면의 간격으로 나타낸다.

구분	직선 부분 또는 평면 부분의 기준직선에 대한 직각도	허용역과 정밀도
설명도	 〈기준직선에 대한 직선 부분의 직각도〉 〈기준직선에 대한 직선 부분의 직각도〉	• 허용역 : 기준직선에 수직한 두 평면 사이의 공간 • 정밀도 : 두 평면의 간격
도시 예 1	 〈직선 부분의 기준직선에 대한 직각도 (구멍축선의 경우)〉	기준직선에 직각으로 0.08 mm의 간격을 가진 서로 평행한 두 평면 사이의 공간
도시 예 2	 〈평면 부분의 기준직선에 대한 직각도 (구멍축선의 경우)〉	기준직선에 직각으로 0.08 mm의 간격을 가진 서로 평행한 두 평면 사이의 공간

(2) 직선 부분의 기준평면에 대한 직각도

① 일정방향의 직각도 : 그 방향과 기준평면에 수직이고 서로 평행한 2개의 기하학적 평면으로 그 직선 부분을 사이에 끼울 때 이들 두 평면의 간격으로 나타낸다.

구분	직선 부분의 기준평면에 대한 일정방향의 직각도	허용역과 정밀도
설명도		• 허용역 : 기준평면에 수직한 두 평면 사이의 공간 • 정밀도 : 두 평면 사이의 간격
도시 예	 〈직선 부분의 기준평면에 대한 일정방향의 직각도(원통축선의 경우)〉	기준평면에 직각으로 도시한 화살표방향에 0.2mm의 간격을 가진 서로 평행한 두 평면 사이의 공간

② 서로 직각인 두 방향의 직각도 : 기준평면에 수직하고 그 두 방향에 각각 수직한 두 짝의 기하학적 평행, 두 평면으로 직선 부분을 사이에 끼울 때 두 짝의 평행, 두 평면의 간격이 각각 최소로 될 경우의 평행, 두 평면의 각각의 간격으로 나타낸다.

구분	직선 부분의 기준평면에 대한 서로 직각인 두 방향의 직각도	허용역과 정밀도
설명도		• 허용역 : 직사각기둥 내부의 공간 • 정밀도 : 단면의 가로 및 세로

구분	직선 부분의 기준평면에 대한 서로 직각인 두 방향의 직각도	허용역과 정밀도
도시 예	<직선 부분의 기준평면에 대한 서로 직각인 2방향의 직각도(원통축선의 경우)>	기준평면에 직각으로 도시한 화살표 방향에 0.2mm 및 0.1mm의 간격을 가진 서로 평행한 2조의 평행한 두 평면으로 이루어진 평행육면체 내부의 공간

③ 방향을 정하지 않을 경우의 직각도 : 기준평면에 수직이고 그 직선 부분을 모두 포함하는 기하학적 원통 중 그 지름이 가장 작은 원통의 지름으로 나타낸다.

구분	방향을 정하지 않을 경우 직각도	허용역과 정밀도
설명도		• 허용역 : 기준평면에 수직한 원통 내부의 공간 • 정밀도 : 원통의 지름
도시 예	<직선 부분의 기준평면에 대한 일반의 직각도(원통축선의 경우)>	기준평면에 직각인 지름 0.01mm의 원통 내부의 공간

(3) 평면 부분의 기준평면에 대한 직각도

기준평면에 수직이면서 서로 평행한 2개의 기하학적 평면으로 그 평면 부분을 사이에 끼울 때 이들 두 평면의 간격이 최소로 되는 경우의 두 평면의 간격으로 나타낸다.

구분	평면 부분의 기준평면에 대한 직각도	허용역과 정밀도
설명도		• 허용역 : 기준평면에 수직하고 서로 평행한 두 평면 사이의 공간 • 정밀도 : 두 평면 사이의 간격
도시 예	 〈평면 부분의 기준평면에 대한 직각도〉	기준평면에 직각으로 0.08mm의 간격을 가진 서로 평행한 두 평면 사이의 공간

3) 경사도(각도 정도)

경사도는 직선 부분 또는 평면 부분이 기준직선 또는 기준평면에 대하여 이론적으로 정확한 각도를 이루는 기하학적 직선 또는 기하학적 평면에 수직한 방향으로 차지하는 영역의 크기에 따라 다음과 같이 나타낸다.

(1) 직선 부분의 기준직선에 대한 경사도

① 동일 평면상에 있을 때 : 동일 평면상에 있어야 할 직선 부분의 기준직선에 대한 경사도는 직선 부분의 어느 한 끝과 기준직선을 포함하는 기하학적 평면에 수직하고, 기준직선에 대하여 이론적으로 정확한 각도를 이루며 서로 평행한 2개의 기하학적 평면으로 사이에 끼울 때 이들 두 평면의 간격이 최소로 될 경우의 두 평면의 간격으로 나타낸다.

구분	동일 평면상에 있는 직선 부분의 기준직선에 대한 경사도	허용역과 정밀도
설명도	직선 부분 L f L_D 기준직선 α	• 허용역 : 기준직선에 대하여 정확한 각도 α를 이루는 두 평행평면 사이의 공간 • 정밀도 : 두 평면 사이의 간격

② 동일 평면상에 있지 않을 경우 : 동일 평면상에 있지 않은 직선 부분의 직선에 대한 경사도는 기준직선을 포함하고 직선 부분의 양 끝을 잇는 기하학적 직선에 평행한 기하학적 평면에 수직하고, 기준직선에 대하여 정확한 각도를 이루며 서로 평행한 2개의 기하학적 평면으로 직선 부분을 사이에 끼울 때 이들 두 평면의 간격이 최소가 될 때의 두 평면의 간격으로 나타낸다.

구분	동일 평면상에 있지 않는 직선 부분의 기준직선에 대한 경사도	허용역과 정밀도
설명도	직선 부분 L f 허용치 L_D 기준직선 α	• 허용역 : 기준직선에 대하여 정확한 각도 α를 이루는 두 평행평면 사이의 공간 • 정밀도 : 두 평면 사이의 간격
도시 예	A ∠ 0.08 A 60° 〈직선 부분과 기준평면이 동일 평면상에 있지 않을 때의 경사도 (구멍과 원통의 축선의 경우)〉	기준직선에 60° 경사하고 그림에 나타낸 화살표방향으로 0.08mm의 간격을 갖으며 서로 평행한 두 평면 사이의 공간 0.08 60°

(2) 직선 부분의 기준평면에 대한 경사도

기준직선 또는 기준평면에 대하여 이론적으로 정확한 각도를 이루고, 서로 평행한 2개의 기하학적 평면으로 평면 부분을 사이에 끼울 때 이들 두 평면의 간격이 최소로 될 경우의 두 평면의 간격으로 나타낸다.

구분	직선 부분의 기준평면에 대한 경사도	허용역과 정밀도
설명도		• 허용역 : 기준직선에 대하여 정확한 각도 α를 이루는 두 평행평면 사이의 공간 • 정밀도 : 두 평면 사이의 간격
도시 예	 〈직선 부분과 기준평면에 대한 경사도 (구멍의 축선)〉	기준직선에 80° 경사하고 그림에 나타낸 화살표방향으로 0.08mm의 간격을 갖으며 서로 평행한 두 평면 사이의 공간

(3) 평면 부분의 기준직선 또는 기준평면에 대한 경사도

기준직선 또는 기준평면에 대하여 이론적으로 정확한 각도를 이루고, 서로 평행한 2개의 기하학적 평면으로 평면 부분을 사이에 끼울 때 이들 두 평면의 간격이 최소로 될 경우의 두 평면의 간격으로 나타낸다.

구분	평면 부분의 기준직선 또는 기준평면에 대한 경사도	허용역과 정밀도
설명도		• 허용역 : 기준직선에 대하여 정확한 각도 α를 이루는 두 평행평면 사이의 공간 • 정밀도 : 두 평면상의 간격
도시 예 1	 〈평면 부분과 기준직선에 대한 경사도 (구멍의 축선을 기준으로 하는 경우)〉	기준직선에 75° 경사되고 0.1mm의 간격으로 서로 나란한 두 평면 사이의 공간

구분	평면 부분의 기준직선 또는 기준평면에 대한 경사도	허용역과 정밀도
도시 예 2		기준직선에 40° 경사되고 0.08mm의 간격으로 서로 나란한 두 평면 사이의 공간

4.3 위치공차

위치공차는 위치도, 동심도(동축도), 대칭도가 있으며 다음과 같이 적용한다.

1) 위치도

위치도는 점, 선, 직선 부분 또는 평면 부분이 이론적으로 정확한 위치에 대해서 차지하는 영역의 크기에 따라 다음과 같이 나타낸다.

(1) 점의 위치도

점의 위치도는 이론적으로 정확한 위치에 있는 점을 중심으로 하고, 대상점을 지나는 기하학적 원 또는 기하학적 구의 지름으로 나타낸다.

구분	점의 위치도	허용역과 정밀도
설명도	여기서, E_T : 이론적으로 정확한 위치에 있는 점 E : 점	• 허용역 : 정확한 위치에 중심이 있는 원 또는 공의 내부 • 정밀도 : 원 또는 구의 지름

구분	점의 위치도	허용역과 정밀도
도시 예 1	⊕ ⌀0.03 60 100 〈평면상의 점의 위치도〉	정해진 정확한 위치를 중심으로 한 지름 0.03mm의 원의 내부 ⌀0.03
도시 예 2	S⌀20 ⊕ S⌀0.3 AB B A 〈공간상의 점의 위치도〉	기준축선 A, 기준평면 B 및 직사각 기둥으로 둘러싸인 기준이 되는 치수로, 정해지는 바른 위치를 중심으로 한 지름 0.3mm의 구의 내부 S⌀0.3

(2) 직선 부분의 위치도

① 일정방향의 위치도 : 그 방향에 수직이고 이론적으로 정확한 위치에 있는 직선에 대하여 대칭이며, 서로 평행한 기하학적 평면으로 그 직선을 끼울 때 이들 두 평면의 간격이 최소로 될 경우의 두 평면의 간격으로 나타낸다.

※ 직선 부분이 한 평면상에 있을 때의 직선 부분의 위치도는 이론적으로 정확한 위치에 있는 직선에 대하여 대칭이고 서로 평행한 2개의 기하학적 직선으로 그 직선을 사이에 끼울 때 그 두 직선 사이의 간격이 최소로 될 경우의 두 직선의 간격으로 나타낸다.

구분	직선 부분의 일정방향의 위치도	허용역과 정밀도
설명도	P_T L 직선 부분 f 〈일정방향(수평방향)〉 여기서, P_T : 이론적으로 정확한 위치에 있는 평면 L : 이론적으로 정확한 위치에 있는 직선	• 허용역 : 정확한 위치에 있는 포함하는 평면에 대하여 대칭인 두 평행평면 사이의 공간 • 정밀도 : 두 평면 사이의 간격

구분	직선 부분의 일정방향의 위치도	허용역과 정밀도
설명도	 〈평면상의 직선 부분〉	• 허용역 : 정확한 위치에 있는 직선에 대하여 대칭인 두 평행직선의 공간 • 정밀도 : 두 직선 사이의 간격
도시 예 1	 〈평면상의 직선 부분의 위치도〉	정해진 정확한 위치에 잇는 축선을 중심으로 하고 화살표방향으로 0.08mm의 간격을 갖고 서로 평행한 두 평면 사이의 공간
도시 예 2	 〈직선 부분의 일정방향의 위치도 (구멍의 축선)〉	정해진 정확한 위치에 있는 축선을 중심으로 하고 화살표방향으로 0.05mm의 간격을 갖고 서로 평행한 두 직선의 중간부

② 서로 직각인 두 방향의 위치도 : 그 두 방향에 각각 수직이고 이론적으로 정확한 위치에 있는 직선에 대하여 대칭이며 서로 평행한 두 쌍의 기하학적 두 평행평면으로 그 직선 부분을 사이에 끼웠을 때 두 쌍의 평행, 두 평면의 간격이 각각 최소가 될 경우의 평행, 두 평면의 각각의 간격으로 나타낸다.

구분	서로 직각인 두 방향의 위치도	허용역과 정밀도
설명도		• 허용역 : 정확한 위치에 축선을 갖는 직사각기둥 내부의 공간 • 정밀도 : 단면의 가로, 세로의 길이

기계제도 및 설계

구분	서로 직각인 두 방향의 위치도	허용역과 정밀도
도시 예	 〈직선 부분의 서로 직각인 두 방향의 위치도 (구멍의 축선)〉	정해진 정확한 위치에 있는 축선을 중심으로 하고 화살표방향으로 0.5mm 및 0.2mm의 간격을 갖는 두 쌍의 서로 평행한 두 평면으로 둘러싸인 사각기둥 내부의 공간

③ 방향을 정하지 않은 경우의 위치도 : 이론적으로 정확한 위치에 축선을 갖고 그 직선 부분을 모두 포함하는 기하학적 원통 중 가장 작은 지름의 원통지름으로 나타낸다.

구분	직선 부분의 방향을 정하지 않은 경우의 위치도	허용역과 정밀도
설명도		• 허용역 : 정확한 위치에 축선을 갖는 원통 내부의 공간 • 정밀도 : 원통의 지름
도시 예	 〈직선 부분의 방향을 정하지 않는 경우의 위치도(구멍의 축선인 경우)〉	정해진 정확한 위치에 있는 축선을 중심으로 하는 지름 0.08mm의 원통 내부의 공간

(3) 평면 부분의 위치도

이론적으로 정확한 위치에 있는 평면에 대하여 대칭이고 서로 평행한 2개의 기하학적 평면으로 그 평면 부분을 사이에 끼울 때 그 두 평면의 간격이 최소로 될 경우의 두 평면 사이의 간격으로 나타낸다.

구분	평면 부분의 위치도	허용역과 정밀도
설명도	 여기서, P_T : 이론적으로 정확한 위치에 있는 평면	• 허용역 : 정확한 위치에 있는 평면에 대하여 대칭인 두 평행평면 사이의 간격 • 정밀도 : 두 평면의 간격
도시 예	 〈평면 부분의 위치도 (원통의 축선을 기준으로 할 경우)〉	기준축선 B의 기준평면 A에서 35mm의 위치에서 기준축선 B와 105°의 각도로 교차되는 정확한 평면을 중심으로 하여 0.05mm의 간격을 갖는 서로 평행한 두 평면 사이의 공간

2) 동축도

축선의 기준축선에 대한 동축도는 그 축선을 모두 포함하고 기준축선과 동축인 기하학적 원통 중 가장 작은 지름의 원통지름으로 나타낸다.

※ 평면도형으로서의 2개의 원의 동심도는 기준으로 한 원의 중심과 동심이고 다른 원의 중심을 지나는 기하학적 원의 지름으로 나타낸다. 여기서 원의 중심이란 원을 사이에 끼울 기하학적 동심원 중 두 원의 반지름의 차가 최소로 될 경우의 동심원의 중심을 말한다.

구분	직선 부분의 일정방향의 위치도	허용역과 정밀도
설명도	 〈동축도〉 여기서, A_D : 기준축선, A : 축선	• 허용역 : 기준축선과 동축의 원통의 내부공간 • 정밀도 : 원통의 지름

구분	직선 부분의 일정방향의 위치도	허용역과 정밀도
설명도	〈동심도〉 여기서, E_D : 이론적으로 정확한 위치에 있는 점	• 허용역 : 기준으로 하는 원과 동심인 원의 내부 • 정밀도 : 원의 지름
도시 예 1	〈원통 부분의 동축도〉	기준축선과 동축인 지름 0.2mm의 원통 내부의 공간
도시 예 2	〈원의 동심도〉	기준원과 동심인 지름 0.01mm의 원의 내부

3) 대칭도

대칭도는 축선 또는 중심면이 기준축선 또는 기준 중심평면에 대하여 수직한 방향에서 차지하는 영역의 크기에 따라 다음과 같이 나타낸다.

(1) 축선의 대칭도

① 기준 중심평면에 대한 대칭도 : 기준 중심평면에 대하여 대칭이고 서로 평행인 두 기하학적 평면으로 그 축선을 사이에 끼울 때 이들 두 평면의 간격이 최소로 될 경우의 양 평면 사이의 간격으로 나타낸다.

구분	축선의 기준 중심평면에 대한 대칭도	허용역과 정밀도
설명도	여기서, P_{MD} : 기준 중심평면, A : 축선	• 허용역 : 기준 중심평면에 대해 대칭이 두 평행평면 사이의 공간 • 정밀도 : 두 평면의 간격

구분	축선의 기준 중심평면에 대한 대칭도	허용역과 정밀도
도시 예	 〈축선의 기준평면에 대한 일정방향의 대칭도〉	홈 A 및 홈 B의 공통 기준 중심평면을 중심으로 하여 0.08mm의 간격을 갖고 서로 평행한 두 평면 사이의 공간

② 기준축선에 대하여 서로 직각인 두 방향의 대칭도 : 주어진 두 방향에 각각 수직이고 기준축선에 대하여 대칭이며 서로 평행한 두 짝의 기하학적 평행, 두 평면으로 그 축선 부분을 사이에 끼웠을 때 두 짝의 평행, 두 평면의 각 간격이 최소로 될 경우의 평행, 두 평면의 각각의 간격으로 나타낸다.

구분	기준축선에 대하여 서로 직각인 두 방향의 대칭도	허용역과 정밀도
설명도		• 허용역 : 기준축선과 동축인 직사각기둥의 내부공간 • 정밀도 : 단면의 가로, 세로의 길이
도시 예	 〈축선의 기준 중심평면에 대한 서로 직각인 두 방향의 대칭도〉	홈 A 및 홈 B의 공통 기준 중심평면을 중심으로 하고 0.08mm의 간격을 갖고 서로 평행한 두 평면과 폭 C의 기준 중심평면을 중심으로 하여 0.1mm의 간격을 갖는 두 짝의 서로 평행한 2개 평면으로 둘러싸인 직사각기둥 내부의 공간

(2) 중심면의 대칭도

① 기준축선에 대한 일정방향의 대칭도 : 그 방향에 수직하고 기준축선에 대하여 대칭이며 서로 평행한 2개의 기하학적 평면의 중심면을 사이에 끼울 때 이들 두 평면의 간격이 최소로 될 경우의 두 평면의 간격으로 나타낸다.

구분	기준축선에 대한 일정방향의 대칭도	허용역과 정밀도
설명도	 〈일정방향(수평방향)〉 여기서, A_D : 기준축선, A : 축선 P_M : 중심면	• 허용역 : 기준축선에 대하여 대칭인 평행 두 평면 사이의 공간 • 정밀도 : 두 평면의 간격
도시 예	 〈중심면의 기준축선에 대한 일정방향에 있어서의 대칭도〉	기준축선 A를 중심으로 하고 0.1mm의 간격을 갖고 서로 평행한 두 평면 사이의 공간

② 기준 중심평면에 대한 대칭도 : 기준 중심평면에 대하여 대칭이고 서로 평행인 2개의 기하학적 평면으로 중심면을 사이에 끼울 때 이들 두 평면의 간격이 최소로 될 경우의 두 평면의 간격으로 나타낸다.

구분	기준 중심평면에 대한 대칭도	허용역과 정밀도
설명도	 여기서, P_{MD} : 기준 중심평면 P_M : 중심면	• 허용역 : 기준 중심평면에 대하여 대칭인 평행, 두 평면 사이의 공간 • 정밀도 : 두 평면의 간격

구분	기준 중심평면에 대한 대칭도	허용역과 정밀도
도시 예	 〈중심면의 기준 중심평면에 대한 대칭도〉	폭 A인 기준 중심평면을 중심으로 하고 0.08mm의 간격을 갖고 서로 평행한 두 평면 사이의 공간

4.4 흔들림공차

흔들림공차는 원주흔들림, 온흔들림이 있으며, 흔들림(run out)은 지정된 방향에 따라 각각 다음과 같이 나타낸다. 또 기계부품의 흔들림은 원칙적으로 그 부품의 표면상의 각 위치에 있어서의 흔들림 중 최대치를 나타낸다.

1) 반지름방향의 흔들림

반지름방향의 흔들림은 기준축선에 수직인 한 평면 안에서 기준축선으로부터 기계부품의 표면까지의 거리의 최대치와 최소치의 차로 나타낸다.

구분	반지름방향의 흔들림	허용역과 정밀도
설명도		• 허용역 : 기준축선 위에 중심을 갖는 측정평면 중의 2개 원의 중간부 • 정밀도 : 두 원의 반지름의 차

구분	반지름방향의 흔들림	허용역과 정밀도
도시 예	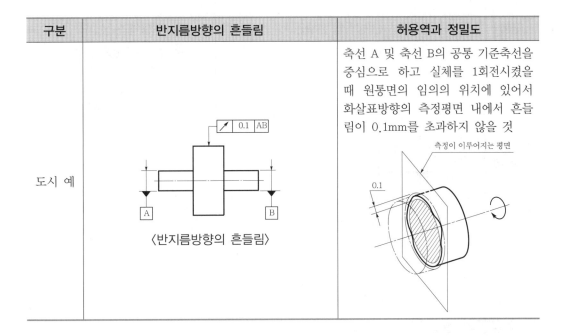 〈반지름방향의 흔들림〉	축선 A 및 축선 B의 공통 기준축선을 중심으로 하고 실체를 1회전시켰을 때 원통면의 임의의 위치에 있어서 화살표방향의 측정평면 내에서 흔들림이 0.1mm를 초과하지 않을 것

2) 경사진 방향의 흔들림

경사진 방향의 흔들림은 표면에 대한 법선(표면에 수직한 선)이 기준축선에 대하여 직각 이외의 각도를 이루고 있을 경우 그 법선을 모선으로 하고 기준축선을 축선으로 하는 하나의 원뿔면 위에서 꼭짓점으로부터 기계부품의 표면까지의 거리의 최대값과 최소값으로 나타낸다.

구분	경사진 방향의 흔들림	허용역과 정밀도
설명도		• 허용역 : 기준축선 위에 중심을 갖고 두 원으로 둘러싸인 측정 원뿔면의 범위 • 정밀도 : 측정원뿔모선의 길이

구분	경사진 방향의 흔들림	허용역과 정밀도
도시 예	〈반지름방향의 흔들림〉	축선 A 및 축선 B의 공통 기준축선을 중심으로 하고 실체를 1회전시켰을 때 원통면의 임의의 위치에 있어서 화살표방향에서 측정한 평면 내에서 흔들림이 0.1mm를 초과하지 않을 것

3) 축방향의 흔들림

축방향의 흔들림은 기준축선으로부터 일정한 거리에 있는 원통면 위에서 기준축선에 수직한 하나의 평면으로부터 기계부품의 표면까지의 거리의 최대치와 최소치의 차로 나타낸다.

구분	축방향의 흔들림	허용역과 정밀도
설명도		• 허용역 : 기준축선 위에 중심이 있고 2개의 원으로 둘러싸인 측정원통면의 범위 • 정밀도 : 두 원 사이의 간격
도시 예	〈축방향의 흔들림(단면의 경우)〉	기준축선 A를 중심으로 하고 실체를 1회전시켰을 때 단면의 임의의 위치에서 화살표방향의 측정원통면 내에서 흔들림이 0.1mm를 초과하지 않을 것

[Chapter 01. 기하공차의 기초]

01 기하공차는 기계시스템을 제작할 때 조립상태, 운동상태를 가장 효율적으로 유지하기 위한 형상공차이다. 기하공차의 필요성에 대해 설명하시오.

[Chapter 02. 기하공차의 일반사항]

02 기하공차에 대한 용어 중 공차역, 데이텀, 최대 실체공차방식에 대해 설명하시오.

03 기하공차는 적용하는 형체에 따라 3개 영역으로 구분하고 있다. 빈칸에 기하공차의 기호를 표시하시오.

적용하는 형체	공차의 종류		기호
관련 형체	자세공차	평행도(parallelism)	
		직각도(squareness)	
		경사도(angularity)	
	위치공차	위치도(position)	
		동축도 또는 동심도(concentricity)	
		대칭도(symmetry)	
	흔들림공차	원주흔들림	
		온흔들림	

04 기하공차의 부가기호에서 공차붙이형체와 데이텀을 표시하는 방법을 제시하시오.

표시하는 내용		기호
공차붙이 형체	직접 표시하는 경우	
	문자기호에 의하여 표시하는 경우	
데이텀	직접 표시하는 경우	
	문자기호에 의하여 표시하는 경우	

[Chapter 03. 기하공차의 도시방법]

05 공차에 대한 표시사항은 공차기입틀을 두 구획 또는 그 이상으로 구분하여 그 안에 기입한다. 이들 구획에 기입해야 하는 내용을 순서대로 나열하시오.

06 다음은 공차에 의하여 규제되는 형체의 표시방법을 설명한 것이다. ( ) 안을 채우시오.

① 선 또는 면 자체에 공차를 지정하는 경우에는 형체의 외형선 위 또는 ( ) 위에 치수선의 위치에 간섭 없이 ( )의 화살표를 ( )으로 하여 나타낸다.

② 치수가 지정되어 있는 형체의 선 또는 ( )에 공차를 지정하는 경우에는 치수선의 ( )이 공차기입틀로부터의 ( )이 되도록 한다.

③ 축선 또는 중심면이 공통인 모든 형체의 축선 또는 중심면에 공차를 지정하는 경우에는 축선 또는 중심면을 나타내는 중심선에 ( )으로 공차지시선의 ( )를 연결한다.

07 다음은 기하공차의 도시방법과 공차역의 관계를 설명한 것이다. ( ) 안을 채우시오.

① 공차역은 공차값 앞에 기호 ϕ가 없는 경우에는 공차기입틀과 공차붙이 형체를 연결하는 지시선의 ( )방향에 존재하는 것으로서 취급한다.

② 공차역의 너비는 원칙적으로 규제되는 면에 대하여 ( )방향에 존재하는 것으로서 취급한다.

③ 여러 개가 떨어져 있는 형체에 공통의 영역을 갖는 공차값을 지정하는 경우에는 공통의 공차기입틀의 위쪽에 ( )이라고 기입한다.

[Chapter 04. 형상, 윤곽, 방향 및 흔들림공차의 이해]

08 형상공차에서 진직도의 의미를 설명하고 그 종류를 열거하시오.

09 형상공차에서 진원도와 원통도를 설명하시오.

10 자세공차는 평행도, 직각도, 경사도가 있다. 각각에 대해서 간단히 설명하시오.

11 위치도는 점, 선, 직선 부분 또는 평면 부분이 이론적으로 정확한 위치에 대해 차지하는 영역의 크기를 나타낸다. 직선 부분의 위치도 세 가지의 경우를 설명하시오.

12 대칭도는 축선 또는 중심면이 기준축선 또는 기준 중심평면에 대하여 수직한 방향에서 차지하는 영역의 크기를 나타낸다. 축선의 대칭도 두 가지의 경우를 설명하시오.

13 흔들림공차의 종류 세 가지를 설명하시오.

PART
05

창의적인 설계를
위한 전기공학

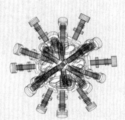

Mechanical Drawing

01 직류회로

1.1 전기의 본질

① 대전 : 어떤 물체가 전기를 띤 상태를 말한다.
② 전하 : 대전된 물체가 가지고 있는 전기를 말한다.
③ 전하량 : 전하가 가지고 있는 전기의 양으로, 단위는 쿨롱(coulomb, C)이다. 1개의 전자는 1.602×10^{-19}C의 음의 전기량을 가진다.

1.2 전기회로의 전압 · 전류

1) 전원과 부하

전류가 흐르는 통로를 전기회로(electric circuit) 또는 회로(circuit)라 하며, 회로에 전기에너지를 공급하는 원천을 전원(electric source)이라 하고, 전원에서 전기를 공급받아 어떤 일을 하는 것을 부하(load)라 한다.

2) 전류

전기는 양극에서 음극으로 흐르며, 이와 같은 전기의 이동을 전류라 한다. 전류의 단위는 암페어(ampere, A)이며, 그 크기는 1초 동안에 도체를 이동한 전기의 양(C)으로 나타낸다.

$$I = \frac{Q}{t}[\text{A}]$$

여기서, Q : 전기량(C), t : 시간(sec)

3) 전압

물질의 전기적인 높이를 전위라 하고 전류는 높은 곳에서 낮은 곳으로 흐르며, 그 차를 전위차(전압)라 한다. 이들의 단위는 볼트(volt, V)이며, 그 크기는 1C의 전기량이 이동할 때 얼마만큼의 일을 할 수 있는가에 따라 결정된다. 어떤 도체에 $Q[C]$의 전기량이 이동하여 $W[J]$의 일을 했다면 이때의 전압 V는 다음과 같다.

$$V = \frac{W}{Q}[V]$$

즉 1C의 전기량이 두 점 사이를 1J의 일을 할 때 이 두 점 사이의 전위차는 1V이다. 또 전지와 같이 전위차를 만들어 주는 힘을 기전력이라 한다.

1.3 옴의 법칙

1) 전기저항(R)

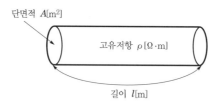

단면적 $A[\text{m}^2]$

고유저항 $\rho[\Omega \cdot \text{m}]$

길이 $l[\text{m}]$

[그림 5.1] 전기저항

전류의 흐름을 방해하는 작용을 전기저항 또는 저항(resistance)이라 하고, 단위는 옴(ohm, Ω)을 쓴다. 반대로 전류가 흐르기 쉬운 정도를 나타내는 것으로서 컨덕턴스라 하고, 단위는 모(mho, ℧)를 쓴다. $R[\Omega]$의 저항을 가진 어떤 물체의 컨덕턴스 G는 $G = \frac{1}{R}[℧]$로 표시된다. 도체의 전기저항을 계산하면

$$R = \rho \frac{l}{A} = \frac{l}{kA}[\Omega]$$

즉 전기저항은 고유저항과 도체의 길이에 비례하고, 단면적에 반비례한다.

① 고유저항 : 길이 1m, 단면적 $1m^2$의 물체의 저항을 물질에 따라 표시한 것을 그 물체의 고유저항이라 한다.

$$1\Omega \cdot m = 10^2 \Omega \cdot cm = 10^6 \Omega \cdot mm^2/m$$

② 도전율 : $k = \dfrac{1}{\rho} = \dfrac{1}{\dfrac{RA}{l}} = \dfrac{l}{RA} [\mho/m]$

2) 옴의 법칙

도선의 두 점 사이를 흐르는 전류의 세기는 그 두 점 사이의 전위차에 비례하고, 전기저항에 반비례한다. 이것을 옴의 법칙 (Ohm's law)이라 한다. 즉 두 점 사이의 전압을 $E[V]$, 그 사이를 흐르는 전류를 $I[A]$, 저항을 $R[\Omega]$이라 하면 다음 식이 성립된다.

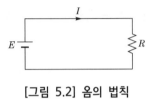

[그림 5.2] 옴의 법칙

$$I = \dfrac{E}{R}[A]$$

$$\therefore E = IR[V]$$

[표 5.1] 보조단위

전류, 전압, 저항 등의 기본단위에 대해서 실용적으로 더 큰 단위나 작은 단위

명칭	기호	배수	명칭	기호	배수
테라(tera)	T	10^{12}	피코(pico)	p	10^{-12}
기가(giga)	G	10^9	나노(nano)	n	10^{-9}
메가(mega)	M	10^6	마이크로(micro)	μ	10^{-6}
킬로(kilo)	K	10^3	밀리(milli)	m	10^{-3}

1.4　　키르히호프의 법칙

1) 키르히호프의 제1법칙

회로망에 있어서 임의의 접속점으로 흘러 들어오고 흘러나가는 전류의 대수합은 0이다.

$$\sum I = 0$$

[그림 5.3]에서 $I_1 - I_2 + I_3 - I_4 - I_5 = 0$이다.

2) 키르히호프의 제2법칙

회로망에서 임의의 한 폐회로의 각부를 흐르는 전류와 저항과의 곱의 대수합은 그 폐회로 중에 있는 모든 기전력의 대수합과 같다.

$$\sum IR = \sum E$$

[그림 5.4] ①의 폐회로에서는 $I_1 R_1 + I_1 R_4 - I_2 R_2 = E_1 - E_2$이고, [그림 5.4] ②의 폐회로에서는 $I_2 R_2 + I_3 R_5 - I_3 R_3 = E_2 - E_3$이다.

[그림 5.3] 키르히호프의 제1법칙

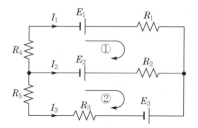

[그림 5.4] 키르히호프의 제2법칙

1.5　　도체와 절연체

① 도체 : 전하가 이동하기 쉬운 물질, 즉 전류가 흐르기 쉬운 물질(금속, 염류, 전해용액) 이다.

② 절연체(부도체) : 전하의 이동을 허용하지 않는 물질, 즉 전류를 거의 통해 주지 않는 물질(공기, 도자기, 운모, 에보나이트, 유리, 고무)이다.

③ 반도체 : 저온에서는 전류가 흐르기 힘들어 절연체와 같지만 온도가 높아지면 도체와 같이 전류가 흐르기 쉬운 물질(셀렌, 게르마늄, 규소)이다.

1.6 저항접속

1) 직렬접속

$V_1 = R_1 I[\text{V}], \quad V_2 = R_2 I[\text{V}]$

$V = V_1 + V_2 = R_1 I + R_2 I = (R_1 + R_2) I[\text{V}]$

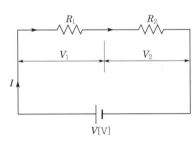

[그림 5.5] 직렬접속

(1) 합성저항

$R_0 = R_1 + R_2 [\Omega]$

(2) 전류

$I = \dfrac{V}{R_1 + R_2}[\text{A}]$

(3) 분압법칙(각 저항의 전압강하)

① $V_1 = R_1 I = R_1 \left(\dfrac{V}{R_1 + R_2} \right) = \left(\dfrac{R_1}{R_1 + R_2} \right) V[\text{V}]$

② $V_2 = R_2 I = R_2 \left(\dfrac{V}{R_1 + R_2} \right) = \left(\dfrac{R_2}{R_1 + R_2} \right) V[\text{V}]$

(4) 배율기

전압계의 측정범위를 확대하기 위해서 전압계와 직렬로 접속한 저항을 말한다. 전압계 전압 $V = \dfrac{r}{R_m + r}$에서 $\dfrac{E}{V} = \dfrac{R_m + r}{r} = 1 + \dfrac{R_m}{r}$이 된다. 즉 전압계의 최대 눈금의 $m = 1 + \dfrac{R_m}{r}$ 배까지의 전압을 측정할 수 있다. 이때 $m = \dfrac{E}{V} = 1 + \dfrac{R_m}{r}$을 배율기의 배율이라고 한다.

여기서, E : 측정할 전압(V), V : 전압계의 눈금(V)

r : 전압계 내부저항(Ω), R_m : 배율기 저항(Ω)

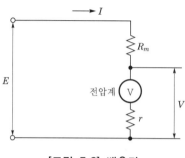

[그림 5.6] 배율기

2) 병렬접속

$$I_1 = \frac{V}{R_1}[\text{A}], \quad I_2 = \frac{V}{R_2}[\text{A}]$$

$$I = I_1 + I_2 = \frac{V}{R_1} + \frac{V}{R_2} = \left(\frac{1}{R_1} + \frac{1}{R_2}\right)V[\text{A}]$$

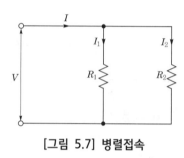

[그림 5.7] 병렬접속

(1) 합성저항

$$\frac{1}{R_0} = \frac{1}{R_2} + \frac{1}{R_2}[\Omega]$$

$$\therefore R_0 = \frac{1}{\dfrac{1}{R_1} + \dfrac{1}{R_2}} = \frac{R_1 R_2}{R_1 + R_2}[\Omega]$$

(2) 전압

$$V = R_0 I = \left(\frac{R_1 R_2}{R_1 + R_2}\right)I[\text{V}]$$

(3) 분류법칙(각 저항에 흐르는 전류)

① $I_1 = \dfrac{V}{R_1} = \dfrac{1}{R_1}\left(\dfrac{R_1 R_2}{R_1 + R_2}\right)I = \left(\dfrac{R_2}{R_1 + R_2}\right)I[\mathrm{A}]$

② $I_2 = \dfrac{V}{R_2} = \dfrac{1}{R_2}\left(\dfrac{R_1 R_2}{R_1 + R_2}\right)I = \left(\dfrac{R_1}{R_1 + R_2}\right)I[\mathrm{A}]$

(4) 분류기

전류계의 측정범위를 확대하기 위해서 전류계와 병렬로 접속한 저항을 말한다. 전류계에 흐르는 전류 $I_a = \left(\dfrac{R_s}{R_s + r}\right)I$이므로 분류기의 배율 $m = \dfrac{I}{I_a} = \dfrac{R_s + r}{R_s} = \dfrac{1 + r}{R_s}$ 이 된다.

여기서, I : 측정할 전류값(A), I_a : 전류계의 눈금(A)

r : 전압계 내부저항(Ω), R_s : 분류기 저항(Ω)

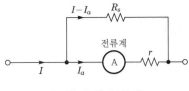

[그림 5.8] 분류기

1.7   전력과 전력량

1) 전력

1초 동안에 운반되는 전기에너지, 즉 전기가 하는 일을 전력이라 하고 와트(watt, W)라는 단위로 표시한다.

$$P = \frac{W}{t} = \frac{Q}{t}\,\frac{W}{Q} = VI\,[\mathrm{W}]$$

$R[\Omega]$의 저항에 전류 $I[\mathrm{A}]$가 흐르고 그 양끝의 전압이 $E[\mathrm{V}]$이면 저항에서 소비되는 전력 $P[\mathrm{W}]$는

$$P = EI = I^2 R = \frac{E^2}{R} \, [\text{W}]$$

기계적인 동력의 단위로는 마력을 사용하는 일이 많고 와트와의 사이에는 다음과 같은 관계가 있다.

$$1마력 = 1\text{HP} = 746\text{W} ≒ \frac{3}{4}\text{kW}$$

2) 전력량

어느 일정시간 동안의 전기에너지의 총량으로 전력을 $P[\text{W}]$, 시간을 $t[\text{sec}]$, 전력량을 W라 하면

$$W = Pt = VIt[\text{Ws}] = VIt\,[\text{J}]$$
$$1\text{kWh} = 10^3\text{Wh} = 10^3 \times 3,600\text{Ws} = 3.6 \times 10^6 \text{J}$$

단위는 J보다 Ws로 표시하나 실용적으로는 Wh, kWh로 사용한다.

3) 효율

출력에너지와 입력에너지의 비로써 손실로 에너지를 얼마나 잃었는지, 즉 얼마나 입력에너지가 유효하게 작용하는지를 나타내는 것을 말한다.

$$효율(\eta) = \frac{출력}{입력} \times 100[\%] = \frac{입력 - 손실}{입력} \times 100[\%]$$

1.8 전열

1) 줄의 법칙

도선에 전류가 흐르면 열이 발생하게 되는데, 이 열은 저항과 전류의 제곱 및 흐른 시간에 비례한다. 이 법칙을 줄의 법칙(Joule's law)이라 한다.

열량 $Q = 0.24 I^2 Rt [\text{cal}], \quad W = Pt = I^2 Rt [\text{J}]$

1J=0.24cal, 1cal=4.186J

2) 전열의 발생

$P[\text{kW}]$의 전력을 $t[$시간$]$를 써서 발생하는 열량 $Q[\text{kcal}]$는 1kWh=860kcal이므로

$$Q = 860 Pt [\text{kcal}]$$

3) 열절연체와 전기절연체

전열기의 절연재료는 고온에서 잘 견디고 고온에서도 전기저항이 커야 한다. 석면(800℃), 유리(400℃), 운모(500~900℃), 사기, 내화벽돌 등은 열절연체이면서 전기절연체이다.

1) 교류

(1) 정의

시간의 변화에 따라 크기와 방향이 주기적으로 변화하는 전류·전압을 교류전류, 교류전압이라 한다. 반대로 크기와 방향이 변화하지 않고 흐르는 방향이 일정한 것을 직류전류, 직류전압이라 한다.

(2) 사인파 교류의 발생원리 : 발전기

자장 안에 도체를 놓고 도체의 축을 회전시키면 자속을 도체가 끊으면서 기전력을 발생한다.

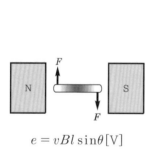

$$e = vBl \sin\theta\,[\text{V}]$$

[그림 5.9] 플레밍의 오른손법칙

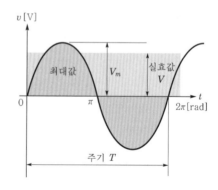

[그림 5.10] 사인파 교류

2) 주기와 주파수

① 주기(T) : 1주파의 변화에 요하는 시간을 주기라 한다. 단위는 sec이다.
② 주파수(f) : 1초 동안에 변화하는 주파의 수를 주파수라 한다. 단위는 Hz이다.

③ 주기와 주파수 사이의 관계 : $T = \dfrac{1}{f}[\text{sec}]$, $f = \dfrac{1}{T}[\text{Hz}]$

④ 각주파수(ω) : 시간에 대한 각도의 변화율이다. $\omega = \dfrac{\theta}{t} = \dfrac{2\pi}{T} = 2\pi f[\text{rad/s}]$

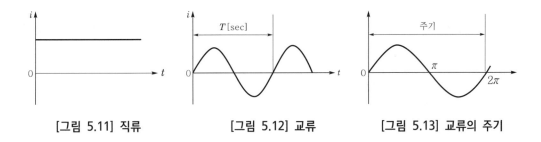

| [그림 5.11] 직류 | [그림 5.12] 교류 | [그림 5.13] 교류의 주기 |

3) 평균값

교류의 순시값이 0이 되는 순간에서 다음 0으로 되기까지의 양(+)의 반주기에 대한 순시값의 평균을 평균값이라고 하며, 평균값 E_{av}와 최대값 E_m와의 사이에는 $E_{av} = \dfrac{2}{\pi}E_m \fallingdotseq 0.637E_m[\text{V}]$ 의 관계가 있다.

4) 파고율과 파형률

파고율과 파형률은 교류의 파형(전압, 전류 등이 시간의 흐름에 따라 변화하는 모양)이 어떤 형태를 이루고 있는지를 분석하기 위하여 사용되는 것으로서 다음 식으로 구해진다.

① 파형률 : 실효값을 평균값으로 나눈 값으로 파의 기울기 정도이다.

$$\text{파형률} = \frac{\text{실효값}}{\text{평균값}}$$

② 파고율 : 최대값을 실효값으로 나눈 값으로 파두(wave front)의 날카로운 정도이다.

$$\text{파고율} = \frac{\text{최대값}}{\text{실효값}}$$

2.2 교류의 크기

1) 순시값

교류는 시간에 따라 변하고 있으므로 임의의 순간에 있어서의 크기를 교류의 순시값이라고 한다.

$$V = V_m \sin \omega t [\text{V}]$$

여기서, V : 전압의 순시값, V_m : 전압의 최대값, ω : 각속도

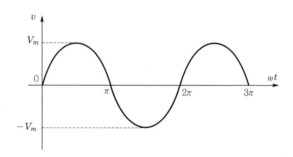

[그림 5.14] 교류의 순시값

2) 실효값

교류의 크기를 그것과 같은 일을 하는 직류의 크기로 바꿔놓은 값을 실효값이라 한다.

① 정의 : 일반적으로 사용되는 값으로, 교류의 순시값의 제곱에 대한 1주기의 평균의 제곱근을 실효값(effective value)이라 한다.

$$I = \sqrt{i^2 \text{의 1주기 평균값}} \, [\text{A}]$$
$$V = \sqrt{v^2 \text{의 1주기 평균값}} \, [\text{V}]$$

사인파의 실효값 V는 최대값 V_m의 $\dfrac{1}{\sqrt{2}}$ 배, 즉 $V = \dfrac{1}{\sqrt{2}} V_m$ 이다.

② 실효값과 최대값과의 관계 : 사인파 전압의 순시값 v를 실효값 V를 사용하여 표시하면 다음과 같다.

$$v = V_m \sin \omega t [\text{V}] = \sqrt{2} \, V \sin \omega t [\text{V}]$$

2.3 단상회로

1) 저항만의 회로

[그림 5.15]의 (a)와 같이 저항 $R[\Omega]$만의 회로에 교류전압 $v = \sqrt{2}\,V\sin\omega t[\mathrm{V}]$의 기전력을 가하면 전류 $i[\mathrm{A}]$는 다음과 같이 된다.

$$i = \frac{v}{R} = \frac{\sqrt{2}\,V\sin\omega t}{R} = \sqrt{2}\,I\sin\omega t[\mathrm{A}]$$

여기서, $I = \dfrac{V}{R}[\mathrm{A}]$

따라서 전압 v와 전류 i는 동상으로서 그 실효값 I는 옴의 법칙이 그대로 성립한다([그림 5.15]의 (b) 참조).

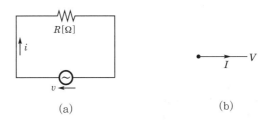

[그림 5.15] 저항만의 회로

2) 인덕턴스만의 회로

인덕턴스 $L[\mathrm{H}]$의 회로에 교류전압 $v = \sqrt{2}\,V\sin\omega t[\mathrm{V}]$의 기전력을 가하면 전류 i는

$$i = \sqrt{2}\,I\sin\left(\omega t - \frac{\pi}{2}\right)[\mathrm{A}]$$

여기서, $I = \dfrac{V}{\omega L} = \dfrac{V}{X_L}[\mathrm{A}]$, X_L : 유도리액턴스$(=\omega L = 2\pi f L)(\Omega)$

전류가 전압보다 $\dfrac{\pi}{2}[\mathrm{rad}]$만큼 뒤진다([그림 5.16]의 (b) 참조).

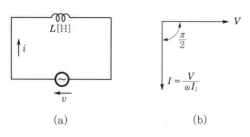

[그림 5.16] 인덕턴스만의 회로

3) 정전용량만의 회로

정전용량 C[F]의 콘덴서에 $v = \sqrt{2}\,V\sin\omega t$[V]의 교류전압을 가하면 전류 i는

$$i = \sqrt{2}\,I\sin\left(\omega t + \frac{\pi}{2}\right)\text{[A]}$$

여기서, $I = \dfrac{V}{\dfrac{1}{\omega C}} = \dfrac{V}{X_C}$[A], X_C : 용량리액턴스$\left(= \dfrac{1}{\omega C} = \dfrac{1}{2\pi f C}\right)(\Omega)$

전류가 전압보다 $\dfrac{\pi}{2}$[rad]만큼 앞선다([그림 5.17]의 (b) 참조).

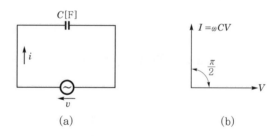

[그림 5.17] 정전용량만의 회로

2.4 $R-L-C$의 직·병렬회로

1) $R-L$ 직렬회로

① R 양단 전압 : V_R은 전류 I와 동상이다.

$$V_R = IR[\text{V}]$$

② L 양단 전압 : V_L은 전류 I보다 $\dfrac{\pi}{2}$[rad]만큼 앞선 위상이다.

$$V_L = X_L I = \omega L I [\text{V}]$$

③ 전압 : $V = \sqrt{{V_R}^2 + {V_L}^2} = I\sqrt{R^2 + {X_L}^2} = I\sqrt{R^2 + (\omega L)^2}\,[\text{V}]$

④ 전류 : $I = \dfrac{V}{\sqrt{R^2 + {X_L}^2}}[\text{A}]$

⑤ 위상차 : $\theta = \tan^{-1}\dfrac{X_L}{R} = \tan^{-1}\dfrac{\omega L}{R}[\text{rad}]$

⑥ 임피던스 : 교류에서 전류의 흐름을 방해하는 R, L, C의 벡터적인 합을 말한다.

$$Z = \sqrt{R^2 + (\omega L)^2}\,[\Omega]$$

⑦ 전류는 전압보다 θ[rad]만큼 위상이 뒤진다.

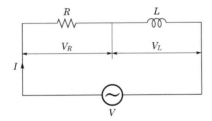

[그림 5.18] 직렬회로

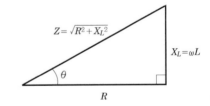

[그림 5.19] 임피던스삼각형

2) $R-L$ 병렬회로

① 전류 : $I = \sqrt{{I_R}^2 + {I_L}^2} = \sqrt{\left(\dfrac{V}{R}\right)^2 + \left(\dfrac{V}{\omega L}\right)^2} = \sqrt{\left(\dfrac{1}{R}\right)^2 + \left(\dfrac{1}{\omega L}\right)^2}\,V[\text{A}]$

② 어드미턴스 : $Y = \sqrt{\left(\dfrac{1}{R}\right)^2 + \left(\dfrac{1}{\omega L}\right)^2}\,[\mho]$

③ 위상차 : $\theta = \tan^{-1}\dfrac{R}{\omega L}$

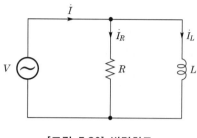

[그림 5.20] 병렬회로

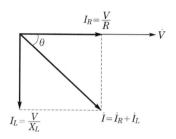

[그림 5.21] 벡터도

2.5 전력과 역률

① 유효전력 : $P = EI\cos\theta = I^2R = \dfrac{V^2}{R}\,[\mathrm{W}]$

② 무효전력 : $P_r = EI\sin\theta = I^2X = \dfrac{V^2}{X}\,[\mathrm{Var}]$

③ 피상전력 : $P_a = EI = I^2Z$

④ 역률 : $\cos\theta = \dfrac{P}{P_a} = \dfrac{R}{Z}$

⑤ 무효율 : $\sin\theta = \dfrac{P_r}{P_a} = \dfrac{X}{Z}$

> 참고 유효·무효·피상전력의 관계
>
> $P^2 + P_r^{\,2} = (EI)^2(\cos^2\theta + \sin^2\theta) = (EI)^2 = P_a^{\,2}$
>
> $\therefore\ P_a = \sqrt{P^2 + P_r^{\,2}}$
>
>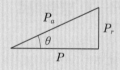
>
> [그림 5.22] 전력삼각형

1) 3상 교류의 발생

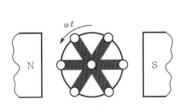

(a) 코일들의 배치

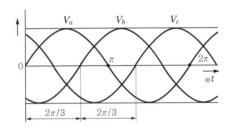

(b) 각 코일에 발생되는 전압

[그림 5.23] 3상 교류의 발생

① 3상 교류 : 주파수가 동일하고 위상이 $\dfrac{2\pi}{3}$[rad]만큼씩 다른 3개의 파형을 말한다.

② 상(phase) : 3상 교류를 구성하는 각 단상 교류이다.

③ 상순 : 3상 교류에서 발생하는 전압들이 최대값에 도달하는 순서이다.

2) 3상 교류의 순시값 표시

① 3상 교류의 순시값 : $V_a = \sqrt{2}\,V\sin\omega t$[V], $V_b = \sqrt{2}\,V\sin\left(\omega t - \dfrac{2\pi}{3}\right)$[V],

$V_c = \sqrt{2}\,V\sin\left(\omega t - \dfrac{4\pi}{3}\right)$[V]

② 대칭 3상 교류 : 크기가 같고 서로 $\dfrac{2\pi}{3}$[rad]만큼의 위상차를 가지는 3상 교류이다.

3.2 3상 결선과 전압 · 전류

1) 성형결선(Y결선)

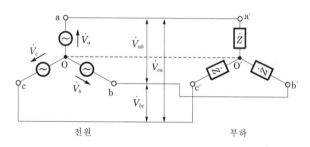

[그림 5.24] 성형결선

① 상전압 : 각 상에 걸리는 전압을 말한다.

② 선간 전압 : 부하에 전력을 공급하는 선들 사이의 전압을 말한다.

③ 상전압과 선간 전압의 관계 : 선간 전압이 상전압보다 $\dfrac{\pi}{6}(=30°)$만큼 앞선다.

④ 선간 전압의 크기 : 선간 전압을 $V_l[\mathrm{V}]$, 상전압을 $V_p[\mathrm{V}]$라 하면

$$V_l = \sqrt{3}\,V_p[\mathrm{V}]$$

2) 3상 전력

3상의 전력 P는 Y결선 또는 Δ결선일지라도 전력 $P[\mathrm{W}]$는 같다.

$$P = 3E_p I_p \cos\theta = \sqrt{3}\,E_l I_l \cos\theta\,[\mathrm{W}]$$

$$3상\ 무효전력\ P_r = \sqrt{3}\,E_l I_l \sin\theta$$

$$3상\ 피상전력\ P_a = \sqrt{3}\,E_l I_l$$

$$\therefore\ P_a = 3E_p I_p = \sqrt{3}\,E_l I_l = \sqrt{P^2 + P_r^2}$$

04 전기와 자기

4.1 정전기

1) 대전

유리막대를 옷감에 마찰시키면 종이 같은 가벼운 물체를 끌어당긴다는 것은 이미 알고 있다. 이것은 유리와 옷감에 전기가 생긴 것으로서, 이러한 경우 유리막대와 옷감은 대전되었다고 한다.

2) 전기량 또는 전하

대전한 전기의 양을 전기량 또는 전하라 하며, 같은 부호의 전하끼리는 서로 반발하고, 다른 부호의 전하끼리는 흡인한다.

3) 쿨롱의 법칙

두 점전하 사이에 작용하는 정전력의 크기는 두 전하(전기량)의 곱에 비례하고, 전하 사이의 거리의 제곱에 반비례한다.

$$F = \frac{1}{4\pi\varepsilon_o}\frac{Q_1 Q_2}{\varepsilon_s r^2} = 9 \times 10^9 \frac{Q_1 Q_2}{\varepsilon_s r^2}\ [\text{N}]$$

$$\varepsilon_o \mu_o = \frac{1}{C^2}$$

여기서, F : 정전력(N), Q_1, Q_2 : 전기량(C), r : 두 전하 사이의 거리(m)

ε_o : 진공의 유전율(=8.85×10^{-12}F/m)

ε_s : 비유전율(진공 중에서 1, 공기 중에서 약 1)

μ_o : 진공의 투자율(H/m), C : 빛의 속도(=3×10^8m/s)

4) 정전유도

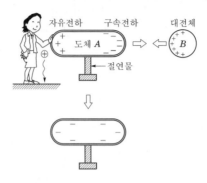

[그림 5.25] 자유전하와 구속전하

대전하지 않은 물체에 대전체를 가까이 하면 대전체에 가까운 끝에 대전체와는 다른 종류의 전하가 모이고 먼 끝에는 같은 종류의 전하가 나타나는데, 이와 같은 현상을 정전유도라 한다.

4.2 자기

1) 자석에 의한 자기현상

(1) 자성체

자장에 의하여 자화되는 물체를 말한다.

① 상자성체
  ㉠ 자성체가 자석과 다른 자극으로 자화되는 물질
  ㉡ Al, Pt, Sn, Ir, O, 공기

② 반자성체
  ㉠ 자극으로 자화되는 물질
  ㉡ Bi, C, P, Au, Ag, Cu, Sb, Zn, Pb, Hg, H, N, Ar, H2SO4, HCl

③ 강자성체 : Ni, Co, Mn, Fe

(2) 분자자석설

물질은 많은 분자자석(작은 영구자석)의 임의배열로 구성되어 있으나, 자화되면 자장의 방향으로 규칙적으로 배열되어 자기적 성질을 나타낸다(1852년 Weber의 학설).

(3) 쿨롱의 법칙

두 자극 간에 작용하는 힘 F는 각 자극의 세기 m_1, m_2의 곱에 비례하고, 자극 간의 거리 r의 제곱에 반비례한다.

$$F = K\frac{m_1 m_2}{r^2} = \frac{1}{4\pi\mu}\frac{m_1 m_2}{r^2} = 6.33\times10^4\frac{m_1 m_2}{\mu_s r^2}[\text{N}]$$

여기서, μ : 투자율($=\mu_o\mu_s$)(H/m), μ_o : 진공의 투자율($=4\pi\times10^{-7}$H/m)

μ_s : 비투자율(진공 중에서는 1)

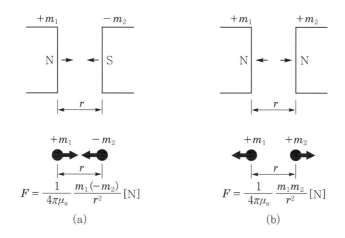

[그림 5.26] 쿨롱의 법칙

(4) 자장의 세기

$$H = \frac{1}{4\pi\mu_o}\frac{m_1}{r^2} = 6.33\times10^4\frac{m_1}{r^2}[\text{AT/m}]$$

$$F = m_2 H[\text{N}]$$

총자력선 수 $N = 4\pi r^2 H = 4\pi r^2\frac{m}{4\pi\mu_o r^2} = \frac{m}{\mu_o} = \frac{10^7}{4\pi}m$

(5) 자기모멘트

① 자기모멘트 : $M = ml[\text{Wb}\cdot\text{m}]$

② 자석의 토크 : $T = MH\sin\theta[\text{N}\cdot\text{m}]$

③ 지구자기의 3요소 : 편각, 복각, 수평분력

(6) 자속과 자속밀도

① 자속 : m[Wb]자극(자하)이 이동할 수 있는 선을 가상으로 그려 놓은 선자극에서 나오는 전체의 자기력선의 수를 말한다. 기호는 ϕ이고, 단위는 Wb이다. 자석의 내부를 통과하는 자화선 수와 자속 수는 같다.

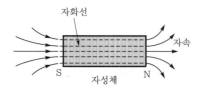

[그림 5.27] 자성체

② 자속밀도 : 자속의 방향에 수직인 단위면적 1m^2를 통과하는 자속 수(크기)를 말한다.

$$B = \frac{\phi}{A} = \frac{\phi}{4\pi r^2} [\text{Wb/m}^2]$$

자속밀도와 자기장의 관계는 다음과 같다.

$$B = \mu H = \mu_0 \mu_s H [\text{Wb/m}^2]$$

2) 전류에 의한 자기현상

(1) 전류에 의한 자장의 발생과 방향

앙페르의 오른나사법칙(Ampere's right-handed screw rule)은 전류에 의한 자기장의 방향을 결정하는 법칙이다.

① 전류의 방향 : 오른나사의 진행방향
② 자기장의 방향 : 오른나사의 회전방향
③ 전선에 전류가 흐르면 주위에 자기장이 발생하는데, 전류의 방향을 나사의 진행방향으로 하면 나사의 회전방향이 자기장의 방향이 된다.

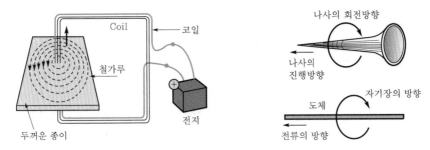

[그림 5.28] 앙페르의 오른나사법칙

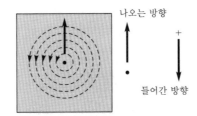

[그림 5.29] 전류에 의한 자장의 방향

(2) 전류에 의한 자장의 세기

① 직선전류에 의한 자장의 세기 : $H = \dfrac{I}{2\pi r}[\text{AT/m}]$

② 원형 코일의 중심 자장의 세기 : $H = \dfrac{NI}{2r}[\text{AT/m}]$

③ 환상 솔레노이드 내부의 자장의 세기 : $H = \dfrac{NI}{l} = \dfrac{NI}{2\pi r}[\text{AT/m}]$

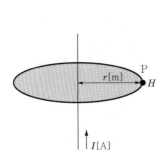

[그림 5.30] 직선전류

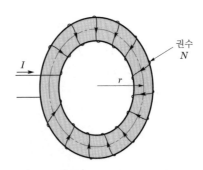

[그림 5.31] 환상 솔레노이드

3) 전자유도

(1) 전자유도현상

코일에 전류를 흘려주면 자속이 발생하는데, 자속의 변화에 따라 기전력이 발생하는 현상을 말한다. 크기를 정의한 것은 패러데이법칙이고, 방향을 정의한 것은 렌츠의 법칙이다.

① 패러데이의 전자유도법칙 : 자속변화에 의한 유도기전력의 크기를 결정하는 법칙이다. 유도기전력의 크기는 권선 수가 N[T]이라면 e =코일의 권수×매초 변화하는 자속이다.

$$e = N\frac{d\phi}{dt}[\text{V}]$$

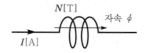

[그림 5.32] 유도기전력의 크기

② 렌츠의 법칙

ㄱ 자속변화에 의한 유도기전력의 방향 결정, 즉 유도기전력은 자신의 발생원인이 되는 자속의 변화를 방해하려는 방향으로 발생한다.

ㄴ 유도기전력은 코일을 지나는 자속이 증가될 때에는 자속을 감소시키는 방향으로, 또 감소될 때에는 자속을 증가시키는 방향으로 발생한다.

$$e = -N\frac{d\phi}{dt}[\text{V}]$$

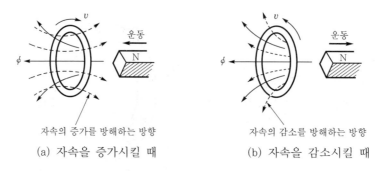

(a) 자속을 증가시킬 때   (b) 자속을 감소시킬 때

[그림 5.33] 유도기전력의 방향

(2) 발전기에 의한 기전력의 크기와 방향

① 자장 내에 도체를 놓고 회전을 시키면 도체가 자속을 끊어주면서 기전력을 발생한다.

② 플레밍(Flemming)의 오른손법칙 : 도체운동에 의한 유도기전력의 방향을 결정하는 법칙이다.

　　㉠ 엄지 : 도체의 운동방향(F)

　　㉡ 검지 : 자기장의 방향(B)

　　㉢ 중지 : 유도기전력의 방향(I)

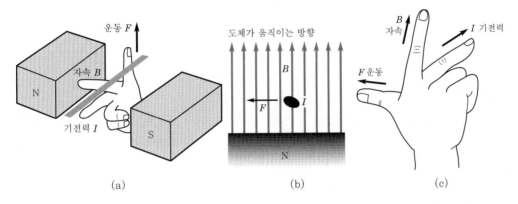

[그림 5.34] 플레밍의 오른손법칙

5.1 직류기

1) 직류발전기

(1) 직류발전기의 원리

자장 속에 코일을 놓고 전류를 흐르게 하면 전자력에 의해 코일이 회전하게 되나 전류흐름 방향이 일정하면 중심부에서 정지하게 된다. 따라서 반회전한 후 전류방향을 바꾸게 하여 회전력을 계속 유지시키도록 한 것이 직류발전기이다.

(2) 직류발전기의 구조

① 계자 : 자극과 계철로 되어 있으며, 자속을 만들어주는 부분으로 계자철심은 0.8~1.6 mm의 연강판을 성층하고 전기자와의 공극은 3~8mm이다.

② 전기자 : 0.35~0.5mm의 연강판으로 성층(맴돌이전류와 히스테리시스손의 손실을 감소시키기 위한 규소함량 1~1.4% 정도의 규소강판)한 전기자철심과 전기자권선으로 되어 있으며, 자속을 끊어 기전력을 유기시킨다.

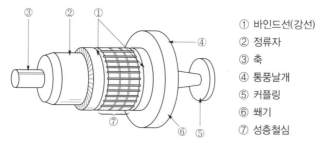

① 바인드선(강선)
② 정류자
③ 축
④ 통풍날개
⑤ 커플링
⑥ 쐐기
⑦ 성층철심

[그림 5.35] 전기자의 겉모양

③ 정류자 : 브러시와 접촉하면서 교류를 직류로 변환하는 부분으로 두께 0.8mm의 마이카로 정류자편 사이를 절연한다.

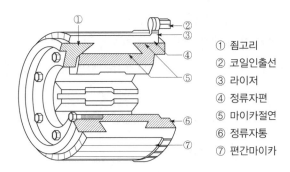

① 죔고리
② 코일인출선
③ 라이저
④ 정류자편
⑤ 마이카절연
⑥ 정류자통
⑦ 편간마이카

[그림 5.36] 정류자의 구조

④ 브러시 : 탄소, 전기흑연, 금속흑연브러시가 있으나, 접촉저항이 크고 전기적 저항이 작고 기계적 강도가 큰 전기흑연브러시가 많이 사용된다. 기울기는 회전방향이 바뀌는 기계는 수직, 일정 방향의 기계는 회전방향으로 $10\sim35°$, 역방향으로는 $10\sim15°$이다. 또 압력은 보통 $0.1\sim0.25\text{kgf/cm}^2$, 전철용은 $0.35\sim0.4\text{kgf/cm}^2$ 정도이다.

(3) 전기자 반작용

전기자전류(I_a)에 의한 자속이 주자속에 영향을 주는 현상으로, 편자작용과 감자작용으로 전기적 중성축 이동, 정류자 사이에 불꽃을 발생시키는 원인이 되므로 보상권선을 설치한다.

① 영향
ㄱ 주자속 감소
ㄴ 유도기전력 감소
ㄷ 전기적 중성축 이동
ㄹ 브러시에 불꽃 발생

② 방지대책
ㄱ 보상권선 설치(효과가 가장 크다)
ㄴ 보극 설치
ㄷ 전기자 기자력보다 상대적으로 계자 기자력을 크게 함

(4) 직류발전기의 종류

① 타여자발전기 : 다른 직류전원으로부터 여자전류를 받아 계자자속을 만드는 발전기이다.

② 자여자발전기 : 주자극의 계자전류를 전기자에 발생한 기전력으로 계자권선에 전류를 흘리는 것으로, 전기자와 계자권선의 접속방법에 따라 분권, 직권, 복권발전기로 나눈다.
    ⊙ 직권발전기 : 전기자와 계자권선이 직렬접속
    ⓒ 분권발전기 : 전기자와 계자권선이 병렬접속
    ⓒ 복권발전기 : 전기자와 계자권선이 직 · 병렬접속
       • 가동복권(두 개의 자속이 쇄교), 차동복권(두 개의 자속이 상쇄)

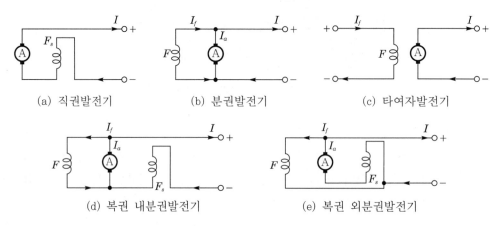

(a) 직권발전기   (b) 분권발전기   (c) 타여자발전기

(d) 복권 내분권발전기   (e) 복권 외분권발전기

[그림 5.37] 직류발전기의 종류

(5) 직류발전기의 특성

① 무부하특성곡선 : 유기기전력 E와 계자전류 I_f의 관계곡선
② 부하특성곡선 : 단자전압 V와 계자전류 I_f의 관계곡선
③ 외부특성곡선 : 단자전압 V와 부하전류 I의 관계곡선

(6) 직류발전기의 병렬운전조건

① 각 발전기의 정격단자전압이 같을 것
② 각 발전기의 극성이 같을 것
③ 각 발전기의 외부특성곡선이 일치하고, 약간의 수하특성을 가질 것

2) 직류전동기

(1) 직류전동기의 구조

직류전동기는 플레밍의 왼손법칙을 이용한 것으로, 그 구조는 다음과 같다.

① 계자(field magnet) : 자속을 얻기 위한 자장을 만들어주는 부분으로 자극, 계자권선, 계철로 되어 있다.

② 전기자(armature) : 회전하는 부분으로 철심과 전기자권선으로 되어 있다.

③ 정류자(commutator) : 전기자권선에 발생한 교류전류를 직류로 바꾸어주는 부분이다.

④ 브러시(brush) : 회전하는 정류자 표면에 접촉하면서 전기자권선과 외부회로를 연결해주는 부분이다.

(2) 직류전동기의 종류

① 타여자전동기(separately excited motor)

② 분권전동기(shunt motor)

③ 직권전동기(series motor)

④ 복권전동기(compound motor) : 가동복권, 차동복권

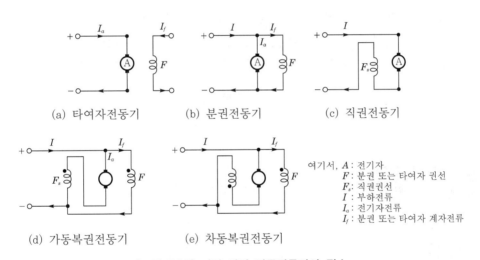

(a) 타여자전동기   (b) 분권전동기   (c) 직권전동기

(d) 가동복권전동기   (e) 차동복권전동기

여기서, A : 전기자
F : 분권 또는 타여자 권선
F_s : 직권권선
I : 부하전류
I_a : 전기자전류
I_f : 분권 또는 타여자 계자전류

[그림 5.38] 여러 가지 직류전동기의 접속

(3) 직류전동기의 단자전압

$$V = E_c + I_a R_a [\mathrm{V}] \rightarrow I_a = \frac{V - E_c}{R_a} [\mathrm{A}]$$

여기서, V : 단자전압(V), E_c : 역기전력 $\left(= \dfrac{Z}{a} \dfrac{N}{60} P\phi \right)$ (V), I_a : 전기자전류(A)

R_a : 전기자저항(Ω)

(4) 전동기의 특성

① 토크와 회전수 : 직류전동기의 토크 T와 회전수 N과의 계산은 다음과 같다.

$$T = k_1 \phi I [\text{N} \cdot \text{m}]$$

$$N = k_3 \left(\frac{V - IR}{\phi} \right) [\text{rpm}]$$

여기서, ϕ : 한 자극에서 나오는 자속(Wb), R : 전기자회로의 저항(Ω)

$\quad\quad I$: 전기자전류

② 속도제어 : 계자, 저항, 전압제어가 있으며, 그 식은 다음과 같다.

$$N = k_3 \left(\frac{V - IR}{\phi} \right)$$

③ 정격과 효율

㉠ 정격 : 전기기계는 부하가 커지면 손실로 된 열에 의하여 기계의 온도가 높아지고, 절연물이 열화되어 권선의 소손 등이 발생한다. 그러므로 기계를 안전하게 운전할 수 있는 최대 한도의 부하를 요구하는데, 이것을 정격(rating)이라 한다.

㉡ 효율 = $\dfrac{출력}{입력} \times 100 = \dfrac{출력}{출력 + 손실} \times 100 [\%]$

5.2 교류기

---

1) 유도전동기

(1) 유도전동기의 종류

① 단상 유도전동기 : 분상기동형, 콘덴서기동형, 반발기동형, 셰이딩코일형
② 3상 유도전동기 : 농형(보통, 특수), 권선형(저압, 고압)

(2) 유도전동기의 구조

① 고정자 : 고정자 철심두께는 $0.35 \sim 0.5\text{mm}$(변압기에는 0.35mm)의 성층철심, 권선법은 2층, 중권의 3상 권선(분포권, 단절권)으로, 1극 1상의 홈수는 $N_{sp} = \dfrac{홈수}{극수 \times 상수}$ 이다(소형기는 보통 4극 24홈이고, 극수가 많은 것도 표준전동기이면 N_{sp}는 거의 $2 \sim 3$개이다).

② 회전자 : 농형 회전자, 권선형 회전자가 있다.

　㉠ 농형 회전자 : 구조가 간단하고 견고하며 운전 중 성능은 좋으나 기동 때의 성능은 불량하다.

　㉡ 권선형 회전자 : 효율은 농형에 비하여 저하되나 기동 및 속도제어는 좋은 기능을 가진다.

　㉢ 공극 : 0.3~2.5mm(직류기는 3~8mm)

(3) 동기속도와 슬립(slip)

① 동기속도 : $N_s = \dfrac{120f}{P}$ [rpm]

여기서, P : 극수, f : 주파수(Hz)

② 슬립(slip, s)

$$s = \frac{N_s - N}{N_s}$$

$$\therefore N = (1-s)N_s = (1-s)\frac{120f}{P}$$

여기서, N_s : 동기속도, N : 회전자 회전속도

　㉠ 전부하 시의 슬립 : 소용량기 5~10%, 중·대용량기 2.5~5%

　㉡ 회전자 정지 시 : $s = 1$

　㉢ 동기속도일 때 : $s = 0$

　㉣ s $\begin{cases} \text{유도전동기} : 1 > s > 0 \\ \text{유도발전기} : 0 > s \end{cases}$

(4) 유도전동기의 운전

① 농형 유도전동기의 기동법

　㉠ 전전압기동 : 5kW 이하의 소용량에 쓰이며, 기동전류는 정격전류의 600% 정도이다.

　㉡ $Y-\varDelta$기동법 : 10~15kW 이하의 전동기에 쓰이며, 보통 기동전류는 정격전류의 300% 이하이다.

　㉢ 기동보상기법 : 15kW 이상의 것이나 고압전동기에 사용되며, 기동전압은 보통 전전압의 0.5 이상 정도이다.

② 권선형 유도전동기의 기동법(2차 저항법) : 2차 회로에 가변저항기를 접속하고 비례추이의 원리에 의하여 큰 기동토크를 얻고 기동전류도 억제한다.

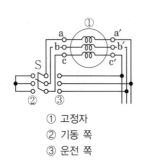

① 고정자
② 기동 쪽
③ 운전 쪽

[그림 5.39] Y-Δ기동법

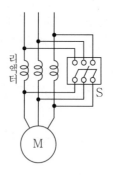

[그림 5.40] 리액터기동

(5) 속도제어

① 전원주파수, 극수변환법 : $N = N_s(1-s) = \dfrac{120f}{P}(1-s)$에서 N, P를 이용한다.

② 2차 저항법 : 권선형의 비례추이를 이용한다.

③ 2차 여자법 : 권선형에서 2차의 슬립주파수의 전압을 외부에서 가하는 법이다.

④ 역전 : 3상 단자 중 2단자의 접속을 바꾼다.

(6) 제동

유도발전기의 회생제동, 전차용 전동기와 같은 발전제동, 역전의 역상제동, 1차를 단상 교류로 여자하는 단상제동이 있다.

2) 동기기

(1) 동기발전기의 동기속도

$$N_s = \frac{120f}{P}\,[\mathrm{rpm}]$$

여기서, N_s : 동기속도(rpm), f : 주파수(Hz), P : 극수

(2) 유도기전력

$$E = 4.44k_w f n \phi = 4.44k_d k_p f n \phi\,[\mathrm{V}]$$

여기서, E : 1상의 기전력(V), ϕ : 1극의 자속(Wb), n : 직렬로 접속된 코일의 권수

$$k_w = k_d k_p$$

여기서, k_w : 권선계수(0.9~0.95), k_d : 분포계수, k_p : 단절계수

(3) 동기기의 분류

① 회전자형에 의한 분류
  - ㉠ 회전계자형 : 고전압, 대전류용, 구조 간단
  - ㉡ 회전전기자형 : 저전압, 소용량의 특수 발전기용
  - ㉢ 유도자형 : 수백~수천Hz 정도의 고주파 전기로용 발전기

② 원동기에 의한 분류
  - ㉠ 수차발전기 : 100~150rpm, 1,000~1,200rpm
  - ㉡ 터빈발전기 : 1,500~3,600rpm
  - ㉢ 기관발전기 : 100~1,000rpm

(4) 동기전동기

① 동기전동기의 토크 : $\tau = \dfrac{V_l E_l}{\omega\, x_s}\sin\delta_m [\mathrm{N \cdot m}]$, $\tau' = \dfrac{\tau}{9.8}[\mathrm{kg \cdot m}]$

여기서, V_l : 선간 전압, E_l : 선간 기전력, ω : 각속도$\left(=\dfrac{2\pi N_s}{60}\right)(\mathrm{rad})$, δ_m : 부하각

② 위상특선곡선(V곡선) : 부하를 일정하게 하고, 계자전류의 변화에 대한 전기자전류의 변화를 나타낸 곡선으로 V곡선이라고도 한다.

③ 동기전동기의 특징
  - ㉠ 장점
    - 효율이 좋다.
    - 정속도 전동기이다.
    - 역률을 1 또는 앞서는 역률로 운전할 수 있다.
    - 공극이 넓으므로 기계적으로 튼튼하고 보수가 용이하다.
  - ㉡ 단점
    - 기동토크가 작고 기동하는 데 손이 많이 간다.
    - 직류여자가 필요하다.
    - 난조가 일어나기 쉽다.

④ 동기기의 정격출력
  - ㉠ 3상 동기발전기의 정격출력(피상전력) : $P = \sqrt{3}\, V_n I_n \times 10^{-3}[\mathrm{kVA}]$

ⓒ 3상 동기발전기가 낼 수 있는 전력 : $P = \sqrt{3}\,V_n I_n \cos\theta \times 10^{-3}[\text{kW}]$

여기서, V_n : 정격전압(V), I_n : 정격전류(A), $\cos\theta$: 부하역률

3) 변압기

(1) 변압기의 원리

변압기의 원리는 상호유도작용을 이용한 것이다. 이것은 철심과 1차, 2차 권선으로 되어 있으며 1차, 2차의 권수비에 의해 전압을 변동시킬 수 있는 것이다.

$$\frac{E_1}{E_2} = \frac{N_1}{N_2}$$

여기서, E_1 : 1차 전압, E_2 : 2차 전압
N_1 : 1차 권수, N_2 : 2차 권수

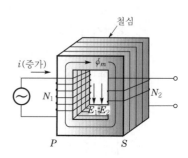

[그림 5.41] 변압기의 원리

즉 1차 및 2차 권선의 전압은 권수비에 비례한다.

(2) 변압기의 종류

① 누설변압기 : 2차측에 큰 전류가 흐르면 전압이 떨어져 전력소모가 일정하게 된다.
② 단권변압기 : 권선의 일부가 1차와 2차를 겸한 것이다.
③ 3상 변압기 : 3개의 철심에 각각 1차와 2차의 권선을 감은 것이다.

(3) 변압기의 결선

단상 변압기 3대 또는 2대를 사용하여 3상 교류를 변압할 때의 결선방법은 다음과 같다.
① $\Delta - \Delta$결선 : 3대의 단상 변압기의 1차와 2차 권선을 각각 Δ결선한 것이다. 배전반용으로 많이 쓰이며, 전체 용량은 변압기 1대의 용량의 3배이다.
② $\Delta - Y$결선 : 1차를 Δ결선, 2차를 Y결선한 것이다. 특별 고압 송전선의 송전측에 쓰인다.
③ $V - V$결선 : 단상 변압기 2대로 3상 교류를 변압하는 방법이다. 전용량은 변압기 1대 용량의 $\sqrt{3}$ 배이다.

(4) 변압기 효율과 전압변동률

① 변압기 효율 : 변압기의 입력에 대한 출력량의 비를 말하며, 출력이 클수록 효율이 좋다.

$$효율(\eta) = \frac{출력}{입력} \times 100 = \frac{출력}{출력 + 철손 + 동손} \times 100$$

$$= \frac{E_2 I_2 \cos\theta_2}{E_2 I_2 \cos\theta_2 + P_i + P_c} \times 100 \, [\%]$$

② 전압변동률 : 변압기에 부하를 걸어 줄 때 2차 단자전압이 떨어지는 비율을 말한다.

$$전압변동률 = \frac{E_0 - E}{E} \times 100 [\%]$$

여기서, E_0 : 무부하단자전압, E : 전부하단자전압

(5) 병렬운전조건

① 1차, 2차의 정격전압 및 극성이 같을 것
② 각기의 임피던스가 용량에 반비례할 것(임피던스전압이 같을 것)
③ 각기의 저항과 누설리액턴스의 비가 같을 것. 단, 3상 변압기군 또는 3상 변압기의 병렬운전은 위 조건 외에 각 변위가 같을 것

[표 5.2] 변압기군의 병렬운전조합

병렬운전 가능	병렬운전 불가능
$\Delta - \Delta$와 $\Delta - \Delta$ $Y - Y$와 $Y - Y$ $Y - \Delta$와 $Y - \Delta$ $\Delta - Y$와 $\Delta - Y$ $\Delta - \Delta$와 $Y - Y$ $\Delta - Y$와 $Y - \Delta$	$\Delta - \Delta$와 $\Delta - Y$ $Y - Y$와 $\Delta - Y$

(6) 계기용 변성기

① 계기용 변압기(PT) : 1차측을 피측정회로에, 2차측에는 전압계 또는 전력계의 전압 코일을 접속하며 정격전압은 110V이다.
② 변류기(CT) : 1차측은 피측정회로에 직렬로, 2차측은 전류계 또는 전력계의 전류 코일로써 단락한다.

      ㉠ CT의 정격전류는 5A가 표준이다.

      ㉡ CT는 사용 중 2차 회로를 열면 안 되므로 계기를 떼어낼 때는 먼저 2차 단자를 단락하여야 한다.

      ㉢ CT의 극성은 일반적으로 감극성이고, 1차, 2차가 서로 대하는 단자가 같은 극이다.

4) 정류기

(1) 정류소자

  ① 다이오드(diode) : PN접합 → 다이오드(정류작용)

      ㉠ P형 반도체 : 진성 반도체에 3가의 Ga, In 등 억셉터를 넣어 만든 반도체

      ㉡ N형 반도체 : 진성 반도체에 5가의 Sb, As 등 도너를 넣어 만든 반도체

      ㉢ 항복전압 : 역바이어스 전압이 어떤 임계값에 전류가 급격히 증가하여 전압포화상태를 나타내는 임계값으로, 온도 증가 시 항복전압도 증가하게 된다.

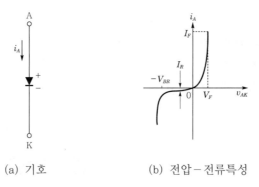

(a) 기호   (b) 전압 – 전류특성

[그림 5.42] 다이오드

  ② 제너다이오드

      ㉠ 목적 : 전원전압을 안정하게 유지(정전압정류작용)

      ㉡ 효과 : Cut in voltage(순방향에 전류가 현저히 증가하기 시작하는 전압)

5) 특수 반도체

(1) 사이리스터(thyristor)

  다이오드(정류소자)에 제어단자인 게이트단자를 추가하여 정류기와 동시에 전류를 ON/OFF하는 제어기능을 갖게 한 반도체 소자이다.

(2) 종류

① SCR(Silicon Controlled Rectifier)

　　㉠ 게이트작용 : 통과전류제어작용

　　㉡ 이온소멸시간이 짧다.

　　㉢ 게이트전류에 의해서 방전개시 : 전압을 제어할 수 있다.

　　㉣ PNPN구조로서 부(−)저항특성이 있다.

② GTO SCR(Gate Turn Off SCR)

③ LA SCR(Lighting Activated SCR) : 빛에 의해 동작

④ SCS(Silicon Controlled Switch) : 2개의 게이트를 갖고 있는 4단자 단방향성 사이리스터

⑤ SSS(Silicon Symmetrical Switch) : 게이트가 없는 2단자 양방향성 사이리스터

⑥ TRIAC(Triode AC Switch)

　　㉠ 쌍방향 3단자 소자이다.

　　㉡ SCR 역병렬구조와 같다.

　　㉢ 교류전력을 양극성제어한다.

　　㉣ 포토커플러+트라이액 : 교류무접점 릴레이회로 이용

⑦ DIAC(Diode AC Switch)

　　㉠ 쌍방향 2단자 소자

　　㉡ 소용량 저항부하의 AC전력제어 G. SUS(Silicon Unilateral Switch) SCR과 제너
　　　 다이오드의 조합

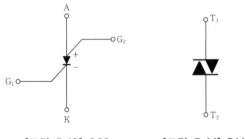

[그림 5.43] SCS　　　　[그림 5.44] DIAC

06 시퀀스제어

6.1 접점의 종류

1) 시퀀스제어

일반적으로 자동제어는 피드백제어와 시퀀스제어로 나누며, 피드백제어는 원하는 시스템의 출력과 실제의 출력과의 차에 의해 시스템을 구동함으로써 자동적으로 원하는 바에 가까운 출력을 얻는 것이다. 시퀀스제어는 미리 정해놓은 순서에 따라 제어의 각 단계를 차례차례 행하는 제어를 말한다. 시퀀스제어(sequence control)의 제어명령은 ON, OFF, H(high level), L(low level), 1, 0 등 2진수로 이루어지는 정상적인 제어이다.

① 릴레이시퀀스(relay sequence) : 기계적인 접점을 가진 유접점릴레이로 구성되는 시퀀스제어회로이다.

② 로직시퀀스(logic sequence) : 제어계에 사용되는 논리소자로서 반도체 스위칭소자를 사용하여 구성되는 무접점회로이다.

③ PLC(Programmable Logic Controller)시퀀스 : 제어반의 제어부를 마이컴컴퓨터로 대체시키고 릴레이시퀀스, 논리소자를 프로그램화하여 기억시킨 것으로, 무접점시퀀스제어기기의 일종이다.

2) 접점의 종류

접점의 종류에는 a접점, b접점, c접점이 있다.

① a접점 : 상시상태에서 개로된 접점을 말하며, arbeit contact란 두문자 a를 딴 것이며 반드시 소문자 'a'로 표시한다.

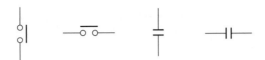

[그림 5.45] 상시개로동작 시 폐로되는 a접점

② b접점 : 상시상태에서 폐로된 접점을 말하며, break contact란 두문자 b를 딴 것이며
반드시 소문자 'b'로 표시한다.

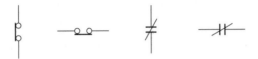

[그림 5.46] 상시폐로동작 시 개로되는 b접점

③ c접점 : a접점과 b접점이 동시에 동작(가동접점부 공유)하는 것이며, 이것을 절체접점
(change-over contact)이라고 한다. 두문자 c를 딴 것이며 반드시 소문자 'c'로 표시
한다.

[그림 5.47] a접점과 b접점을 동시에 동작하는 c접점

3) 유접점을 구성하는 시퀀스제어용 기기

(1) 조작용 스위치

① 복귀형 수동스위치 : 조작하고 있는 동안에만 접점이 ON · OFF하고, 손을 떼면 조작 부
분과 접점은 원래의 상태로 되돌아가는 것으로 푸시버튼스위치(push button switch)가
있다.
　㉠ a접점 : 조작하고 있는 동안에만 접점이 닫힌다. 즉 ON조작하면 접점이 ON이 되고,
　　손을 떼면 OFF가 되는 접점이다.
　㉡ b접점 : 조작하고 있는 동안에만 접점이 열린다. 즉 ON조작하면 접점이 OFF가 되
　　고, 손을 떼면 ON이 되는 접점이다.
　㉢ c접점 : 절환접점으로 a접점과 b접점을 공유하고 있는 접점이다.

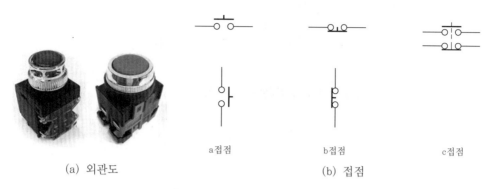

(a) 외관도		(b) 접점

[그림 5.48] 복귀형 수동스위치

② 유지형 수동스위치 : 조작 후 손을 떼어도 접점은 그대로의 상태를 계속 유지하나, 조작 부분은 원래의 상태로 되돌아가는 접점이다.

(a) 외관도   (b) 접점

[그림 5.49] 유지형 수동스위치

참고

전자계전기(electromagnetic relay)

철심에 코일을 감고 전류를 흘리면 철심은 전자석이 되어 가동철심을 흡인하는 전자력이 생기며, 이 전자력에 의하여 접점을 ON·OFF하는 것을 전자계전기 또는 유접점(relay)이라 한다. 이 전자계전기, 즉 전자석을 이용한 것으로는 보조릴레이, 전자개폐기(MS : Magnetic Switch), 전자접촉기(MC : Magnetic Contact), 타이머 릴레이(Timer Relay), 솔레노이드(SOL : Solenoid) 등이 있다.

(2) 보조계전기

코일 X에 전류를 흘리면(이를 여자라고 함) 철심이 전자석으로 되어 가동철편을 끌어당기면 스프링에 의해 접점이 개폐된다. 즉 b접점은 열리고, a접점은 닫힌다.

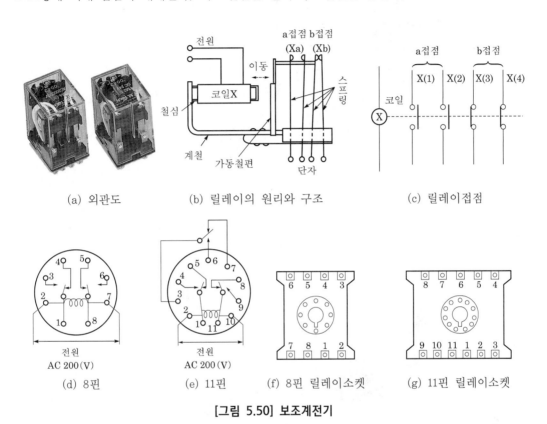

(a) 외관도   (b) 릴레이의 원리와 구조   (c) 릴레이접점

(d) 8핀   (e) 11핀   (f) 8핀 릴레이소켓   (g) 11핀 릴레이소켓

[그림 5.50] 보조계전기

(3) 전자개폐기(magnetic switch)

전자개폐기는 전자접촉기(MC : Magnetic Contact)에 열동계전기(THR : Thermal Relay)를 접속시킨 것이며, 주회로의 개폐용으로 큰 접점용량이나 내압을 가진 릴레이이다.

[그림 5.51]에서 단자 b, c에 교류전압을 인가하면 MC 코일이 여자되어 주접점과 보조접점이 동시에 동작한다. 이와 같이 주회로는 각 선로에 전자접촉기의 접점을 넣어서 모든 선로를 개폐하며, 부하의 이상에 의한 과부하전류가 흐르면 이 전류로 열동계전기(THR)가 가열되어 바이메탈접점이 전환되어 전자접촉기 MC는 소자되며 스프링의 힘으로 복구되어 주회로는 차단된다.

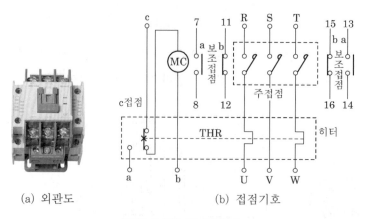

(a) 외관도　　　　　　　(b) 접점기호

[그림 5.51] 전자개폐기

(4) 기계적 접점

① 리밋스위치(limit switch) : 물체의 힘에 의하여 동작부(actuator)가 눌려서 접점이 ON /OFF한다.

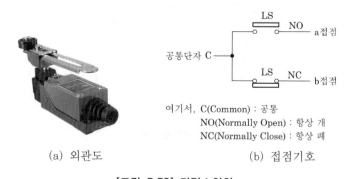

(a) 외관도　　　　　　　　　　　(b) 접점기호

여기서, C(Common) : 공통
　　　　NO(Normally Open) : 항상 개
　　　　NC(Normally Close) : 항상 폐

[그림 5.52] 리밋스위치

② 광전스위치(PHS : Photoelectric Switch) : 빛을 방사하는 투광기와 광량의 변화를 전기신호로 변환하는 수광기 등으로 구성되며, 물체가 광로를 차단하는 것에 의해 접점이 ON /OFF하며 물체에 접촉하지 않고 검지한다. 이 밖에도 압력스위치(PRS : Pressure Switch), 온도스위치(THS : Thermal Switch) 등이 있다. 이들 스위치는 a, b접점을 갖고 있으며, 기계적인 동작에 의해 a접점은 닫히며 b접점은 열리고 기계적인 동작에 의해 원상복귀하는 스위치로 검출용 스위치이기 때문에 자동화설비의 필수적인 스위치이다.

(5) 타이머(한시계전기)

시간제어기구인 타이머는 어떠한 시간차를 만들어서 접점이 개폐동작을 할 수 있는 것으로, 시한소자(time limit element)를 가진 계전기이다. 요즘에는 전자회로에 CR의 시정수를 이용하여 동작시간을 조정하는 전자식 타이머와 IC타이머가 사용되고 있다.

타이머에는 동작형식의 차이에서 동작시간이 늦은 한시동작타이머(ON delay timer), 복귀시간이 늦은 한시복귀타이머(OFF delay timer), 동작과 복귀가 모두 늦은 순한시타이머(ON OFF delay timer) 등이 있다.

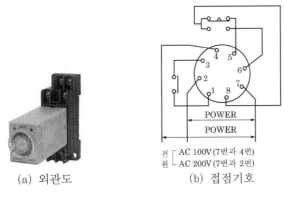

(a) 외관도   (b) 접점기호

[그림 5.53] 한시계전기

① 한시동작타이머 : 전압을 인가하면 일정 시간이 경과하여 접점이 닫히고(또는 열리고), 전압이 제거되면 순시에 접점이 열리는(또는 닫히는) 것으로 온딜레이타이머(ON delay timer)이다.

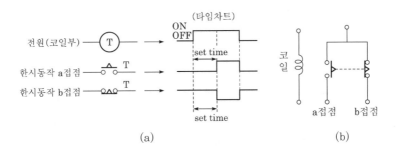

[그림 5.54] 한시동작타이머

② 한시복귀타이머 : 전압을 인가하면 순시에 접점이 닫히고(또는 열리고), 전압이 제거된 후 일정 시간이 경과하여 접점이 열리는(또는 닫히는) 것으로 오프딜레이타이머(OFF delay timer)이다.

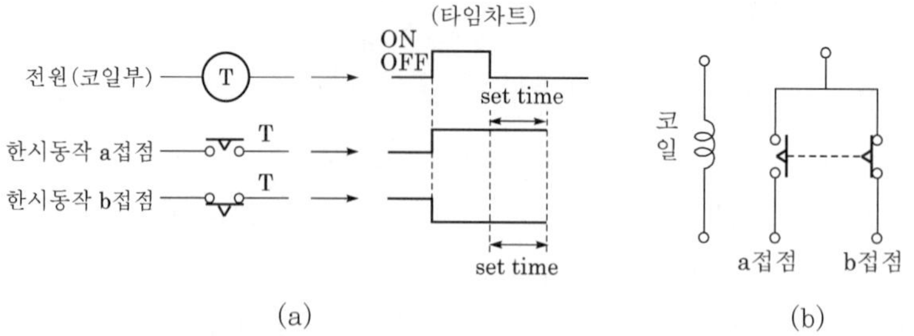

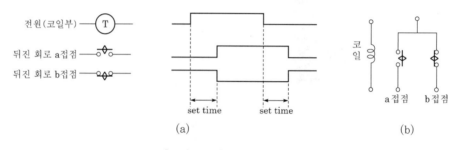

[그림 5.55] 한시복귀타이머

③ 순한시타이머(뒤진 회로) : 전압을 인가하면 일정 시간이 경과하여 접점이 닫히고(또는 열리고), 전압이 제거되면 일정 시간이 경과하여 접점이 열리는(또는 닫히는) 것으로 온 오프딜레이타이머, 즉 뒤진 회로라 한다.

[그림 5.56] 순한시타이머

6.2 유접점 기본회로

1) 자기유지회로

전원이 투입된 상태에서 PB를 누르면 릴레이 X가 여자되고 X-a접점이 닫혀 PB에서 손을 떼어도 X여자상태가 유지된다.

2) 정지우선회로

PB1을 ON하면 릴레이 X가 여자되어 X의 a접점에 의해 자기유지된다. PB_2를 누르면 X가 소자되어 자기유지접점 X-a가 개로되어 X가 소자된다. PB_1, PB_2를 동시에 누르면 릴레이 X는 여자될 수 없는 회로로 정지우선회로라 한다.

3) 기동우선회로

PB$_1$을 ON하면 릴레이 X가 여자되어 X의 a접점에 의해 자기유지된다. PB$_2$를 누르면 X가 소자되어 자기유지접점 X–a가 개로되어 X가 소자된다. PB$_1$, PB$_2$를 동시에 누르면 릴레이 X는 여자되는 회로로 기동우선회로라 한다.

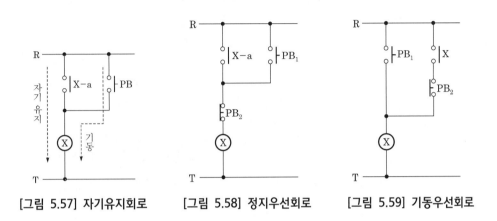

[그림 5.57] 자기유지회로   [그림 5.58] 정지우선회로   [그림 5.59] 기동우선회로

4) 인터록회로(병렬우선회로)

PB$_1$과 PB$_2$의 입력 중 PB$_1$을 먼저 ON하면 MC$_1$이 여자된다. MC$_1$이 여자된 상태에서 PB$_2$를 ON하여도 MC$_1$–b접점이 개로되어 있기 때문에 MC$_2$는 여자되지 않은 상태가 되며, 또한 PB$_2$를 먼저 ON하면 MC$_2$가 여자된다. 이때 PB$_1$을 ON하여도 MC$_2$–b접점이 개로되어 있기 때문에 MC$_1$은 여자되지 않는 회로를 인터록회로라 한다. 즉 상대동작금지회로이다.

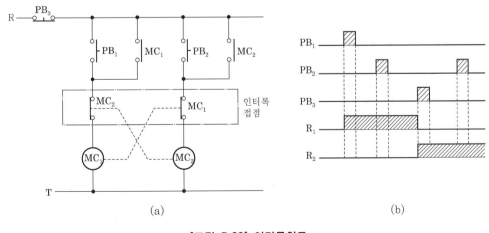

(a)   (b)

[그림 5.60] 인터록회로

기계제도 및 설계

| 6.3 | 논리회로 |

1) AND회로

입력접점 A, B가 모두 ON되어야 출력이 ON되고, 그 중 어느 하나라도 OFF되면 출력이 OFF되는 회로를 말한다.

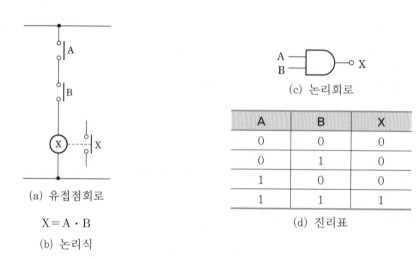

(a) 유접점회로

$$X = A \cdot B$$

(b) 논리식

(c) 논리회로

A	B	X
0	0	0
0	1	0
1	0	0
1	1	1

(d) 진리표

[그림 5.61] AND회로

2) OR회로

입력접점 A, B 중 어느 하나라도 ON되면 출력이 ON되고, A, B 모두가 OFF되어야 출력이 OFF되는 회로를 말한다.

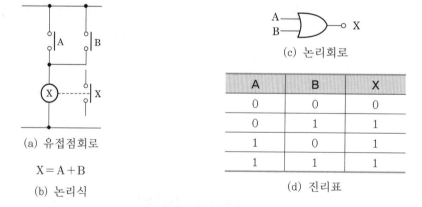

(a) 유접점회로

$$X = A + B$$

(b) 논리식

(c) 논리회로

A	B	X
0	0	0
0	1	1
1	0	1
1	1	1

(d) 진리표

[그림 5.62] OR회로

3) NOT회로

입력이 ON되면 출력이 OFF되고, 입력이 OFF되면 출력이 ON되는 회로를 말한다.

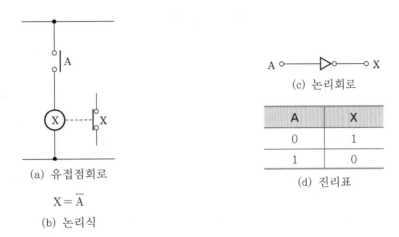

(a) 유접점회로

$$X = \overline{A}$$

(b) 논리식

(c) 논리회로

A	X
0	1
1	0

(d) 진리표

[그림 5.63] NOT회로

4) NAND회로

AND회로의 부정회로로, 입력접점 A, B 모두가 ON되어야 출력이 OFF되고, 그 중 어느 하나라도 OFF되면 출력이 ON되는 회로를 말한다.

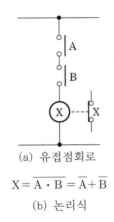

(a) 유접점회로

$$X = \overline{A \cdot B} = \overline{A} + \overline{B}$$

(b) 논리식

(c) 논리회로

A	B	X
0	0	1
0	1	1
1	0	1
1	1	0

(d) 진리표

[그림 5.64] NAND회로

5) NOR회로

OR회로의 부정회로로, 입력접점 A, B 중 어느 하나라도 ON되면 출력이 OFF되고, 입력접점 A, B 전부가 OFF되면 출력이 ON되는 회로를 말한다.

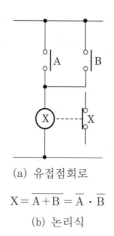

(a) 유접점회로

(c) 논리회로

$$X = \overline{A+B} = \overline{A} \cdot \overline{B}$$

(b) 논리식

A	B	X
0	0	1
0	1	0
1	0	0
1	1	0

(d) 진리표

[그림 5.65] NOR회로

6) Exclusive OR회로(배타 OR회로, 반일치회로)

입력접점 A, B 중 어느 하나만 ON될 때 출력이 ON상태가 되는 회로를 말한다.

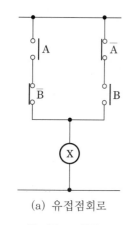

(a) 유접점회로

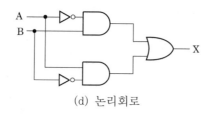

(d) 논리회로

(e) 간이화된 논리회로

$$X = A\overline{B} + \overline{A}B = \overline{AB}(A+B)$$

(b) 논리식

A	B	X
0	0	1
0	1	0
1	0	0
1	1	0

(f) 진리표

$$X = A \oplus B$$

(c) 간이화된 논리식

[그림 5.66] Exclusive OR회로

7) Exclusive NOR회로(배타 NOR회로, 일치회로)

입력접점 AB가 모두 ON되거나 모두 OFF될 때 출력이 ON상태가 되는 회로를 말한다.

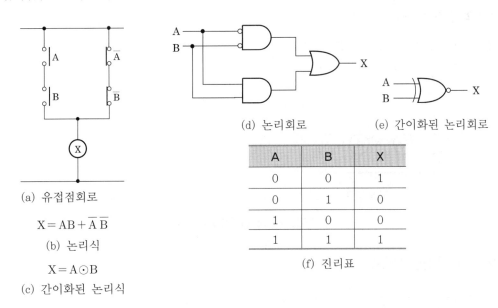

(a) 유접점회로

$$X = AB + \overline{A}\,\overline{B}$$

(b) 논리식

$$X = A \odot B$$

(c) 간이화된 논리식

(d) 논리회로

(e) 간이화된 논리회로

A	B	X
0	0	1
0	1	0
1	0	0
1	1	1

(f) 진리표

[그림 5.67] Exclusive NOR회로

8) 정지우선회로의 논리회로

정지우선회로는 정지우선권이 있는 회로가 동작이 되고 난 이후에 나머지 회로가 동작이 되는 회로로서, 동작에 순서가 정해져 있을 경우에 사용되는 회로이다.

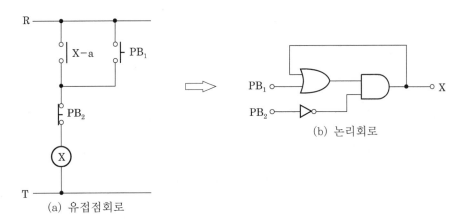

(a) 유접점회로

(b) 논리회로

[그림 5.68] 정지우선회로의 논리회로

9) 2입력 인터록회로의 논리회로

기기의 보호나 작업자의 안전을 위해 기기의 동작상태를 나타내는 접점을 사용하여 관련된 기기의 동작을 금지하는 회로이다.

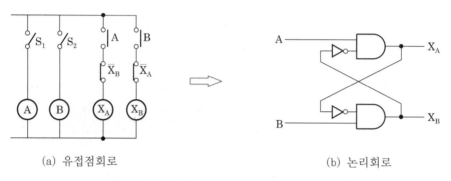

(a) 유접점회로　　　　　　　　　　　(b) 논리회로

[그림 5.69] 2입력 인터록회로의 논리회로

10) 타이머논리회로

입력신호의 변화시간보다 정해진 시간만큼 뒤져서 출력신호의 변화가 나타나는 회로를 한시회로라 하며 접점이 일정한 시간만큼 늦게 개폐되는데, 여기서는 [표 5.3]처럼 논리심벌과 동작에 관하여 정리해 보았다.

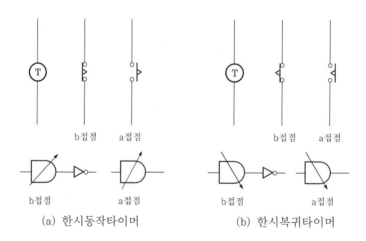

(a) 한시동작타이머　　　　　　　(b) 한시복귀타이머

[그림 5.70] 타이머논리회로

[표 5.3] 신호에 따른 심벌과 동작

신호		접점심벌	논리심벌	동작
입력신호(코일)				여자 / 소자 / 여자
출력신호	보통 릴레이 순시동작 순시복귀	a접점		닫힘 / 열림 / 닫힘
		b접점		
	한시동작회로	a접점		t
		b접점		
	한시복귀회로	a접점		t
		b접점		
	뒤진 회로	a접점		t t
		b접점		

1) 계기오차

(1) 오차(= $M - T$)

$$오차율 \quad \varepsilon = \frac{M - T}{T} \times 100 \, [\%]$$

여기서, M : 계기의 측정값, T : 참값

(2) 보정률

$$\delta = \frac{T - M}{M} \times 100 \, [\%]$$

(3) 오차의 분류

계통적 오차 { 이론적 오차
　　　　　　 기기적 오차
　　　　　　 개인적 오차

우발적 오차 { 과실적 오차
　　　　　　 우발적 오차

2) 계측설비

[표 5.4] 전기계기의 동작원리

종류	기호	사용회로	주요 용도	동작원리의 개요
가동 코일형		직류	전압계 전류계 저항계	영구자석에 의한 자계와 가동코일에 흐르는 전류와의 사이에 전자력을 이용한다.
가동 철편형		교류 (직류)	전압계 전류계	고정코일 속의 고정철편과 가동철편과의 사이에 움직이는 전자력을 이용한다.
전류력계형		교류 직류	전압계 전류계 전력계	고정코일과 가동코일에 전류를 흘려 양 코일 사이에 움직이는 전자력을 이용한다.
정류형		교류	전압계 전류계 저항계	교류를 정류기로 직류로 변환하여 가동코일형 계기로 측정한다.
열전형		교류 직류	전압계 전류계 전력계	열선과 열전대의 접점에 생긴 열기전력을 가동코일형 계기로 측정한다.
정전형		교류 직류	전압계 저항계	2개의 전극 간에 작용하며 정전력을 이용한다.
유도형		교류	전압계 전류계 전력량계	고정코일의 교번자계로 가동부에 와전류를 발생시켜 이것과 전계와의 사이의 전자력을 이용한다.
진동편형		교류	주파수계 회전계	진동편의 기계적 공진작용을 이용한다.

7.2 전기측정

1) 전압측정

(1) 전압계

전압을 측정하는 계기로, 병렬로 회로에 접속하며 가동코일형은 직류측정에 사용된다.

(2) 배율기

전압의 측정범위를 넓히기 위해 전압계에 직렬로 저항을 접속한다.

$$배율(m) = \frac{R_v + R_m}{R_v} = 1 + \frac{R_m}{R_v}$$

$$\therefore R_m = (m-1)R_v$$

여기서, R_v : 전압계 내부저항

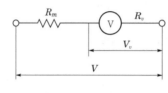

[그림 5.71] 배율기

2) 전류측정

(1) 전류계

전류의 세기를 측정하는 계기로, 직렬로 회로에 접속하며 내부저항이 전압계보다 작다.

(2) 분류기

전류계의 측정범위를 넓히기 위해 전류계에 병렬로 저항을 접속한다.

$$배율(m) = \frac{R_a + R_S}{R_S}$$

$$\therefore R_S = \frac{R_a}{m-1}$$

여기서, R_a : 전압계 내부저항

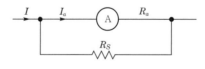

[그림 5.72] 분류기

3) 저항측정

(1) 저저항(1Ω 이하)측정법

① 전압강하법

② 전위차계법

③ 휘트스톤브리지법 : $X = \dfrac{P}{Q} R [\Omega]$

④ 켈빈더블브리지법 : $X = \dfrac{N}{M} R [\Omega]$

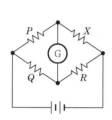

[그림 5.73] 휘트스톤브리지법

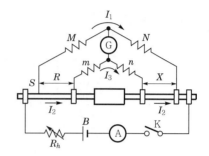

[그림 5.74] 켈빈더블브리지법

(2) 중저항(1Ω 이상～1MΩ 이하)측정법

① 전압강하법

② 휘트스톤브리지법

(3) 고저항(1MΩ 이상)측정법

① 직접편위법

② 전압계법

③ 콘덴서의 충·방전에 의한 측정

4) 전력측정

(1) 전류계 및 전압계에 의한 측정

① 전류계 전력 : $P = VI - I^2 R_a [\mathrm{W}]$

② 전압계 전력 : $P = VI - \dfrac{V^2}{R_v} = V\!\left(I - \dfrac{V}{R_v}\right)[\text{W}]$

여기서, R : 부하저항, R_a : 전류계 내부저항, R_v : 전압계 내부저항

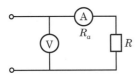

[그림 5.75] 전류계에 의한 측정

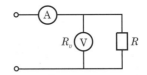

[그림 5.76] 전압계에 의한 측정

(2) 3전류계법에 의한 측정

$$I_3{}^2 = (I_2 + I_1\cos\theta)^2 + (I_1\sin\theta)^2 = I_1{}^2 + I_2{}^2 + 2I_1 I_2\cos\theta$$

$$\therefore \cos\theta = \frac{I_3{}^2 - I_1{}^2 - I_2}{2I_1 I_2}, \quad V = I_2 R$$

3전류계 전력 $P = VI_1\cos\theta = I_2 R I_1\!\left(\dfrac{I_3{}^2 - I_1{}^2 - I_2{}^2}{2I_1 I_2}\right) = \dfrac{R}{2}\big(I_3{}^2 - I_1{}^2 - I_2{}^2\big)[\text{W}]$

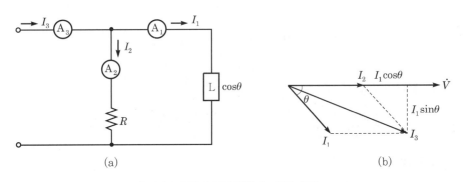

[그림 5.77] 3전류계법에 의한 측정

(3) 3전압계법에 의한 측정

$$V_2 = IR$$

$$V_3{}^2 = (V_1 + V_2\cos\theta)^2 + (V_2\sin\theta)^2 = V_1{}^2 + V_2{}^2 + 2V_1 V_2\cos\theta$$

$$\therefore \cos\theta = \frac{V_3{}^2 - V_1{}^2 - V_2{}^2}{2V_1 V_2}$$

3전압계 전력 $P = V_1 I\cos\theta = V_1 \dfrac{V_2}{R} \left(\dfrac{V_3{}^2 - V_1{}^2 - V_2{}^2}{2 V_1 V_2} \right)$

$$= \dfrac{1}{2R} \left(V_3{}^2 - V_1{}^2 - V_2{}^2 \right)[\mathrm{W}]$$

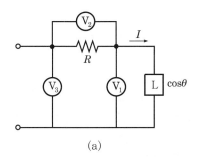
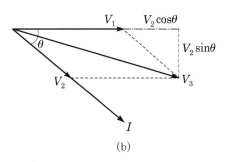

(a) (b)

[그림 5.78] 3전압계법에 의한 측정

[Chapter 01. 직류회로]

01 저항과 컨덕턴스를 설명하고 도체의 전기저항을 계산하는 식을 쓰시오.

02 키르히호프의 제1법칙에 대해 그림을 그리고 설명하시오.

03 전기계측을 위해 사용하는 배율기와 분류기에 대해 설명하시오.

04 기계시스템설계 시 동력원은 전기모터를 주로 적용하고 있다. 전력량을 계산하는 식을 설명하시오.

05 줄의 법칙에 대해 설명하시오.

[Chapter 02. 교류회로]

06 사인파 교류의 발생원리인 플레밍의 오른손법칙을 설명하시오.

07 교류에서 파고율과 파형률을 설명하시오.

08 다음 그림에서 저항 $R[\Omega]$만의 회로에 교류전압 $v = \sqrt{2}\,V\sin\omega t[V]$의 기전력을 가하면 전류 $i[A]$에 대해 설명하시오.

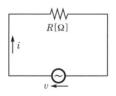

09 $R-L$ 직렬회로에서 위상차와 임피던스에 대해 그림을 그리고 설명하시오.

10 전력을 나타내는 관련 식 중에서 유효전력, 무효전력, 피상전력, 역률에 대한 식을 제시하시오.

[Chapter 03. 3상 교류회로]

11 3상 교류회로에 적용되는 용어인 3상 교류, 상(phase), 상순에 대해 설명하시오.

12 상전압과 선간 전압의 크기를 설명하시오.

13 3상 전력에서 전력 P는 Y결선과 Δ결선에서 어떤 차이가 있는지 설명하시오.

[Chapter 04. 전기와 자기]

14 쿨롱의 법칙에 대해 설명하시오.

15 자성체는 자장에 의하여 자화되는 물체를 말하며 자성체의 종류와 관련 물질을 2개 이상 제시하시오.

[Chapter 05. 전기기기의 구조와 원리 및 운전]

16 앙페르의 오른나사법칙(Ampere's right-handed screw rule)에 대해 설명하시오.

17 전자유도현상에 대한 내용이다. ( ) 안에 적당한 용어를 채우시오.

> 전자유도현상은 코일에 ( )를 흘려주면 자속이 발생하는데, 자속의 변화에 따라 ( )이 발생하는 현상을 말한다. 크기를 정의한 것은 ( )법칙이고, ( )을 정의한 것은 렌츠의 법칙이다.

18 렌츠의 법칙을 그림을 그려 설명하시오.

19 플레밍(Fleming)의 오른손법칙을 설명하고 손가락의 방향을 제시하시오.

20 직류발전기의 원리에 대해 설명하시오.

21 직류전동기의 구조를 설명하시오.

22 교류에서 사용하는 유도전동기의 종류에 대해 설명하시오.

23 모터의 회전수를 판단할 수 있는 동기속도에 대한 관련 식을 제시하시오.

24 변압기의 원리를 전압과 권수비의 관계로 설명하시오.

25 반도체 소자 중에 모터나 시퀀스제어 사용되는 SCR과 TRIAC에 대한 특징을 설명하시오.

[Chapter 06. 시퀀스제어]

26 기계시스템을 설계를 한 후 전기엔지니어와 시스템제어를 위해 검토회의가 필요하다. 가장 많이 적용하고 있는 시퀀스제어를 설명하고 그 종류를 제시하시오.

27 시스템설계를 하는 엔지니어도 전기회로도를 볼 수 있는 능력이 있어야 기계장치를 유지보수할 수 있으며 문제점을 서로 검토할 수 있다. 접점의 종류와 표시기호를 설명하시오.

28 기계시스템이 제작되면 컨트롤박스와 배선을 연결하여 자동화시스템이 완성된다. 이때 컨트롤박스에 전기를 인가하여 다양한 회로를 구현한다. 자기유지회로에 대해 회로도와 함께 설명하시오.

29 시퀀스제어는 논리회로에 의해 구성되어 있다. AND회로에 대해 설명하고 회로도와 진리표를 제시하시오.

[Chapter 07. 전기측정]

30 기계시스템을 제작 시 배선처리를 할 때나 기계시스템이 현장에서 가동 중에 갑자기 고장 나는 경우가 발생한다. 이때 전기엔지니어가 부재중이면 응급처치를 할 필요가 있다. 전기측정에서 전압과 전류측정방법을 설명하시오.

PART

06

비용 산출과 견적

Mechanical Drawing

01 재료비의 산정

1.1 재료선택이 공정비용에 미치는 영향

기계시스템을 제작을 위한 설계에서 재료 선정은 우선적으로 적절하게 작용할 수 있는 재료를 선택해야 하는데, 일반적으로 선택할 수 있는 재료는 다양하다. 부품의 운동조건이나 용도에 따라 필요한 재료나 유지보수에 영향을 주는 조건을 고려하여 경제적인 재료를 선정해야 한다. 또한 제작상의 문제가 재료 선정에 하나의 제약조건이 된다. 따라서 기계시스템 제작을 위한 목적과 생산량, 효과분석, 감각상각비를 충분히 검토하여 최종비용분석을 통해서 부품의 주어진 기능을 충분히 수행할 수 있는 재료 선정이 이루어져야 한다.

[표 6.1]은 몇 가지 제조공정에 대한 원재료비, 공구 및 다이(die)비용, 최적로트(lot)크기, 직접노무비, 다듬질비용(finishing cost) 및 자재손실비(scrap loss)에 대한 것을 나타내고 있다.

[표 6.1] 비용 특성

공정	원자재비용	공구 및 다이(die)비용	최적 로트크기	직접 노무비	다듬질 비용	자재 손실비
모래주조 (sand casting)	L~M (금속에 따라 다름)	L		H (손작업이 많음)	H	파쇄재 이용 가능
셸몰드주조 (shell mold casting)	L~M	L~M		L	L	L
플라스틱몰드주조 (plastic mold casting)	M (비철합금)	M		H (숙련공 필요)	L	L
다이캐스팅 (die casting)	M (주로 Zn, Al, Mg)	H		L~M	L	L
프레스단조 (press forming)	L~M	H		M	M	M
롤성형(roll forming)	L~M (대부분 저탄소강판)	H		M	L	L
스프닝(spinning)	L~M	L		H	L	M
용접, 납땜	L~M	L~M		M~H	M	L

주 : L : 저렴, M : 중간, H : 고가

1.2   재료의 경제적 이용

재료의 경제적인 이용을 위해서 다음 사항을 고려해야 한다.

1) 자재관리를 통한 재고의 효율적 활용

적정 재료가 구매되었다 하더라도 자재관리를 잘못함으로써 손실이 생기는 경우가 있다. 예를 들면, 자재크기가 유사한 경우에 잘못해서 다른 재료를 사용한 경우라던가, 자재는 당장 필요한데 소요자재가 없으므로 다른 손실이 생기는 경우가 있다. 따라서 자재관리를 효율적으로 적정 재료를 필요할 때 사용하여 손실을 방지해야 한다.

2) 파쇄의 판매

파쇄를 다른 목적으로 활용할 수 없는 경우에는 이를 처분함으로써 재료비를 경감할 수 있는 경우도 있다. 예를 들면, 비경쟁제품을 생산하는 A, B회사에서 A사의 파쇄를 이용하여 제품을 만들 수 있는 경우에 파쇄의 판매로 A사는 재료비를 절감할 수 있고, B사는 저렴한 재료비로 제품을 생산할 수 있다.

3) 재사용 가능한 재료

어떤 제품은 그 형상 때문에 상당량의 파쇄를 내는 경우가 있는데, 이것을 다른 목적으로 사용할 수 있을 때 이를 재사용 가능한 재료(reusable of salvage material)라고 부른다. 특히 프레스금형제품 제조업에서 다른 목적에 활용할 수 있을 정도로 충분히 큰 재활용 가능한 재료가 많이 나온다.

1.3   원자재의 대차대조표

원자재의 비용비교를 위하여 식을 만들어 비교할 수 있으나 조건의 변화에 대하여 잘 적용하지 못하면 틀린 결과를 얻기 쉬우므로 일반적으로 모든 사항과 수치를 표로 나타내어 비교함이 보다 효율적이다. [표 6.2]는 전형적인 비용분석표인데, 이를 이용하여 유사한 가공을 할 때 두 재료가 등가되는 점을 비김분석(break-even analysis)을 사용하여 고찰해 보기로 한다.

[표 6.2] 원자재의 원가비교표

내역	재료 A(쾌삭강)	재료 B(황동)
1) 원자재비용(kg당)	240원	770원
2) 개당 총중량	0.11kg	0.12kg
3) 개당 총재료비	26.4원	92.4원
4) 개당 스크랩중량(kg당)	0.045kg	0.049kg
5) 스크랩가격(kg당)	15원	500원
6) 회수 가능 스크랩가격(개당)	0.67원	12.42원
7) 순수재료비(개당)	25.73원	79.98원
8) 비싼 재료의 개당 단가	42.86원	
9) 기계가공임금(시간당)	2,000원	
10) 기계가공 간접비(시간당)	3,000원	
11) 생산량(단위시간, 단위기계)	50원	
12) 기계가공비$\left(=\dfrac{9)+10)}{11)}\right)$	100원	$\dfrac{5,000}{50}$ 원

[표 6.2]에서 나타낸 바와 같이 황동(brass)이나 쾌삭강(leaded steel)은 모두 기능에 맞는 제품을 만들 수 있는 재료이다. 비김분석에서 보다 비싼 재료의 추가단가는 더 비싼 재료의 가 공단가에서 얻는 절감액과 같아져야 한다. [표 6.2]에서 쾌삭강을 황동으로 바꾸기 위한 단위 시간당 생산개수는 $100 - \dfrac{5,000}{x} = 42.86$에서 $x = 87.5$이므로 황동을 재료로 사용할 때 단위 시간당 88개를 생산해야 채산이 맞는다는 계산이 나온다. 이 문제에 설계변경비용, 투울링의 차이, 저장 및 이자와 같은 비용도 포함시킬 수 있으며, 이 경우에 해결방법은 앞의 경우와 유 사하다.

1.4 공정이 재료비에 미치는 영향

　재품에 대한 재료 선정이 제조원가에 큰 영향을 주는 것과 마찬가지로 선택된 공정재료비에 똑같은 영향을 끼친다. 이런 영향은 공정의 소홀한 설비나 불안전한 계획에 의하여 발생된다. 공정이 잘못된 대표적인 경우를 차례대로 고찰하기로 한다.

1) 적절한 공작물관리의 결핍

지그(jig), 고정구 또는 다이(die)에서 위치결정구(locator), 지지구(support) 또는 고정장치(holding device)가 부적당한 위치에 놓인 경우에는 공작물에 가공을 하기 전에 공작물이 변형을 일으킬 수 있으며, 특히 취성재질인 경우에는 더 심하다. 따라서 공작물을 고정구에서 충분히 지지하지 않고 가공하면 결과적으로 불량률이 높은데, 이를 방지하기 위해서 제품설계 시에 공작물의 강도와 경도(rigidity)를 증가시키기 위하여 치수를 충분히 크게 하는 경우가 있다. 이는 재료비를 증가시키는 요인이 되며, 이런 현상을 방지하기 위해서 공정설계기사가 위치결정장치에서 충분한 지지를 해주는 공정설계를 함으로써 해결이 가능하다.

2) 부적당한 제조공정

공정에 따라서 제품생산에 소요되는 재료의 양이 차이가 나는 경우가 종종 있다. 예로서 브로칭(broaching)작업과 밀링(milling)작업을 비교해 보자. 최종결과는 동일하게 될지라도 절삭작용 및 절삭력은 전혀 다르다. 예를 들면, 수냉식 자동차엔진블록(water-cooled automobile engine block)은 브로칭이나 밀링가공을 해야 할 다수의 평행한 평면이 있으며, 실제로 자동차산업에서는 두 공정을 모두 쓰고 있다. 그런데 주물의 대부분은 복잡한 코어(core)를 가지는 주물이기 때문에 절삭력을 지지하는 것이 어렵다. 브로칭은 신속한 작업을 할 수 있으나 취성주물(fragile casting)로 파괴하는 큰 절삭력이 발생한다.

따라서 이런 문제를 해결하기 위해서 주물의 무게를 3.15kg 증가시키는 설계상 보강이 필요하다. 추가된 주물중량의 의미를 파악하기 위해서 kg당 주물가격이 30원, 연간 10,000대의 엔진을 생산한다고 가정하면 브로칭 고정을 선택함으로써 드는 추가재료비는 3.15kg×30원/kg×10,000대=945,000원이다.

위의 예는 부정당한 공정의 선정이 재료비에 큰 영향을 주는 하나의 예이다. 이 경우에는 높은 절삭력에 견디는 재료가 필요하다

3) 부적당한 재료 선정

불필요한 높은 정도의 설계규격은 과도한 재료비를 들게 한다는 것은 앞에서 지적하였다. 이것은 과도한 재료비를 증가시킬 뿐만 아니라 고가의 재료를 절삭하므로 제품의 단위재료비를 증가시킨다. 또 주조기술이 빈약한 경우에 기계가공을 고려하여 제품이 제대로 만들어지도록 하기 위하여 과도하게 재료를 사용하는 경우에도 재료비가 증가된다.

4) 부적절한 자재취급

기업에서 상당량의 재료가 부적절한 자재취급 때문에 낭비된다. 재료가 적합한 상태로 생산단계에 투입될 수 있는 보호장치가 없다면 공정은 불안전하게 계획된 것이다. 예를 들어, 어떤 공장에서 연삭 및 래핑(lapping)한 수천개의 디스크가 불량이었는데, 그 이유를 조사한 결과 취급자가 조심성 없이 디스크를 운반상자에 던져 넣어 찍히고 긁혀졌기 때문임이 밝혀진 경우가 있다. 따라서 취급 부주의로 인한 불량을 방지하기 위해서는 자재취급의 개선과 취급회수를 줄이는 것이 좋은 방법일 것이다.

5) 불안전한 검사

불량품은 생산과정의 초기단계에서 발견하는 것이 더욱 경제적이다. 어떤 부품이 조립품의 일부가 되었을 때 결함을 찾아내서 수정한다는 것은 거의 불가능하고, 특히 부품을 영구적으로 결합한 경우에는 더욱 그렇다. 따라서 하나의 부품의 결함으로 제품 자체가 불량품이 되는 경우가 있으므로 최종검사만으로는 불충분하다. 따라서 공정을 계획할 때 품질규격이 맞는가를 확인하기 위해서는 여러 곳에서 검사를 하도록 해야 한다. 검사작업을 계획할 때 공정설계기사는 공작물의 관리상태를 철저히 확인해야 한다. 부적절한 자재취급의 경우와 마찬가지로 불량품도 재료비에 큰 영향을 미친다.

6) 부정확한 작업순서

작업순서가 재료비에 영향을 끼치는 경우가 가끔 있는데, 이는 다음의 두 가지 경우 중 어느 하나에 기인한다. 첫째로 작업순서가 위험한 공차누적이 생기도록 전개되어 공작물이 불량이 되게 하는 경우와, 둘째는 불필요한 가공여유를 주기 때문에 별도의 재료비가 들게 되는 경우이다. 따라서 가능한 한 여러 개의 작업을 연계한 공정순서가 재료를 덜 들게 한다.

2.1 직접재료비

직접재료비는 기계시스템을 제작하기 위해 투입되는 실체를 형성하는 재료의 가치이다.

① 주요 재료비 : 기계시스템을 제작하기 위해 투입되는 재료의 가치이다.

② 부분품비 : 기계시스템을 제작하기 위해 결합되어 조립체가 되는 매입부품, 수입부품, 외장재료 및 경비로 계상되는 것을 제외한 외주품의 가치를 포함한다.

2.2 간접재료비

간접재료비는 기계시스템을 제작하기 위해 실체를 형성하지는 않으나 제작에 보조적으로 소비되는 물품의 가치이다.

① 소모재료비 : 기계오일, 접착제, 용접가스, 장갑, 연마재 등 소모성 물품의 가치

② 소모공구 · 기구 · 비품비 : 내용연수 1년 미만으로서 구입단가가 법인세법(소득세법)에 의한 상당 금액 이하인 감가상각대상에서 제외되는 소모성 공구 · 기구 · 비품의 가치

③ 포장재료비 : 제품포장에 소요되는 재료의 가치

④ 보조재료비 : 지그, 고정구와 같이 기계시스템을 제작하는 데 생산성을 향상시키는 보조장치를 위한 재료비

2.3 기타

① 재료의 구입과정에서 해당 재료에 직접 관련되어 발행하는 운임, 보험료, 보관비 등의 부대비용은 재료비로서 계산한다. 다만, 재료구입 후 발생되는 부대비용은 경비의 각 비목으로 계산한다.

② 기계시스템 제작 중에 발생되는 작업설비, 부산품, 연산품 등은 그 매각액 또는 이용가치를 추산하여 재료비로부터 공제하여야 한다.

[표 6.3] 제조 · 공사원가 계산의 구분에 따른 비목포함 여부

구분			제조	공사
재료비	직접재료비	주요 재료비	○	○
		부분품비	○	○
	간접재료비	소모재료비	○	○
		소모공구 · 기구 · 비품비	○	○
		포장재료비	○	×
		보조재료비(지그, 고정구)	×	○
	작업설비, 부산품, 연산품		○	○

2.4 재료비의 계산

재료비는 직접재료비와 간접재료비로 구분하고 재료의 원단위에 단위당 가격을 곱하여 계산한 후, 작업설 등은 매각가치 및 이용가치를 순실현가액으로 환산평가하여 차감한다. 직접재료비 계산 시는 재료의 원단위 산출을 위한 소요량 계산과 단위당 가격 적용 방법이 중요하고, 간접재료비 계산 시는 배부기준 선정이 중요하다.

1) 직접재료비

직접재료비는 기계시스템 제작에서 형성하는 부품의 가치로서 직접재료의 소요량에 단위당 가격을 곱하여 계산한다.

$$직접재료비 = \Sigma \, 직접재료의 \, 소요량(원단위) \times 단위당 \, 가격$$

① 직접재료비 중 주요 재료비는 기계시스템 제작의 기본적 구성형태를 이루는 부품의 가치를, 그리고 부분품비는 기계시스템 제작에 결합되어 그 조성 부분이 되는 매입부품비, 수입부품비, 외장재료 및 예정가격 작성기준에 의한 경비로 계상되는 것을 제외한 외주품의 가치를 말한다. 매입부품비는 물가조사방식에 의하여 거래실례가격에 의한 가격을 결정하고, 수입부품비는 수입원가 계산방식에 의하여 가격을 결정한다.

② 직접재료비의 소요량 산출은 원재료의 종류, 규격, 설계도, 결산서 및 관련 부속서류 등을 검토하여 산정한다. 그러나 소요량 산출 시 공학적 지식 등 전문성이 요구되는 경우가 많아 잠재적 계약상대방의 도움을 받아야 하는 경우가 많고 정상적인 손실률과 불량률도 인정한다.

③ 직접재료비는 원단위 산정방식을 사용하여 산출한다. 재료의 원단위란 일정한 단위의 제품을 생산하는 데 소요되는 생산요소의 물량을 의미한다.

    ㉠ 재료의 원단위 산정방식은 다음과 같은 방법들이 있다.

        • 물리적, 화학적 분석법

        • 제조공정에서 의한 실측법

        • 생산실적자료분석법

    ㉡ 재료의 원단위 계산

$$원단위 = 정미소요량 \times (1 + 손실률) \times (1 + 불량률 + 시료율)$$

    ※ 손실률 = (투입원재료의 중량 − 완성제품의 중량) ÷ 투입원재료의 중량

    ※ 불량률 = 조사대상기간 중 불량품의 양 ÷ 조사대상기간 총생산량

    위 계산식은 원재료로부터 조립가공에 이르는 전 공정을 거쳐 완제품을 생산하는 경우에 한해 적용한다. 따라서 부분품을 단순히 조립가공하여 완성제품을 생산하는 경우에는 손실률은 반영하지 않는다.

    • 정미량이란 제품의 실체를 형성한 정량이다.

    • 손실률은 원재료를 가공하여 완성제품을 생산하는 과정에서 발생한다.

    • 불량률은 공정 중 가공과정에서 발생하는 불량품과 조립과정에서 발생하는 불량품의 양으로서, 완전 폐기되는 불량품을 말하며 보수작업이나 재가공에 의해 회복이 가능한 불량품은 제외한다.

    ㉢ 외주품과 외주가공비의 구분

        • 외주품 : 특정 업체에 제조를 의뢰하고, 그 업체에서 원료 및 원재료를 구입, 가공

하여 납품하는 주문부분품을 말한다. 재료비에 적용할 가격은 해당 부품의 납품업체가 판매한 가격(원재료 구입비 포함)을 말한다.

- 외주가공비 : 계약대상자가 제조할 수 없거나 제조 가능하더라도 경제성 및 성능면에서 직접 제조가 불리할 경우에 원료 또는 원재료를 특정 업체에 제공하여 제품 또는 공정의 일부를 가공의뢰하는 것을 말한다. 경비에 적용할 금액은 해당 외주가공업체에게 지불한 금액(원재료비 포함)을 말한다.

  ② 거래가격에 의한 직접재료단위당 가격 적용 : 직접재료단위당 적용 가격은 거래실례가격, 원가 계산가격, 견적가격 등 기계시스템 제작을 위한 예정가격 기초조사방법과 유사하다. 기업의 원가회계에서는 선입선출법, 후입선출법, 이동평균법 등 다양한 방법을 적용하여 재료의 투입단가를 산정한다. 국가계약법상의 원가 계산에서는 원가 계산 시점에서 물가조사를 통하여 단위당 가격을 결정한다. 경쟁계약의 경우에는 가격정보지를 주로 활용하고, 수의계약의 경우에는 업체의 실제 구입자료까지 확인한다. 이 경우 원가에 미치는 영향이 큰 자료는 업체제시자료의 대표성과 진실성을 확인할 필요가 있고, 의제매입세액을 포함한 매입부가가치세가 포함되지 않도록 주의해야 한다.

2) 간접재료비

① 간접재료비는 제품의 실체를 형성하지 않으나 제조에 보조적으로 사용되거나 다른 제품과 공통적으로 소요되는 물품의 가치로서 다음과 같은 것들이 있다.

  ㉠ 보조(또는 소모)재료비 : 윤활유, 접착제, 코팅재, 장갑, 연마재 등 소모성 물품의 가치로서 직접재료를 가공 또는 조립하는 데 소요되는 소모성 재료를 말한다.

  ㉡ 소모성 공구 · 기구 · 비품비 : 내용연수 1년 미만으로서 구입단가가 법인세법(소득세법)에 의한 상당 금액 이하(현재 100만원 이하)인 감가상각대상에서 제외되는 소모성 공구 · 기구 · 비품의 비용을 말한다.

  ㉢ 포장(또는 가설)재료비 : 제품을 포장(또는 가설)하는 등에 사용되는 재료(합판재, 포대, 지대, 병, 상표, 포장용 끈 등)의 비용을 말한다.

② 간접재료비는 직접 산출이 가능한 경우에는 직접 계산하고, 그렇지 않은 경우에는 합리적 배부기준에 의해 배부 계산한다. 배부 계산하는 경우란 2개 이상의 제품 제조에 공통적으로 투입되는 간접재료 또는 소요량측정이 곤란한 비용으로서, 해당 기계시스템 제작을 제조하는 기업의 직전연도 또는 그 이전 회계연도의 제조원가명세서나 관련 회계자료를 분석하여 간접재료비 배부율로 산정한다. 따라서 이 경우는 해당 기계시스템을 제작하기 위한 조사대상기간의 생산여건에 큰 편차가 없을 때 적합하다.

③ 간접재료비 배부방법으로는 다음과 같은 방법이 있으며, 이들 중 가장 합리적이고 배부 방법으로써 적정한 관련성이 있다고 판단되는 것을 배부기준으로 선택하여 계산한다.

㉠ 가액법 : 직접재료비법, 직접노무비법, 직접원가법(= 직접재료비+직접노무비)

㉡ 시간법 : 직접작업시간법, 기계작업시간법

㉢ 수량법

㉣ 혼합법

[표 6.4] 간접재료비의 배부기준 및 계산방법

배부방법		배부기준	계산공식
가액법	직접 재료비법	직접 재료비	$\dfrac{\text{일정기간의 간접재료비총액}}{\text{같은 기간의 직접재료비총액}} \times$ 해당 제품의 직접재료비
	직접 노무비법	직접 노무비	$\dfrac{\text{일정기간의 간접노무비총액}}{\text{같은 기간의 직접노무비총액}} \times$ 해당 제품의 직접노무비
	직접 원가법	직접원가 (=직접재료비+ 직접노무비)	$\dfrac{\text{일정기간의 간접원가총액}}{\text{같은 기간의 직접원가총액}} \times$ 해당 제품의 직접원가
시간법	직접 작업 시간법	직접 작업시간	$\dfrac{\text{일정기간의 간접재료비총액}}{\text{같은 기간의 직접작업 연시간수}}$ $\times$ 해당 제품의 소요작업시간
	기계 작업 시간법	기계 작업시간	$\dfrac{\text{일정기간의 간접재료비총액}}{\text{같은 기간의 기계작업 연시간수}}$ $\times$ 해당 제품의 기계작업시간
수량법		제품의 수량, 중량, 길이 등	$\dfrac{\text{일정기간의 간접재료비총액}}{\text{같은 기간의 제품의 수량, 중량, 길이 등}}$ $\times$ 해당 제품의 수량, 중량, 길이 등
혼합법		위 방법 중에서 2종 이상을 병용하는 방법	

④ 간접재료비명세서

㉠ 배부방법 : 직접재료비법, 직접노무비법, 직접원가법, 직접작업시간 등

㉡ 총간접재료비 발생 실적액 : 일정기간 업체의 총 발생 간접재료비실적액(결산자료 등 확인금액)

㉢ 배부기준 발생 실적액 : 일정기간 업체의 ㉠에 해당하는 배부기준 총 발생 실적액

㉣ 해당 제품 배부기준 해당 금액 : 해당 제품의 원가 계산내역상 선택된 배부기준 ㉠에 해당되는 계산액

[표 6.5] 간접재료비명세서 양식

간접재료비명세서

배부율 산정내역				⑤ 해당 제품 배부기준 해당 금액	⑥ (=④×⑤) 해당 제품 간접재료비 배부 계산액	비고
① 배부방법	② 총간접재료비 발생 실적액	③ 배부기준 발생 실적액	④ (=②÷③) 배부율			

3) 부산물

직접재료비 공제항목인 작업설, 부산물 또는 연산물은 기계시스템의 제작업자가 해당 작업설, 부산물 또는 연산물을 시중에 판매할 수 있는 시장가치를 가지고 있는 경우에는 직접재료비에서 차감한다.

① 작업설 : 원재료의 가공공정에서 발생한 폐품으로서 매각가치가 있는 것(동 스크랩 등)

② 부산물 : 주제품생산과 동일 공정에서 부수적으로 생산되는 2차 생산물품(비누제조 시 글리세린)

③ 연산품 : 동일 공정에서 동일 원료를 사용하여 2가지 이상의 다른 제품이 생산되는 것 (정유공장에서 휘발유, 석유, 경유 등)

④ 기계시스템의 제작업자가 시장에 판매하지는 못하나 내부에서 사용 가능(또는 추가가공하여 사용 가능)할 경우에는 그에 따라 절감되는 반대급부액을 산정하여 직접재료비에서 차감한다.

[표 6.6] 재료비 산정 시 주요 검토사항

구분	검토사항	검토자료
1) 직접재료비 　(1) 소요량	• 소요량 산출기준의 적정성 　− 규격내용(도면/사양) 확인 　− 규격/설계변경 여부 • 타 기관의 소요량 실적 확인 　− 타 조달기관의 계약실적 여부 확인 • 업체의 과거 실적자료 확인 　− 재료의 구입, 불출관계자료에 의한 소요량측정결과 　　검토분석 • 공정변경/가공형식(자체 제작−외주가공)의 변경이 있 　다면 소요량에 미치는 영향 • 소요량에 시료량 포함 여부 확인 : 계약조건 등 특별 　한 경우를 제외하고 시료량은 제외	• 규격서 • 제작도면 • 원단위 소요량표 • 수불대장 • 소요량확인증빙 　자료 • Cutting Plan • 기타 소요량관계 　자료
(2) 재료단가	• 물가조사와 조사가격 적용의 적정성 　− 광범위한 물가조사 　− 투매가격, 구매요구조건에 부합되지 않는 가격 등 　　이 적용되지 않았는지 확인 　− 물가조사 시 공표가격의 적정성 판단 • 증빙자료의 신뢰성 　− 증빙자료 원본(세금계산서, 거래명세서, 영수증 등)과 　　대조 확인 　− 증빙자료의 신뢰성에 의심 갈 경우 추적 확인(세무 　　서 조회, 거래업체 직접 확인 등) 　− 업체 내부자료 활용 시 외부자료와의 동일성 여부 • 타 업체/기관의 구입실적가격 확인 • 견적가격 적용 시, 견적가격의 신뢰성 또는 거래실례 　가격의 존재 여부 확인 • 동일 시점에 이중가격 적용은 없는지(담당자별, 부서 　별 등) 확인 • 유통단계(공장도원칙)/세금 포함 여부 확인	• 견적서 • 세금계산서 • 거래명세서 • 영수증 • 물가조사서 • 발주서 • 품의서 • 매입원장 등
2) 간접재료비	• 간접재료비 총 발생액의 적정성 : 제조원가명세서, 재 　료수불대장과의 일치성, 감가상각비, 포장재료비, 소 　모품비 등과 이중계상 여부 • 배부기준 적용의 합리성 : 사용한 배부방법의 적정성 　과 배부기준 적용의 계속성	• 제조원가명세서 • 재료수불대장
3) 부산물	• 시설물회수율 판단의 합리성 • 시설물평가액의 적정성 • 시설물의 원재료 등으로의 재활용 여부	

[Chapter 01. 재료비의 산정]

01 기계시스템 제작을 위해서 설계자는 재료를 선택해야 한다. 설계자가 검토해야 할 내용을 설명하시오.

02 원자재를 비교분석할 때 가장 이상적인 비교분석을 제시하시오.

03 공정이 재료에 미치는 영향에서 적절한 공작물관리의 결핍의 원인과 방지대책을 설명하시오.

04 현장에서 부적절한 자재취급으로 회사에 손실을 야기하는 경우가 많이 발생한다. 올바른 자재취급방법에 대해 설명하시오.

05 불안전한 검사는 기계시스템의 효율을 저하시키고 조립 시 원인을 찾는 것은 대단히 어렵다. 따라서 효율적인 검사방법을 제시하시오.

06 부정확한 작업순서로 인하여 불량이 발생하고 재료의 손실이 발생한다. 다음의 경우에 대처하는 방법을 제시하시오.
① 작업순서가 공차누적으로 되는 경우
② 불필요한 가공여유를 두는 경우

[Chapter 02. 재료비의 구성]

07 재료비의 구성 중에서 직접재료비를 설명하시오.

08 재료비의 구성 중에서 간접재료비를 설명하고 항목에서 관련 예를 2개 이상 제시하시오.

09 재료비의 원단위 계산에서 원단위, 손실률, 불량률의 계산식을 제시하시오.

10 간접재료비의 배부방법에 대해 설명하시오.

부록 I

효율적인 설계를 위한 기초이론

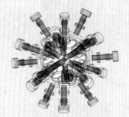

Mechanical Drawing

01 기초역학

1) 응력과 변형률

(1) 변화상태에 따른 하중(load)의 분류

① 정하중(static load)
  ㉠ 사하중(dead load) : 자중과 같이 크기와 방향이 항상 일정한 하중
  ㉡ 점가하중(gradually increased load) : 극히 천천히 일정한 크기까지 같은 방향으로 증가하는 하중
② 동하중(dynamic load)
  ㉠ 활하중
    • 반복하중(repeated load) : 한쪽 방향으로 일정한 하중이 반복되는 하중(예 엘리베이터)
    • 교번하중(alternated load) : 하중의 크기와 방향이 교대로 변화하는 하중(예 복동 증기기관)
  ㉡ 충격하중(impulsive load) : 짧은 시간에 순간적으로 작용하는 하중
  ㉢ 이동하중(travelling load) : 물체상에서 이동하면서 하중이 작용

(2) 응력과 변형률

① 응력(stress)
  ㉠ 수직(법선)응력(normal stress) : $\sigma = \dfrac{P}{A}$

    • 인장응력 : $\sigma_t = \dfrac{P_t}{A}(+)$

    • 압축응력 : $\sigma_c = \dfrac{P_c}{A}(-)$

  ㉡ 전단(접선)응력(shearing stress, tangential stress) : $\tau = \dfrac{F}{A}$

② 변형률(strain) : 단위길이당 변형량(늘음량 또는 줄음량)을 변형률(ε)이라 한다.

ㄱ 세로변형률(ε)

• 인장 세로변형률 : $\varepsilon_t = \dfrac{l' - l}{l} = \dfrac{\delta}{l}(+)$

• 압축 세로변형률 : $\varepsilon_c = \dfrac{l' - l}{l} = \dfrac{-\delta}{l}(-)$

• 세로변형률 : $\varepsilon = \dfrac{d}{l}$

ㄴ 가로변형률(ε')

• 인장 가로변형률 : $\varepsilon_t' = \dfrac{-(d'-d)}{d} = \dfrac{-\Delta d}{d} = \dfrac{\delta'}{d}(-)$

• 압축 가로변형률 : $\varepsilon_c' = \dfrac{d'-d}{d} = \dfrac{\Delta d}{d} = \dfrac{\delta'}{d}(+)$

• 전단변형률 : $\gamma = \dfrac{\delta'}{l} = \tan \phi \, [\text{rad}]$

③ 응력과 변형률선도

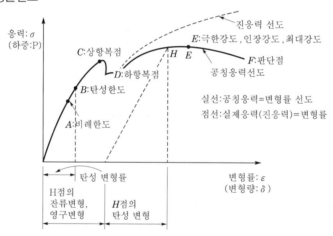

[그림 Ⅰ.1] 응력과 변형률선도

(3) 허용응력과 안전율, 히스테리시스

$$안전율(안전계수, \; S) = \frac{\sigma_u}{\sigma_a} = \frac{극한강도}{허용응력}$$

※ 극한강도 > 탄성한도 > 허용응력 ≧ 사용응력

(4) 피로와 크리프현상

① 피로(fatigue)현상 : 반복하중의 작용으로 인하여 재료의 강도와 수명이 현저히 저하되는 현상(예 자동차의 크랭크축, 철도 차륜의 차축)

② 크리프(creep)현상 : 재료를 고온하에서 장시간 일정응력하에 방치하면 시간의 경과에 따라 변형률이 증가하여 쉽게 파괴되는 현상

(5) 후크의 법칙과 탄성계수

① 후크의 법칙 : $\sigma = E\varepsilon,\ \delta = \dfrac{Pl}{AE}$

② 푸아송비 : $\nu = \dfrac{1}{m} = \dfrac{\varepsilon'}{\varepsilon} = \dfrac{\dfrac{\delta'}{d}}{\dfrac{\delta}{l}} = \dfrac{\delta'l}{d\delta} < 1$

(6) 응력집중

① 노치(notch) : 핀구멍(pin hole), 키(key)홈의 모서리와 구석(fillet) 등 단면적이 급변하는 부분을 말한다.
② 응력집중 : 노치 부분의 한 점에 매우 큰 응력(최대 응력)이 국부적으로 집중하여 발생하면 재료에 균열이나 파괴가 일어나는 현상이다.

2) 인장, 압축, 전단

(1) 조합된 봉의 응력과 변형률

① 직렬조합 : 각 부재에 작용하는 하중은 같다.
② 병렬조합 : 각 부재의 변형량(δ)은 같다.

(2) 열응력(thermal stress)

물체를 가열하면 발생되는 응력을 열응력(σ)이라 한다.

$$\sigma = E\varepsilon = \alpha E(t_2 - t_1) = \alpha E \Delta t$$

(3) 탄성에너지(변형에너지)

① 단위체적당 탄성에너지 : $u = \dfrac{U}{V} = \dfrac{\dfrac{\sigma^2 A l}{2E}}{A l} = \dfrac{\sigma^2}{2E} = \dfrac{E\varepsilon^2}{2}$

여기서, u : 최대 탄성에너지(resilience)
※ resilience는 탄성한도가 클수록, 탄성계수가 작은 재료일수록 크다.

② 단위체적당 전단탄성에너지 : $u = \dfrac{U}{V} = \dfrac{\tau^2}{2G} = \dfrac{G\gamma^2}{2}$

(4) 충격응력

봉에 발생하는 응력 $\sigma = \dfrac{E\delta}{l} = \dfrac{W}{A} + \sqrt{\left(\dfrac{W}{A}\right)^2 + \dfrac{2WEh}{A}} \, l = \dfrac{W}{A}\left(1 + \sqrt{1 + \dfrac{2EAh}{Wl}}\right)$

(5) 내압을 받는 원통

① 세로방향 응력 : $\sigma_z = \dfrac{pd}{4t}$

원주방향 응력($\sigma_y = \sigma_t$)에 의한 힘=압력(p)에 의한 힘 $\rightarrow 2tl\sigma_t = dlp$

② 가로방향 응력(원주방향 응력) : $\sigma_t = \dfrac{pd}{2t}$

3) 조합응력과 모어의 응력원

(1) 경사 단면에 발생하는 응력

① θ만큼 경사진 면에 대한 수직응력(법선응력) : $\sigma_n = \dfrac{N}{A'} = \dfrac{P\cos\theta}{\dfrac{A}{\cos\theta}} = \dfrac{P}{A}\cos^2\theta = \sigma_x \cos^2\theta$

② θ만큼 경사진 면에 대한 전단응력(접선응력) : $\tau_n = \dfrac{Q}{A'} = \dfrac{P\sin\theta}{\dfrac{A}{\cos\theta}} = \dfrac{P}{A}\sin\theta\cos\theta$

$= \dfrac{1}{2}\sigma_x \sin2\theta$

㉠ 최대 법선응력 : $\cos\theta = 1$, 즉 $\theta = 0$일 때이므로 $(\sigma_n)_{\max} = (\sigma_n)_{\theta=0} = \dfrac{P}{A} = \sigma_x$

㉡ 최대 전단응력 : $\sin2\theta = 1$, 즉 $\theta = 45°$일 때이므로 $\tau_{\max} = \dfrac{1}{2}\sigma_x$

(2) 1축 응력에서 모어의 응력원(Mohr's stress circle)

원의 반지름$= \dfrac{\sigma_x}{2}$

$\sigma_n = \dfrac{\sigma_x}{2} + \dfrac{\sigma_x}{2}\cos2\theta = \sigma_x\left(\dfrac{1+\cos2\theta}{2}\right) = \sigma_x \cos^2\theta$

$\tau = \dfrac{\sigma_x}{2}\sin2\theta$

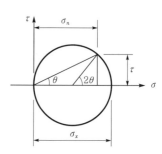

[그림 I.2] 모어의 응력원

(3) 평면응력(2축 응력)

① θ만큼 경사진 단면에 대한 수직응력(법선응력) : $\sigma_n = \sigma_x \cos^2\theta + \sigma_y \sin^2\theta$

$$= \sigma_x \left(\frac{1 + \cos 2\theta}{2} \right) + \sigma_y \left(\frac{1 - \cos 2\theta}{2} \right) = \left(\frac{\sigma_x + \sigma_y}{2} \right) + \left(\frac{\sigma_x - \sigma_y}{2} \right) \cos 2\theta$$

② θ만큼 경사진 면에 대한 전단응력(접선응력) : $\tau = \left(\frac{\sigma_x - \sigma_y}{2} \right) \sin 2\theta$

(4) 평면응력(조합응력)

① 주응력 :
$$\sigma_1 = \frac{1}{2}(\sigma_x + \sigma_y) + \frac{1}{2}\sqrt{(\sigma_x - \sigma_y)^2 + 4\tau_{xy}^2},$$
$$\sigma_2 = \frac{1}{2}(\sigma_x + \sigma_y) - \frac{1}{2}\sqrt{(\sigma_x - \sigma_y)^2 + 4\tau_{xy}^2}$$

② 최대 전단응력 :
$$\tau_{\max} = \pm \frac{1}{2}\sqrt{(\sigma_x - \sigma_y)^2 + 4\tau_{xy}^2}$$

③ 법선응력 : $\sigma_n = \overline{OC} + \overline{CG}$
$$= \frac{\sigma_x + \sigma_y}{2} + \frac{\sigma_x - \sigma_y}{2}\cos 2\theta - \tau_{xy}\sin 2\theta$$

④ 전단응력 : $\tau = \overline{FG} = \frac{\sigma_x - \sigma_y}{2}\sin 2\theta + \tau_{xy}\cos 2\theta$

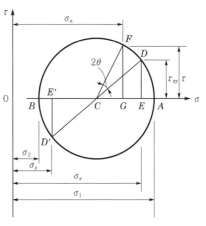

[그림 Ⅰ.3]

4) 평면도형의 성질

(1) 단면 1차 모멘트와 도심

도심을 구하는 법은 다음과 같다.

$$y_1 A_1 + y_2 A_2 + y_3 A_3 + y_4 A_4 + y_5 A_5 = (A_1 + A_2 + A_3 + A_4 + A_5)\overline{y}$$

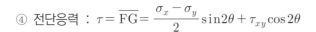

$$\therefore \text{도심거리}(\overline{y}) = \frac{y_1 A_1 + y_2 A_2 + y_3 A_3 + y_4 A_4 + y_5 A_5}{A_1 + A_2 + A_3 + A_4 + A_5} = \frac{\sum yA}{\sum A} = \frac{\int_A y\,dA}{\int_A dA}$$

(2) 단면 2차 모멘트(관성모멘트)

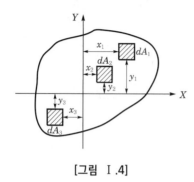

[그림 I.4]

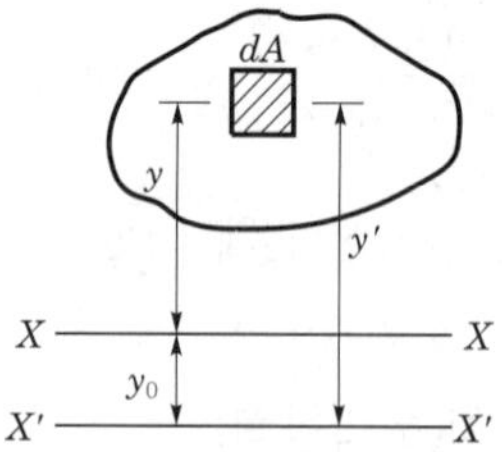

[그림 I.5]

① x축에 대한 단면 2차 모멘트 : $I_x = y_1{}^2 dA_1 + y_2{}^2 dA_2 + (-y_3)^2 dA_3 + \cdots + y_n{}^2 dA_n$

$$= \int_A y^2 dA$$

② y축에 대한 단면 2차 모멘트 : $I_y = x_1{}^2 dA_1 + x_2{}^2 dA_2 + (-x_3)^2 dA_3 + \cdots + x_n{}^2 dA_n$

$$= \int_A x^2 dA$$

③ 단면 2차 모멘트에 대한 평행축정리 : $x - x$축과 y_0만큼 평행이동한 $x' - x'$축에 대한 단면 2차 모멘트

$$I_{x'} = \int_A y'^2 dA = \int_A (y + y_0)^2 dA = \int_A (y^2 + 2yy_0 + y_0^2) dA$$

$$= \int_A y^2 dA + 2y_0 \int_A y dA + y_0{}^2 \int_A dA = I_x + 2y_0 G_X + y_0{}^2 A$$

④ 도형에 따른 단면 2차 모멘트

　㉠ 사각형 : $I_y = \dfrac{hb^3}{12}$

　㉡ 삼각형 : $I_x = \dfrac{bh^3}{12}$

　㉢ 원형 : $I_x = \dfrac{\pi d^4}{64}$

(3) 극관성모멘트(단면 2차 극모멘트)

도심에 관한 극관성모멘트 $I_p = I_x + I_y$, $I_x = I_y$이므로 원형 단면의 극관성모멘트 $I_p = 2I_x = 2I_y$ $= \dfrac{\pi d^4}{32}$이다.

(4) 단면계수와 극단면계수, 회전반경

① 단면계수$(Z) = \dfrac{\text{도심축에 관한 단면 2차 모멘트}}{\text{도심에서 끝단까지의 거리}}$, $Z_1 = \dfrac{I_G}{e_1}$, $Z_2 = \dfrac{I_G}{e_2}$

② 극단면계수$(Z_p) = \dfrac{\text{도심축에 관한 단면 2차 극모멘트}}{\text{도심에서 끝단까지의 거리}} = \dfrac{I_p}{e} = \dfrac{I_p}{r}$

③ 회전반경$(K) = \sqrt{\dfrac{\text{관성모멘트(단면 2차 모멘트)}}{\text{단면적}}} = \dfrac{\sqrt{I_G}}{A}$

5) 비틀림(torsion)

(1) 축(shaft)

① 축의 비틀림작용 : $\tau = G\dfrac{\gamma\theta}{l}$

② 비틀림저항모멘트 : $T = Z_p \tau$

(2) 축의 강도와 축지름

① 실축의 경우 : $T = Z_p \tau = \dfrac{\pi d^3}{16}\tau \rightarrow d = \sqrt[3]{\dfrac{16T}{\pi\tau}} = \sqrt[3]{\dfrac{5.1T}{\tau}}$

② 중공축의 경우 : $T = Z_p \tau = \dfrac{\pi}{16}\left(\dfrac{d_o^{\,4} - d_i^{\,4}}{d_o}\right)\tau = \dfrac{\pi}{16}d_o^{\,3}\left[1 - \left(\dfrac{d_i}{d_o}\right)^4\right]\tau$

$\rightarrow d_o = \sqrt[3]{\dfrac{16T}{\pi\tau(1 - n^4)}} = \sqrt[3]{\dfrac{5.1T}{\tau(1 - n^4)}}$

단, n : 내외경비$\left(= \dfrac{d_i}{d_o}\right)$

(3) 전달동력과 축지름

$$T = 71,620\dfrac{H_{\mathrm{PS}}}{N}[\mathrm{kg \cdot cm}] = 716,200\dfrac{H_{\mathrm{PS}}}{N}[\mathrm{kg \cdot mm}]$$

$$T = 71,620\dfrac{H_{\mathrm{PS}}}{N} = \dfrac{\pi d^3}{16}\tau \rightarrow d = 71.5\sqrt[3]{\dfrac{H_{\mathrm{PS}}}{\tau N}}$$

$1\mathrm{kW} = 102\mathrm{kgf \cdot m/s} = 10,200\mathrm{kg \cdot cm/s}$

$$H_{\mathrm{kW}} = \dfrac{T\omega}{10,200} = \dfrac{T(2\pi N)}{10,200 \times 60}$$

$$T = 97,400\frac{H_{\mathrm{kW}}}{N}\,[\mathrm{kg \cdot cm}] = 974,000\frac{H_{\mathrm{kW}}}{N}\,[\mathrm{kg \cdot mm}]$$

$$T = 97,400\frac{H_{\mathrm{kW}}}{N} = \frac{\pi d^3}{16}\tau \rightarrow d = 79.2\sqrt[3]{\frac{H_{\mathrm{kW}}}{\tau N}}$$

(4) 축의 강성도

$$\tau = G\frac{r\theta}{l} \rightarrow \theta = \frac{\tau l}{Gr} \quad \cdots\cdots\cdots\cdots\cdots\cdots\cdots\cdots\cdots\cdots\cdots\cdots\cdots\cdots\cdots\cdots\cdots ①$$

$$T = Z_p\tau \rightarrow \tau = \frac{T}{Z_p} = \frac{16\,T}{\pi d^3} \quad \cdots\cdots\cdots\cdots\cdots\cdots\cdots\cdots\cdots\cdots\cdots\cdots ②$$

식 ②를 ①에 대입하면

$$\theta = \frac{\dfrac{16\,T}{\pi d^3}l}{G\dfrac{d}{2}} = \frac{32\,Tl}{\pi d^4 G} = \frac{Tl}{GI_p}\,[\mathrm{rad}]$$

(5) 바하(Bach)의 축공식

연강축의 허용비틀림각을 1m에 대하여 $\theta = \dfrac{1}{4}°$ 이내로 제한(θ/l : 강성도)하여 축을 설계한다.

실축의 경우 $\theta = \dfrac{1}{4}°$, $G = 0.81 \times 10^6\mathrm{kg/cm^2}$라면

$$\theta = \frac{Tl}{GI_p} \rightarrow T = \frac{GI_p\theta}{l} = 71,620\frac{H_{\mathrm{PS}}}{N}$$

$$T = \frac{0.81 \times 10^6 \times \dfrac{\pi d^4}{32} \times \dfrac{1}{4} \times \dfrac{\pi}{180}}{100} = 71,620\frac{H_{\mathrm{PS}}}{N}$$

$$\therefore d = 12\sqrt[4]{\frac{H_{\mathrm{PS}}}{N}}\,[\mathrm{cm}] = 120\sqrt[4]{\frac{H_{\mathrm{PS}}}{N}}\,[\mathrm{mm}]$$

또 같은 방법으로 $T = 97,400\dfrac{H_{\mathrm{kW}}}{N}$를 적용하면

$$d = 13\sqrt[4]{\frac{H_{\mathrm{kW}}}{N}}\,[\mathrm{cm}] = 130\sqrt[4]{\frac{H_{\mathrm{kW}}}{N}}\,[\mathrm{mm}]$$

(6) 나선형 코일스프링

① 처짐각(θ)

$$T = PR\cos\alpha = PR(단, \ \alpha \simeq 0)$$

$$\theta = \frac{Tl}{GI_p} = \frac{32\,Tl}{\pi d^4 G}$$

$$\therefore \theta = \frac{64PR^2 n}{Gd^4}$$

여기서, $l = 2\pi Rn$, n : 코일의 감김수

② 처짐(δ)

$$U_1 = \frac{1}{2}\,T\theta = \frac{1}{2}PR\frac{64PR^2 n}{Gd^4} = \frac{32P^2 R^3 n}{Gd^4} \quad \cdots\cdots\cdots\cdots\cdots\cdots\cdots ①$$

P에 의해 δ만큼 처짐이 발생하였다면 스프링이 한 일(U_2)은

$$U_2 = \frac{1}{2}P\delta \quad \cdots\cdots\cdots\cdots\cdots\cdots\cdots\cdots\cdots\cdots\cdots\cdots\cdots\cdots\cdots\cdots\cdots ②$$

식 ①과 ②가 같다면

$$\frac{32P^2 R^3 n}{Gd^4} = \frac{1}{2}P\delta$$

$$\therefore \delta = \frac{64R^3 Pn}{Gd^4} = \frac{8PD^3 n}{Gd^4}$$

③ 스프링상수(k)

$$P = k\delta$$

$$\therefore \ k = \frac{P}{\delta} = \frac{P}{\dfrac{8PD^3 n}{Gd^4}} = \frac{Gd^4}{64R^3 n}$$

6) 보(beam)

(1) 보의 구분

① 정정보 : 정역학적 평형방정식($\sum F = 0$, $\sum M = 0$)만으로 반력을 구할 수 있는 보(반력은 3개)
② 부정정보 : 정역학적 평형방정식만으로는 모든 반력을 구할 수 없을 정도로 과잉지지 또는 과잉구속된 보(반력은 4개 이상)

(2) 보에 대한 힘과 모멘트의 평형으로부터 반력 결정

① $\sum F = 0 (\uparrow \to (+), \ \downarrow \to (-))$

$R_A - P_1 - P_2 - P_3 + P_B = 0$

$(\uparrow) R_A + R_B = (\downarrow) P_1 + P_2 + P_3$

② $\sum M = 0 (\oplus, \ominus)$

  ㉠ B점 기준 : $-R_A l + P_1 b_1 + P_2 b_2 + P_3 b_3 = 0$

   $\to R_A l = P_1 b_1 + P_2 b_2 + P_3 b_3$

  ㉡ A점 기준 : $-P_1 a_1 - P_2 a_2 - P_3 a_3 + R_B l = 0$

   $\to P_1 a_1 + P_2 a_2 + P_3 a_3 = R_B l$

③ ①과 ②에서 $R_A = \dfrac{P_1 b_1 + P_2 b_2 + P_3 b_3}{l}$, $R_B = \dfrac{P_1 a_1 + P_2 a_2 + P_3 a_3}{l}$

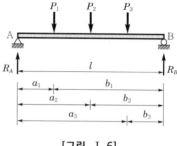

[그림 I.6]

(3) 전단력선도와 굽힘모멘트선도

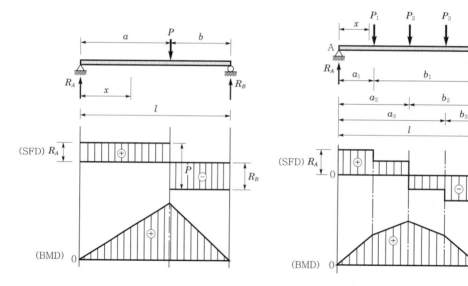

[그림 I.7]

단순보에 집중하중이 작용하는 경우

① 지점반력 : $R_A = P\dfrac{b}{l}$, $R_B = P\dfrac{a}{l}$

② 전단력(V) 및 굽힘모멘트(M)의 방정식

  ㉠ $0 < x < a$인 구간

   $V_x = R_A = \dfrac{Pb}{l}$

$$M_x = R_A\,x = \frac{Pb}{l}\,x$$

ⓛ $a < x < l$인 구간

$$V_x = R_A - P = -R_B = -\frac{Pa}{l}$$

$$M_x = R_A\,x - P(x-a) = R_B(l-x) = \frac{Pa}{l}(l-x) = R_B\,l - R_B\,x = Pa - \frac{Pa}{l}\,x$$

ⓒ $M_{\max} = \dfrac{Pab}{l}$

(4) 보 속의 굽힘과 비틀림으로 인한 조합응력

① 주응력 : $\sigma_1 = \sigma_{\max} = \dfrac{\sigma}{2} + \dfrac{1}{2}\sqrt{\sigma^2 + 4\tau^2} = \dfrac{16}{\pi d^3}\left(M + \sqrt{M^2 + T^2}\right)$

$$= \frac{32}{\pi d^3} \times \frac{1}{2}\left(M + \sqrt{M^2 + T^2}\right) = \frac{M_e}{Z}$$

여기서, M_e : 상당 굽힘모멘트$\left(= \dfrac{1}{2}\left(M + \sqrt{M^2 + T^2}\right)\right)$

② 최대 전단응력 : $\tau_{\max} = \dfrac{1}{2}\sqrt{\sigma^2 + 4\tau^2} = \dfrac{16}{\pi d^3}\sqrt{M^2 + T^2} = \dfrac{T_e}{Z_p}$

여기서, T_e : 상당 비틀림모멘트$(= \sqrt{M^2 + T^2})$

③ 축직경 : $d = \sqrt[3]{\dfrac{32M_e}{\pi \sigma_a}} = \sqrt[3]{\dfrac{10.2M_e}{\sigma_a}}$, $d = \sqrt[3]{\dfrac{16T_e}{\pi \tau_a}} = \sqrt[3]{\dfrac{5.1T_e}{\tau_a}}$

(5) 보의 처짐각과 처짐(면적-모멘트법)

① 외팔보

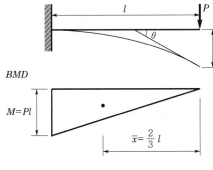

[그림 Ⅰ.8] 집중하중

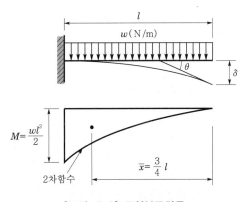

[그림 Ⅰ.9] 균일분포하중

㉠ 집중하중 작용

- 최대 처짐각 : $\theta = \dfrac{A_m}{EI} = \dfrac{\dfrac{Pl^2}{2}}{EI} = \dfrac{Pl^2}{2EI}$

- 최대 처짐 : $\delta = \dfrac{\overline{x}\,A_m}{EI} = \dfrac{\dfrac{2}{3}l\,\dfrac{Pl^2}{2}}{EI} = \dfrac{Pl^3}{3EI}$

㉡ 균일분포하중 작용

- 최대 처짐각 : $\theta = \dfrac{A_m}{EI} = \dfrac{\dfrac{1}{3}\times\dfrac{wl^2}{2}\,l}{EI} = \dfrac{wl^3}{6EI}$

- 최대 처짐 : $\delta = \dfrac{\overline{x}\,A_m}{EI} = \dfrac{\dfrac{3}{4}l\times\dfrac{wl^3}{6}}{EI} = \dfrac{wl^4}{8EI}$

② 단순보

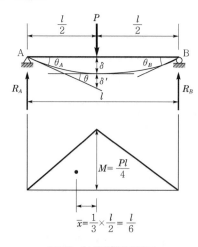

[그림 I.10] 집중하중

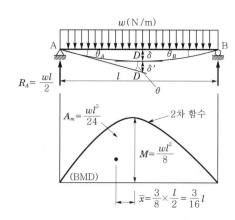

[그림 I.11] 균일분포하중

㉠ 집중하중 작용

- 최대 처짐각 : $\theta = \theta_A = \dfrac{A_m}{EI} = \dfrac{\dfrac{l}{2}\times\dfrac{Pl}{4}\times\dfrac{1}{2}}{EI} = \dfrac{Pl^2}{16EI}$

- 최대 처짐 : $\delta' = \dfrac{\overline{x}\,A_m}{EI} = \dfrac{\dfrac{l}{6}\times\dfrac{Pl^2}{16}}{EI} = \dfrac{Pl^3}{96EI}$

$\therefore \delta = \dfrac{l}{2}\theta - \delta' = \dfrac{l}{2}\times\dfrac{Pl^2}{16EI} - \dfrac{Pl^3}{96EI} = \dfrac{Pl^3}{48EI}$

ⓛ 균일분포하중 작용

• 최대 처짐각 : $\theta = \dfrac{A_m}{EI} = \dfrac{w\,l^3}{24EI}$

• 최대 처짐 : $\delta' = \dfrac{\overline{x}\,A_m}{EI} = \dfrac{w\,l^3 \times \dfrac{3l}{16}}{24EI} = \dfrac{w\,l^4}{128EI}$

$\therefore \delta = \dfrac{l}{2}\theta - \delta' = \dfrac{l}{2} \times \dfrac{w\,l^3}{24EI} - \dfrac{w\,l^4}{128EI} = \dfrac{5wl^4}{384EI}$

7) 기둥

(1) 단주의 편심압축

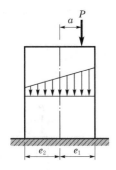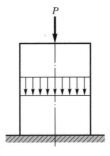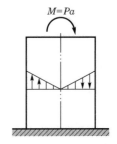

[그림 Ⅰ.12]

$$\sigma = -\left(\frac{P}{A} + \frac{M}{Z}\right) = -\left(\frac{P}{A} + \frac{Pay}{I}\right) = -\frac{P}{A}\left(1 + \frac{ay}{k^2}\right)$$

단, $M = Pa$, $Z = \dfrac{I}{y}$

① 압축응력 : $\sigma_{\max} = -\dfrac{P}{A}\left(1 + \dfrac{ae_1}{k^2}\right)$

② 인장응력 : $\sigma_{\min} = -\dfrac{P}{A}\left(1 - \dfrac{ae_2}{k^2}\right)$

단, 압축응력 또는 인장응력 시 $\dfrac{ae_2}{k^2} < 1$

③ 직사각형 단면의 핵심 : $a = \dfrac{k^2}{y} = \dfrac{h^2/12}{h/2} = \dfrac{h}{6}$, $a = \dfrac{k^2}{y} = \dfrac{b^2/12}{b/2} = \dfrac{b}{6}$

④ 원형 단면의 핵심 : $a = \dfrac{k^2}{y} = \dfrac{d^2/16}{d/2} = \dfrac{d}{8} = \dfrac{r}{4}$

(2) 장주-오일러의 기둥공식

단면의 크기에 비해 길이가 아주 긴 봉(기둥)이 축방향의 압축하중을 받고 있을 때 가로방향으로 힘을 받지 않더라도 굽힘응력이 증가하여 탄성한계에 도달하기 전에 구부러져 주저앉게 되는 현상이 좌굴이고, 그때 하중을 좌굴하중(bucking load)이라 한다.

① 세장비$(\lambda) = \dfrac{\text{기둥의 길이}}{\text{최소 회전반경}} = \dfrac{l}{k}$

단, $k = \sqrt{\dfrac{I}{A}}$

㉠ $\lambda < 30$: 단주

㉡ $30 < \lambda < 150$: 중간주

㉢ $\lambda > 160$: 장주

② 안전하중$(P_s) = \dfrac{\text{좌굴하중}}{\text{안전율}} = \dfrac{P_{cr}}{S}$

③ 좌굴하중$(P_{cr}) = \dfrac{n\pi^2 EI}{l^2}$

④ 좌굴응력$(\sigma_{cr}) = \dfrac{n\pi^2 E}{\lambda^2}$

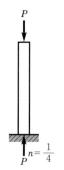

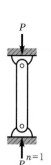

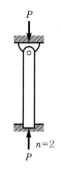

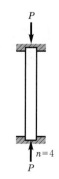

P
P
n = 1/4
n=1
n=2
n=4
(a) 일단 고정 타단 자유
(b) 양단 회전
(c) 일단 고정 타단 회전
(d) 양단 고정

[그림 Ⅰ.13]

1.2 열역학

1) 개요

(1) 각종 물리량

① 밀도$(\rho) = \dfrac{\text{질량}}{\text{단위체적}}$ [kg/m^3, kg/ft^3, kg/in^3]

② 비중량$(\gamma) = \dfrac{G}{V} = \dfrac{mg}{V} = \rho g [\mathrm{kgf/m^3,\ kgf/ft^3,\ kgf/in^3}]$

③ 비체적(v)

  ㉠ 절대(SI)단위 : $v = \dfrac{체적}{단위질량} = \dfrac{1}{\rho}[\mathrm{m^3/kg,\ ft^3/kg,\ in^3/kg}]$

  ㉡ 공학(중력)단위 : $v = \dfrac{체적}{단위무게} = \dfrac{1}{\gamma}[\mathrm{m^3/kgf,\ ft^3/kgf,\ in^3/kgf}]$

④ 비중$(S) = \dfrac{\gamma(어느\ 물질의\ 비중량 = 대상물질)}{\gamma_w(물의\ 비중량)} = \dfrac{\rho(대상물질의\ 밀도)}{\rho_w(물의\ 밀도)}$

  이때 $\gamma_w = 1{,}000\mathrm{kgf/m^3} = 9{,}800\mathrm{N/m^3}$, $\rho_w = 1{,}000\mathrm{kg/m^3} = 1{,}000\mathrm{N\cdot s^2/m^4} = 102\mathrm{kgf\cdot s^2/m^4}$

⑤ 압력 : 한 작은 입자에 수직으로 작용되는 힘의 세기

  ※ 평균압력(average pressure) : 단위면적당 수직으로 작용하는 힘

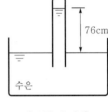

[그림 Ⅰ.14]

  압력$(P) = \dfrac{힘}{면적} = \dfrac{F}{A}[\mathrm{kgf/cm^2,\ psi=lb/in^2,\ Pa=N/m^2,}$

  $\mathrm{mmAq,\ mmHg,\ mmbar,\ atm,\ ata,\ atg]}$

  ㉠ 표준대기압 : 1atm=760mmHg(수은의 높이)

    =10,332mmAq(물의 높이)=10.332mAq(물의 높이)

    =1.0332kgf/cm²(공압기압)=1.013×10^5Pa(SI단위)

    =1013.25mbar=1.01325bar=1013.25hPa

  ㉡ 공학기압 : 1ata=1atm=1kgf/cm² abs, 1atg=1kgf/cm² g

  ㉢ 절대압력(absolute pressure)과 게이지압력(gauge pressure)

    • 절대압력 : 완전 진공을 기준(0)으로 측정한 압력

    • 게이지압력 : 국소대기압을 기준(0)으로 측정한 압력

    • $\begin{cases} 절대압력 = 국소대기압 + 게이지압력\,(P_a = P_{atm} + P_g) \\ 절대압력 = 국소대기압 - 진공압력\,(P_a = P_{atm} - P_v) \end{cases}$

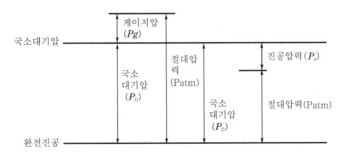

[그림 Ⅰ.15] 압력

⑥ 온도

　　㉠ 섭씨온도와 화씨온도의 환산

　　　　• $t = \dfrac{9}{5}℃ + 32[℉]$

　　　　• $t = \dfrac{5}{9}(℉ - 32)[℃]$

　　㉡ 절대온도(absolute temperature)

　　　　• 켈빈온도 : $K = ℃ + 273$

　　　　• 랭킨온도 : $°R = ℉ + 460$

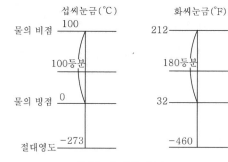

[그림 I.16] 온도

(2) 주요 국제단위(SI단위)

① 기본단위

　　㉠ 길이 : m

　　㉡ 질량 : kg

　　㉢ 시간 : sec

　　㉣ 전류 : A

　　㉤ 열역학적 온도 : K

　　㉥ 물리량 : mol

　　㉦ 광도 : cd

② 보조단위

　　㉠ 평면각 : rad(라디안)

　　㉡ 입체각 : strad(스테라디안)

③ 유도단위

　　㉠ 힘(Newton : N)

　　　　• $1N = 1kg × 1m/s^2 = 1kg \cdot m/s^2$

　　　　• $1dyne = 1g × 1cm/s^2 = 1g \cdot cm/s^2$

　　　　※ $1N = 1kg \cdot m/s^2 = 1,000g × 100cm/s^2 = 10^5 g \cdot cm/s^2 = 10^5 dyne$

　　㉡ 일(Joule : J)

　　　　• $1J = 1N × 1m = 1N \cdot m = 1kg \cdot m^2/s^2$

　　　　• $1erg = 1dyne × 1cm = 1dyne \cdot cm = 1g \cdot cm^2/s^2$

　　　　※ $1J = 1N \cdot m = 10^5 dyne × 100cm = 10^7 dyne \cdot cm = 10^7 erg$

　　㉢ 동력(Watt : W)

　　　　• $1W = 1J/s = 1N \cdot m/s = 1kg \cdot m^2/s^3$

　　　　• $1kW = 1,000J/s = 1,000N \cdot m/s = 1,000W = 1,000kg \cdot m^2/s^3$

④ 중력단위(공학단위)와 SI단위의 관계

　　㉠ 힘(force) = kgf(중력단위) = N(SI단위)

　　㉡ $1kgf = 1 × 9.8kg \cdot m/s^2 = 9.8N$

(3) 과정, 사이클

① 과정(process) : 계(system) 내의 물질이 한 상태에서 다른 상태로 변화할 때 연속된 상태변화의 경로
  ㉠ 가역과정(reversible process) : 경로의 모든 점에서 역학적, 열적, 화학적 등의 모든 평형이 유지되면서 어떤 마찰도 수반되지 않는 과정
  ㉡ 비가역과정(irreversible process) : 계가 경계를 통하여 이동할 때 변화를 남기는 과정으로서, 이때 평형은 유지되지 않음
② 준평형과정 : 평형으로부터 약간 벗어남이 있는 과정으로 거시적으로는 평형과정으로 봄
  ㉠ 등적과정(isometric process, 정적과정) : 체적이 일정한 과정
  ㉡ 등압과정(isobaric process) : 압력이 일정한 과정
  ㉢ 등온과정(isothermal process) : 온도가 일정한 과정
  ㉣ 단열과정(adiabatic process) : 엔트로피가 일정한 과정

(4) 비열, 열량, 동력, 열효율

① 비열(specific heat) : $G[\text{kg}]$의 물질을 온도 dt만큼 올리는 데 필요한 열량을 δQ라면

$$\delta Q = GCdt$$

여기서, C : 비열(kcal/kg · ℃, BTU/lb · ℉, 물질의 단위무게를 단위온도로 올리는 데 필요한 열량)

② 열량의 단위
  ㉠ 1kcal : 물 1kg을 1℃ 올리는 데 필요한 열량(순수한 물 1g을 14.5℃에서 15.5℃까지 1℃ 올리는 데 필요한 열량)
  ㉡ 1BTU : 물 1lb를 1℉ 올리는 데 필요한 열량
  ㉢ 1CHU : 물 1lb를 1℃ 올리는 데 필요한 열량
    • 물의 비열 : 1kcal/kg · ℃=1BTU/lb · ℉=1CHU/lb · ℃
    • 얼음의 비열 : 0.5kcal/kg · ℃
    • 수증기 비열 : 0.441kcal/kg · ℃
    • 공기의 비열 : 정압비열 0.24kcal/kg · ℃, 정적비열 0.172kcal/kg · ℃

③ 동력(power)
  ㉠ 1PS=75kgf · m/s(공학단위), 1PS · h= $\dfrac{75 \times 3,600}{427}$ ≒ 632.3kcal
  ㉡ 1HP(마력)=76kgf · m/s
  ㉢ 1kW=102kgf · m/s, 1kW · h= $\dfrac{102 \times 3,600}{427}$ ≒ 860kcal
  ※ SI단위의 환산 : 1kW=1,000J/s=1.36PS, 1W=1J/s=1N · m/s, 1PS=0.735kW, 1HP=0.746kW

④ 열효율$(\eta_{th}) = \dfrac{\text{얻은 동력(PS 또는 kW)} \times (632.3 \text{ 또는 } 860)}{\text{연료의 저위발열량}(H_l) \times \text{연료소비율}(f_b)}$

여기서, H_l : kcal/kg, f_b : kg/h

(5) 열역학 관련 법칙

① 열역학 제0법칙(열평형에 관한 법칙, 온도의 정의) : A물체와 B물체가 열평형상태에 있고, A물체와 C물체가 열평형상태에 있으면 B물체와 C물체 또한 열평형상태에 있게 된다.

② 열역학 제1법칙(에너지 보존의 법칙, 열과 일의 등가원리) : 고립계의 전체 에너지는 항상 일정하다.

※ 줄의 실험 : 밀폐계에서 한 사이클 동안의 정미일은 한 사이클 동안의 정미열과 같다.

- 일의 열당량 : $A = \dfrac{1}{427}$ kcal/kgf·m

- 열의 일당량 : $J = 427$ kgf·m/kcal

③ 열역학 제2법칙 : 자연현상의 방향성 제시, 열과 일의 방향성, 비가역과정을 설명(엔트로피 증가원리)

④ 열역학 제3법칙 : 완전 결정체인 물질은 절대온도 0K에서 엔트로피가 0(zero)이다. 즉 어떤 물체의 온도를 절대온도 0K에 이르게 할 수 없다(Nernst 주장).

2) 일과 열

(1) 일(work)

① 절대일과 공업일

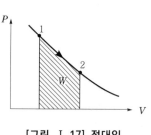

[그림 I.17] 절대일

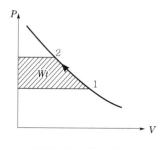

[그림 I.18] 공업일

㉠ 절대일 : 밀폐계에서의 일, 비유동일, 팽창일, 정상류, 가역과정일, (+)일

- 절대일의 미분식 : $\delta W = P dV$
- 단위질량당 일 : $\delta w = p dv$

$$\therefore {}_1 W_2 = \int_1^2 P dV$$

ⓛ 공업일 : 개방계에서의 일, 유동일, 압축일, 정상류, 가역과정일, (−)일

- 공업일의 미분식 : $\delta W_t = - VdP$
- 단위질량당 일 : $\delta w_t = - v\, dp$

$$\therefore {}_1W_{t2} = \int_1^2 VdP$$

② 절대일과 공업일의 비교

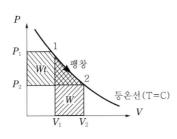

[그림 Ⅰ.19] 등온팽창 시

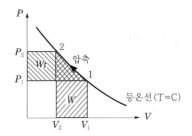

[그림 Ⅰ.20] 등온압축 시

㉠ 등온팽창 시 절대일과 공업일

- 절대일 : ${}_1w_2 = \int_1^2 p\,dv = \int_1^2 \dfrac{RT}{v}dv = RT\ln\dfrac{v_2}{v_1} > 0(+)(\text{팽창일})$

- 공업일 : ${}_1w_{t2} = -\int_1^2 v\,dp = -\int_1^2 \dfrac{RT}{p}dp = -RT\ln\dfrac{p_2}{p_1} > 0(+)(\text{팽창일})$

㉡ 등온압축 시 절대일과 공업일

- 절대일 : ${}_1W_2 = \int_1^2 p\,dv = RT\ln\dfrac{v_2}{v_1} < 0(-)(\text{압축일})$

- 공업일 : ${}_1W_{t2} = -\int_1^2 v\,dp = -RT\ln\dfrac{p_2}{p_1} = RT\ln\dfrac{p_1}{p_2} < 0(-)(\text{압축일})$

(2) 열(heat)

① SI단위 : J(Joule), kJ

② 공학단위 : cal, kcal

※ SI단위계에서 일과 열의 단위는 J 또는 kJ을 사용한다.

㉠ 1kcal≒427kgf · m

$$1\text{kgf} \cdot \text{m} ≒ \frac{1}{427}\text{kcal}$$

㉡ 일의 열당량 : $A = \dfrac{1}{427}\text{kcal/kgf} \cdot \text{m}$

열의 일당량 : $J = 427\text{kgf} \cdot \text{m/kcal}$

ⓒ 1kcal≒426.8kgf·m≒426.8×9.8≒4185.5N·m≒4185.5J≒4.185kJ

1cal=4.185J

(3) 사이클에서의 열역학 제1법칙

$$\delta Q = dU + \delta W, \ \delta q = du + \delta w$$

(4) 엔탈피(enthalpy)

$$H = U + PV(\text{SI단위})$$

단위질량당 엔탈피는 $h = u + pv(\text{SI단위}) = u + Apv(\text{공학단위})$이므로 단위질량당 열량변화 $_1q_2$는

$$_1q_2 = h_2 - h_1$$

따라서 정압과정의 열량변화는 엔탈피변화량과 같다.

3) 완전(完全) 가스

(1) 이상기체(완전 기체)의 열역학적 일반관계식

$$dq = du + p\,dv = dh - v\,dp$$

위 식을 열역학 제1법칙에 대한 에너지방정식(일반 관계식)이라 한다.

(2) 이상기체의 정적비열과 정압비열

$$h = u + pv, \ pv = RT \rightarrow h = u + RT$$

위 식의 양변을 미분하면

$$dh = du + TdR + RdT = du + RdT(\text{단}, \ TdR = 0)$$

$$C_p dT = C_v dT + RdT \rightarrow C_p = C_v + R(\text{SI단위}) = C_v + AR(\text{공학단위})$$

$$\therefore C_p = \frac{kR}{K-1}(\text{SI단위}) = \frac{kAR}{k-1}(\text{공학단위}) = kC_v$$

(3) 이상기체의 상태방정식

① 보일-샤를의 법칙 : $\dfrac{P_1 V_1}{T_1} = \dfrac{P_2 V_2}{T_2} = \cdots = \dfrac{PV}{T} = C$

② 이상기체의 상태방정식 : $Pv = RT$, $PV = GRT$, $PV = n\overline{R}T$

여기서, P : 압력(kgf/m^2), v : 비체적(m^3/kg), R : 기체상수(kg · m/kg · K)

T : 절대온도(K), n : 몰수(mol), $\overline{R}$: 일반기체상수(kg · m/kmol · K)

(4) 아보가드로의 법칙

등온, 등압하에서 모든 기체(또는 이상 기체)는 같은 체적 속에 같은 수의 분자가 들어있다.

1mol=22.4l=g분자량

1kmol=22.4m^3=kg분자량

$$몰수(n) = \frac{중량}{분자량} = \frac{G}{M}(0℃ \ 1atm상태)$$

(5) 완전 가스의 상태변화

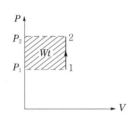

[그림 Ⅰ.21] 정적변화

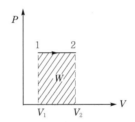

[그림 Ⅰ.22] 등압변화

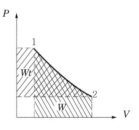

[그림 Ⅰ.23] 등온변화

① 정적변화 : $V = v = c \rightarrow dv = 0$, $\dfrac{T_2}{T_1} = \dfrac{P_2}{P_1}$

㉠ 내부에너지변화량 : $du = C_v dT \rightarrow u_2 - u_1 = C_v(T_2 - T_1)$

㉡ 엔탈피변화량 : $dh = C_p dT \rightarrow h_2 - h_1 = C_p(T_2 - T_1)$

㉢ 일량

• 절대일 : $_1w_2 = \displaystyle\int_1^2 p\,dv = 0$

• 공업일 : $_1w_{t2} = -\displaystyle\int_1^2 v\,dp = -v(p_2 - p_1) = v(p_1 - p_2)$

㉣ 열량

• $dq = du + pdv = du = C_v dT$(단, $dv = 0$)

• $_1q_2 = C_v(T_2 - T_1)$

② 등압변화 : $p = c \rightarrow dp = 0$, $\dfrac{T_2}{T_1} = \dfrac{V_2}{V_1} = \dfrac{v_2}{v_1}$

㉠ 내부에너지변화량 : $du = C_v dT \rightarrow u_2 - u_1 = C_v(T_2 - T_1)$

ⓛ 엔탈피변화량 : $dh = C_p dT \rightarrow h_2 - h_1 = C_p(T_2 - T_1)$

ⓒ 일량

- 절대일 : $_1w_2 = \int_1^2 p\,dv = p(v_2 - v_1)$

- 공업일 : $_1w_{t2} = -\int_1^2 v\,dp = 0(단, \ dp = 0)$

ⓔ 열량

- $dq = dh - vdp = dh = C_p dT(단, \ dp = 0)$

- $_1q_2 = C_p(T_2 - T_1)$

③ 등온변화 : $T = c \rightarrow dT = 0, \quad \dfrac{P_2}{P_1} = \dfrac{V_1}{V_2} = \dfrac{v_2}{v_2}$

ⓐ 내부에너지변화량 : $du = C_v dT = 0(단, \ dT = 0)$

ⓑ 엔탈피변화량 : $dh = C_p dT = 0(단, \ dT = 0)$

ⓒ 일량

- 절대일 : $_1w_2 = \int_1^2 p\,dv = RT\int_1^2 \dfrac{dv}{v} = RT\ln\dfrac{v_2}{v_1} = RT\ln\dfrac{p_1}{p_2}$

  단, $pv = RT \rightarrow p = \dfrac{RT}{v}$

- 공업일 : $_1w_{t2} = -\int_1^2 v\,dp = -RT\int_1^2 \dfrac{dp}{p} = -RT\ln\dfrac{p_2}{p_1} = RT\ln\dfrac{p_1}{p_2} = RT\ln\dfrac{v_2}{v_1}$

  단, $p_1v_1 = p_2v_2 \rightarrow pv = RT \rightarrow v = \dfrac{RT}{p}$

  ∴ 절대일=공업일

ⓔ 열량

- $dq = du + p\,dv = C_v dT + p\,dv = p\,dv$

- $_1q_2 = \int_1^2 p\,dv = {}_1w_2 = RT\ln\dfrac{v_2}{v_1} = RT\ln\dfrac{p_2}{p_1}$

(6) 가스의 혼합

① 돌턴(Dalton)의 분배(분압)법칙

ⓐ $P_A = P\dfrac{V_A}{V}, \quad P_B = P\dfrac{V_B}{V}$

ⓑ $V_A = V\dfrac{P_A}{P}, \quad V_B = V\dfrac{P_B}{P}$

② 혼합기체의 비중량 : $\gamma_m = \dfrac{\gamma_1 V_1 + \gamma_2 V_2 + \gamma_3 V_3 + \cdots}{V_1 + V_2 + V_3 + \cdots} = \dfrac{\sum \gamma_i V_i}{\sum V_i}$

③ 혼합기체의 가스상수 : $R_m = \dfrac{G_1 R_1 + G_2 R_2 + G_3 R_3 + \cdots}{G_1 + G_2 + G_3 + \cdots} = \dfrac{\sum G_i R_i}{\sum G_i}$

④ 혼합기체의 비열 : $C_m = \dfrac{G_1 C_1 + G_2 C_2 + G_3 C_3 + \cdots}{G_1 + G_2 + G_3 + \cdots} = \dfrac{\sum G_i C_i}{\sum G_i}$

⑤ 혼합기체의 온도 : $T_m = \dfrac{G_1 C_1 T_1 + G_2 C_2 T_2 + G_3 C_3 T_3 + \cdots}{G_1 C_1 + G_2 C_2 + G_3 C_3 + \cdots} = \dfrac{\sum G_i C_i T_i}{\sum G_i C_i}$

4) 열역학 제2법칙

(1) 열효율, 성능계수, 가역과 비가역

① 열기관의 열효율 : $\eta_{th} = \dfrac{W}{Q_1} = \dfrac{Q_1 - Q_2}{Q_1} = 1 - \dfrac{Q_2}{Q_1} = 1 - \dfrac{T_2}{T_1}$

② 열펌프의 성적계수 : $\varepsilon_H = COP_H = \dfrac{Q_1}{W} = \dfrac{Q_1}{Q_1 - Q_2} = \dfrac{T_1}{T_1 - T_2}$

  ※ 열펌프 : 고온을 유지하는 것이 목적

③ 냉동기의 성적계수 : $\varepsilon_R = COP_R = \dfrac{Q_2}{W} = \dfrac{Q_2}{Q_1 - Q_2} = \dfrac{T_2}{T_1 - T_2}$

  ※ 냉동기 : 저온을 유지하는 것이 목적

④ 열펌프와 냉동기의 성적계수관계 : $\varepsilon_H = \dfrac{T_1}{T_1 - T_2} = \dfrac{T_1 - T_2 + T_2}{T_1 - T_2}$

$= 1 + \dfrac{T_2}{T_1 - T_2} = 1 + \varepsilon_R$

(2) 카르노사이클(Carnot cycle)

가장 이상적인 열기관사이클(2개의 등온과 2개의 단열)로 각 과정은 가역과정이다.

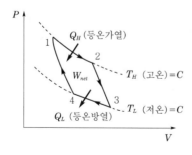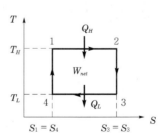

[그림 Ⅰ.24]

① 사이클의 각 과정
  ㉠ 1→2 : 가역등온흡열과정

      ⓒ 2→3 : 가역단열팽창과정

      ⓒ 3→4 : 가역등온방열과정

      ⓔ 4→1 : 가역단열압축과정

② 열효율 : $\eta_c = \dfrac{W_{net}}{Q_H} = \dfrac{Q_H - Q_L}{Q_H} = 1 - \dfrac{Q_L}{Q_H} = 1 - \dfrac{q_L}{q_H}$

(3) 엔트로피(entropy)

① 엔트로피 : $S = k \log A$

② 엔트로피변화량 : $\Delta S = \dfrac{\Delta Q}{T} \to \delta S = \dfrac{\delta Q}{T}$

(4) 클라우지우스(Clausius)의 적분

① 가역사이클의 경우 : $\Sigma \dfrac{\delta Q}{T} = 0 \to \oint \dfrac{\delta Q}{T} = 0$

② 비가역사이클의 경우

    ⓐ 가정 : 가역기관의 열효율 > 비가역기관의 열효율

    ⓑ 2개의 기관이 열기관이면 가역기관의 열효율이 크다.

이상으로 가역과 비가역사이클의 클라우지우스부등식은 $\oint \dfrac{\delta Q}{T} \leq 0$이다.

(5) 완전 가스의 엔트로피변화

$$\Delta S = S_2 - S_1 = C_v \ln\dfrac{T_2}{T_1} + \int_1^2 \dfrac{P}{T} dv = C_v \ln\dfrac{T_2}{T_1} + R\ln\dfrac{v_2}{v_1} \left(단, \ \dfrac{P}{T} = \dfrac{R}{v} \ 이므로\right)$$

$$ds = \dfrac{dh - v \, dp}{T} = \dfrac{C_p \, dT - v \, dp}{T}$$

$$\Delta S = S_2 - S_1 = C_p \ln\dfrac{T_2}{T_1} - \int_1^2 \dfrac{v}{T} dP = C_p \ln\dfrac{T_2}{T_1} - R\ln\dfrac{P_2}{P_1} \left(단, \ \dfrac{v}{T} = \dfrac{R}{P} \ 이므로\right)$$

5) 기체의 압축

(1) 정의

① 통극비(clearance ratio) : $\lambda = \dfrac{V_C}{V_D} = \dfrac{통극체적}{행정체적}$

② 압축비 : $\varepsilon = \dfrac{V_C + V_D}{V_C} = \dfrac{1 + \lambda}{\lambda} = 1 + \dfrac{1}{\lambda}$

(2) 정상유 압축일

① 압축기

- ㉠ 원심형 압축기 : 압력이 작고 유량이 많을 경우 사용
- ㉡ 체적형 압축기 : 유량이 적고 비교적 압력이 높을 경우 사용(예 왕복, 치차, 베인, 축류)

② 단열 시 압축기 효율 : $\eta_c = \dfrac{\text{이상압축일}(W_{ci})}{\text{실제 압축일}(W_{cn})}$

③ 여러 가지 효율

- ㉠ 왕복식 압축기 : $\eta_v = \dfrac{V'}{V_D} = \dfrac{V_1 - V_4}{V_D}$

- ㉡ 압축기 기계효율 : $\eta_m = \dfrac{\text{도시마력}}{\text{제동마력}} = \dfrac{N_i}{N_e} = \dfrac{W_i}{W_e} = \dfrac{f_e(\text{제동연료소비율})}{f_i(\text{도시연료소비율})}$

- ㉢ 내연기관의 기계효율 : $\eta_m = \dfrac{\text{제동마력}}{\text{도시마력}} = \dfrac{N_e}{N_i} = \dfrac{W_e}{W_i} = \dfrac{f_i}{f_e}$

- ㉣ 실린더의 흡입체적(압축기 흡입체적) : $V = \dfrac{\pi}{4} D^2 SZNm\eta_v$

  여기서, m : 단수, Z : 실린더수, N : 회전수, S : 행정, D : 실린더직경

  η_v : 체적효율

6) 증기

(1) 증기의 일반적 성질

① 현열(sensible heat, 감열) : 상태변화 없이 온도만 변화시키는 일
② 잠열(latent heat, 숨은열) : 온도변화 없이 상태만 변화시키는 열
③ 습증기 건조도(x) : 습증기 1kg 속에 들어있는 건증기중량
④ 습증기 습도($1 - x$) : 습증기 1kg 속에 들어있는 액체의 중량

(2) 증기선도

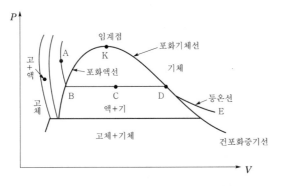

A: 압축액체, B: 포화액체,
C: 습증기(액+기),
D: 건포화증기(포화기체),
E: 과열증기
K : 임계점(Critical point)

[그림 Ⅰ.25]

① 임계점

　㉠ 임계온도 : 액화시킬 수 있는 최고온도

　㉡ 임계압력 : 임계온도에서 액화시킬 수 있는 최저압력

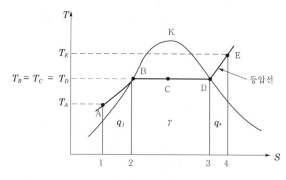

[그림 Ⅰ.26]

② 액체열(현열) : $q_l = C(T_B - T_A)$(면적 AB21A)

　→ 표준 상태에서 $q_l = 1 \times (100-20) = 80$kcal/kg

③ 증발열(잠열) : $\gamma = h_D - h_B$(면적 BCD32B) → 표준 상태에서 $\gamma = 539$kcal/kg

④ 과열의 열(현열) : $q_s = C_p(T_E - T_D)$(면적 DE43D)

　→ 표준 상태에서 $q_s = 0.441 \times (120-100) = 8.82$kcal/kg

(3) 증기의 열적상태량

① 압축수(과냉각액)

　㉠ 엔탈피(내부에너지) : $h_t = cT$(과냉각액의 경우) $= T$(압축수의 경우)[kcal/kg]

　㉡ 엔트로피 : $S_t = C\ln\dfrac{T}{T_o}$(과냉각액의 경우) $= \ln\dfrac{T}{T_o}$(압축수의 경우)[kcal/kg · K]

② 포화수(포화액)

　㉠ 엔탈피(내부에너지)

$$dh = CdT \rightarrow h' - h_o = C(T_s - 0)$$
$$h' = CT_s(\text{포화액인 경우}) = T_s(\text{포화수인 경우})$$

　㉡ 엔트로피

$$ds = \frac{\delta q}{T} = \frac{CdT}{T} \rightarrow S' - S_o = C\ln\frac{T_s}{T_o}$$
$$S' = S_0 + C\ln\frac{T_s}{T_o}(\text{포화액인 경우}) = S_0 + \ln\frac{T_s}{T_o}(\text{포화수인 경우})$$

③ 습포화증기(습증기)

　㉠ 증발잠열 : $\gamma = h_g - h_f = (u_g + APv_g) - (u_f + APv_f) = (u_g - u_f) + AP(v_g + v_f)$

　　$= \rho + \psi$

　여기서, γ : 증발열, ρ : 내부증발열($= u_g - u_f$), ψ : 외부증발열($= P(v_g - v_f)$)

　㉡ 건도 x인 습증기 엔탈피 : $h = h_f + x(h_g - h_f) = h_f + xy$

　㉢ 건도 x인 습증기 내부에너지 : $u = u_f + x(u_g - u_f) = u_f + x\rho$

　㉣ 건도 x인 습증기 엔트로피 : $S = S_f + x(S_g - S_f) = S_f + x\dfrac{\gamma}{T_s}$ (단, $S_g - S_f = \dfrac{\gamma}{T_s}$)

　㉤ 건도 x인 습증기 비체적 : $v = v_f + x(v_g - v_f) = v_f + x\dfrac{\psi}{P} \fallingdotseq xv_g$

④ 건포화증기

　㉠ 엔탈피 : $h_g = h_f + \gamma$

　㉡ 엔트로피 : $s_g = s_f + \dfrac{\gamma}{T_s}$ (단, $\gamma = h_g - h_f$)

⑤ 과열증기

　㉠ 엔탈피 : $h = h_g + C_p(T - T_s)$

　㉡ 엔트로피 : $S = S_g + \displaystyle\int_{T_s}^{T} \dfrac{\delta q}{T} = S_g + \displaystyle\int_{T_0}^{T} \dfrac{C_p dT}{T} = S_g + C_p \ln \dfrac{T}{T_s}$

　㉢ 내부에너지 : $u = u_g + C_v(T - T_s)$

　㉣ 과열의 열 : $q_s = \displaystyle\int_{T_s}^{T} C_p dT = C_p(T - T_s)$

7) 증기원동소사이클

(1) 랭킨사이클(Rankine cycle)

① 증기원동소의 이상사이클

② 각 과정 해석

　㉠ 1-2과정 : 보일러, 정압가열

　㉡ 2-3과정 : 터빈, 단열팽창

　㉢ 3-4과정 : 복수기, 정압방열

　㉣ 4-1과정 : 급수펌프, 단열압축

⑤ 열효율 : $\eta_R = \dfrac{q_1 - q_2}{q_1} = \dfrac{w_T - w_p}{q_B}$

　$= \dfrac{(h_2 - h_3) - (h_1 - h_4)}{h_2 - h_1}$

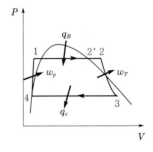

[그림 Ⅰ.27] 랭킨사이클

펌프일을 무시하면 $\eta_R = \dfrac{h_2 - h_3}{h_2 - h_4}$ (단, $h_1 = h_4$)

(2) 재열사이클(reheating cycle)

① 팽창 도중 증기를 고압터빈에서 빼내어 보일러에서 다시 가열, 과열도를 높인 다음 다시 저압터빈으로 도입하여 사이클의 이론적 열효율을 증가시키고 습도에 의한 날개의 부식을 막을 수 있는 사이클

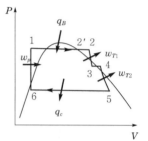

[그림 Ⅰ.28] 재열사이클

② 열효율 : $\eta_{Rh} = \dfrac{w_{net}}{q_H} = \dfrac{w_t - w_p}{q_B + q_R}$

$$= \frac{\{(h_2 - h_3) + (h_4 - h_5)\} - (h_1 - h_6)}{(h_2 - h_1) + (h_4 - h_3)}$$

(단, $w_t = w_{th} + w_{tl}$, $q_H = q_B + q_R$)

펌프일을 무시하면 $\eta_{Rh} = \dfrac{(h_2 - h_3) + (h_4 - h_5)}{(h_2 - h_6) + (h_4 - h_3)}$ (단, $h_1 = h_6$)

(3) 재생사이클(regenerative cycle)

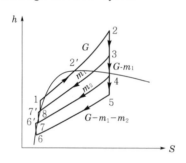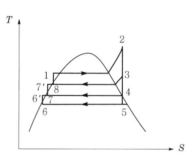

[그림 Ⅰ.29] 재생사이클

① 고압터빈으로부터 증기의 일부를 추기하여 보일러로 유입되는 급수를 가열효율을 증대시키는 사이클

② 열효율 : $\eta_{RG} = \dfrac{AW_{net}}{\dot{Q}_H} = \dfrac{AW_T - AW_P}{\dot{Q}_B}$

8) 가스동력사이클

(1) 내연기관사이클

① 오토사이클(otto cycle, 정적사이클)

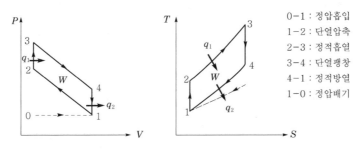

0-1 : 정압흡입
1-2 : 단열압축
2-3 : 정적흡열
3-4 : 단열팽창
4-1 : 정적방열
1-0 : 정압배기

[그림 Ⅰ.30] 오토사이클

㉠ 공급열량(2-3과정 : 정적가열) : $q_1 = C_v(T_3 - T_2)$

㉡ 방출열량(4-1과정 : 정적방열) : $q_2 = C_v(T_4 - T_1)$

㉢ 유효일=단열팽창일(3-4과정)-단열압축일(1-2과정)

$$w_{net} = q_1 - q_2 = C_v\{(T_3 - T_2) - (T_4 - T_1)\}$$

㉣ 열효율 : $\eta_o = \dfrac{w_{net}}{q_1} = \dfrac{C_v\{(T_3 - T_2) - (T_4 - T_1)\}}{C_v(T_3 - T_2)} = \dfrac{(T_3 - T_2) - (T_4 - T_1)}{T_3 - T_2}$

$$= 1 - \dfrac{T_4 - T_1}{T_3 - T_2}$$

㉤ 평균유효압력 : $P_m = \dfrac{w_{net}}{v_1 - v_2} = \dfrac{\eta_0 q_1}{v_1 - v_2} = \dfrac{\eta_0 q_1}{v_2\left(\dfrac{v_1}{v_2} - 1\right)} = \dfrac{n_0 q_1 v_1}{v_2\left(\dfrac{v_1}{v_2} - 1\right)v_1} = \dfrac{\eta_0 q_1 \varepsilon}{(\varepsilon - 1)v_1}$

② 디젤사이클(diesel cycle, 정압사이클)

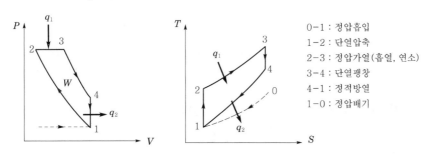

0-1 : 정압흡입
1-2 : 단열압축
2-3 : 정압가열(흡열, 연소)
3-4 : 단열팽창
4-1 : 정적방열
1-0 : 정압배기

[그림 Ⅰ.31] 디젤사이클

ㄱ 공급열량(2-3과정 : 정압연소) : $q_1 = C_p(T_3 - T_2)$

ㄴ 방출열량(4-1과정 : 정적방열) : $q_2 = C_p(T_4 - T_1)$

ㄷ 유효일 : $w_{net} = q_1 - q_2 = C_p(T_3 - T_2) - C_v(T_4 - T_1)$

ㄹ 열효율 : $\eta_d = \dfrac{w_{net}}{q_1} = 1 - \dfrac{q_2}{q_1} = -\dfrac{C_v(T_4 - T_1)}{C_p(T_3 - T_2)} = 1 - \dfrac{T_4 - T_1}{k(T_3 - T_2)}$

ㅁ 평균유효압력 : $P_m = \dfrac{w_{net}}{v_1 - v_2} = \dfrac{\eta_d q_1}{v_1 - v_2} = \dfrac{\eta_d q_1}{v_2\left(\dfrac{v_1}{v_2} - 1\right)} = \dfrac{\eta_d q_1 v_1}{v_2\left(\dfrac{v_1}{v_2} - 1\right)v_1}$

③ 사바테사이클(sabathe cycle, 복합사이클, 등적·등압사이클)

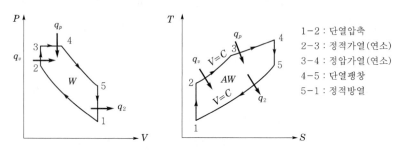

1-2 : 단열압축
2-3 : 정적가열(연소)
3-4 : 정압가열(연소)
4-5 : 단열팽창
5-1 : 정적방열

[그림 I.32] 사바테사이클

ㄱ 공급열량(2-3과정 : 정적가열, 3-4과정 : 정압과열) : $q_1 = q_v + q_p$

$\quad = C_v(T_3 - T_2) + C_p(T_4 - T_3)$

ㄴ 방출열량(5-1과정 : 정적방열) : $q_2 = C_v(T_5 - T_1)$

ㄷ 유효일 : $w_{net} = q_1 - q_2 = (q_v + q_p) - q_2$

$\quad = C_v(T_3 - T_2) + C_p(T_4 - T_3) - C_v(T_5 - T_1)$

ㄹ 열효율 : $\eta_s = \dfrac{w_{net}}{q_1} = 1 - \dfrac{q_2}{q_1} = 1 - \dfrac{C_v(T_5 - T_1)}{C_v(T_3 - T_2) + C_p(T_4 - T_3)}$

$\quad = 1 - \dfrac{T_5 - T_1}{(T_3 - T_2) + k(T_4 - T_3)}$

ㅁ 평균유효압력 : $P_m = \dfrac{w_{net}}{v_1 - v_2} = \dfrac{\eta_s q_1}{v_1 - v_2} = \dfrac{\eta_s q_1 v_1}{v_2\left(\dfrac{v_1}{v_2} - 1\right)v_1} = \dfrac{\eta_s q_1 \varepsilon p_1}{(\varepsilon - 1)RT_1}$

④ 각 사이클의 효율 비교(가정 : 전 가열량은 같다)

ㄱ 압축비가 일정한 경우 : $\eta_o > \eta_s > \eta_d$

ㄴ 최고압력이 일정한 경우 : $\eta_d > \eta_s > \eta_o$

(2) 가스터빈사이클

① 브레이턴사이클(Brayton cycle) : 가스터빈의 이상사이클

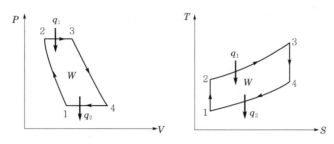

[그림 Ⅰ.33] 브레이턴사이클

㉠ 공급열량(2-3과정 : 정압연소) : $q_1 = C_p(T_3 - T_2)$

㉡ 방출열량(4-1과정 : 정압방열) : $q_2 = C_p(T_4 - T_1)$

㉢ 유효일 : $w_{net} = q_1 - q_2$

㉣ 열효율 : $\eta_B = \dfrac{w_{net}}{q_1} = \dfrac{q_1 - q_2}{q_1} = 1 - \dfrac{q_2}{q_1} = 1 - \dfrac{C_p(T_4 - T_1)}{C_p(T_3 - T_2)} = 1 - \dfrac{T_4 - T_1}{T_3 - T_2}$

② 압축기 효율과 터빈효율

㉠ 압축기의 단열효율 : $\eta_c = \dfrac{\text{이상일}}{\text{실제 일}} = \dfrac{h_2 - h_1}{h_2{'} - h_1} = \dfrac{T_2 - T_1}{T_2{'} - T_1}$

㉡ 터빈의 단열효율 : $\eta_T = \dfrac{\text{실제 일}}{\text{이상일}} = \dfrac{h_3 - h_4{'}}{h_3 - h_4} = \dfrac{T_3 - T_4{'}}{T_3 - T_4}$

9) 냉동사이클

(1) 개요

① 체적효율(η_v) $= \dfrac{\text{실제 피스톤압출량}}{\text{이론피스톤압축량}} = \dfrac{V_a}{V_{th}} = \dfrac{V_a}{V}$

② 냉매순환량(G) $= \dfrac{V_a}{v} = \dfrac{\eta_v V_{th}}{v} = \dfrac{\eta_v V}{v}$

③ 이론피스톤압출량

㉠ 왕복동압축기 : $V = \dfrac{\pi}{4} d^2 L \, 60 a N$

여기서, d : 직경, L : 행정, N : 회전수(rpm), a : 기통수

㉡ 회전압축기 : $V = \dfrac{\pi}{4}(d_2{}^2 - d_1{}^2) t \, 60 N$

여기서, d_1 : 내경, d_2 : 외경, t : 두께(폭)

④ 냉동톤, 냉동효과, 냉동능력

　　㉠ 한국냉동톤 : 1일에 0℃ 물 1ton을 0℃ 얼음으로 만드는 데 필요한 냉동능력

$$1\mathrm{RT} = \frac{1,000}{24} \times 79.68 = 3,320\mathrm{kcal/h}(1냉동톤) \fallingdotseq 13.9\mathrm{MJ/h}$$

　　㉡ 미국냉동톤 : 1일에 0℃ 물 2,000lb를 0℃ 얼음으로 만드는 데 필요한 냉동능력

$$1\mathrm{USRT} = \frac{2,000 \times 0.4536}{24} \times 79.68 = 3,024\mathrm{kcal/h}(1냉동톤) \fallingdotseq 12.7\mathrm{MJ/h}$$

$$RT = \frac{Q_2}{3,320} = \frac{Gq_2}{3,320} = \frac{\eta_v V q_2}{3,320v}$$

　　㉢ 냉동효과 : 증발기에서 냉매 1kg이 순환할 때 흡수한 열량($q_2 = q_L$)

　　㉣ 냉동능력 : 증발기에서 1시간당 흡수열량($Q_2 = Gq_2$[kcal/h])

⑤ 응축부하=냉동능력+압축부하

$$Q_1 = Q_2 + W_H$$

$$q_1 = q_2 + w_H$$

⑥ 압축동력

　　㉠ $L_{\mathrm{PS}} = \dfrac{W_H}{632.3} = \dfrac{G(h_2 - h_1)}{632.3} = \dfrac{\eta_v V(h_2 - h_1)}{632.3v}$

　　㉡ $L_{\mathrm{kW}} = \dfrac{W_H}{860} = \dfrac{G(h_2 - h_1)}{860} = \dfrac{\eta_v V(h_2 - h_1)}{860v}$

(2) 증기냉동사이클

① 냉동효과 : $q_2 = h_1 - h_4$[kJ/kg]

② 냉동능력 : $Q_2 = Gq_2 = G(h_1 - h_4)$[kJ/h]

　여기서, G : 냉매순환량(kg/h)

③ 압축일의 열당량 : $w_c = h_2 - h_1$[kJ/kg]

④ 압축동력의 열당량 : $W_H = Gw_H = G(h_2 - h_1)$[kJ/h]

⑤ 응축열량(응축부하) : $q_1 = h_2 - h_3$[kJ/kg],

　$Q_1 = G(h_2 - h_3)$[kJ/h]

⑥ 성적계수 : $\varepsilon = COP = \dfrac{q_2}{w_c} = \dfrac{h_2 - h_4}{h_2 - h_1}$

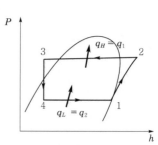

[그림 Ⅰ.34] 증기냉동사이클

(3) 역카르노사이클(逆carnot cycle)

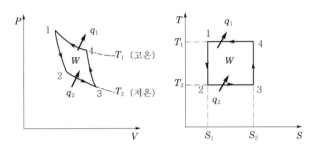

[그림 Ⅰ.35] 역카르노사이클

① 냉동기 성적계수 : $\varepsilon_R = \dfrac{q_2}{w_c} = \dfrac{q_2}{q_1 - q_2} = \dfrac{T_2(s_3 - s_1)}{T_1(s_3 - s_1) - T_2(s_3 - s_1)} = \dfrac{T_2}{T_1 - T_2}$

② 열펌프 성적계수 : $\varepsilon_H = \dfrac{q_1}{w_c} = \dfrac{q_1}{q_1 - q_2} = \dfrac{T_1(s_3 - s_1)}{T_1(s_3 - s_1) - T_2(s_3 - s_1)} = \dfrac{T_1}{T_1 - T_2}$

1.3   유체역학

1) 개요

(1) 뉴턴의 제2법칙

$F \propto a$

$F = ma$(뉴턴의 운동법칙)

$F = m\dfrac{dV}{dt} = \dfrac{d}{dt}(mV)$

$Fdt = d(mV) \rightarrow$ 차원 : $FT = MLT^{-1}$

따라서 운동량의 시간변화율은 힘과 같다.

여기서, mV : 운동량(momentum)

(2) 차원(dimensions)

① 절대단위계

　㉠ 질량 : M　　　　　　　　　　　　㉡ 길이 : L

　㉢ 시간 : T

② 중력단위계

    ㉠ 힘=무게=중량 : F   ㉡ 길이 : L

    ㉢ 시간 : T

③ 주요 물리량의 차원

    ㉠ 힘(force) : $kgf[F] = kg \cdot m/s^2[MLT^{-2}]$

    ㉡ 일(work) : $kgf \cdot m[FL] = kg \cdot m^2/s^2[ML^2T^{-2}]$

    ㉢ 동력(power) : $kgf \cdot m/s[FLT^{-1}] = kg \cdot m^2/s^3[ML^2T^{-3}]$

    ㉣ 운동량(momentum) : $kgf \cdot s[FT] = kg \cdot m/s[MLT^{-1}]$

(3) 뉴턴의 점성법칙

$$\tau = \mu \frac{du}{dy}$$

① 점성계수(μ)

    ㉠ 기체의 경우 온도(T)가 상승하면 μ도 증가(주로 분자 상호 간의 운동이 μ를 지배)

    ㉡ 액체의 경우 온도(T)가 상승하면 μ가 감소(주로 분자 간 응집력이 점성을 좌우)

    ※ $1poise = 1g/cm \cdot s$, $1poise = 100cpoise = 1dyne \cdot s/cm^2$

    ※ $1kgf \cdot s/m^2 = 9.8N \cdot s/m^2 = \dfrac{9.8 \times 10^5 dyne \cdot s}{10^4 cm^2} = 98dyne \cdot s/cm^2 = 98poise$

    ※ $1dyne \cdot s/cm^2 = 1poise = \dfrac{1}{98}kgf \cdot s/m^2$

② 동점성계수(ν) $= \dfrac{\mu(점성계수)}{\rho(밀도)}$

(4) 체적탄성계수(K)

① 압축성(β) $= \dfrac{체적변화율}{미소압력변화} = \dfrac{-dV/V}{dP} = -\dfrac{1}{V}\dfrac{dV}{dP}$

② 체적탄성계수(K) $= \dfrac{1}{\beta} = -V\dfrac{dP}{dV} = \rho\dfrac{dP}{d\rho}$

(5) 속도

① 유체 내에서 교란에 의한 압력파의 속도(a 또는 α_s) : $a = \sqrt{\dfrac{dP}{d\rho}} = \sqrt{\dfrac{K}{\rho}} = \alpha_s$

② 대기 중에서 음속(압력파(충격파)의 속도로 가정, α_s)

    ㉠ 등온에서 $\alpha_s = \sqrt{\dfrac{P}{\rho}} = \sqrt{RT}$(SI단위, $R[N \cdot m/kg \cdot K]$)

         $= \sqrt{gRT}$(중력단위, $R[kg \cdot m/kg \cdot K]$)

ⓛ 단열에서 $\alpha_s = \sqrt{\dfrac{K}{\rho}} = \sqrt{kRT}$ (SI단위, $R[\mathrm{N \cdot m/kg \cdot K}]$)

$= \sqrt{kgRT}$ (중력단위, $R[\mathrm{kg \cdot m/kg \cdot K}]$)

단, $\dfrac{P}{\rho} = RT \rightarrow Pv = RT$를 위 식에 적용

(6) 표면장력과 모세관현상

① 표면장력(surface tension, σ) : 액체가 자유표면을 최소화하려는 경향(성질)

$$\sigma = \frac{\text{힘}(\mathrm{N,\ kgf})}{\text{단위길이}(\mathrm{m})}$$

② 모세관현상(capillarity) : 가는 관을 액체 중에 세울 때 올라가거나 내려가는 현상으로, 이것은 액체와 기체의 경계에서 액체의 분자인력으로 표면에 있는 분자를 끌어 올리려는 표면에너지 때문에 일어나는 현상이다.

2) 유체정역학

(1) 압력(pressure)

① 평균압력$(p) = \dfrac{F}{A}$ [kgf/cm^2, N/m^2=Pa, kgf/m^2, lb/in^2, dyne/cm^2, mmHg, mAq, bar, mbar, HPa)

② 전압력$(P) = F = pA$

③ 표준대기압(P_{atm}) : 바다 수면 위의 대기압력

1atm=760mmHg=1.0332kgf/cm^2=10.332mAq(물기둥)=1013.25mbar=101,325Pa
=1013.25HPa=1.01325bar

(단, 1bar=10^{5}Pa, 1bar=10^{3}mbar, 1HPa=10^{2}Pa, 1Pa=1N/m^2)

④ 절대압력(P_a) : 완전 진공을 기준으로 측정한 압력으로 완전 진공의 절대압력은 0(zero)

⑤ 게이지압력(P_g) : 국소대기압을 기준으로 측정한 압력(계기상의 압력)

※ 국소대기압(P_o) : 대기의 온도, 습도, 고도에 따라 다르게 나타난 대기압

※ 절대압(P_a)=국소대기압+게이지압=$P_o + P_g$
=국소대기압－진공압(부게이지압)=$P_o - P_v$

(2) 정지유체 내의 압력

① 유체의 압력은 임의면에 수직하다.
② 정지유체 내의 한 점에 작용하는 압력은 방향에 관계없이 일정하다.
③ 밀폐용기 내에 작용한 압력은 같은 세기로 모든 방향으로 전달된다(Pascal의 정리).

$$\frac{W_1}{A_1} = \frac{W_2}{A_2}$$

(3) 정지유체 내의 압력변화

① h만큼 깊은 곳의 압력 $p_1 = p_2 + \rho g(z_2 - z_1) = p_0 + \gamma h$

② 만약 $p_0 \simeq 0$으로 놓으면(기준압력) $p_1 = \gamma h$

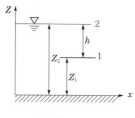

[그림 Ⅰ.36]

(4) 액주계

① 수은기압계(barometer)

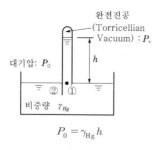

$$P_0 = \gamma_{Hg} h$$

[그림 Ⅰ.37]

② 액주계

㉠ 피에조미터(piezometer) : 액주계의 액체와 측정하려고 하는 유체가 동일

㉡ 마노미터(manometer) : 액주계의 액체와 측정하고자 하는 유체가 다름

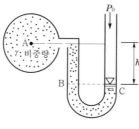

$$P_A + \gamma h = P_o$$

[그림 Ⅰ.38]

③ 시차액주계(differential manometer)

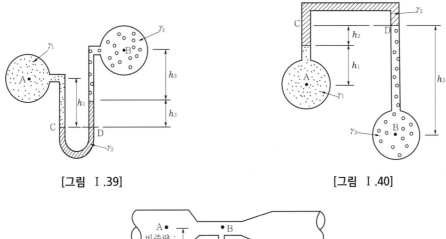

[그림 Ⅰ.39] [그림 Ⅰ.40]

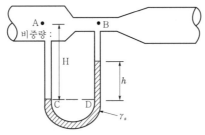

[그림 Ⅰ.41]

$$P_A + \gamma_1 h_1 = P_B + \gamma_3 h_3 + \gamma_2 h_2 ([\text{그림 Ⅰ.39}] \text{ 참조})$$
$$P_A - \gamma_1 h_1 - \gamma_2 h_2 = P_B - \gamma_3 h_3 ([\text{그림 Ⅰ.40}] \text{ 참조})$$
$$P_A - P_B = (\gamma_s - \gamma)h ([\text{그림 Ⅰ.41}] \text{ 참조})$$

(5) 평면에 작용하는 힘

① 전압력(total pressure) : $P_t = F =$ 단위면적당 압력$(p) \times$ 압력을 받는 전체 면적$(A) = pA$

　㉠ 수평평판에 작용하는 전압력(힘)

　　• 평균압력 : $p = \gamma h$

　　• 전압력 : $P_t = F = pA = \gamma hA$

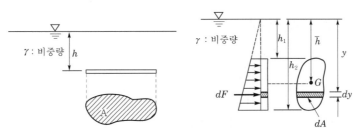

[그림 Ⅰ.42]

ⓒ 수직평판에 작용하는 전압력(힘) : $F = \gamma c \left(\dfrac{h_1 + h_2}{2} \right)(h_2 - h_1) = \gamma \overline{h} A$

여기서, $\overline{h} = \dfrac{h_1 + h_2}{2}$, $A = c(h_2 - h_1)$

(6) 부력(buoyancy force, F_B)

$$F_B = \gamma V$$

여기서, γ : 유체의 비중량, V : 물체의 체적

① 부력의 중심(부심) : 유체에 잠긴 물체의 체적 중심
② 아르키메데스의 원리 : 부력의 크기는 잠긴 물체가 배제한 유체의 무게와 같고, 방향은 연직 상방향이다.

3) 유체운동학

(1) 흐름의 상태

① 정상유동 : 유체특성이 한 점에서 시간에 따라 변화하지 않는 흐름, $\dfrac{\partial F}{\partial t} = 0$

② 비정상유동 : 유체특성이 시간에 따라 변화하는 흐름, $\dfrac{\partial F}{\partial t} \neq 0$

(2) 유선, 유적선, 유맥선

① 유선(streamline) : 어떤 순간 유동장 내에 그려진 가상곡선으로, 그 곡선상의 임의의 점에 그은 접선방향과 그 점 위에 있는 유체입자의 속도방향이 일치하도록 그려진 연속적인 선

$$\frac{dx}{u} = \frac{dy}{v} = \frac{dz}{w} \text{ (유선의 방정식)}$$

② 유적선(path line) : 한 유체입자가 일정한 기간 내에 움직인 경로
③ 유맥선(streak line) : 유동장 내의 고정된 한 점을 지나는 모든 유체입자들의 순간궤적

(3) 연속방정식(질량보전의 법칙)

① 유량
  ㄱ 질량유량변화율 : $\dot{m} = \rho A V = c$
  ㄴ 중량유량변화율 : $\dot{G} = \gamma A V = c$
    여기서, A : 유동 단면적, V : 유체의 속도
② ρ와 $\gamma = c$(일정)인 비압축성 유체의 경우 : $A V = c = Q$(체적유량)

(4) 오일러의 운동방정식

유선상의 미소체적요소에 뉴턴의 운동법칙 $\vec{F} = m\vec{a}$를 적용하면 다음과 같다.

$$vdv + \frac{dp}{\rho} + gdz = 0$$

$$\frac{dp}{\gamma} + \frac{vdv}{g} + dz = 0$$

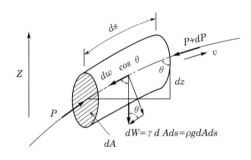

[그림 Ⅰ.43]

(5) 베르누이방정식

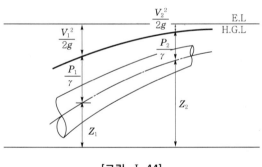

[그림 Ⅰ.44]

오일러의 운동방정식을 적분하여 얻는다.

압력수두+속도수두+위치수두=전수두

$$\frac{p}{\gamma} + \frac{v^2}{2g} + z = c$$

$$\frac{p_1}{\gamma} + \frac{v_1^{\,2}}{2g} + z_1 = \frac{p_2}{\gamma} + \frac{v_2^{\,2}}{2g} + z_2 = H(전수두, 전양정)$$

손실이 존재할 때

$$\frac{p_1}{\gamma} + \frac{v_1^{\,2}}{2g} + z_1 = \frac{p_2}{\gamma} + \frac{v_2^{\,2}}{2g} + z_2 + h_L(여기서, h_L : 손실수두)$$

(6) 동압과 정압

피토관의 경우 [그림 I.8]에서 1과 2점에 베르누이방정식을 적용하면

$$\frac{p_0}{\gamma} + \frac{v_0{}^2}{2g} + Z_1 = \frac{p_s}{\gamma} + \frac{v_s{}^2}{2g} + Z_2$$

단, $Z_1 = Z_2$, $V_s \simeq 0$이므로

$$\frac{p_0}{\gamma} + \frac{v_0{}^2}{2g} = \frac{p_s}{\gamma}$$

$$\therefore\ p_s = p_0 + \gamma\frac{v^2}{2g}\ (\text{전압=정압+동압})$$

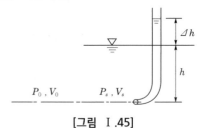

[그림 I.45]

여기서, $\dfrac{p_s}{\gamma}$: 정체압(전압), $\dfrac{p_0}{\gamma}$: 정압, $\dfrac{v_0{}^2}{2g}$: 동압

(7) 오리피스(orifice)관에서 분출속도(토리첼리정리)

$$v_1 = V = \sqrt{2gh}\ (\text{분출속도})$$

(8) 공률(power)

① 펌프동력 : $L_{kW} = \dfrac{\gamma H_p Q}{102} = \dfrac{\gamma HQ}{102\eta_p}$[kW] 또는 $L_{kW} = \dfrac{\gamma QH_P}{1{,}000}$

　여기서, γ : 비중량$\left(= \dfrac{\gamma QH}{1{,}000\eta_p}\right)$(N/m^3)

② 펌프마력 : $L_{PS} = \dfrac{\gamma HQ}{75\eta_p}$[PS]

　여기서, γ : 비중량(kg/m^3), H : 펌프전양정(m), Q : 유량(m^3/s)

　　　η_p : 펌프효율$\left(= \dfrac{H}{H_p}\right)$

③ 터빈동력 : $L_{kW} = \dfrac{\gamma H_t Q}{102} = \dfrac{\gamma HQ\eta_t}{102}$[kW] 또는 $L_{kW} = \dfrac{\gamma QH_t}{1{,}000}$

　여기서, γ : 비중량$\left(= \dfrac{\gamma QH\eta_t}{1{,}000\eta_p}\right)$(N/m^3)

④ 터빈마력 : $L_{PS} = \dfrac{\gamma HQ\eta_t}{75}$[PS]

　여기서, γ : 비중량(kg/m^3), H : 터빈전양정(m), Q : 유량(m^3/s), η_t : 터빈효율$\left(= \dfrac{H_t}{H}\right)$

⑤ 송풍기동력 : $L_{kW} = \dfrac{pQ}{107\eta}$

⑥ 송풍기마력 : $L_{PS} = \dfrac{pQ}{75\eta}$

여기서, p : 송풍기전압(kgf/m^3), Q : 송풍기풍량(m^3/s), η : 송풍기효율

4) 운동량방정식과 그 응용

(1) 운동량과 역적

$$\sum Ft = m(V_2 - V_1)$$

(2) 유체의 운동량방정식

$$\sum F = \rho Q(V_2 - V_1)$$

(3) 프로펠러와 풍차

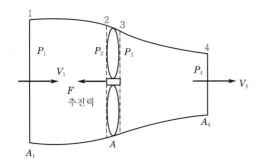

[그림 Ⅰ.46] 프로펠러

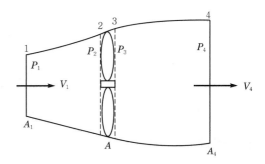

[그림 Ⅰ.47] 풍차

① 프로펠러 : 유체에 에너지를 공급하는 장치

　㉠ 출력 : $L_0 = FV_1 = \rho Q(V_4 - V_1)V_1$

　㉡ 입력 : $L_i = \dfrac{\rho Q}{2}(V_4{}^2 - V_1{}^2) = \rho Q(V_4 - V_1)\dfrac{V_1 + V_4}{2} = \rho Q(V_4 - V_1)V$

　　여기서, V : 평균속도$\left(= \dfrac{V_1 + V_4}{2}\right)$

　㉢ 이상효율 : $\eta = \dfrac{L_0}{L_i} = \dfrac{V_1}{V}$

② 풍차 : 유체에서 에너지를 얻는 장치

　㉠ 출력 : [그림 Ⅰ.47]에서 단면 1과 4 사이의 에너지 감소량

$$L_0 = \frac{\rho Q}{2}(V_1{}^2 - V_4{}^2) = \frac{\rho Q}{2}(V_1 + V_4)(V_1 - V_4)$$

$$= \rho Q(V_1 - V_4)V = \rho A V^2(V_1 - V_4)$$

　㉡ 압력 : $L_i = \dfrac{\rho A V_1{}^3}{2}$

　㉢ 효율 : $\eta = \dfrac{L_0}{L_i} = \dfrac{\rho A V^2(V_1 - V_4)}{\dfrac{\rho A V_1{}^3}{2}} = \dfrac{2V^2(V_1 - V_4)}{V_1{}^3} = \dfrac{(V_1 + V_4)(V_1{}^2 - V_4{}^2)}{2V_1{}^3}$

(4) 각운동량

$$L = T\omega = \frac{\gamma}{g}Q(u_2 v_2 \cos\alpha_2 - u_1 v_1 \cos\alpha_1)$$

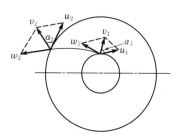

[그림 Ⅰ.48]

(5) 분류에 의한 추진

① 탱크에 설치된 노즐에 의한 추진 : $F = \rho Q V = \rho A V^2 = \rho A(2gh) = 2\gamma A h$

② 제트기의 추진 : $F = \rho_2 Q_2 V_2 - \rho_1 Q_1 V_1 = \rho_2 A_2 V_2{}^2 - \rho_1 A_1 V_1{}^2$

③ 로켓의 추진 : $F = \rho Q V$

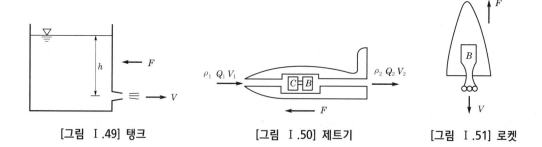

[그림 Ⅰ.49] 탱크　　　　　　[그림 Ⅰ.50] 제트기　　　　　　[그림 Ⅰ.51] 로켓

(6) 돌연 확대관에서의 손실

$$h_L = \frac{p_1 - p_2}{\gamma} = \frac{V_2{}^2 - V_1 V_2}{g}$$

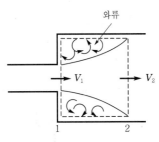

[그림 Ⅰ.52]

5) 점성유동

(1) 층류와 난류

① 뉴턴의 점성법칙

㉠ 층류 : 유체입자의 층이 부드럽게 미끄러지면서 질서정연한 흐름(유선이 존재)

㉡ 난류 : 유체입자의 층이 혼합되면서 불규칙적인 흐름(유선을 가상할 수 없음)

$$\tau = (\mu + \eta)\frac{du}{dy}$$

여기서, μ : 점성계수, η : 와점성계수, 교환계수, 기계점성계수(층류의 경우 $\eta = 0$)

② 레이놀즈수(Reynolds number, Re)

㉠ 원관 : $Re = \dfrac{\rho V d}{\mu} = \dfrac{V d}{\nu}$

여기서, d : 관의 직경, V : 평균유속, ν : 동점성계수

㉡ 평판 : $Re = \dfrac{V x}{\nu}$

여기서, x : 유동방향의 평판의 거리

• 층류 : $Re < 2{,}320$

• 천이구역 : $2{,}320 < Re < 4{,}000$

※ 학자에 따라 약간의 차이가 있다.

$\begin{cases} \text{하임계 레이놀즈수 : 난류에 층류로 전환, } Re = 2{,}320 \\ \text{상임계 레이놀즈수 : 층류에 난류로 전환, } Re = 4{,}000 \end{cases}$

③ 경계상태에 대한 임계레이놀즈수

㉠ 원관 $Re = \dfrac{V d}{\nu}$: 2,100(여기서, d : 원의 지름)

㉡ 평행평판 $Re = \dfrac{V t}{\nu}$: 1,000(여기서, t : 간극)

㉢ 개수로 $Re = \dfrac{V R_h}{\nu}$: 500(여기서, x : 길이)

㉣ 구의 주변 유동 $Re = \dfrac{V d}{\nu}$: 1(여기서, d : 구의 지름)

(2) 수평원관 속의 층류유동

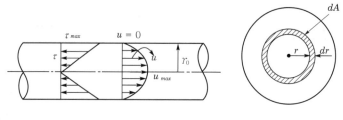

[그림 Ⅰ.53]

관의 전길이를 지나는 동안 압력강하가 Δp라면

$$Q = \frac{\pi}{8\mu} \frac{\Delta p}{l} r_0^{\,4} = \frac{\pi}{8\mu} \frac{\Delta p}{l} \left(\frac{d}{2}\right)^4 = \frac{\pi d^4 \Delta p}{128\mu l} \, (하겐-푸아죄유의\ 방정식)$$

① 압력강하 : $\Delta p = \dfrac{128\mu l Q}{\pi d^4} = \gamma h_L$

② 손실수두 : $h_L = \dfrac{128\mu l Q}{\pi d^4 \gamma}$

③ 평균속도 : $V = \dfrac{Q}{A} = \dfrac{\pi \Delta p\, r_0^{\,4}/8\mu l}{\pi r_0^{\,2}} = \dfrac{r_0^{\,2} \Delta p}{8\mu l}$

※ 최대 속도와 평균속도의 비 : $\dfrac{V}{V_{\max}} = \dfrac{r_0^{\,2} \Delta p/8\mu l}{\dfrac{1}{4\mu} \dfrac{\Delta p}{l} r_0^{\,2}} = \dfrac{1}{2}$

(3) 유체 경계층

① 물체표면에 근접한 아주 얇은 층
② 평판의 선단으로부터 점성의 영향으로 속도구배가 크게 되는 얇은 층
③ 경계층의 바깥에서는 점성이 없는 이상유체로 취급
　　※ 층류저층 : 난류구역에서 층류와 같은 유동을 하는 얇은 층
④ 경계층두께 : 물체표면으로부터 속도구배가 없어지는 곳$\left(\dfrac{du}{dy}=0\right)$까지의 거리, 즉 경계층 내
　　의 최대 속도 u가 자유흐름속도 u_∞와 같아질 때의 두께

(4) 물체 주위의 유동

① 박리와 후류
　　㉠ 박리(separation) : 점성유동의 경우 압력 상승에 의해 물체표면 가까이 있던 유체층 점
　　　성이 운동량을 이기지 못해 유체입자가 물체표면으로부터 이탈하는 현상

ⓛ 후류(wake) : 박리점 이후에 유체의 압력이 떨어지고 불규칙한 난동현상을 일으키는 유체의 유동

② 항력과 양력

㉠ 항력(drag force) : 유동속도의 방향과 같은 방향의 저항력

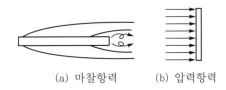

$$\text{(a) 마찰항력} \qquad \text{(b) 압력항력}$$

[그림 Ⅰ.54] 항력

$$F_D = D = C_D \frac{\gamma V^2}{2g} A = C_D \frac{\rho V^2}{2} A$$

여기서, C_D : 항력계수($= \dfrac{24}{R_e}$($R_e < 1$의 경우), $R_e > 1$일 때는 실험식을 적용)

V : 유체의 자유유동속도(물체의 속도)

A : 물체의 유체유동방향 수직성분의 면적

㉡ 스토크스법칙(Stokes low) : 유체 속의 구의 저항력(비압축성 점성유동에서 $R_e \leqq 1$의 경우) D는 다음 식으로 구한다.

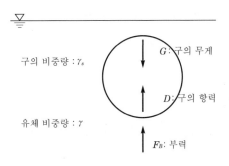

구의 비중량 : γ_s ⠀ G : 구의 무게

⠀ D : 구의 항력

유체 비중량 : γ

⠀ F_B : 부력

[그림 Ⅰ.55]

$$D = 3\pi\mu V d$$

여기서, d : 구의 지름, V : 낙하속도

※ 낙하구의 종속도(일정속도로 낙하할 때) V는 다음 식과 같다.

$$\sum F_y = 0$$
$$G = D + F_B$$
$$\gamma_s \frac{\pi d^3}{6} = \gamma \frac{\pi d^3}{6} + 3\pi\mu d V$$
$$\therefore V = \frac{(\gamma_s - \gamma)d^2}{18\mu}$$

ⓒ 양력(lift force) : 유동속도방향과 수직방향으로 작용하는 저항력

$$F_L = L = C_L \frac{\gamma V^2}{2g} A = C_L \frac{\rho V}{2} A$$

여기서, C_L : 양력계수, V : 유체의 자유유동속도(물체의 속도)
   A : 물체의 유체유동방향 수평성분의 면적

6) 관 속에서의 유체흐름

(1) 다르시-바이스바하(Darcy-Weisbach)의 방정식

① 압력강하 : $\Delta p = f \dfrac{l}{d} \dfrac{\gamma V^2}{2g} [\text{kg/m}^2 \cdot \text{mmHg}]$

② 손실수두 : $h_L = f \dfrac{l}{d} \dfrac{V^2}{2g} [\text{m}]$

③ 원관의 층류유동에서 마찰계수와 레이놀즈수와의 관계

$$Q = \frac{\pi d^4 \Delta p}{128 \mu l} = A V = \frac{\pi}{4} d^2 V$$

$$\Delta p = \frac{32 \mu l V}{d^2} = f \frac{l}{d} \frac{\rho V^2}{2}$$

$$\therefore f = \frac{64 \mu}{\rho V d} = \frac{64}{R_e} \text{(관마찰계수)}$$

(2) 관마찰계수(f)의 결정방법

① 층류구역($R_e < 2{,}100$) : 관마찰계수는 레이놀즈수만의 함수

$$f = \frac{64}{R_e}$$

② 천이구역($2{,}100 < R_e < 4{,}000$) : 관마찰계수는 상대조도$\left(\dfrac{e}{d}\right)$와 레이놀즈수의 함수, 즉 3,000 $< R_e < 100{,}000$일 때

ⓐ 매끈한 관 : $f = 0.3164 Re^{-1/4}$

ⓑ 거친 관 : $\dfrac{1}{\sqrt{f}} = 1.14 - 0.86 l_n \left(\dfrac{e}{d}\right)$

③ 난류구역($R_e > 4{,}000$)

ⓐ 매끈한 관 : f는 R_e만의 함수(Blasius의 실험식)

$$f = 0.3164 Re^{-1/4}$$

ⓒ 거친 관 : f는 $\dfrac{e}{d}$만의 함수(Nikuradse의 실험식)

$$\frac{1}{\sqrt{f}} = 1.14 - 0.86 l_n\left(\frac{e}{d}\right)$$

ⓒ 중간 영역 : f는 R_e와 $\dfrac{e}{d}$의 함수(Colebrook의 실험식)

$$\frac{1}{\sqrt{f}} = -0.86 l_n\left(\frac{e/d}{3.7} + \frac{2.51}{Re\sqrt{f}}\right)$$

7) 차원 해석과 상사법칙

(1) 차원 해석

① 기본차원 : 기본차수 3가지
   ㉠ [MLT]차원 : M(질량), L(길이), T(시간)
   ㉡ [FLT]차원 : F(힘), L(길이), T(시간)
   ※ 기본차수 4가지는 온도(θ)를 추가함
② 동차성원리 : 좌변의 차원=우변의 차원(물리량의 식에 있어서 우변과 좌변의 차원은 같다)
   ㉠ $F = ma$의 경우 : $[M][L/T^2] = [MLT^{-2}]$
      [MLT]차원과 [FLT]차원의 관계에서 위 식은 양변의 차원이 같다.
   ㉡ $p = \gamma h$의 경우 : $[FL^{-3}][L] = [FL^{-2}] = [ML^{-1}T^{-2}]$

(2) 상사법칙

① 기하학적 상사 : 원형과 모형은 동일한 모양이고 대응하는 모든 치수의 비가 같다는 상사
   ㉠ 상사비 : $\lambda_r = \dfrac{(l_x)_m}{(l_x)_p} = \dfrac{(l_y)_m}{(l_y)_p} = \dfrac{(l_z)_m}{(l_z)_p} = C$(일정)

   ㉡ 길이비 : $\dfrac{l_m}{l_p} = C = l_r$

   ㉢ 넓이비 : $\dfrac{A_m}{A_p} = C = \left(\dfrac{l_m}{l_p}\right)^2 \rightarrow A_r = l_r^2$

   ㉣ 체적비 : $\dfrac{V_m}{V_p} = C$

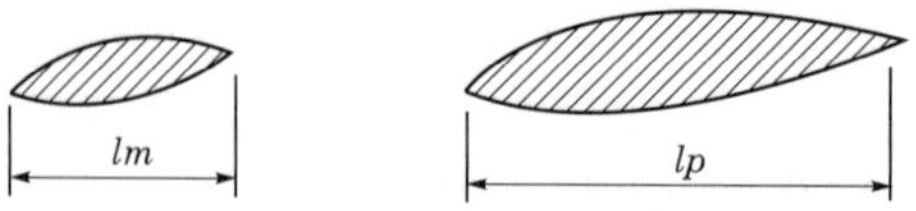

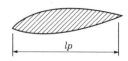

(a) 모형(Model type)　　　(b) 실형(Proto type)

[그림 I.56]

② **운동학적 상사** : 기하학적 상사가 존재하고, 실형과 모형 사이의 대응점에서 각각의 속도방향이 같고 그 크기의 비가 일정해야 하는 상사

　⊙ 속도비 : $\dfrac{V_m}{V_p} = \dfrac{l_m/T_m}{l_p/T_p} = \dfrac{l_m/l_p}{T_m/T_p} = \dfrac{l_r}{T_r}$

　ⓛ 가속도비 : $\dfrac{a_m}{a_p} = \dfrac{V_m/T_m}{V_p/T_p} = \dfrac{V_m/V_p}{T_m/T_p} = \dfrac{l_r/T_r}{T_r} = \dfrac{l_r}{T_r^{\,2}}$

　ⓒ 유량비 : $\dfrac{Q_m}{Q_p} = \dfrac{A_m V_m}{A_p V_p} = l_r^{\,2}\dfrac{l_r}{T_r} = \dfrac{l_r^{\,3}}{T_r}$

③ **역학적 상사** : 기하학적 상사와 운동학적 상사가 존재하고, 원형과 모형 사이에 서로 대응하는 힘의 방향이 같고 그 크기의 비가 일정해야 하는 상사

　⊙ 압력 : $F_p = PA = pl^2$

　ⓛ 관성력 : $F_I = ma = \rho l^3 \dfrac{V}{t} = \rho l^2 \dfrac{l}{t} V = \rho l^2 V^2$

　ⓒ 중력 : $F_G = mg = \rho l^3 g$

　ⓔ 점성력 : $F_v = \mu \dfrac{du}{dy} A = \mu \dfrac{V}{l} l^2 = \mu V l$

　ⓜ 탄성력 : $F_E = KA = K l^2$

　ⓗ 표면장력 : $F_T = \sigma l$

④ **역학적 상사의 각종 무차원수**

　⊙ 레이놀즈수 : 원관, 비압축성 유체 등

$$R_e = \frac{관성력(F_I)}{점성력(F_v)} = \frac{\rho V^2 l^2}{\mu V l} = \frac{\rho V l}{\mu}$$

　ⓛ 프루드수 : 자유표면흐름, 선박의 조파저항

$$N_F = \frac{관성력(F_I)}{중력(F_G)} = \frac{\rho V^2 l^2}{\rho l^3 g} = \frac{V^2}{l g} = \frac{V}{\sqrt{l g}}$$

　ⓒ 오일러수 : 압력이 낮을 때, 물방울에서 기포형성, 공동현상 등

$$N_E = \frac{관성력(F_I)}{압력(F_p)} = \frac{\rho V^2 l^2}{p l^2} = \frac{\rho V^2}{p}$$

ⓔ 웨버수 : 자유표면흐름, 표면장력 작용 시, 모세관, 작은 파도 등

$$N_W = \frac{\text{관성력}(F_I)}{\text{표면장력}(F_T)} = \frac{\rho V^2 l^2}{\sigma l} = \frac{\rho V^2 l}{\sigma}$$

ⓑ 코시수 : $N_e = \dfrac{\text{관성력}(F_I)}{\text{탄성력}(F_E)} = \dfrac{\rho V^2 l^2}{K l^2} = \dfrac{\rho V^2}{K}$

ⓑ 마하수 : $M_a = \dfrac{\text{유속}}{\text{음속}} = \dfrac{V}{c}$

ⓢ 비열비(k)$= \dfrac{\text{정압비열}}{\text{정적비열}} = \dfrac{C_p}{C_v}$

ⓞ 조도비$= \dfrac{\text{표면거칠기}}{\text{몸체길이}} = \dfrac{e}{d}$

ⓩ 캐비테이션수(≒오일러수) : $C_a = \dfrac{\rho V^2}{P_a - P_v}$

8) 유체계측

(1) 비중량의 계측

① 비중병 이용 : $\gamma_t = \rho_t g = \dfrac{W_2 - W_1}{V}$

② 아르키메데스의 원리 이용 : $W_l = W_a - \gamma_t V \rightarrow \gamma_t = \dfrac{W_a - W_l}{V}$

③ U자관 이용 : $P_A = P_B \rightarrow \gamma_2 l_2 = \gamma_1 l_1$

④ 비중계 이용

(2) 점성계수의 측정

① 스토크스법칙 이용 : 낙구식 점도계(stokes law)
② 하겐-푸아죄유방정식 이용 : 오스트발트(Ostwald)점도계, 세이볼트(Saybolt)점도계
③ 뉴턴의 점성법칙 이용 : 맥미첼(MacMichael)점도계, 스토머(Stomer)점도계

(3) 정압측정

① 피에조미터(piezometer) : 유동하는 유체가 교란되지 않고 균일하게 유동할 때 매끄러운 관에서 유체의 정압측정
② 정압관(static tube) : 내부벽면이 거칠어 피에조미터의 사용이 곤란한 경우 정압관을 사용하여 정압측정

(4) 유속측정

① 피토관(Pitot tube) : $V_0 = \sqrt{2g\left(\dfrac{P_s - P_0}{\gamma}\right)} = \sqrt{2g\dfrac{\gamma(h_0 + \Delta h - h_0)}{\gamma}} = \sqrt{2g\Delta h}$

② 시차액주계(피에조미터+피토관) : $V_1 = \sqrt{2g\left(\dfrac{P_2 - P_1}{\gamma}\right)}$

③ 피토-정압관(Pitot-static tube) : $V_1 = c\sqrt{2gh\left(\dfrac{S_0}{S} - 1\right)}$

④ 열선속도계 : 2개의 작은 지지대 사이에 연결된 가는 선(직경 0.01mm 이하, 길이 1mm) 을 유동장 내에 넣어 전기적으로 가열, 난류유동과 같이 매우 빠른 유체의 속도를 측정하는 계측기

(5) 유량측정계측기

① 벤투리미터 : $Q = CA_2\sqrt{2gh\left(\dfrac{S_s}{S} - 1\right)}$

② 오리피스 : $Q = CA_0\sqrt{2gh\left(\dfrac{S_s}{S} - 1\right)}$

③ 위어
  ㉠ 개수로(open channel)의 유량을 측정하기 위한 계측기
  ㉡ 종류 : 예봉위어, 사각위어, V-노치위어(작은 유량을 측정할 때), 광봉위어 등

02 기계재료

2.1 기계재료와 금속재료

1) 기계재료의 범위

[표 Ⅰ.1] 금속재료와 비금속재료

구분	금속재료	비금속재료
철금속	철(Fe)	플라스틱, 도료, 섬유, 유리, 고무, 각종 기름, 가죽, 접착제, 내화벽돌 등.
비철금속	아연(Zn), 알루미늄(Al), 안티몬(Sb), 금(Au), 은(Ag), 크롬(Cr), 코발트(Co), 주석(Sn), 텅스텐(W)	

2) 금속원소의 물리적 성질

(1) 고용체와 금속간화합물

① 고용체(solid solution) : 한 금속에 다른 금속이나 비금속이 녹아 들어가 응고 후 각 성분금속을 기계적인 방법으로 구분할 수 없을 때 이것을 고용체라고 한다.

  ㉠ 침입형 고용체 : 용질원자가 용매원자 사이에 들어간 것이다.

  ㉡ 치환형 고용체 : 용매원자 대신 용질원자가 들어간 것이다.

② 금속의 변태 : 상의 변태, 즉 상이 액상, 고상, 기상으로 변하는 것을 변태라고 하며, 금속의 변태에는 동소변태(allotropic transformation)와 자기변태(magnetic trans-formation)가 있다.

  ㉠ 동소변태 : 고체 내에서 원자의 배열상태가 변하는 것으로 순철은 다음과 같이 변한다. 즉 순철에는 α, γ, δ의 3개의 동소체가 있다(Fe(A$_3$점), CO, Ti, Sn 등).

  ㉡ 자기변태 : 순철에서 원자의 배열상태는 변하지 않고 자기세기가 768℃ 부근에서 급격히 변화하는 것을 자기변태라 하며, 일명 퀴리점(Curie point)이라고도 한다(Fe(A$_2$점), Ni 등).

(2) 재결정

가공경화된 결정격자에 적당한 온도로 가열하면 재료가 무르게 된다. 이와 같이 재료를 가열하면 응력이 제거되어 본래의 상태로 되돌아온다. 이 같은 현상을 재결정 또는 회복(recovery)이라고 한다.

3) 금속의 소성변형

① 소성가공(plastic forming) : 소성의 성질을 이용, 재료에 온도나 습도를 상승시켜 재료가 파괴되지 않고 변형되는 금속의 성질을 이용한 가공법을 소성가공이라 한다. 단조, 압연, 인발, 압출, 전조, 판금가공 등이 이에 속한다.

② 킹크밴드(kink band) : 육방계 금속인 Cd, Zn과 같이 미끄럼면에 수직으로 압축하면 미끄럼이 곤란하고, 킹크면(kink plane)에서 결정의 방향이 급격히 변한다. 이러한 변형을 킹크(kink)라 하며, 이때 생긴 변형을 킹크밴드라 한다.

2.2 금속재료의 검사법

[표 I.2] 재료시험법

분류	종류
파괴시험	인장시험, 경도시험, 압축시험, 굴곡시험, 충격시험, 피로시험, 크리프시험 등
비파괴시험	방사선탐상법, 초음파탐상법, 자기탐상법, 침투탐상법, X선투과시험법, 형광탐상법, 육안검사법 등

1) 파괴시험

파괴시험에는 정적시험(인장시험, 굽힘시험, 비틀림시험, 경도시험, 크리프시험 등)과 동적시험(충격시험, 피로시험)이 있다.

(1) 정적시험

① 인장시험(tensile test)
　㉠ 인장시험기는 암슬러식 만능재료시험기로 압축, 전단, 굽힘시험을 할 수 있다.
　㉡ 시험편 : 시험편을 시험기에 걸어 하중과 변형을 측정(응력-변형선도)하여 재료의 항복점, 탄성한도, 인장강도, 연신율을 측정한다.

② 경도시험(hardness test) : 경도는 기계적 성질 중 대단히 중요하며 단단한 정도를 시험하는 것이다. 경도값을 알면 내마모성을 알 수 있으며, 단단한 재료일수록 연신율, 드로잉률이 적다. [표 I.3]은 경도시험기의 종류에 따른 특징과 구조를 설명한 것이다. 경도시험에는 이외

에도 긁힘시험(scratch test), 진자시험(pendulum test), 마이어경도(meyer hardness)시험이 있다.

[표 Ⅰ.3] 경도시험기

종류	기호	시험법의 원리	압입자의 모양	특징
브리넬경도 (Brinell hardness)	H_B	압입자에 하중을 걸어 자국의 크기로 경도를 조사한다. $H_B = \dfrac{P}{\pi dt}$	 압입자는 강구	압입면적이 커서 정확한 시험을 할 수 있다.
비커스경도 (Vickers hardness)	H_V	압입자에 하중을 작용시켜 자국의 대각선길이로써 조사한다. $H_V = \dfrac{\text{하중}}{\text{자국의 표면적}}$ $= \dfrac{W}{A} = \dfrac{1.8544\,W}{d^2}$	 압입자는 선단이 사각뿔인 다이아몬드	자국계측 시 오차가 적으며, 작은 물품, 박판 표면층의 시험에 적당하다. • 질화강, 침탄강, 담금질된 강의 경도시험
로크웰경도 (Rockwell hardness)	H_R (즉 H_{RC}, H_{RB})	압입자에 하중을 걸어 홈의 깊이로 측정한다. 기준하중은 10kgf이고, B스케일은 하중이 100kgf, C스케일은 150kgf이다. $H_{RB} = 130 - 500\Delta t$ $H_{RC} = 100 - 500\Delta t$	 1.588mm 강구 B스케일의 입자 120 다이아몬드 C스케일의 입자 압입자는 강구(B스케일)와 다이아몬드(C스케일)	경도는 직접 눈금판에서 읽을 수 있다. • 강구압입자 : 연강, 황동용 • 다이아몬드압입자 : 담금질한 강

[표 I.3] 경도시험기 (계속)

종류	기호	시험법의 원리	압입자의 모양	특징
쇼어경도 (Shore hardness)	H_S	추를 일정높이에서 낙하시켜, 이때 반발한 높이로 측정한다.	다이아몬드 $$H_S = \frac{10,000}{65} \frac{h}{h_0}$$	운반 취급이 용이하며, 완성제품의 경도를 측정하는 데 사용한다.

③ 압축시험(compression test)과 굴곡시험(bending test) : 압축시험은 주철이나 베어링합금의 압축강도를 구할 때 사용하며 금속 이외에 콘크리트, 석재에서도 활용한다. 굴곡시험은 굴곡에 대한 저항을 측정하며 굽힘 부분의 균열과 결함을 조사하는 것이다.

(2) 동적시험

① 충격시험(impact test)
  ㉠ 재료의 인성을 조사하기 위한 시험으로, 시험방법은 해머를 일정한 높이에서 떨어뜨리면 시험편에 충격이 가해져 파단되며 해머가 반대쪽으로 올라가는데, 이때 올라가는 높이로 재료의 인성을 측정한다.
  ㉡ 종류 : 시험편이 단순보인 샤르피식(Charpy type)과 외팔보인 아이조드식(Izod type)이 있다.
② 피로시험(fatigue test)
  ㉠ 반복되어 작용하는 하중상태에서의 성질을 알아낸다.
  ㉡ 피로한도 : 반복하중을 받아도 파괴되지 않는 한계
  ㉢ $S-N$곡선 : 피로한도를 구하기 위하여 반복횟수를 알아내는 곡선($\log S - \log N$곡선)

2) 비파괴시험

파괴시험은 시험편이 파괴될 때까지 하중을 가하여 재료의 성질을 실험으로 구하므로 시험편은 기초재료로 해야 한다. 비파괴검사(nondestructive inspection)는 제품의 결함을 파괴하지 않고 할 수 있으므로 완제품이나 용접물의 검사에 사용한다.

① 방사선탐상법(radiographic inspection) : X선과 γ선의 물질을 투과하는 성질을 이용한 것으로, 투과된 방사선은 물질의 종류, 두께, 밀도에 따라 다른 성질을 이용한 것으로서 주로 주물의 결함, 용접부의 기공 등의 검사에 사용한다.
② 타진법 : 금속재료를 해머로 가볍게 두들기면 결함이 있을 경우 소리가 둔탁하나, 결함이 없는 것은 소리가 맑다. 이와 같은 원리를 이용하여 검사하는 방법이다.
③ 자기탐상법(magnetic inspection) : [그림 I.57]과 같이 시험할 재료에 자분을 고르게 깐 후 결함재료를 자화시키면 결함이 있는 곳에서는 자속이 흔들거리는데, 이 원리를 이용하여 검사하는 방법이다.

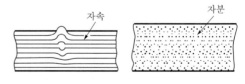

[그림 I.57] 자기탐상법

④ 침투탐상법(penetrant inspection) : 재료의 결함부에 침투제를 침투시켜 결함부를 착색시킨 후 여분의 침투제를 제거하여 결함부를 검사하는 방법으로 표면의 결함을 조사하는 데 사용한다.

⑤ 비파괴검사에는 파단면을 눈으로 직접 검사하는 육안검사법과 석유, 머신유 등에 재료를 장시간 침지시킨 후 기름의 침투상태를 조사하는 유침법 등이 있다.

2.3 금속조직의 검사법과 조직

금속조직검사는 금속현미경시험, 매크로조직검사, 파면검사 등으로 할 수 있다.

1) 금속현미경(Micro)시험법

① 시료의 준비 : 현미경 시료는 너무 크거나 작으면 불편하므로 단면 $1 \sim 2cm^2$, 높이 $1 \sim 2cm$인 것이 좋다.

② 시료의 채취 : 재료의 적당한 곳에서 시료를 채취한다.

③ 시료의 연마 : 시료는 줄이나 밀링 등으로 가공한 후 사포로 연마한다.

④ 세척 : 연마가 끝난 시료는 물이나 알코올로 깨끗이 닦아 칩을 제거한다.

⑤ Al_2O_3, Fe_2O_3, Cr_2O_3 등으로 다시 연마하여 시료를 유리면으로 한 후 다시 세척한다.

⑥ 부식 : 유리면의 시료는 부식제(약한 산)로 부식한다.

2) 파면검사와 매크로조직검사법

① 파면검사 : 금속재료를 절단하여 재질, 품위 등을 판별할 수 있으며 파면검사의 기준은 파면의 조밀, 색 등에 의한다.

② 매크로조직검사법 : 육안이나 돋보기로 검사하는 방법으로 지름 0.2mm 이상인 것의 분포상태, 형태, 크기, 편석 등을 검사할 때 사용한다.

3) 결정정계의 종류

결정정계는 체심입방격자, 면심입방격자, 조밀육방격자, 단순 정방격자 등이 있다.

[표 I.4] 각종 원소의 결정격자

구분	원소
체심입방격자	Li, Na, Cr, Fe(α, δ), Mo, Ta, W, K, V
면심입방격자	Al, Ca, Fe, Ni, Cu, Pd, Ag, Ce, Ir, Pt, Au, Pb, Th
조밀육방격자	Be, Mg, Zn, Cd, Ti, Zr, Ce, Co(α), Ru, Os, Hg

2.4 주요 금속재료의 종류와 철강의 제조법

1) 주요 금속재료의 종류 및 특성

① 철강 : 다른 금속에 비하여 강도, 경도, 연성이 좋고 가격이 저렴하여 공업용 재료로 많이 사용된다.

[표 I.5] 탄소량에 따른 탄소강의 용도

탄소량	용도
0.3% 이하	가공이 쉬워 강판이나 형강을 제조하는 데 사용
0.3~0.6%	0.3% C의 탄소강보다 강도가 증가하며 볼트, 너트 등 기계구조용으로 사용
0.6% 이상	열처리가 가능하며 드릴, 바이트 등의 공구용으로 사용
2.04% 이상	주철이라고 하여 주조용으로 사용

② 합금강 : 탄소강에 Ni, Cr, W, Si 등을 가하여 탄소강의 성질을 개선한 것으로 니켈강, 스테인리스강(내식강), 고속도강(고속절삭용 강), 내열강, 전기적 성질이 좋은 규소강 등이 있다.
③ 구리 : 정련이 용이하고 전연성이 풍부하며 주조하기가 쉽고 내삭성, 전기전도도가 좋으나, 강도가 충분하지 못하여 아연과 주석 등을 합금하여 사용한다.
④ 알루미늄 : 가볍고 가공하기가 쉬우며 전기와 열의 전도가 좋아 최근에 사용량이 증가하고 있다. 알루미늄에는 Cu, Si, Mg 등을 첨가한 합금을 많이 사용한다.
⑤ 마그네슘 : 알루미늄보다 가볍고 피삭성이 좋으나 산화하기 쉽다. 순마그네슘은 강도가 나빠 Al, Zn, Mn 등을 첨가한 합금을 많이 사용한다.

2) 철강의 제조법과 순철의 성질

(1) 철강재료제조법

선철은 철광석을 용광로(blast furnace)에서 고열로 가열하여 융해·환원해서 산소를 제거하여 철을 만든다.

① 제철법
  ㉠ 철광석 : 철광석은 자철광이 가장 많이 사용된다.
  ㉡ 용광로(blast furnace) : 철광석에서 철을 만들 때에 사용하는데, 순수한 철은 얻을 수 없으며 탄소 3.0~4.5%와 기타 불순물(Si, Mn, P, S 등)이 함유된다. 이것을 선철(pig iron)이라고 한다. 용광로에서 철광석과 연료인 코크스와 석회석($CaCo_3$)을 넣고 가열하여 선철을 만들며, 쇳물은 용광로 아래쪽에 모이고, 슬랙($CaSiO_3$)은 쇳물의 위쪽에 뜬다.
  ㉢ 용광로의 크기 : 1일에 생산되는 선철의 무게(ton)로 표시한다.
② 제강법
  ㉠ 평로 : 일종의 반사로로서 선철과 강철 부유, 슬러지를 함께 용해실에 넣고, 연료인 중코크스를 사용하여 열을 천장에서부터 반사시켜 열로 가열 용해한다.
  ㉡ 전로(converter) : 가경식 노로 노 안에 순수한 산소를 불어 넣어 불순물을 산화 제거시켜 강철을 만든다.
    • 산성법 : P와 S를 제거하기 곤란하며, 원료에는 인의 함유량이 적은 베서머선철을 사용한다. 내화벽돌은 규석이다.
    • 염기성법 : P와 S를 제거할 수 있으며, 원료는 토머스선철을 사용한다. 내화벽돌은 소성돌로마이트나 마그네시아를 사용한다. 용량은 1회 장입량으로 표시한다.
③ 전기제강법 : 전열을 이용하여 철과 선철 등의 원료를 용해해서 강을 만들거나 합금강을 용해할 때 사용한다. 전열을 발생시키는 방법에는 아크열을 이용한 아크식 전기로와 고주파 전류를 이용한 고주파 전기로가 있다.
④ 도가니로제강법 : 이 노는 정련보다는 금속을 용융하는 데 더 많이 이용된다.

(2) 강괴의 종류

용강의 탈산 정도에 따라 3가지가 있다.
① 킬드강(killed steel) : 탈산제로 충분히 탈산시킨 강괴로서 비교적 성분이 균일하여 보일러용 강판, 기계구조용 탄소강 등 고급 강재로 사용한다.
② 림드강(rimmed steel) : 용강을 Fe-Mn으로 가볍게 탈산시킨 것으로 내부에는 기포가 남아 있다. 표면 부근은 순도가 높기 때문에 봉, 관재, 판재로 사용한다.
③ 세미킬드강(semi-killed steel) : 킬드강과 림드강의 중간 정도의 강괴이다.

(3) 순철

순철의 종류에는 전해철, 카보니철, 암코철, 용철 등이 있다.

2.5   평형상태도

1) 평형상태도의 정의

각 성분의 융합상태와 온도와의 관계를 한 그림에 표시하고 기체, 액체, 고체가 존재하는 구역을 곡선으로 구분하여 표시하는 방법을 평형상태도(equilibrium diagram) 혹은 상태도라 한다.

2) Fe-C평형상태도

(1) 개요

Fe-C평형상태도는 철과 탄소량에 따른 조직을 표시한 것으로서 철과 탄소는 6.68% C에서 화합물인 시멘타이트(Fe_3C)를 만들며, 이 시멘타이트는 어떤 온도범위에서 불안정하여 철과 탄소로 분해한다.

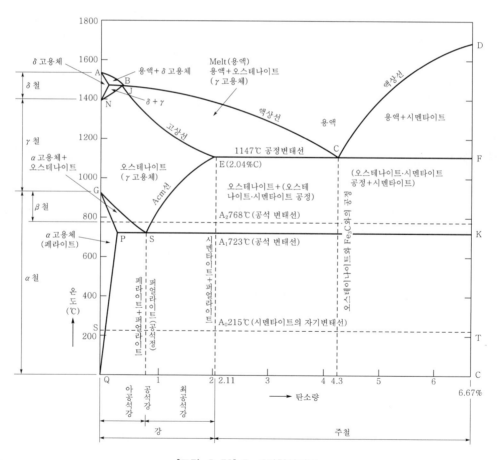

[그림 I.58] Fe-C평형상태도

(2) 작도

Fe-C평형상태도에서 탄소량, 온도 등에 따라 탄소강의 조직이 변화되는 2원 합금의 상태이다.

(3) Fe-C평형상태도 각 점의 상태

① A : 순철의 응고점(1,538℃)

② HJB : 포정선이며 포정온도는 1,493℃. 이때 포정반응은 B점의 융체+δ고용체 $\rightleftarrows$ J점의 γ고용체반응이 됨

③ ABCD : 액상선

④ D : 시멘타이트의 융해점(1,550℃)

⑤ N : 순철의 A_4변태점으로 $\gamma \rightleftarrows \delta$로 변함

⑥ C : 공정점(1,147℃)으로 4.3% C의 용액에서 γ고용체와 시멘타이트가 동시에 정출하는 점으로, 이때의 조직은 레데부라이트(ledeburite)로 γ고용체와 시멘타이트의 공정조직

⑦ G : 순철의 A_3변태점(910℃)으로 $\gamma \rightleftarrows \alpha$로 변함

⑧ JE : γ고용체의 고상선

⑨ ES : Acm선으로 γ고용체에서 Fe_3C의 석출 완료선

⑩ GS : A_3선(A_3변태선)으로 γ고용체에서 페라이트를 석출하기 시작하는 선

⑪ 구역 NJESG : γ고용체구역으로 γ고용체를 오스테나이트라고 함

⑫ 구역 GPS : α고용체와 γ고용체가 혼재하는 구역

⑬ 구역 GPQ : α고용체의 구역으로 α고용체를 페라이트(ferrite)라고 함

⑭ S : 공석점으로 γ고용체에서 α고용체와 Fe_3C(시멘타이트)가 동시에 석출되는 점으로, 이때의 조직은 공석점(펄라이트)이라고 함

⑮ PSK : 공석선(723℃)이며 A_1변태선

⑯ P : α고용체(페라이트)가 최대로 C를 고용하는 점(0.05% C)

⑰ PQ : 용해도곡선으로 α고용체가 시멘타이트의 용해도를 나타내는 선

⑱ A_0변태 : 시멘타이트의 자기변태선(215℃)

⑲ A_2변태 : 철의 자기변태선(768℃)

⑳ Q : 0.001% C(상온)

(4) 탄소강의 조직

① 오스테나이트(austenite) : γ철에 탄소가 1.7% 고용된 고용체로서 고온에서만 존재하나 Mn, Ni 등이 많이 고용된 강은 상온에서도 오스테나이트조직이 된다. γ고용체는 비자성체이며 쌍정현상이 생기기 쉽다.

② 페라이트(ferrite) : 일반적으로 상온에서 α철에 탄소 0.035% 이하 고용된 철을 페라이트라고 하며 순철에 가깝다. 강도와 경도가 적고 강자성체이다.

③ 펄라이트(pearlite) : 페라이트와 시멘타이트의 층상조직으로 나타나므로 강하고 질기며 강자성체이다.

④ 시멘타이트(cementite) : 철과 탄소의 화합물인 Fe_3C를 말하고 탄소량은 6.67%이며 대단히 단단한 백색의 금속간화합물이다.

⑤ 공석강 : 0.85% C에서 생기는 펄라이트만의 조직이다.

⑥ 아공석강 : 0.85% 이하의 C를 함유한 강으로서 페라이트와 펄라이트의 조직이다.

⑦ 과공석강 : 0.85% 이하의 C를 함유한 시멘타이트와 펄라이트의 조직이다.

[표 Ⅰ.6] 탄소강 중에 함유된 각 성분의 영향

원소명	영향
규소(Si)	인장강도, 경도를 증가시키지만, 연신율, 충격치, 가단성, 전성을 감소시킨다 (0.10~0.35% 정도 포함).
망간(Mn)	강도, 경도, 인성을 증가시키고 유황의 해를 제거하며 강의 고온가공을 쉽게 한다.
인(P)	경도와 강도, 취성을 증가시켜 상온메짐의 원인이 된다. 또 가공 시 균열을 일으킬 염려가 있지만, 주물의 경우는 기포를 줄이는 작용을 한다.
유황(S)	인장강도, 변율, 충격치를 저하시키며 강도, 경도, 인성을 증가시킨다. 적열메짐의 원인이 되며 용접성을 나쁘게 하지만, 망간과 결합하여 절삭성을 좋게 하는 경우도 있다.
수소(H_2)	강에 좋은 영향을 주지 않으며, 헤어크랙(hair crack)의 원인으로서 내부균열을 일으킨다.
구리(Cu)	인장강도, 탄성한도를 높이며 부식에 대한 영향을 증가시킨다. 그러나 압연가공 시 균열이 일어나는 수도 있다.

(5) 강의 취성

① 저온메짐(low shortness) : 강이 상온 이하로 내려가면 취성이 생겨서 충격이나 피로에 약해지는 여린 성질을 말한다.

② 청열메짐(blue shortness) : 강의 온도가 높아지면 전연성이 커지나 200~300℃ 정도에서는 상온에서보다 오히려 취성이 증가한다. 그러므로 이 온도범위에서는 가공을 피해야 한다.

③ 적열메짐(hot shortness) : 강이 900℃ 이상에서 S나 O_2가 철과 화합하여 산화철이나 황화철을 만들어 결정입계에 나타나 강을 여리게 하는 성질이다.

2.6 강의 열처리

1) 냉각방법

(1) 변태점 이상에서의 열처리

① 노냉(서냉) : 풀림
② 공냉 : 불림
③ 급냉 및 수냉 : 담금질, 뜨임
④ 항온냉각(열욕냉각) : 오스템퍼, 마템퍼
⑤ 계단냉각 : 시간담금질, 인상담금질, 마퀜칭

(2) 변태점 이하에서의 열처리

① 서냉(노냉) : 뜨임, 시효
② 공냉 : 뜨임, 시효
③ 급냉(수냉, 유냉) : 뜨임, 시효
④ 항온냉각(열욕냉각) : 베이나이트뜨임

2) 강의 열처리

① 담금질(quenching) : 강을 경화시키기 위하여 A_3, A_1선 이상 30~50℃로 가열한 후 냉각제(물, 기름 등)로 급냉시켜 오스테나이트조직에서 펄라이트조직으로 이르는 도중에 마르텐사이트조직으로 정지시켜 강도와 경도를 증가시키는 열처리방법
② 열처리조직의 경도 : 열처리조직의 경도크기는 마르텐사이트 > 트루스타이트 > 소르바이트 > 오스테나이트 순이다.
③ 질량효과 : 냉각속도에 따라 경도차가 생기는 현상을 질량효과라고 한다. 따라서 질량효과가 작다는 것은 열처리가 잘 된다는 뜻이다.
④ 강의 경화능(hardenability) : 강의 경화능은 급냉경화의 깊이로써 나타낸다.

[표 Ⅰ.7] 조직과 성질

조직명	내용	성질
페라이트	α철의 탄소고용체	연하며 강자성체임
시멘타이트	탄화철(Fe_3C)	단단하고 여리며 상온에서 강자성체임
펄라이트	시멘타이트와 페라이트의 층상혼합물	강인함
오스테나이트	γ철의 탄소고용체	강하고 점성이 크며 비자성체임

[표 I.7] 조직과 성질 (계속)

조직명	내용	성질
마르텐사이트	α철의 탄소를 과포화한 고용체	단단하고 여림
트루스타이트	페라이트와 시멘타이트의 입상 혼합물	강하고 점성이 있음(저온뜨임)
소르바이트	페라이트와 시멘타이트의 입상 혼합물	강하고 점성이 있음(고온뜨임)
상부 베이나이트	페라이트와 시멘타이트의 층상 혼합물	단단하고 점성이 있음(향온변태)

⑤ 풀림(annealing) : 재료를 연화시키기 위한 것으로, 풀림에는 저온풀림과 완전 풀림이 있다.

　㉠ 저온풀림 : 연화시키거나 표준 조직으로 만들 때 전연성을 향상시키기 위하여 600~650℃ 정도에서 가열하여 서냉(노냉, 공냉 등)하는 것을 저온풀림이라 한다.

　㉡ 완전 풀림 : 가공으로 생긴 섬유조직과 내부응력을 제거하며 연화시키기 위하여 오스테나이트범위로 가열한 후 수냉하는 방법이다.

　㉢ 구상화풀림 : 펄라이트 중의 층상 시멘타이트가 그대로 존재하면 절삭성이 나빠지므로, 이것을 구상화하기 위하여 A_{C1}점 아래(650~700℃)에서 일정시간 가열 후 냉각시키는 방법이다.

⑥ 뜨임(tempering) : 담금질한 재료는 경도가 크므로 내부응력을 제거하거나 인성을 부여하기 위하여 A_1점 이하로 가열한 후 서냉하는 방법으로 뜨임에는 저온뜨임과 고온뜨임이 있다.

　㉠ 저온뜨임 : 담금질에 의해 생긴 재료 내부의 잔류응력을 제거하고 주로 경도를 필요로 할 경우에 약 150℃ 부근에서 뜨임하는 것을 말한다.

　㉡ 고온뜨임 : 담금질한 강을 500~600℃ 부근에서 뜨임하는 것으로 강인성을 주기 위한 것이다.

⑦ 불림(normalizing) : 불림의 목적은 가공의 영향을 제거하고 결정입자를 미세하게 하며, 그 기계적 성질을 향상시켜 강을 표준 상태로 하기 위함이다. 표준 조직과는 조금 틀린다. 불림 처리한 강의 성질은 결정입자와 조직이 미세하게 되어 경도, 강도가 크게 증가하고, 연신율과 인성도 다소 증가한다.

3) 냉각속도와 조직

① 노냉 : 거의 상태도와 같은 냉각속도로 723℃에서 변태가 일어나며 거친 펄라이트가 된다.

② 공냉 : 600℃ 부근에서 변태가 생기며 미세한 층상조직이 된다.

③ 유냉 : 500℃에서의 변태는 소르바이트보다 더욱 미세한 층상의 펄라이트가 되고, 200℃ 부근에서의 재변태는 트루스타이트와 시멘타이트가 혼재한 상태이다.

④ 항온냉각 : 냉각 도중 일정한 온도에서 냉각이 중지되며, 이 온도에서 변태를 한다. 이와 같은 변태를 항온변태라 한다. 항온변태를 시켜서 변태가 일어나는 처음 시간과 끝나는 시간(온도-시간곡선)을 그림으로 표시한 것을 항온변태곡선 또는 TTT곡선(time, temperature, transformation), S곡선이라고도 한다.

⑤ 수냉 : 200℃ 정도에서는 오스테나이트가 과냉되어 마르텐사이트로 변태하며 미세한 조직이
된다.

   ㉠ 오스템퍼(austemper) : S곡선에서 코와 M_s점 사이에서 항온변태를 시킨 후 열처리하는 것

   ㉡ 마템퍼링(martempering) : M_s점과 M_f점 사이에서 항온변태시킨 후 열처리하여 얻은 마
르텐사이트와 베이나이트의 혼합조직이다.

   ㉢ 마퀜칭(marquenching) : S곡선의 코(p-p′) 아래서 항온열처리 후 뜨임하면 담금균열
과 변형이 적어 복잡한 부품의 담금질에 사용한다.

   ㉣ 서브제로(subzero)처리 : 잔류 오스테나이트르를 염욕에서 M_f점 이하로 하여 잔류 오스
테나이트를 제거하는 방법으로 담금변형이 생기지 않는다. 이와 같은 처리를 서브제로처
리 또는 심냉처리라고 한다.

   ㉤ 연속냉각곡선(CCT곡선) : 강재를 오스테나이트상태에서 급냉 또는 서냉할 때의 냉각곡선
을 연속냉각변태곡선(continuous cooling transformation curve)이라 한다.

4) 강의 표면경화법

(1) 침탄법

0.2% 이하의 저탄소강을 침탄제(탄소)와 침탄촉진제를 소재와 함께 침탄상자에 넣은 후 침탄노
에서 가열하면 0.5~2mm의 침탄층이 생겨 표면만 단단하게 하는 표면경화법이다.

① 고체침탄법 : 침탄제인 목탄이나 코크스분말과 침탄촉진제($BaCO_3$, 적혈염, 소금 등)를 소재
와 함께 침탄상자에서 900~905℃로 3~4시간 가열하면 표면에서 0.5~2mm의 침탄층을
얻는 방법이다.

② 액체침탄법 : 침탄제(NaCN, KCN)에 염화물(NaCl, KCl, $CaCl_2$ 등)과 탄화염(Na_2CO_3,
K_2CO_3 등)을 40~50% 첨가하고 600~900℃에서 용해하여 C와 N가 동시에 소재의 표면에
침투하게 하여 표면을 경화시키는 방법으로 침탄질화법 또는 청화법이라고도 한다.

③ 가스침탄법 : 이 방법은 탄화수소계 가스(메탄가스, 프로판가스 등)를 이용한 침탄법이다.

(2) 질화법

질화법은 암모니아가스(NH_3)를 이용한 표면경화법으로, 520℃ 정도에서 50~100시간 질화하
면 질화용 합금강(Al, Cr, Mo 등을 함유한 강)을 사용해야 한다. 부분적으로 질화되지 않게 하기
위해서는 Ni, Sn도금을 한다.

(3) 기타 표면경화법

① 화염경화법(flame hardening) : 0.4% C 전후의 탄소강을 산소-아세틸렌화염으로 가열하여
물로 냉각시키면 표면만 단단해진다. 이와 같은 표면경화법을 화염경화법이라 하며 경화층의
깊이는 불꽃온도, 가열시간, 화염의 이동속도에 의하여 결정된다.

② 고주파 경화법(induction hardening) : 고주파에 의한 열로 표면을 가열한 후 물에 급냉시켜 표면을 경화시키는 방법으로 경화시간이 대단히 짧아 탄화물을 고용시키기 쉽다.

③ 도금법(plating) : 내식성과 내마모성을 주기 위하여 표면에 Cr 등을 도금하는 방법이다.

④ 금속침투법 : 표면의 내식성과 내산성을 높이기 위하여 강재의 표면에 다른 금속을 침투 확산시키는 방법으로 [표 I.8]이 있다.

[표 I.8] 금속침투법

종류	침투제	종류	침투제
세라다이징(sheradizing)	Zn	크로마이징(chromising)	Cr
칼로라이징(calorizing)	Al	실리코나이징(siliconizing)	Si

2.7 특수강의 종류 및 특성

1) 각 원소가 특수강에 미치는 영향

원소명	효과	원소명	효과
Ni	• 강인성, 내식성, 내산성 증가	Mo	• 텅스텐과 거의 흡사하며, 효과는 W의 2배 • 담금성, 내식성, 크리프저항성 증가
Mn	• 내마멸, 강도, 경도, 인성 증가 • 점성이 크고 고온가공 용이 • S에 의한 메짐현상의 발생 방지	Cu	• 내산성 증가
Cr	• 경도, 인장강도, 내식성, 내열성, 내마멸성 증가 • 열처리 용이	V	• 경화성 증가 • Cr이나 Cr, Mo을 함께 사용
		Si	• 강도, 내식성, 내열성, 자기적 성질 증가
W	• 경도, 강도, 고온경도, 고온강도 증가 • 탄화물을 만들기 쉽게 함	Co	• 고온경도, 고온강도 증가 • 단독으로는 사용하지 않음

2) 특수강의 종류와 용도

분류	종류	용도
기계구조용 합금강	강인강	크랭크축, 기어, 볼트, 너트, 키, 축 등
	고장력합금강	선반, 건설용
	표면경화용 강	기어, 축류, 피스톤핀, 스플라인축 등

분류	종류	용도
공구용 합금강	탄소공구강 합금공구강 고속도강	절삭공구, 다이스, 정, 펀치 등
내식, 내열합금	스테인리스강	날류, 식기, 화공장치구 등
	내열강	내연기관의 밸브, 터빈의 날개, 고온·고압용기
특수 용도용 특수강	쾌삭강	볼트, 너트, 기어, 축 등
	스프링강	각종 스프링
	내마모용 강	크로스레일, 분쇄기
	베어링강	구름베어링의 전동체와 레이스
	영구자석강	전력기기, 자석 등

2.8 주철

1) 주철의 성질

① 가단주철(malleable cast iron) : 백주철을 열처리하여 연성을 부여한 주철로 흑심가단주철, 백심가단주철, 펄라이트가단주철이 있다.

② 주강 : 주조할 수 있는 강으로 단조강보다 가공공정을 감소시킬 수 있으며 균일한 재질을 얻을 수 있다.

2) 주철에 미치는 원소의 영향

① C : 주철에 가장 큰 영향을 미치며 함유량이 적으면 백선화한다.

② Si : Si가 많으면 공정점이 저탄소강 쪽으로 이동하며 흑연화를 촉진시킨다.

③ Mn : 적당한 양의 Mn은 강인성과 내열성을 크게 한다.

④ P : 쇳물의 유동성을 좋게 하고 주물의 수축을 적게 하나, 너무 많으면 단단해지고 균열이 생기기 쉽다.

⑤ S : 쇳물의 유동성을 나쁘게 하고 기공이 생기기 쉬우며 수축률이 증가한다.

3) 고급주철

① 미하나이트주철(Meehanite cast iron) : 약 3% C, 1.5% Si인 쇳물에 칼슘실리케이트나 페로실리콘을 접종시켜 미세한 흑연을 균일하게 분포시킨 펄라이트주철이다.
② 구상흑연주철(spheroidal graphite cast iron) : 용탕에 Mg, Ce을 첨가한 것으로, 주방상태에서도 구상흑연을 얻을 수 있어 편상흑연보다 강도가 큰 주물을 얻을 수 있다.
③ 칠드주물(chilled casting) : 모래형 대신 금속의 주형을 사용하여 주물을 급냉시켜 표면을 칠드화하여 표면만 경도를 크게 한 주물이다.

2.9 비철금속재료

1) 구리와 구리합금

(1) 구리

구리는 전연성이 좋고 열과 전기의 전도도는 은(Ag) 다음으로 좋다. 용도는 대부분 전기재료로 사용하며, 구리의 합금은 주물용, 건축용으로 이용되고 있다.
① 정련구리 : 전기전도율이 좋아 판, 봉, 관, 선으로 만들어 일반 전기용 재료로 사용한다.
② 무산소구리 : 가공성, 전도성이 좋아 전자기기, 판재, 열교환기에 사용한다.

(2) 황동(brass)

가공용 구리합금에는 황동이 있으며, 구리는 동소변태가 없지만, 합금에서는 강과 같이 공석변태가 생기므로 열처리에 의하여 성질을 변화시킬 수 있다.
① 종류 : Cu-Zn의 합금으로서 10% 전후인 톰백, 30% Zn의 7 : 3황동, 40% Zn의 6 : 4황동 등이 있다.
② 탈아연현상 : 아연함유량이 많은 6 : 4황동($\alpha + \beta$황동) 등이 불순환물이나 염소 중에서는 황동의 표면부터 아연이 제거되는 현상이다.
③ 자연균열(season cracking) : NH_3가스 중에서 가공용 황동이 잔류응력에 의하여 자연히 생기는 균열현상으로, 방지법은 아연도금을 하거나 185~260℃로 응력 제거풀림을 한다.

(3) 청동(bronze)

Cu-Sn의 합금으로 본래는 주조용으로 많이 사용되었으나, 10% 이하의 Sn에 소량의 다른 원소를 첨가한 것을 가공용 청동으로 사용한다.

2) 알루미늄과 알루미늄합금

종류		특징	용도
내식용 Al합금	Al-Mn계 Al-Mg-Si계	• 열처리를 하지 않고 가공경화시켜 강도를 얻는다.	차량, 선반, 창, 송전선
	하이드로날륨 (hydronalium)	• Al-Mg계의 합금으로 대표적인 내식성 합금이다.	
고강도용 Al합금	Al-Cu계	• 시효경화로 강도를 크게 한다.	항공기, 자동차 차체, 리벳, 기계기구
	두랄루민 (duralumin)	• Al-Cu-Mg계의 합금으로 $CuAl_2$, Mg_2Si 등의 금속간화합물의 시효경화에 의하여 강도를 크게 한다. • 초두랄루민은 두랄루민에 Mg양을 많게 한 것이다.	
	Al-Zn-Mg계	• 강도가 $50 \sim 60 kgf/mm^2$이며, 시효경화로 강도를 크게 한다.	
내열합금	Y합금	• Al-Cu-Ni과 Mg의 합금으로 Ni은 재결정온도를 높게 하고, Cu, Mg은 시효경화성을 갖게 한다.	피스톤, 실린더용
	로엑스 (Lo-Ex)	• Al-Si계에 Cu, Mg, Ni을 1% 첨가한 것으로 열팽창이 적다.	

3) 기타 합금

① 마그네슘과 마그네슘합금 : 주물용 마그네슘합금에는 Mg-Al계의 도우메탈(dow metal)과 Mg-Al-Zn계의 일렉트론(electron)이 있다.

② 니켈과 니켈합금 : 63~70% Ni과 구리의 합금은 모넬메탈(Monel metal)이라고 하며, 인장강도 $80kgf/mm^2$이다. 바닷물, 엷은 황상에 대한 내식성이 크고, 열팽창계수는 철과 거의 같다. Ni합금 중에는 모넬메탈 외에 다음과 같은 것이 있다.

   ㉠ 하스텔로이(hastelloy) : Ni-Mo계의 내식·내열용 합금으로 내산성 및 내열성이 좋다.

   ㉡ 니크롬 : Ni-Cr의 합금으로 79% 이하의 Ni에 Cr를 첨가한 것으로 전열선으로 사용한다.

   ㉢ 인코넬(inconel) : 75% Ni, 16% Cr, 8% Fe의 합금으로 유기물과 염류에 대한 내식성이 큰 내식·내열용 합금이다.

2.10 ## 비금속재료와 베어링합금

1) 비금속재료의 종류와 그 특성

① 플라스틱의 종류

구분	종류	용도
열가소성 수지	폴리에틸렌수지	기어, 관, 어망, 필름, 전선피복 등
	폴리염화비닐수지	라이닝, 배관재, 컨베이어벨트 등
	폴리아미드수지	캠, 기어, 패킹용
	폴리아세탈수지	저널베어링, 기어, 자동차, 게이지판, 안테나 등
열경화 수지	페놀수지	압연기용 베어링, 접착제, 도료 등
	요소수지	목재용 접착제, 일상 잡화용 등
	멜라민수지	건축재, 가구제품, 도료
	에폭사이드수지	접착제, 피복재, 성형재
	불포화폴리에틸렌수지	자동차 차체, 선박, 헬멧 등

② 접착제 : 열경화성 수지를 사용하여 벨트의 접착, 금속표면의 부착에 이용되며 용접열에 의한 영향이 적고 신뢰성이 있는 것이어야 한다.

③ 도료 : 기계재료로서의 도료는 방식, 방습을 목적으로 사용하며 페인트와 바니스가 있다. 금속용 도료에는 금속표면의 방청을 목적으로 사용한다.

④ 내화물과 보온재 : 내화물과 고열작업에 사용하는 것으로 내화벽돌과 내화모르타르가 있다. 내화물의 내화도는 세게르콘(segercone)의 번호로 표시하며, 세게르콘 26번 이상인 것은 내화물로 사용할 수 있다.

⑤ 윤활제와 절삭제 : 윤활제(luvrication)는 마찰면 사이에 유막을 형성시켜서 고체마찰을 유체마찰로 하기 위하여 사용하며, 절삭제(cutting fluid)는 다음과 같은 목적으로 사용한다.
    ㉠ 공구와 소재 사이의 마찰을 감소시킨다.
    ㉡ 냉각작용과 침 제거작용을 한다.

2) 베어링합금의 종류와 특성

① 화이트메탈(white metal)

분류	기호	성분		특징	용도
		주성분	합금성분		
주석계	WM1~4 (배빗메탈)	주석(Sn)	안티몬, 구리	안티몬, 구리의 양이 증가하면 경도, 인장강도, 압력이 증가한다.	고속 중하중용

분류	기호	성분		특징	용도
		주성분	합금성분		
납계	WM6~10	납(Pb)	주석, 안티몬	비소 1% 정도를 첨가하면 베어링특성이 향상된다.	고속 고하중

② 구리계 베어링합금 : 켈밋(kelmet)이 있으며, Cu-Pb계 이외에 주석청동, 인청동, 아연청동이 있다.

③ 오일리스베어링(oilless bearing) : 다공질 재료에 윤활유를 함유시켜 급유가 필요 없는 합금이다.

④ 기타 베어링합금

종류	성분	특징
카드뮴계 베어링합금	98.4% Cd, 1.0~1.6% Ni	Al-Sn계 합금과 비슷하다.
알루미늄, 주석계 베어링합금	11% Sn, 0.75% Cu, 나머지 Al	내하중성, 내마멸성, 내식성 등이 우수하나, 열팽창률이 크다.
아연계 베어링합금	4% Al, 1% Cu, 0.04% Mg, 나머지 Zn	내부식성이 크며 화이트메탈보다 경도가 크다.

1) 목형

모형은 일반적으로 목재로 만듦으로, 이 모형을 목형이라 한다.

(1) 목형의 종류

① 현형 : 제작할 제품과 같은 모양의 것으로 여기에 수축여유 및 다듬질여유를 첨가한 목형이
며, 종류는 다음과 같다.
    ㉠ 단체형(one piece pattern) : 레버, 화격자, 뚜껑 등 간단한 모형의 제품에 응용된다.
    ㉡ 분할형(split pattern) : 보통의 복잡한 주물에 사용된다(예 아령).
    ㉢ 조립형(built-up pattern) : 제품의 모양이 복잡한 주물에 응용된다.
② 부분형(section pattern) : 목형이 크고 대칭이며 동일한 형상이 연속적으로 이루어질 때 사
용하는 목형이다(예 톱니바퀴, 큰 기어).
③ 회전형(sweeping pattern) : 만들고자 하는 주물이 1개의 축을 중심으로 되어 있을 때 사용
하며 비용과 시간이 절약된다(예 벨트풀리, 단차).
④ 긁기형(strickle pattern) : 직관 및 곡관 등 제품의 단면이 동일할 때 안내판을 사용하여 주형
을 만든다.
⑤ 골격형(skeleton pattern) : 만들고자 하는 주조품의 수량이 적고 그 형상이 대형일 때는 제
작비의 절약을 위해 골격만 목재로 만들며 틈새를 주물사로 메운다.
⑥ 코어형(core box) : 주물제품에 중공 부분이 있을 때 이것에 해당하는 모래주형을 만든다. 이
것을 코어(core)라 하고, 이것을 만들기 위한 목형을 코어형(core box)이라 한다.

(2) 목형 제작

목형 제작 시 고려사항은 다음과 같다.
① 가공여유 : 주조품을 기계 또는 공구로 끝손질가공이 필요할 때 여유를 준다.

② 수축여유 : 용융된 금속이 응고할 때는 수축이 생긴다. 목형을 제작할 때는 이 사항을 반드시 고려하여야 하며, 편의상 주물의 수축량을 가산하여 만든 주물자를 사용한다.

③ 목형기울기 : 주형으로부터 목형을 뽑아낼 때 주형이 파손되지 않도록 하기 위하여 목형의 수직면 1m 길이에 대하여 6~10mm 정도의 기울기를 붙여둔다.

④ 코어프린트 : 속이 빈 주형의 가운데에 들어가야 하는 코어를 주형 내부에 움직임 없이 지지하기 위하여 목형에 덧붙인 돌기 부분을 말하며 제작도면에는 표시되지 않는다.

⑤ 라운딩 : 쇳물이 응고할 때 주형의 직각 부분에 결정의 경계가 생겨 약한 부분이 형성된다. 이것을 방지하기 위하여 각진 부분을 둥글게 하는 것을 라운딩이라 한다.

⑥ 덧붙임 목형 : 두께가 균일하지 못하고, 형상이 복잡한 주물은 냉각과 내부응력에 의해 변형이 되고 파손되기 쉬우므로 이것을 방지하기 위하여 뼈대를 단다.

2) 주형의 종류 및 주물사

(1) 주물사의 건조 정도에 따른 분류

① 생형(green sand mould) : 주형에 직접 쇳물을 붓는 형식으로 깨끗한 주물을 만들기 어렵다.

② 건조형(dry sand mould) : 주형을 만든 다음 건조시켜 수분을 제거하는 형식으로 두꺼운 주물에 적합하다.

③ 표면건조형(skin dried mould) : 생형의 표면만을 숯불 혹은 가스불꽃 등으로 건조한다.

(2) 주형의 재료에 따른 분류

① 금형(metal mould) : Al과 같이 융점이 높지 않은 주물을 대량생산할 때 사용한다.

② 기타 특수 주형 : 시멘트, 합성수지 등을 배합하여 특수한 성질을 가진 모래로 주형을 만드는 것이다.

(3) 주물사의 성질과 시험

통기도(permeability), 즉 공기가 시험편의 입자 사이로 빠져나가는 데 필요한 시간과 압력을 측정하여 다음 식으로 계산한다.

$$P = \frac{Qh}{HAt}[\text{cm/min}]$$

3) 주형 제작

(1) 주형법의 종류

① 주형상자 사용방법에 따른 분류 : 바닥주형법, 혼성주형법, 조립주형법

② 사용모래의 종류에 따른 분류 : 생형, 건조형, 표면건조형

③ 사용목형의 종류에 따른 분류 : 회전형, 긁기형 등

(2) 주형 각 부분의 명칭

① 주형의 구성
- ㉠ 쇳물받이(pouring basin) : 쇳물을 주입할 때 튀는 것을 방지하며 불순물을 제거하고 쇳물의 완만한 유입을 돕는다.
- ㉡ 탕구 : 주형에 쇳물을 부어넣는 주입구, 가스의 흡입과 쇳물의 흐름을 좋게 하기 위하여 만든 나팔형의 입구이다.
- ㉢ 탕도(runner) : 쇳물의 통로, 즉 아궁이와 주물과의 사이를 연결하는 부분이다.
- ㉣ 주입구(gate) : 탕도에서 갈려 주물에 들어가는 주입구, 가능한 한 짧게 하며 주물이 완성된 후에는 절단한다.

② 피더(feeder) : 덧쇳물이라고 부르며 대형 주물 또는 수축이 많은 주물을 만들 때에 이용한다.

③ 라이저(riser) : 탕구에서 가장 먼 곳에 설치하며 가스뽑기의 역할도 하고 단면적은 작게 한다.

④ 가스뽑기(venting) : 주형 속의 가스나 수증기를 제거하기 위하여 설치한다.

⑤ 코어(core) : 고온의 쇳물 속에 있어야 하므로 적당한 강도가 필요하다.

⑥ 냉각쇠(chiller) : 주철, 강철, 구리합금 등을 재료로 사용하며 주물 각 부분의 냉각속도를 조절한다.

⑦ 코어받침(chaplet) : 코어를 받치거나 주물의 두께를 같게 하기 위하여 사용하며 쇳물에 녹아버릴 수 있도록 같은 재질의 금속으로 만든다.

4) 용해와 주입

(1) 용해로의 종류와 구조

① 큐폴라(용선로) : 주철을 경제적으로 용해하는 데 사용되며, 용량은 매시간당 용해할 수 있는 중량(ton)으로 표시한다.

② 도가니로(crucible furnace) : 내화점토, 흑연 등으로 만든 도가니 속에 금속을 넣고 코크스, 가스, 중유 등을 연료로 하여 용해한다. 규격은 그 안에서 용해할 수 있는 구리의 총중량(kg)으로 표시되며, 특수강, 황동, 청동, 경합금 등의 질이 좋은 주물을 얻을 수 있다.

③ 전기로(electric furnace) : 전기를 열원으로 사용하므로 온도가 내려간다든지, 주물의 질이 불량하게 되는 것 등이 방지된다. 대량생산에 적합하다.

④ 반사로 : 많은 금속을 값싸게 용해할 수 있고 대형 및 주물 및 고급 주물을 제조할 때나 특수 배합의 주물을 사용할 때에 사용한다. 주로 주철, 청동가단주철을 녹이는 데 사용한다.

(2) 주입작업

① 주형의 각 부분에 작용하는 힘 중에서 주형의 투영면적에 대한 쇳물의 높이에 비례하여 압상력이 작용한다.

② 압상력 : $P = \dfrac{\gamma H A}{1,000} - W$

여기서, P : 주형에 쇳물을 부었을 때 발생하는 압상력(kg)

γ : 쇳물의 단위부피당 무게(g/cm^3), W : 상형의 무게(kg)

H : 탕구의 높이(cm), A : 쇳물형상에 대한 투영면적(cm^2)

5) 특수 주조법

(1) 원심주조법

회전 중의 주형에 쇳물을 부어 원심력을 이용해서 조직이 치밀한 주물을 만드는 주조법으로, 관이나 실린더라이너 등과 같이 내압성이 필요한 것을 만드는 데 적합하다.

(2) 다이캐스팅

정밀한 금형을 사용하고 자동 또는 수동으로 쇳물을 부어넣고 압력을 가해서 주조하는 방법이다.

(3) 정밀주조법

① 셸모드법 : 독일의 J. Croning이 발명한 주조방법으로 일명 'Croning'이라고도 한다.
② 인베스트먼트법(investment casting) : 보통 납을 주형제 속에 주입한 뒤 가열해서 납을 용출 연소시켜서, 이때 생긴 공동부에 쇳물을 부어 주물을 만드는 방법이다.
③ 탄산가스주형법(CO_2 process) : 규사에 물유리를 점결제로 가하고, 이것을 주형모래로 하여 주형 제작을 한 후 탄산가스를 통하게 하여 그 화학반응에 의하여 주형을 굳히는 방법이다.
④ 칠드주조법(chilled casting) : 주형을 냉각속도가 빠른 금속으로 만들어 쇳물을 주입하면 표면이 백선화(Fe_3C)되어서 대단히 단단한 주물을 얻을 수 있으며 압연용 롤러 제작 등에 사용된다.

3.2　소성가공

1) 단조(forging)

금속을 일정한 온도로 가열한 뒤 압력을 가하여 성형하는 작업으로, 대형이거나 너무 복잡한 형상의 제작은 곤란하나 주조품에 비하여 금속조직을 균질하게 하고 점성강도를 증대시킨다. 단조를 크게 분류하면 자유단조(free forging)와 형단조(die forging)가 있다.

(1) 열간단조(hot forging)법의 종류

① 해머단조(hammer forging) : 해머를 일정높이에서 낙하시켜 가압하는 일반적인 단조방법
② 프레스단조(press forging) : 프레스의 단조용 기계를 사용하여 빠르고 능률적으로 가압하는 방법
③ 업셋단조(upset machine forging) : 가열제를 축방향으로 타격, 가압하여 높이를 줄이고 단면적으로 넓히는 작업
④ 회전형 단조(Massec roll forging)

(2) 냉간단조(cold forging)법의 종류

① 콜드헤딩 : 볼트나 리벳의 머리모양을 성형하는 가공법
② 코이닝(coining) : 동전이나 메달 등을 만드는 가공법
③ 스웨이징(swaging) : 테이퍼의 제작 또는 파이프의 지름을 축소시키는 가공법

2) 압연가공

상온 또는 고온에서 회전하는 롤러(roller) 사이에 재료를 통과시켜 그 재료의 소성변형을 이용하여 강철, 구리합금, 알루미늄합금 등의 각종 판재나 봉재, 단면재 등을 만들기 위한 작업을 압연가공이라 한다.

(1) 중간재

① 슬랩 : 장방형의 단면을 갖고 두께 50~400mm, 폭 220~1,000mm 정도의 치수를 갖는 대단히 두꺼운 판
② 시트바(sheet bar) : 분괴압연기에서 압연된 것을 다시 재압연한 것으로 슬립보다 폭이 작음. 두께 7~38mm, 너비 200~300mm 정도의 얇은 판
③ 빌릿(billet) : 사각 또는 원형 단면으로 크기는 38~150mm
④ 블룸(bloom) : 정사각형 모양을 갖고 크기는 150~250mm
⑤ 스켈프(skelp) : 사각 단면의 강편을 압연한 띠모양의 재료
⑥ 팩(pack) : 최종 치수까지 압연하지 않은 강판의 명칭

(2) 롤압연

① 압하량과 압하율

$$압하량 = h_o - h_f$$
$$폭 증가량 = B - b$$

이때 1회의 가공도(압하율)$=\dfrac{h_o-h_f}{h_o}\times 100\,[\%]$로 계산된다.

② 접촉각과 마찰력 : 마찰계수를 f라 하면 압연재가 롤에 몰려 들어가기 위해서는 다음과 같은 관계식이 성립하여야 한다.

$$F=P_r f$$
$$fP_r \cos\alpha \geqq P_r \sin\alpha$$
$$\therefore f \geqq \tan\alpha$$

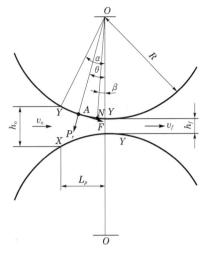

[그림 Ⅰ.59] 압연재와 롤의 접촉각

3) 인발(drawing)

드로잉이라고도 하며 테이퍼구멍을 가진 정밀한 다이에 재료를 통과시켜 다이구멍의 최소 단면 치수로 가공하는 방법으로, 그 대표적인 가공물로는 철사가 있다. 봉재인발(solid drawing or bar drawing)과 관재인발(hollow drawing or tube drawing)이 있다.

4) 압출(extrusion)

알루미늄, 아연, 구리합금 등의 각종 형상의 단면재, 각종 파이프나 선재 등을 제작할 때 소성이 큰 재료를 강력한 압력으로서 각종 형상을 한 다이에 통과시켜 가공하는 방식을 말한다.
① 직접압출(direct extrusion) : 램의 진행방향으로 소재가 압출되고 환봉, 형재, 관의 제조에 이용된다.
② 간접인출(inverse extrusion) : 램의 진행방향과 반대방향으로 소재가 압출되며 직접압출에 비하여 소비동력이 적고, 흔히 경질재료에 이용된다.
③ 충격압출(impact extrusion) : 냉간상태에서 소재에 강한 힘을 주어 성형하는 방법으로 치약 튜브나 탄피같이 속이 빈 짧은 용기의 제조에 많이 활용하며, 재료로는 재질이 연한 금속(납, 아연, 구리)이 이용된다.
④ 관재압출(tube extrusion) : 가공하기 힘든 금속을 용접하지 않고서도 긴 관을 생산할 수 있으며, 얇은 파이프를 압축할 때는 수직식 압출기를 사용한다.

5) 판금가공

판금가공은 주로 얇은 판의 금속으로 액체가스 등의 용기, 가정용 기구, 연통, 금속제 상자 및 파이프 등의 제작 등을 할 때 널리 사용된다.

(1) 판금가공의 종류

① 전단가공 : 블랭킹(blanking), 펀칭(punching), 전단(shearing), 트리밍(trimming), 셰이빙(shaving), 브로칭(broaching)
② 굽힘가공 : 굽힘(bending), 비딩(beading), 컬링(curling), 시밍(seaming)
③ 프레스가공 : 드로잉(drawing), 벌징(bulging), 스피닝(spinning)
④ 압축가공 : 코닝(coining), 엠보싱(embossing) 등

(2) 전단의 종류

① 블랭킹(blanking) : 필요한 모양의 제품을 재료로부터 때려 뽑는 작업
② 펀칭(punching) : 재료에 구멍을 뚫는 작업
③ 전단(shearing) : 재료를 한쪽 끝에서 다른 쪽 끝까지 직선 및 곡선으로 자르는 작업
④ 분단(parting) : 재료를 양쪽으로 절단하는 작업
⑤ 노칭(notching) : 측면따기
⑥ 트리밍(trimming) : 가장자리 따기, 판재를 오므리기 가공한 다음 둥글게 자르는 작업
⑦ 셰이빙(shaving) : 가장자리 다듬질뽑기한 제품이나 전단 단면을 매끄럽게 하는 작업

(3) 전단저항

자르고자 하는 제품의 절단면 단위면적에 대한 최대 전단저항이다. 최대 전단하중 P는 다음 식으로 계산한다.

$$P = l\,t\,K_s\,[\text{kg}]$$

여기서, l : 전체 전단길이(mm), t : 판두께(mm), K_s : 전단저항(kg/mm^2)

(4) 굽힘가공

판재의 전개길이를 구하는 식은 전체 길이를 L이라 하면

$$L = l_1 + l_2 + \frac{2\pi\theta}{360}(R + kt)$$

※ 스프링백 : 판굽힘가공에서 판을 굽힐 때 압력을 제거하면 굽힘 각도가 다소 넓어지는 현상

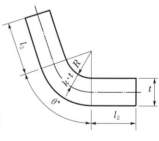

[그림 I.60]

(5) 특수 드로잉가공

① 벌징가공(bulging) : 경질고무의 탄성을 이용하여 화병같이 입구보다 중앙 부분이 굵은 용기를 용기의 입구는 그대로 두고 밑부분을 볼록하게 가공하는 방법을 말한다.

② 마폼법 : 금속다이 대신 고무나 액체로 된 다이를 사용하는 특수한 형식의 성형법으로 펀치의 형상에 관계없이 다이를 그때마다 바꿔주거나 만들지 않아도 되므로 경제적이다.

③ 하이드로폼법 : 마폼법과는 조금 다르게 고무다이 대신 고무막으로 밀폐된 내부에 액체를 채우고 가감시키면서 가공하는 방법으로 압력은 최대 약 $1,000\text{kgf/cm}^2$ 정도까지이다.

(6) 압축가공

① 코이닝(coining) : 압인가공이라고도 하며 조각형이 붙은 1조의 다이 사이에서 재료에 압력을 가하여 표면에 요철을 만드는 가공법

② 엠보싱(embossing) : 얇은 재료를 1쌍의 펀치와 다이의 凹凸이 서로 반대가 될 수 있게 하여 성형하는 가공법

③ 시밍(seaming) : 겹침이음하는 방법으로 주로 박판(얇은 판)에 사용

6) 프레스(press)

① 레버, 나사, 수압, 유압 등을 이용하여 형을 통해서 재료를 강압하는 기계이며 각종 모양의 제작 및 절단작업 등을 말한다.

② 종류
  ㉠ 인력프레스 : 손프레스, 발프레스
  ㉡ 동력프레스 : 기계프레스, 액압프레스

7) 전조(rolling)

전조는 다이스(dies)나 롤러(roller)를 사용하여 소재를 회전시켜서 국부적으로 압력을 가하여 이것을 변형시켜 제품을 만드는 가공법으로, 주로 나사, 기어, 볼(ball) 등을 가공하는 데 이용된다.

3.3 용접(welding)

1) 개요

(1) 용접(야금적 방법)의 종류

① 융접(fusion welding) : 모재의 접합부를 가열 용융시켜 여기에 용재를 첨가하여 접합하는 방법(예 가스용접, 아크용접)

② 압접(pressure welding) : 모재를 가열하여 접합부를 맞대고 가압하여 접합하는 방법(예 단접, 전기저항용접)

③ 납땜(brazing) : 용접될 모재를 가열 용융하지 않고 저용융합금(Pb)을 써서 모재(base metal)를 접합하는 방법

(2) 용접자세

용접자세는 크게 기본자세와 중간 자세로 나누며, 기본자세의 범위는 다음과 같다.

① 아래보기자세(flat position : F) : 모재를 수평으로 놓고 용접봉을 아래로 향하여 용접하는 자세로서 용접시공의 기본자세이다.

② 수평자세(horizontal position : H) : 모재가 수평면에 대하여 90° 혹은 45° 이하의 경사를 가지며 용접선이 수평이 되게 하는 용접자세로서, 현장 용접에서 많이 사용되며 옆보기 용접이라고도 한다.

③ 수직자세(vertical position : V) : 수직면 혹은 45° 이하의 경사를 가진 면에 용접을 하며, 용접선은 수직 또는 수직면에 대하여 45°의 경사를 가지며, 위쪽에서 용접하는 자세로 수력발전소의 수조(watertank)선박의 선체결합, 원통 또는 탱크의 현장 용접 등을 이 자세로 용접 시공한다.

④ 위보기자세(over head position : OH) : 용접봉을 모재의 아래쪽에 대고 모재의 아래쪽에서 용접하는 자세로 가장 용접하기 어려운 자세이다.

2) 가스용접

가연성 가스(아세틸렌, 프로판, 석탄, 수소 등)와 산소를 혼합연소시켜 고온의 불꽃을 용접부에 대고 용접부를 녹여 접합하는 방법을 가스용접(gas welding)이라 한다. 아세틸렌과 산소와의 완전연소 용적혼합비는 1 : 2.5이나 실제 작업 시는 1 : (1.2~1.3)의 비율로 산소의 양을 줄여야 한다. 이때 불꽃은 불꽃심의 끝으로부터 2~3mm 떨어진 부분이 용접부에 접하도록 한다.

① 좌진법 : 팁과 용접방향을 같게 하고 왼쪽 방향으로 용접하며 얇은 판의 용접에 사용한다.

② 우진법 : 팁이 용접방향과 반대여서 오른쪽 방향으로 용접하며 두꺼운 판의 용접에 사용한다.

3) 아크용접

(1) 종류

① 금속아크용접법(metal arc welding) : 모재와 금속전극과의 사이에 아크를 발생시켜 그 용접열로 전극과 모재를 용융하여 용착금속을 형성하는 방법으로 교류(AC)와 직류(DC)가 있으나 현재는 주로 교류가 많이 쓰인다(예 피복아크, 서브머지드아크, 불활성가스아크, 이산화탄소 실드아크용접법 등).

② 탄소아크용접법(carbon arc welding) : 탄소아크에 의하여 용접열을 공급하고 용착금속은 별도로 용가재를 사용하여 이것을 녹여 모재를 접합하는 것으로 직류전원이 쓰이나 많이 사용되지는 않는다.

(2) 교류(AC)

① 정극성(straight polarity : DCSP) : 모재를 양극(+)으로, 용접봉을 음극(−)으로 접속할 것

② 역극성(reverse polarity : DCRP) : 모재를 음극(−)으로, 용접봉을 양극(+)으로 접속할 것

(3) 아크용접봉

[표 Ⅰ.9] 연강용 피복아크용접봉

용접봉의 종류	E4301	E4303	E4311	E4313	E4316
피복제의 계통	일미나이트계	라임이산화티탄계	고셀롤로스계	고산화티탄계	저수소계
용접봉의 종류	**E4324**	**E4326**	**E4327**	**E4340**	
피복제의 계통	철분산화티탄계	철분저수소계	철분산화철계	특수계	

[표 Ⅰ.10] 교류 및 직류용접기의 비교

구분 \ 용접기	교류용접기	직류용접기
아크	양호하다.	극히 양호하다.
특수강, 비철금속의 용접	직류보다 양호하다.	양호하다.
전격위험	직류보다 무부하전류가 높아서 위험하다.	무부하전류가 낮아서 전격위험이 적다.
기타	중량 및 고장이 적고 가격이 싸다.	고장이 나기 쉽고 가격이 비싸다.

(4) 특수 아크용접법

① 서브머지드용접(submerged arc welding) : 유니언멜트(union melt)라 부르며, 자동용접의 일종으로서 용접하기 전에 용접할 부분에 가루용제(composition)를 뿌리고 그 속에서 아크를 발생시켜 용접을 행하는 용접법 때문에 잠호용접이라고도 한다.

② 불활성가스아크용접(inert gas arc welding) : Ar 또는 He 등의 불활성가스분위기 속에서 아크를 발생시켜 용접하는 방법을 말한다.

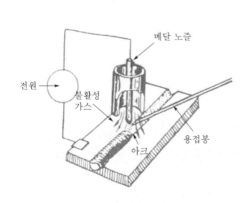

[그림 Ⅰ.61] TIG용접

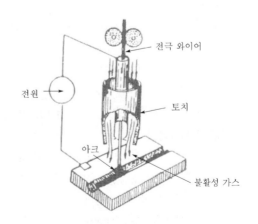

[그림 Ⅰ.62] MIG용접

      ㉠ TIG용접(tungsten inert gas) : 전극이 텅스텐으로 되어 있으며 전극은 아크만 발생시키므로 피복하지 않은 와이어(wire)상태의 용접봉을 별도로 사용한다.

      ㉡ MIG용접(metal inert gas) : 코일상태의 와이어가 전극과 용접봉을 겸하고 있어 용접봉이 필요치 않다.

  ③ 이산화탄소아크용접(CO_2 gas arc welding) : 불활성가스(Ar) 대신에 탄산가스(CO_2)를 사용한 전극소모식 용접법으로 주로 연강에 많이 사용되고 있다.

  ④ 플라스마제트용접(plasma jet welding) : 기체를 가열하면 기체의 원자는 전리되어 양이온과 음이온으로 분리된다. 이와 같이 도전성을 띤 가스를 플라스마라고 하며 10,000~30,000℃의 고온 플라스마를 한 곳으로 분출시킨 것을 플라스마제트(plasma jet)라고 하며, 이 열을 이용하여 금속의 용접 및 절단을 한다.

4) 저항용접(resistance welding)

(1) 저항용접의 원리

금속을 접합하거나 맞대어 놓고 이것에 다량의 전류를 흐르게 하면 접촉저항으로 금속 안에 열이 발생한다. 이 열을 이용한 용접법을 말하며, 이때 발생하는 열량은 줄(Joule)의 법칙에 따라 다음과 같이 표시된다.

$$Q = 0.24I^2Rt$$

여기서 Q : 열량(cal), I : 전류(A), R : 전기저항(Ω), t : 시간(sec)

(2) 저항용접의 종류

  ① 겹치기저항용접

      ㉠ 점용접(spot welding) : 접합하려는 2개의 모재를 겹쳐서 고정전극 사이에 끼워 놓고 가동전극을 판에 접촉시켜 전류를 통하여 용접을 한다.

      ㉡ 돌기용접(projection welding) : 점용접의 응용으로 용접부에 돌기를 만들어 전류를 집중시켜 가압하여 용접한다.

      ㉢ 심용접 : 롤러를 전극으로 사용해서 점용접을 연속적으로 하는 방법으로, 용접전류는 점용접 때보다 1.5~2.0배, 가압력은 1.2~1.6배이며, 통전시간과 단전시간의 비율은 강철의 경우 1:1, 경합금의 경우 1:3 정도로 한다.

  ② 맞대기저항용접

      ㉠ 업셋맞대기용접(upset butt welding) : 선이나 봉 등의 모재의 접합면을 맞대서 전극 사이에 끼우고 전류를 통하여 접합부가 고온이 되어 용융상태로 되었을 때 더 강한 압력을 주어 접합하는 방법이다.

      ㉡ 플래시맞대기용접(flash butt welding) : 전극에 끼인 맞대기면에 전류를 통전한 후 약간 떨어지게 하면 아크가 발생한다.

5) 그 밖의 용접법

① 단접(forge welding) : 노에서 가열된 2개의 금속편을 접촉시켜 놓고 해머로 두들기거나 가압하여 접합하는 방법이다.
② 일렉트로슬래그용접(electro-slag welding) : 전기용접법의 일종으로 아크의 열이 아닌 와이어와 용융슬래그 사이에 통전된 전류의 저항열을 이용하여 용접하는 특수한 용접방법이다.
③ 테르밋용접 : 산화철이나 알루미늄분말을 3 : 1 정도의 비율로 혼합한 것에 점화제인 과산화바륨이나 알루미늄분말을 점화하면 3,000℃ 정도의 고열이 생긴다. 이때의 고온을 용접에 사용하는 방법이다.

6) 납땜(soldering)

접합해야 할 모재금속을 용융시키지 않고 그들 금속의 이음면에 이보다 용융점이 낮은 금속을 용융 첨가하여 접합시키는 방법이다.

7) 용접부의 강도결함 및 검사

(1) 용접부의 결함과 그 대책

용어	형상	원인 및 상태
용입불량		• 접합부 설계결함 • 용접속도 과대 • 전류 약함 • 용접봉 선택불량
오버랩 (over lap)		• 전류 과소 • 아크 과소 • 용접봉 취급불량 • 용접속도 과소
언더컷 (under cut)		• 용접전류 및 아크길이가 길 때 • 용접봉 취급불량 • 용접속도 빠를 때
스패터(spatter) 과대		• 전류 과대 • 아크 과대 • 용접봉결함
기공		• 용접전류 과대 • 용접부 급격 응고 • 모재에 유황함량 과대 • 모재에 기름, 페인트, 녹 등 부착

용어	형상	원인 및 상태
용합불량		• 모재와 용착금속 사이나 용착금속과 인접한 층 사이 중에서 용입되지 않은 금속의 경계
슬래그잠입		• 슬래그나 이물질이 용착금속 중에 잠입한 상태
균열		• 길이방향 균열과 가로방향 균열이 있으며 용접열에 의하여 생김
외관불량		• 비드가 균일하지 못하고, 비드의 끝이 균일하지 못함
가로방향 변형		• 비드에 직각방향의 수축에 따른 변형
세로방향 변형		• 비드방향의 수축에 따른 변형
회전변형		• 한쪽 방향에서만 용접할 때 발생

(2) 용접부의 검사

용접물의 시험검사법(testing and inspection)은 비파괴(non-destructive)시험검사법과 파괴(destructive)시험검사법으로 구별할 수 있다.

3.4 절삭이론

1) 칩의 종류

① 유동형(flow type) : 끊어지지 않고 연속해서 흐르는 것처럼 발생되는 상태를 말하며, 양호한 상태로 절삭이 진행되고 다듬질면도 깨끗하다. 알루미늄합금, 연강 등 연한 재료를 고속절삭할 때, 공구의 경사각을 크게 하고 절삭속도를 빠르게 할 때, 절삭길이를 얕게 할 때 발생한다.

② 전단형(shear type) : 유동형과 비슷하지만 중간 중간 끊어지면서 발생되는 상태이고 연한 재료를 저속절삭할 때, 바이트의 경사각이 작을 때 발생하며 가공면이 깨끗하지 못하다.

③ 균열형 : 취성이 있는 재료를 절삭할 때 발생되며 공작물이 소성변형을 거의 하지 않고 파괴되어 칩이 발생되므로 절삭저항의 변형이 심하다. 주철, 석재, 가단주철 등에 발생한다.

④ 열단형 : 칩이 흘러나가지 못하고 축적된 그대로 전진하는 상태로 극연강, 구리합금, 알루미늄합금 등 유동형보다 연하고 질긴 재료에 발생한다.

2) 절삭저항

① 공작물을 절삭할 때 절삭날에 생기는 저항으로 공구의 수명, 다듬질면의 거칠기, 절삭에 소요되는 동력 등에 영향을 미친다.

② 절삭저항의 3분력

ㄱ 주분력 : 공작물의 절삭방향에 평행된 분력이다.

ㄴ 배분력 : 바이트날을 공작물에서 밀어서 되돌리는 것 같이 작용하는 분력으로 바이트날이 둔화되면 증가하고, 경사각이 크면 작아진다.

ㄷ 이송분력(횡분력) : 바이트날을 피드방향과 반대방향으로 미는 분력이다.

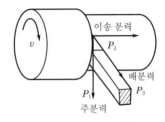

[그림 Ⅰ.63] 절삭저항의 3분력

3) 빌트 업 에지(built-up edge)

절삭 중의 바이트날 끝에 강력한 변형과 마찰력을 받은 칩의 일부가 단단하게 되어 날 끝에 부착되는 현상을 빌트 업 에지 또는 구성인선이라 한다. 생성과정은 발생→성장→발달→분열→탈락을 계속 반복한다.

4) 공구수명(tool life)

예리하게 연삭된 공구를 사용해서 동일한 공작물을 일정한 조건으로 절삭을 시작하여 절삭되지 않을 때까지 시간이다.

$$V T^n = C$$

여기서, V : 절삭속도(m/min), T : 공구수명(min)

n : 지수(보통 절삭조건에서는 $\frac{1}{10} \sim \frac{1}{5}$)

C : 상수(바이트수명 1분간에서의 절삭속도와 같은 값)

3.5 선반가공

1) 선반작업과 선반구조

(1) 선반작업의 종류

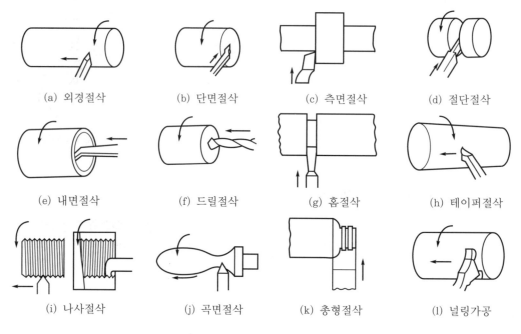

(a) 외경절삭   (b) 단면절삭   (c) 측면절삭   (d) 절단절삭

(e) 내면절삭   (f) 드릴절삭   (g) 홈절삭   (h) 테이퍼절삭

(i) 나사절삭   (j) 곡면절삭   (k) 총형절삭   (l) 널링가공

[그림 I.64] 선반작업의 종류

(2) 선반구조와 기능

① 주축대 : 베드 윗면의 왼쪽 끝에 고정되어 있고 공작물을 정확히 지지하면서 회전시키면서 동력을 받아 전달하므로 강력한 구조가 요구된다. 주축은 속이 빈 축을 사용하며 보통 합금강재로 만든다.

② 심압대 : 베드 위에서 주축대와 마주보는 위치에 있으며 공작물의 오른쪽 끝을 센터로 지지하는 역할을 한다. 센터를 떼고 드릴 또는 리머를 끼워 구멍뚫기, 리밍 등에도 사용한다.

③ 왕복대 : 베드 위의 주축대와 심압대의 중간에 놓여 있으며, 주축대와 심압대 사이를 왕복운동하고 새들(saddle)과 이송장치를 가지고 있는 에이프런(apron) 및 공구대(tool post)로 구성되어 있다.

④ 베드(bed) : 주축대, 왕복대, 심압대 및 이송변속장치 등을 지지하고, 그들의 하중에 견딜 수 있는 충분한 강도를 가지고 있어야 한다. 종류에는 영국식, 미국식, 조합식이 있다.

(3) 선반작업 시 부속품

① 회전판과 면판
  ㉠ 회전판(driving plate) : 주축의 회전을 공작물에 전달시켜 센터 사이에 끼운 공작물을 돌리는 데 사용한다.
  ㉡ 면판(face plate) : 많은 구멍과 홈이 파져 있으며 복합한 형상의 공작물 또는 큰 공작물을 센터나 척으로 고정하기 곤란할 때 사용한다.
② 돌리개(dog) : 주축의 회전을 돌림판이 받아서 공작물을 고정시키며 양 센터작업을 할 때 사용하고 공작물 왼쪽 끝에 고정한다.
③ 맨드릴(mandrel, 심봉) : 중공의 공작물, 즉 벨트풀리(belt pulley), 기어(gear) 등을 가공할 때 직접 센터로 지지할 수 없으므로 이 구멍에 맨드릴을 끼워 고정하고 일반 센터작업과 같이 작업한다.
④ 척(chuck) : 공작물을 지지하고 회전시키는 것으로 주축과 같이 회전하며 단동척, 연동척, 양용척, 전자척, 공기척이 있다.
⑤ 방진구 : 가늘고 긴 공작물을 가공할 때 사용한다.
⑥ 센터(center) : 주축대와 심압대 축에 끼워져 공작물을 지지하는 것이다.

2) 선반의 절삭작업

(1) 절삭속도

$$V = \frac{\pi DN}{1,000}\,[\text{m/min}], \ \ N = \frac{1,000\,V}{\pi D}\,[\text{rpm}]$$

여기서, V : 절삭속도, N : 회전수, D : 공작물의 지름(mm)

(2) 테이퍼절삭

① 심압대의 편위계산법
② 복식공구대를 회전시키는 방법
③ 심압대를 편위시키는 방법

(3) 나사절삭

주축과 리드스크루를 기어로 연결시켜 주축에 회전을 주면 리드스크루도 회전한다.
① 리드스크루가 미터식인 경우
② 리드스크루가 인치식인 경우
③ 선반에 부속되어 있는 변환기어의 잇수
  ㉠ 영국식 선반 : 잇수 20~120개 사이에 5개씩 증가되고, 127개의 것이 1개씩 있다.
  ㉡ 미국식 선반 : 20~64개 사이에 4개씩 증가되고, 72, 80, 127개의 것이 1개씩 있다.

3) 선반의 종류

① 보통선반 : 가장 많이 사용하며 주축의 회전속도도 고속에서 저속까지 광범위하게 변속할 수 있다.

② 차륜선반(car wheel lathe) : 차륜으로 조립된 철도차량의 바퀴둘레를 깎는 선반이다.

③ 수직선반 : 주축이 수직으로 설치된 선반으로 지름이 크고 짧은 공작물에 사용한다.

④ 터릿선반(turret lathe) : 회전식 육각공구대에 연속적으로 작업할 수 있도록 만든 선반으로 동일 제품의 대량생산에 적합하다.

⑤ 모방선반(copying lathe) : 공작물과 같은 모형 또는 형판에 따라 제품을 깎는 선반이다.

⑥ 자동선반(automatic lathe) : 유압장치를 사용하여 공작물을 고정 또는 제거작업을 전부 기계로 하는 선반으로 매우 능률적으로 작업할 수 있다.

3.6   드릴작업(drilling)

1) 드릴작업의 종류

드릴링머신의 주된 작업은 드릴로 공작물의 구멍을 뚫는 작업이다.

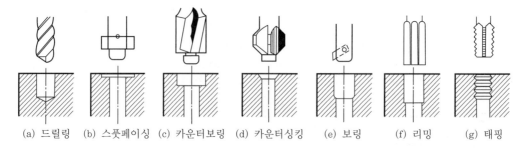

(a) 드릴링   (b) 스폿페이싱   (c) 카운터보링   (d) 카운터싱킹   (e) 보링   (f) 리밍   (g) 태핑

[그림 I.65] 드릴작업의 종류

2) 드릴링머신의 종류

① 직립드릴링머신 : 주축이 수직으로 설치되어 있는 드릴링머신이다.

② 탁상드릴링머신 : 작업대 위에 설치하여 사용하는 소형 드릴링머신이다.

③ 레이디얼드릴링머신 : 공작물을 테이블에 고정시켜 놓고 주축을 필요한 위치로 이동시켜 구멍의 중심을 맞추고 구멍을 뚫는 드릴링머신이다.

④ 만능레이디얼드릴링머신 : 암이 수평축을 중심으로 회전도 되고 주축헤드도 암 위에서 좌우로 경사지게 할 수 있는 구조의 드릴링머신으로 경사진 구멍뚫기가 가능하다.

⑤ 다축드릴링머신 : 같은 평면 내에 여러 개의 구멍을 뚫을 때 사용하는 것으로 동시에 여러 개의 구멍을 뚫을 수 있다.

⑥ 다두형 드릴링머신 : 1개의 공작물이 여러 공정을 거쳐 가공될 때 각 헤드에 각 공정에 해당하는 공구를 공정순서대로 설치하여 동일 테이블 위에서 연속작업을 할 수 있도록 되어 있는 드릴링머신이다.

3.7 보링(boring)

1) 보링머신의 종류

① 수평보링머신(horizontal boring machine) : 주축이 수평으로 설치되어 있으며, 주축과 주축의 구동장치가 있는 주축헤드가 컬럼에 설치되어 안내면을 따라 상하로 이동하고 테이블형, 플레이너형, 플로어형 등 3종류가 있다.

② 수직보링머신 : 주축이 수직방향으로 설치된 보링머신이다.

③ 정밀보링머신(fine boring machine) : 주축의 회전 정도가 높고 고속회전 미세이송으로 높은 정밀도를 얻을 수 있는 보링머신으로, 공구는 다이아몬드, 초경합금 등을 사용한다.

④ 지그보링머신(jig boring machine) : 극히 짧은 시간 내에 구멍의 위치결정이나 중심내기를 정확하게 할 수 있는 보링머신이다.

2) 보링머신의 절삭공구

① 보링바(boring bar) : 보링바이트를 고정하는 봉으로 주축에 끼워져 회전하며 공작물 구멍을 다듬질한다.

② 면판 : 회전 중에도 슬라이드판의 위치를 이동시켜 바이트의 위치를 조절할 수 있고, 면판을 사용하여 절삭할 때는 면판의 슬라이드판에 바이트를 고정한다.

③ 보링헤드(boring head) : 지름이 너무 커서 보링바에 바이트를 설치할 수 없을 때 보링헤드에 바이트를 설치하여 보링바에 끼워 작업한다.

④ 보링바이트 : 외날바이트는 주로 거친 절삭에 사용되고, 양날바이트와 편상바이트는 다듬질 절삭용이다.

3.8 셰이퍼, 플레이너, 슬로터, 브로치가공

1) 셰이퍼

셰이퍼는 형삭기라고도 부르며, 램에 설치된 바이트를 왕복운동시켜 테이블에 고정한 공작물에 이송을 주면서 주로 평면가공을 하는 공작기계로 비교적 작은 공작물을 절삭하는 데 사용한다.

2) 플레이너(planer)

셰이퍼에 비하여 비교적 큰 공작물의 평면을 가공하는 공작기계로 평삭기라고도 부른다. 공작물을 고정한 테이블에 왕복운동을 주어 절삭한다.

※ 플레이너의 크기는 테이블의 최대 행정과 가공할 수 있는 공작물의 최대 높이와 최대 폭으로 나타낸다.

3) 슬로터(slotter)

슬로팅머신(slotting machine)이라고도 부르며, 셰이퍼를 수직으로 세워놓은 것과 같은 구조로 수직셰이퍼라고도 부르는 공작기계이다.

4) 브로치가공(broaching)

브로치라고 하는 절삭공구를 사용하여 인발 또는 압입공작물의 표면이나 내면을 브로치의 모양과 같은 형상으로 1회 통과시켜 높은 정밀도로 완성, 절삭가공하는 공작기계이다. 브로치가공의 절삭속도는 15~40m/min, 인장력은 3~5ton 정도이며, 브로칭머신의 크기는 최대 인장력과 브로치를 고정하는 슬라이드행정으로 표시한다.

3.9 정밀입자가공과 특수 가공

1) 정밀입자가공

① 호닝가공(honing) : 보링, 리밍, 연삭 등의 가공을 끝낸 후 혼(hone)이란 고운 숫돌입자를 스프링에 고정하여 원통의 내외면, 평면 및 크랭크축을 가공할 때 사용한다.

② 수퍼피니싱(super finishing)가공 : 직선왕복운동과 회전운동 및 진동을 숫돌에 주어 외면과 평면 등을 가공하는 기계이다. 압력은 $0.1~5kgf/cm^2$, 진폭은 1~4mm, 절삭속도는 5~30m/min이고, 가공 정도는 0.1μ이다(숫돌의 높이는 공작물지름의 60~70%).

③ 래핑 : 래핑은 랩이란 공구와 공작물 사이에 랩제를 넣고 미끄럼운동을 시켜 정밀가공하는 기계이다.

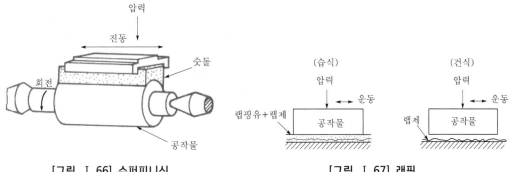

[그림 Ⅰ.66] 수퍼피니싱   [그림 Ⅰ.67] 래핑

2) 특수 가공

① 전해연마 : 전기화학적인 방법으로 표면을 다듬질하는 방법을 전해연마라고 한다. 가공물을 양극으로 하고 전해액 속에 달아매면 가공물의 면이 전기분해에 의해 깨끗하고 아름답게 된다.

② 화학연마 : 적당한 약물 중에 제품을 침지시키고 열에너지를 주어 화학반응을 촉진시켜서 매끈하고 광택 있는 표면으로 만드는 작업을 화학연마라고 한다. 전해연마에서는 대부분이 전기적 에너지로 용해되나, 화학연마에서는 열에너지로서 용해된다.

③ 방전가공 : 스파크열에 의하여 조금씩 녹여(가공량 0.005~10g/min) 가공하는 것으로 전극은 흑연, 텅스텐, 구리합금을 사용한다. 가공액은 백등유, 경유, 스핀들유 등을 사용한다.

④ 기타 가공

　ㄱ 버니싱(burnishing) : 버니싱공구를 공작물에 압입하여 구멍의 표면을 깨끗하게 하는 방법이다. 버니싱한 면은 경화되어 내마모성이 생긴다.

　ㄴ 초음파가공 : 초음파 가공은 16~30KC의 초음파전류로 진동이 되는 초음파공구 끝에 주어진 연삭제가 가공면에 연속적으로 충돌되어 공작물을 미세한 파편모양으로 파괴하면서 가공을 진행하는 방법이다. 담금질강 경질합금의 가공이 쉽고 정밀도가 높다. 보석이나 유리 등의 비금속 경질물질도 가공할 수 있다.

　ㄷ 쇼트피닝(shot peening) : 숏이라고 하는 금속으로 만든 입자를 빠른 속도로 가공물의 표면에 분사시켜 금속표면의 강도와 경도를 크게 해주는 일종의 소성가공으로, 이와 같은 성질을 피닝효과라고 한다.

　ㄹ 버핑(buffing) : 포목이나 가죽으로 된 버프(buff)를 회전시키며 연삭제를 버프와 공작물 사이에 넣고 공작물표면의 녹을 제거하거나 광내기에 사용하는 기계이다.

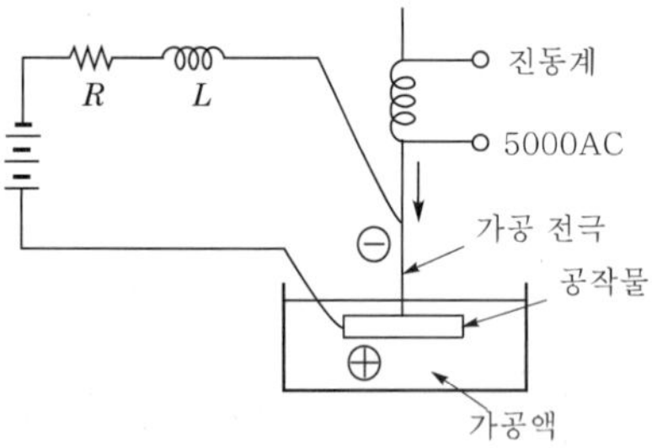

[그림 I.68] 방전가공(저압직류법)

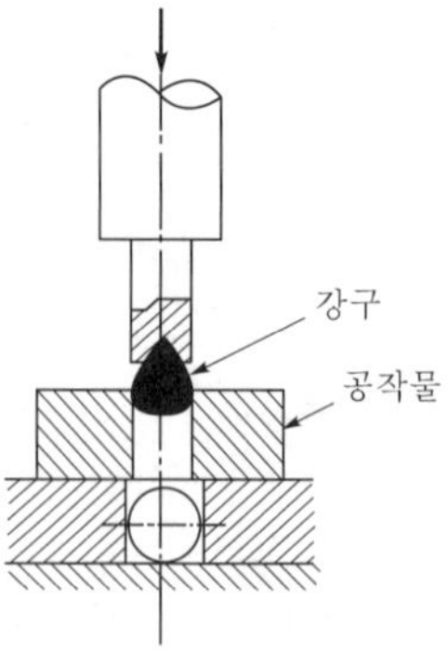

[그림 I.69] 버니싱

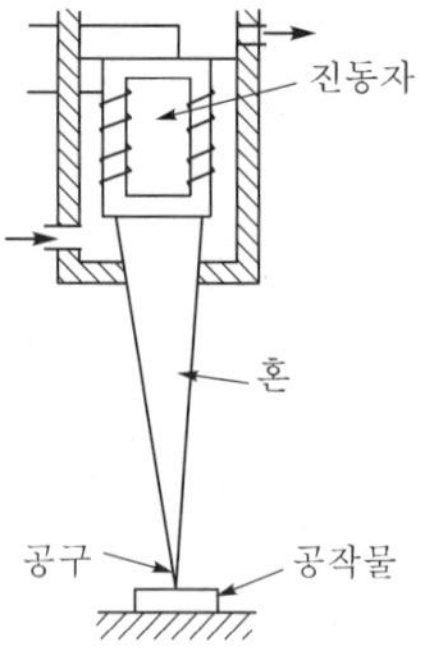

[그림 I.70] 초음파가공

3.10 기어가공(gear cutting)

1) 기어절삭방법

① 총형공구에 의한 방법(성형법) : 밀링머신에서 인벌류트기어커터를 사용하여 성형기어를 절삭하는 방법

② 형판에 의한 방법(형판법) : 형판에 따라 공구를 이송시켜 기어를 절삭하는 방법

③ 창성법 : 인벌류트(involute)곡선의 성질을 응용한 것으로, 절삭한 기어와 정확하게 물고 돌아갈 수 있도록 이론적으로 정확한 모양으로 다듬질한 기어절삭공구와 기어재료에 적당한 상대운동을 시켜서 치형절삭하는 방법

2) 기어절삭기의 종류

① 호빙머신 : 수직형과 수평형이 있으며 대형 기어는 수직형, 소형 기어는 수평형 머신으로 절삭하고, 작업은 래크커터의 변형인 호브를 회전시켜 창성치형절삭을 한다. 스퍼기어, 헬리컬기어, 웜기어, 스플라인축 등의 절삭이 가능하다.

② 피니언커터형 기어셰이퍼(pinion cutter type gear shaper) : 기어의 이 모양과 같은 피니언커터를 사용하여 기어를 절삭한다. 이 기어셰이퍼의 대표적인 것으로는 펠로스기어셰이퍼(fellows gear shaper)가 있다.

③ 래크커터형 기어셰이퍼 : 래크형 커터로 기어를 절삭하는 것으로 마그식 기어셰이퍼(maag gear shaper)가 있으며, 스퍼기어(spur gear)만 절삭하는 것과 헬리컬기어(helical gear)도 절삭하는 것이 있다.

④ 베벨기어절삭기(bevel gear generator) : 기어절삭기의 대표적인 것으로 글리슨식 기어절삭기(gleason straight bevel gear generator)와 스파이럴베벨기어절삭기(sprial bevel gear generator)가 있다.

3) 기어셰이빙(gear shaving)

기어절삭기로 가공한 기어의 단면을 더욱 매끈하게 다듬질가공하기 위한 방법으로, 셰이빙커터는 되도록 정밀하게 다듬어진 이면에 가는 홈의 절삭날을 가지고 있는 공구이며 래크형과 피니언형이 있다.

3.11 밀링가공(milling)

1) 밀링머신

밀링머신은 원 주위의 많은 절삭인선을 가진 밀링커터를 회전시키고, 공작물을 고정시킨 테이블에 이송을 주면서 절삭가공을 행하는 공작기계이다.

2) 밀링절삭법

① 상향절삭 : 공작물의 이송과 커터의 회전방향이 반대인 절삭형
② 하향절삭 : 공작물의 이송과 커터의 회전방향이 같은 방향의 절삭형
③ 정면절삭(합성절삭) : 엔드밀, 정면커터에 의하여 절삭되는 절삭형으로 상향절삭, 하향절삭이 동시에 행하여지는 절삭형

3) 분할법

분할작업은 분할대를 이용하여 임의의 수로 원주를 등분하든지, 회전운동에 의하여 곡면을 절삭하든지, 회전과 동시에 이송을 주어 홈을 절삭하는 작업이며, 분할방법에는 직접분할법, 단식분할법, 차동분할법 등이 있다.

① 분할대(index head) : 밀링머신의 테이블 위에 설치하여 사용하며, 공작물의 각도를 분할하는데 사용되고 스핀들과 심압대의 두 센터로 공작물을 지지한다.
② 분할판 : 원판 위에 여러 개의 구멍이 뚫려 있는 것으로 크랭크축에 고정하도록 되어 있다.

3.12   연삭가공(grinding)

연삭가공은 여러 가지 모양의 연삭숫돌바퀴(grinding wheel)를 고속으로 회전시켜 공작물표면에서 미세한 칩을 깎아내는 작업으로, 강재는 물론 보통 절삭공구로는 절삭할 수 없는 경도가 높은 재료도 높은 정밀도로 가공할 수 있다.

1) 연삭기의 종류

① 원통연삭기(cylindrical grinding machine) : 원통형 공작물의 외면을 연삭하는 연삭기
② 만능연삭기(universal grinding machine) : 원통연식기와 같은 구조로 되어 있으며 원통연삭기보다 작업범위가 넓은 연삭기
③ 내면연삭기(internal grinding machine) : 원통의 평행내면, 테이퍼내면, 끝면연삭을 하는 연삭기로 보통형과 플래너터형(planetary)이 있음
④ 평면연삭기(surface grinding machine) : 공작물의 평면을 연삭하는 연삭기로 테이블의 운동방향, 숫돌축의 방향, 숫돌의 연삭면에 따라 나뉨
⑤ 센터리스연삭기(centerless grinding machine) : 원통공작물을 센터로 사용하지 않고 연삭숫돌, 조정숫돌 및 지지판(받침판) 사이에 지지하고 공작물의 외면을 연삭하는 연삭기
⑥ 공구연삭기 : 여러 가지 절삭용 공구를 연삭하는 연삭기로 드릴연삭기, 초경공구연삭기, 만능공구연삭기 등이 있음
⑦ 기어연삭기 : 열처리한 기어의 정밀도를 높이기 위하여 기어의 단면을 연삭하는 연삭기로 기어의 설치가 정확해야 함
⑧ 나사연삭기 : 정밀나사, 나사게이지 등 높은 정밀도를 필요로 하는 나사연삭에 사용하는 연삭기
⑨ 캠연삭기 : 원형 캠을 이용하여 다른 캠을 연삭하는 일종의 모방연삭기

2) 연삭숫돌

① 숫돌의 3요소와 역할
    ㉠ 숫돌입자(abrasive) : 절삭날 역할
    ㉡ 기공(blow hole) : 칩을 유출하는 역할
    ㉢ 결합체(bond) : 절삭날 유지
       ※ 숫돌의 5요소 : 숫돌입자, 입도, 조직, 결합도, 결합제 등
② 숫돌입자 : 연삭숫돌의 입자는 산화알루미늄, 탄화규소, 다이아몬드 등이 주로 사용된다.

[표 Ⅰ.11] 숫돌입자의 종류 및 용도

구분	기호	모습과 순도	KS	상품명	용도
인조연삭제	A	흑갈색 알루미나(Al₂O₃) 약 95%	2A	알런덤 알록사이드	인장강도가 크고 인성이 큰 재료의 거친 연삭이나 절단작업용(일반 강재, 가단주철, 청동)
	WA	흰색 알루미나(Al₂O₃) 약 99.5% 이상	2C	38 알런덤 AA 알록사이드	인장강도가 크고 인성이 큰 재료의 다듬질연삭, 정밀연삭용(담금질강, 특수강, 고속도강)
	C	흑자색 탄화규소(SiC) 약 97%	2C	37 크리스탈론 카보런덤	주철과 같이 인장강도가 작고 취성이 있는 재료, 절연성이 높은 비철, 금속, 석재, 고무, 유리, 플라스틱 등
	GC	녹색 탄화규소(SiC) 약 98% 이상	4C	39 크리스탈론 녹색 카보런덤	경도가 매우 높고 발열하면 안 되는 초경합금, 특수강, 특수 주철, 칠드 주철, 유리 등
천연연삭제	D	다이아몬드			보석의 절단, 래핑제 초경합금연삭

③ 입도(grain size) : 숫돌입자의 크기를 입도라 하며 메시(mesh)로 표시한다.

④ 결합도(grade) : 결합제가 입자를 지지하는 강약으로, 입자가 숫돌표면에서 잘 떨어질 때를 연하다고 하고, 잘 떨어지지 않을 때를 단단하다고 한다.

⑤ 결합제(binder) : 연삭입자를 결합시켜 필요한 형상의 숫돌바퀴를 만들기 위하여 사용한다.

⑥ 조직(structure) : 연삭숫돌의 단위체적당의 입자수를 말하며, 조직이 적당하면 칩의 배출이 좋고 공작물의 발열도 적어진다.

⑦ 연삭숫돌의 표시법 : 연삭숫돌은 작업종류, 연삭기의 종류, 성능, 제조자 등에 따라 다르나 일반적으로 다음과 같이 표시한다.

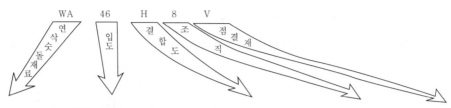

알루미나질	황목	중목	세목	극세목	(극연)	(연)	(중)	(경)	(극경)	밀	중	조	결합 방법
A(2A, 3A) WA(4A)	10	30	70	220	A	H	L	P	T	0	4	7	V
	12	36	80	240	B	I	M	Q	U	1	5	8	S
	14		90	280	C	J	N	R	V	2	6	9	E
탄화규소질	16	46	100	320	D	K	O	S	W	3		10	T
	20	54	120	400	E				X			11	R
C(2C, 3C) GC(4C)	24	60	150	500	F				Y			12	
			180	600	G				Z				

[그림 I.71] 연삭숫돌의 표시법

⑧ 연삭숫돌의 수정
    ㉠ 드레싱(dressing) : 숫돌의 표면이 로딩 또는 글레이징되어 절삭성이 악화된 숫돌의 표면 층을 깎아 새롭고 예리한 날끝을 발생시키는 작업
    ㉡ 트루잉(truing) : 연삭숫돌입자가 연삭 도중 탈락하여 숫돌에 편마모가 생겼을 때 숫돌의 모양을 수정하는 작업
    ㉢ 드레서(dresser) : 연삭숫돌의 드레싱과 트루잉을 행하기 위한 공구로 강철막대에 다이아 몬드를 끼운 다이아몬드드레서를 가장 많이 사용함

3.13   측정과 손다듬질

1) 측정

(1) 목적

기계가공된 공작물이나 기계요소의 치수, 각도, 형상 등의 양을 단위로 사용되는 표준량과 비교하여 단위의 수나 단위의 곱으로 표시하고, 정밀한 제품을 설계된 도면과 일치시켜 대량생산에 의한 호환성이 요구되는 정밀한 부품을 만드는 데 정밀측정의 의의가 있다.

(2) 측정의 등급과 환경조건

① 측정의 등급
  ㉠ A급 : 고정도(高精度)의 표준 계기, 측정기기, 국공립표준연구기관 등의 등급, 환경조건의 등급에 따라 aa급, a급 등으로 표시
  ㉡ B급 : 고정도의 표준계기와 측정기를 보유한 기업체 내의 표준기의 교정과 치수의 정밀측정이 가능한 정도의 등급, 환경등급에 따라 b급 등의 정도로 표시
  ㉢ C급 : 보통의 정도를 가진 표준기 및 측정기기를 보유하고, 기업체 내의 측정기의 교정을 실현할 수 있는 등급, 환경상태에 따라 c급 등의 정도로 표시
② 환경조건 : 길이측정실의 환경을 말하며 측정의 등급, 설치된 표준기와 측정기의 종류 및 등급에 대응하는 환경상태를 말한다.

(3) 오차의 분류

① 계통오차(systematic error)
  ㉠ 기기오차(instrumental error) : 측정기의 불안전, 사용상의 제한, 눈금의 부정확, 기어나 나사의 피치오차, 마모, 용수철의 피로 등에 의한 오차
  ㉡ 환경오차(environment error) : 온도, 압력, 습도 등에 의한 환경적 요인에서 발생하는 오차
  ㉢ 이론오차(theoretical error) : 사용되는 식이나 근사계산으로 인한 오차
  ㉣ 개인오차(personal error) : 측정자의 버릇에 의한 오차
② 과실오차(erratic error) : 측정자의 부주의로 발생된 오차
③ 우연오차(accidental error) : 측정자와 관계없이 우연, 필연적으로 발생하는 오차

2) 손다듬질

(1) 손다듬질 및 조립작업용 설비와 공구

① 정반(surface plate) : 금긋기작업이나 스크레이핑작업을 할 때에 사용되는 것으로, 재질은 주철제, 용도에 따라 금긋기 정반(화선정반)과 스크레이퍼정반으로 나눈다.
② 바이스(vice) : 작업대에 고정시켜 조 부분에 공작물을 고정시켜 작업을 행하는데 이용되며, 크기는 조의 크기로 나타낸다.
③ 작업대

(2) 금긋기(marking-off)

① 서피스게이지(surface gauge) : 주로 정반에서의 금긋기작업 또는 선반에서의 공작물 중심내기, 공작물의 평면검사에 사용된다.
② 직각자(square) : 두 면의 직각도, 수직도 등의 주로 90°를 필요로 하는 곳에 사용되며, 때로는 곧은 자로서 직선의 금긋기 또는 평면검사에도 사용된다.

③ V-블록(V-block) : 금긋기에서 재료를 지지하고 그 중심을 구할 때 사용되는 V자형 블록이다.

(3) 정작업

재료를 때려서 자르는 공구로, 점성이 강한 경강으로 만들어 날 끝은 충격에 견디도록 담금질한 후 뜨임한다. 평정, 흠정, 검정 등이 있다.

(4) 줄작업

① 줄을 이용하여 기계가공이 어려운 부분이나 기계가공한 부분을 매끄럽게 다듬거나 조립할 경우에 이용한다.
② 줄작업방법
    ㉠ 직진법 : 좁은 곳에 행하는 방법
    ㉡ 사진법 : 거친 다듬질에 행하는 방법
    ㉢ 횡진법 : 좁은 곳에 최후로 행하는 방법

(5) 스크레이퍼작업(scraping)

절삭가공한 면을 더욱 정밀도가 높은 면으로 다듬질하기 위해 스크레이퍼(scraper)를 이용하여 소량씩 절삭하는 정밀가공법의 일종이다.

3) 측정작업

(1) 분류

① 절대측정 : 측정기로부터 직접 측정기를 읽을 수 있는 방법으로, 절대측정기에는 눈금자, 버니어캘리퍼스, 마이크로미터 등이 있다.
② 비교측정 : 표준 길이와 비교하여 측정하는 방법으로, 비교측정기에는 다이얼게이지, 내경퍼스 등이 있다.
③ 간접측정 : 나사나 기어 등과 같이 형태가 복잡한 것에 이용되며 기하학적으로 측정값을 구하는 방법이다.

(2) 캘리퍼스(calipers)

보통 퍼스라고도 부르는 캘리퍼스는 공작물의 바깥지름, 너비, 두께, 거리 등의 측정에 쓰이는 공구로써, 크기는 핀의 중심으로부터 다리 끝까지의 길이로 나타낸다.

(3) 마이크로미터(micrometer)

① 외경마이크로미터 : 최대 측정길이 500mm 이하의 것을 등급에 따라 1급과 2급으로 나누고 있다.

② 내경마이크로미터 : 캘리퍼스형, 막대형, 내경마이크로미터가 있다.

③ 나사마이크로미터 : 수나사 또는 암나사의 유효경을 측정한다. 한쪽 조는 V형 홈이, 다른 조
는 선단에 원뿔모양으로 되어 있다.

(4) 다이얼게이지

측정자의 움직임을 기어를 이용한 확대기구로 확대하여 그것을 바늘의 움직임으로 나타낸 일종
의 비교측정기(comparater)이다.

(5) 블록게이지

횡단면이 직사각으로 각 면이 아주 정밀하게 다듬질되어 있으며, 이것을 비교측정의 표준이 되는
것으로서 여러 방면에 많이 쓰인다.

(6) 그 밖의 게이지

① 하이트게이지(height gauge) : 하이트게이지는 정반 위에 설치하여 금긋기, 높이측정을 하는
데 사용한다.

② 한계게이지(limit gauge) : 리밋게이지라고도 부르며 어떤 부품의 치수가 특정 한계(공차 :
tolerance) 내에 있는가를 알아내는 데 사용되는 게이지이다.

③ 링게이지(ring gauge) : 원형으로 된 외측용 게이지로서 플러그게이지와 동일하게 축의 치수
가 치수공차 내에 있는가를 점검할 때 사용한다.

④ 플러그게이지(plug gauge) : 일종의 표준 게이지인 동시에 한계게이지로서 여러 모양의 것이
있고, 보통 공구강을 담금질하여 만드나 점차적으로 초경합금을 만드는 경향이 있다.

⑤ 스냅게이지(snap gauge) : 축을 직각방향에 끼워 검사하는 게이지이다.

⑥ 반지름게이지(radius gauge) : 필릿게이지, 알게이지, 반경게이지라고도 부르며 2개의 면이
만나는 모서리 부분의 둥글기 반지름을 점검하는 게이지이다.

⑦ 시크니스게이지(thickness gauge) : 기계조립 시 부품 사이의 틈새 또는 좁은 홈폭을 측정하
는 데 쓰이며 필러게이지(feeler gauge), 틈새게이지, 간극게이지, 두께게이지 등으로 부르
고 있다. 담금질한 강철제의 얇은 판 10장을 한 벌로 해서 쓰고 있다.

⑧ 와이어게이지(wire gauge) : 철사, 전선 또는 드릴 등의 지름, 핀의 두께 등을 재는 데 쓰이
는 게이지로 철사게이지라고 한다.

(7) 각도측정기구

① 만능각도기(universal bevel protractor) : 측정물 두 면 사이의 각도를 측정하기 위한 측정구
로서 눈금은 버니어캘리퍼스의 아들자와 같이 읽으며 보통 5′(5분)까지 측정할 수 있다.

② 사인바(sine bar) : 고도의 정밀도를 필요로 할 때 직각삼각형의 삼각함수인 사인을 이용하여
임의의 각도를 설정하거나 측정하는 측정기이다.

(8) 표준 테이퍼게이지

① 모스테이퍼(morse taper : MT) : 대략 1/20 정도이며, 원뿔각이 2~3°이므로 단순한 마찰만으로 테이퍼섕크를 지지하는 강한 밀착력도 가졌다.

② 브라운샤프테이퍼(brown sharp taper) : 대략 1/24 정도이며 아버, 콜릿, 엔드밀, 리머밀링머신 등에 사용된다.

③ 자노테이퍼(jarno taper) : 테이퍼는 번호에 관계없이 1/20이다.

④ 야콥테이퍼(Jacob's taper) : 드릴척에 사용되는 테이퍼이다.

⑤ 내셔널테이퍼(national taper) : 원뿔각이 대략 16°로 밀링머신의 스핀들에 사용하며, 미국 표준 기계테이퍼라고도 한다.

4) 특수 측정기구

① 전기마이크로미터(electronic micrometer) : 길이의 극히 작은 변화를 전기용량의 변화로 변환시켜 측정하는 방법으로 0.01μ 정도의 미소변화까지 검사할 수 있다. 진공관의 특성 및 전압을 일정한 안정상태로 유지할 수 있는 것은 측정범위가 50μ 정도이고, 정밀도는 $\pm0.2\mu$ 정도이다.

② 공기마이크로미터(air micrometer) : 조작이 간단하며 정밀도가 높으며 내경측정이 용이하다. 비교측정기로 테이퍼, 타원, 진원도, 편심, 평행도, 직각도의 측정이 용이하다. 종류는 유량식과 배압식이 있다.

③ 옵티미터(optimeter) 또는 옵티컬미터 : 극히 작은 움직임을 광학적으로 확대되도록 한 것으로, 확대율은 800배이며 대물렌즈와 접안렌즈를 이용한 것이다.

④ 삼침법(three-wire method) : 3줄의 등경철사를 사용하여 수나사의 유효경을 측정하는 방법이다.

⑤ 옵티컬플랫 : 광학적인 측정기로서 유리나 수정으로 만든다. 정반을 측정면에 접촉시켰을 때 생기는 간섭무늬의 수로 평면을 측정하는 것으로, 간섭무늬 1개의 크기는 약 0.3μ이다.

3.14 수치제어(NC)와 공작기계

1) 수치제어의 개요

① CNC(Computer Numerical Control) : 마이크로컴퓨터를 내정한 NC

② DNC(Direct Numerical Contorl, 직접 수치제어) : 1대의 컴퓨터에 의하여 여러 대의 NC공작기계를 연결하고 컴퓨터로부터의 NC지령정보나 공구정보에 의하여 공작기계를 운전, 제어하는 방식

③ FMS(Flexible Manufacturing System) : CNC공작기계와 산업용 로봇, 자동반송장치, 자동창고 등을 중앙컴퓨터로 제어하면서 원료의 공급과 투입으로부터 가공, 조립, 운반, 저장, 출고까지 관리하는 생산방식

2) 파트프로그래밍

① 파트프로그램의 작성 : 가공해야 할 제품의 도면을 검토하며 절삭가공, 공정계획을 수립
② 절삭가공공정계획(methods analysis)
 ㉠ 최종 형상을 얻는데 필요한 개별 절삭공정의 파악
 ㉡ 각 절삭공정에 필요한 공구의 선정, 제작의뢰
 ㉢ 실제 절삭가공에 필요한 절삭조건 및 공구이동경로의 결정
 ㉣ 최종 형상을 절삭가공하기에 적합하도록 재료준비
③ GT기법(group technology) : 수치제어절삭가공을 위한 공정계획을 자동화하려는 연구기법
④ CAPP(computer automated process planning)
 ㉠ 컴퓨터프로그램을 이용한 자동공정계획
 ㉡ 제품도면정보가 컴퓨터에 저장되어 있는 경우에 공정계획을 자동적으로 수행하고자 하는 방식

3) 수치제어공작기계의 구성

① 공구매거진(tool magazing, tool carrousel) : NC기계에서 공구가 장착되어 있는 장소
② 공구자동교환장치(ATC : automatic tool changer) : 공구매거진에 장착된 특정 공구를 주축 스핀들에 자동으로 장착하는 장치
③ 팰릿자동교환장치(APC : automatic pallet changer) : 작업물의 교환을 자동적으로 수행하는 장치
④ 기계제어장치(MCU : machine control unit)의 주요 기능
 ㉠ 입출력제어 : NC정보의 입력, 정보의 변환과 배분, 작업자와의 정보교환, 외부입출력선호의 처리
 ㉡ 연산처리 : 이송속도의 연산, 위치결정의 연산, 직선보간과 원호보간의 연산
 ㉢ 서보제어 : 위치결정 서보, 위치와 속도의 검출, 출력의 증폭
 ㉣ 기타 : 백래시와 피치오차의 보정, MTS기능의 제어, 사이클기능의 제어

4) NC프로그래밍

제품의 도면에 표시된 형상을 NC공작기계에서 가공하기 위한 준비과정

(1) 종류

① 수동프로그래밍(manual programing)
② 자동프로그래밍(auto programing)

(2) 프로그램의 작성순서

① 설계도면(part drawing)의 판독
② 공정계획(machining plan)의 작성
  ㉠ NC가공 부위 설정
  ㉡ 가공에 적합한 NC공작기계 및 공구 선정
  ㉢ 가공순서(시작점, 황삭, 다듬질) 결정
  ㉣ 절삭조건(주축속도, 이송속도, 절삭깊이) 결정
③ 프로그램 작성(part programing)
④ 프로그램의 입력 및 확인
⑤ 프로그램의 편집 및 수정
⑥ NC기계 가공 실시

(3) 주소(address)의 의미

기능	어드레스	의미
프로그램번호	O	프로그램번호
문번호, 전개번호	N	NC블록번호(sequence number)
좌표값	X, Y, Z	좌표값
	A, B, C	회전축각도, 회전축 지정
	I, J, K	원호의 중심점좌표벡터
	R	원호의 반지름
준비기능	G	동작모드 선정, 이동형태(직선, 원호) 지정
이송속도	F	이송속도, 휴지시간
주축회전속도	S	주축회전속도, 절삭속도
공구번호	T	공구번호, 공구옵셋번호 지정
보조기능	M	기계제어지령, NC보조기능 지정
옵셋번호	O	옵셋레지스터번호, 척옵셋
프로그램분기	P	서브프로그램(sub program) 분기

(4) 반경 지정과 직경 지정

① 반경 지정프로그램 선택(G21)
② 직경 지정프로그램 선택(G20) : 선반에서는 대개 직경 지정방식으로 프로그램을 한다. 단, Q, R의 성분은 반경으로 지정한다.

(5) 절대방식 지령과 증분방식 지령

① 절대방식(G90) 지령 : 원점에서부터의 거리(X, Z)
② 증분방식(G91) 지령 : 현재 점에서의 거리(X, Z, x, z)

6) CNC공작기계의 제어방법

① Open-loop control system : 구동전동기로 펄스전동기를 이용하며 제어장치로 입력된 펄스 수만큼 움직이고 검출기나 피드백회로가 없으므로 구조가 간단하며 펄스전동기의 회전정밀도와 볼나사의 정밀도에 직접적인 영향을 받는다.

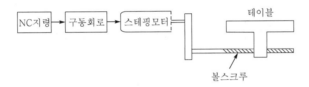

[그림 Ⅰ.72]

② Semi-closed loop control system : 위치와 속도의 검출을 서브모터의 축이나 볼나사의 회전각도로 검출하는 방식으로, 최근에는 고정밀도의 볼나사 생산과 백래시(backlash) 보정 및 피치오차 보정이 가능하게 되어 대부분의 CNC공작기계에서 이 방식을 채택하고 있다.

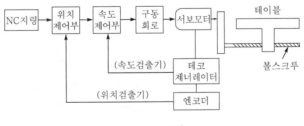

[그림 Ⅰ.73]

③ Closed-loop control system : 기계의 테이블 등에 스케일을 부착해 위치를 검출하여 피드백하는 방식으로 높은 정밀도를 요구하는 동작기계나 대형기계에 많이 이용된다.

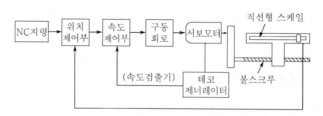

[그림 Ⅰ.74]

④ Hybrid-control system : Semi-closed loop control system과 Closed-loop control system을 합하여 사용하는 방식으로 Semi-closed loop control system의 높은 게인 (gain)으로 제어하고 기계의 오차를 스케일에 의한 Closed-loop control system으로 보정하여 정밀도를 향상시킬 수 있어 높은 정밀도가 요구되고 공작기계의 중량이 커서 기계의 강성을 높이기 어려운 경우와 안정된 제어가 어려운 경우에 이용된다.

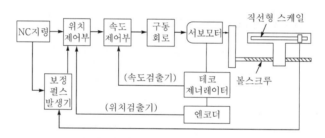

[그림 Ⅰ.75]

7) DNC(Direct Numerical Control)

DNC란 직접수치제어 또는 분배수치제어의 약어로써 여러 대의 NC공작기계를 일반적으로 15m 이내인 근거리일 때는 RS-232C, 그 이상일 때는 RS-422C 등으로 DNC소프트웨어가 내장된 컴퓨터와 연결하여 작업을 수행하는 생산시스템이다. DNC의 목적은 NC공작기계의 작업성, 생산성을 향상시킴과 동시에 그것을 조합하여 NC공작기계군으로 하여 그 운영을 제어, 관리하는 데 있다. 이와 같은 의미에서 DNC를 군관리시스템이라고도 한다.

부록 II

관련 자료

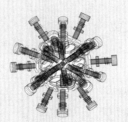

Mechanical Drawing

CHAPTER 01 국제단위계

01 SI 기본단위

기본량	SI 기본단위	
	명칭	기호
길이	미터	m
질량	킬로그램	kg
시간	초	s
전류	암페어	A
열역학적 온도	켈빈	K
물질량	몰	mol
광도	칸델라	cd

02 SI 유도단위

[표 Ⅱ.1] 기본단위로 표시된 SI 유도단위의 예

유도량	SI 유도단위	
	명칭	기호
넓이	제곱미터	m^2
부피	세제곱미터	m^3
속력, 속도	미터 매 초	m/s
가속도	미터 매 초 제곱	m/s^2
파동수	역미터	m^{-1}
밀도, 질량밀도	킬로그램 매 세제곱미터	kg/m^3
비(比)부피	세제곱미터 매 킬로그램	m^3/kg

[표 II.1] 기본단위로 표시된 SI 유도단위의 예 (계속)

유도량	SI 유도단위	
	명칭	기호
전류밀도	암페어 매 제곱미터	A/m^2
자기장의 세기	암페어 매 미터	A/m
(물질량의) 농도	몰 매 세제곱미터	mol/m^3
광휘도	칸델라 매 제곱미터	cd/m^2
굴절률	하나(숫자)	$1^{(가)}$

※ (가) "1"은 숫자와 조합될 때에는 일반적으로 생략된다.

[표 II.2] 특별한 명칭과 기호를 가진 SI 유도단위

유도량	SI 유도단위			
	명칭	기호	다른 SI단위로 표시	SI 기본단위로 표시
평면각	라디안$^{(가)}$	rad		$m \cdot m^{-1} = 1^{(나)}$
입체각	스테라디안$^{(가)}$	$sr^{(다)}$		$m^2 \cdot m^{-2} = 1^{(나)}$
주파수	헤르츠	Hz		s^{-1}
힘	뉴턴	N		$m \cdot kg \cdot s^{-2}$
압력, 응력	파스칼	Pa	N/m^2	$m^{-1} \cdot kg \cdot s^{-2}$
에너지, 일, 열량	줄	J	$N \cdot m$	$m^2 \cdot kg \cdot s^{-2}$
일률, 전력	와트	W	J/s	$m^2 \cdot kg \cdot s^{-3}$
전하량, 전기량	쿨롱	C		$s \cdot A$
전위차, 기전력	볼트	V	W/A	$m^2 \cdot kg \cdot s^{-3} \cdot A^{-1}$
전기용량	패럿	F	C/V	$m^{-2} \cdot kg^{-1} \cdot s^4 \cdot A^2$
전기저항	옴	Ω	V/A	$m^2 \cdot kg \cdot s^{-3} \cdot A^{-2}$
전기전도도	지멘스	S	A/V	$m^{-2} \cdot kg^{-1} \cdot s^3 \cdot A^2$
자기선속	웨버	Wb	$V \cdot s$	$m^2 \cdot kg \cdot s^{-2} \cdot A^{-1}$
자기선속밀도	테슬라	T	Wb/m^2	$kg \cdot s^{-2} \cdot A^{-1}$
인덕턴스	헨리	H	Wb/A	$m^2 \cdot kg \cdot s^{-2} \cdot A^{-2}$
섭씨온도	섭씨도$^{(라)}$	℃		K
광선속	루멘	lm	$cd \cdot sr^{(다)}$	$m^2 \cdot m^{-2} \cdot cd = cd$
조명도	럭스	lx	lm/m^2	$m^2 \cdot m^{-4} \cdot cd$ $= m^{-2} \cdot cd$

[표 II.2] 특별한 명칭과 기호를 가진 SI 유도단위 (계속)

유도량	SI 유도단위			
	명칭	기호	다른 SI단위로 표시	SI 기본단위로 표시
(방사능핵종의) 방사능	베크렐	Bq		s^{-1}
흡수선량, 비(부여)에너지, 커마	그레이	Gy	J/kg	$m^2 \cdot s^{-2}$
선량당량, 환경선량당량				
방향선량당량				
개인선량당량				
조직당량선량	시버트	Sv	J/kg	$m^2 \cdot s^{-2}$

※ ㈎ 라디안과 스테라디안은 서로 다른 성질을 가지나 같은 차원을 가진 양들을 구별하기 위하여 유도단위를 표시하는데 유용하게 쓰일 수 있다. 유도단위를 구성하는데 이들을 사용한 몇 가지 예가 [표 5]에 있다.
※ ㈏ 실제로 기호 rad와 sr은 필요한 곳에 쓰이나 유도단위 "1"은 일반적으로 숫자와 조합하여 쓰일 때 생략된다.
※ ㈐ 광도측정에서는 보통 스테라디안(기호 sr)이 단위의 표시에 사용된다.
※ ㈑ 이 단위는 SI접두어와 조합하여 쓰이고 있다. 그 한 예가 밀리섭씨도, m·℃이다.

[표 II.3] 명칭과 기호에 특별한 명칭과 기호를 가진 SI 유도단위의 예

유도량	SI 유도단위		
	명칭	기호	SI 기본단위로 표시
점성도	파스칼 초	Pa·s	$m^{-1} \cdot kg \cdot s^{-1}$
힘의 모멘트	뉴턴 미터	N·m	$m^2 \cdot kg \cdot s^{-2}$
표면장력	뉴턴 매 미터	N/m	$kg \cdot s^{-2}$
각속도	라디안 매 초	rad/s	$m \cdot m^{-1} \cdot s^{-1} = s^{-1}$
각가속도	라디안 매 초 제곱	rad/s^2	$m \cdot m^{-1} \cdot s^{-2} = s^{-2}$
열속밀도, 복사조도	와트 매 제곱미터	W/m^2	$kg \cdot s^{-3}$
열용량, 엔트로피	줄 매 켈빈	J/K	$m^2 \cdot kg \cdot s^{-2} \cdot K^{-1}$
비열용량, 비엔트로피	줄 매 킬로그램 켈빈	J/(kg·K)	$m^2 \cdot s^{-2} \cdot K^{-1}$
비에너지	줄 매 킬로그램	J/kg	$m^2 \cdot s^{-2}$
열전도도	와트 매 미터 켈빈	W/(m·K)	$m \cdot kg \cdot s^{-3} \cdot K^{-1}$
에너지밀도	줄 매 세제곱미터	J/m^3	$m^{-1} \cdot kg \cdot s^{-2}$
전기장의 세기	볼트 매 미터	V/m	$m \cdot kg \cdot s^{-3} \cdot A^{-1}$

기계제도 및 설계

[표 II.3] 명칭과 기호에 특별한 명칭과 기호를 가진 SI 유도단위의 예 (계속)

유도량	SI 유도단위		
	명칭	기호	SI 기본단위로 표시
전하밀도	쿨롱 매 세제곱미터	C/m^3	$m^{-3} \cdot s \cdot A$
전기선속밀도	쿨롱 매 제곱미터	C/m^2	$m^{-2} \cdot s \cdot A$
유전율	패럿 매 미터	F/m	$m^{-3} \cdot kg^{-1} \cdot s^4 \cdot A^2$
투자율	헨리 매 미터	H/m	$m \cdot kg \cdot s^{-2} \cdot A^{-2}$
몰에너지	줄 매 몰	J/mol	$m^2 \cdot kg \cdot s^{-2} \cdot mol^{-1}$
몰엔트로피, 몰열용량	줄 매 몰 켈빈	$J/(mol \cdot K)$	$m^2 \cdot kg \cdot s^{-2} \cdot K^{-1} \cdot mol^{-1}$
(X선 및 γ선의) 조사선량	쿨롱 매 킬로그램	C/kg	$kg^{-1} \cdot s \cdot A$
흡수선량률	그레이 매 초	Gy/s	$m^2 \cdot s^{-3}$
복사도	와트 매 스테라디안	W/sr	$m^4 \cdot m^{-2} \cdot kg \cdot s^{-3} = m^2 \cdot kg \cdot s^{-3}$
복사휘도	와트 매 제곱미터 스테라디안	$W/(m^2 \cdot sr)$	$m^2 \cdot m^{-2} \cdot kg \cdot s^{-3} = kg \cdot s^{-3}$

03 SI 접두어

인자	접두어	기호	인자	접두어	기호
10^{24}	요타	Y	10^{-1}	데시	d
10^{21}	제타	Z	10^{-2}	센티	c
10^{18}	엑사	E	10^{-3}	밀리	m
10^{15}	페타	P	10^{-6}	마이크로	μ
10^{12}	테라	T	10^{-9}	나노	n
10^{9}	기가	G	10^{-12}	피코	p
10^{6}	메가	M	10^{-15}	펨토	f
10^{3}	킬로	k	10^{-18}	아토	a
10^{2}	헥토	h	10^{-21}	젭토	z
10^{1}	데카	da	10^{-24}	욕토	y

04 SI 이외의 단위

[표 II.4] 국제단위계와 함께 사용되는 것이 용인된 SI 이외의 단위

명칭	기호	SI단위로 나타낸 값
분	min	$1\text{min}=60\text{s}$
시간[가]	h	$1\text{h}=60\text{min}=3,600\text{s}$
일	d	$1\text{d}=24\text{h}=8,6400\text{s}$
도[나]	°	$1°=(\pi/180)\text{rad}$
분	′	$1'=(1/60)°=(\pi/10800)\text{rad}$
초	″	$1''=(1/60)'=(\pi/648000)\text{rad}$
리터[다]	l, L	$1\text{L}=1\text{dm}^3=10^{-3}\text{m}^3$
톤[라, 마]	t	$1\text{t}=10^3\text{kg}$
네퍼[바, 아]	Np	$1\text{Np}=1$
벨[사, 아]	B	$1\text{B}=(1/2)\ln10(\text{Np})^{[자]}$

※ [가] 이 단위의 기호는 제9차 국제도량형총회(1948 ; CR, 70)의 결의사항 7에 있다.

※ [나] ISO 31은 분과 초를 사용하는 대신에 도를 십진 분수의 형태로 사용할 것을 권고한다.

※ [다] 이 단위와 그 기호 l은 1879년 CIPM(PV, 1879, 41)에서 채택되었다. 또 다른 기호 L은 제16차 국제도량형총회(1979, 결의사항 6; CR, 101 및 Metrologia, 1980, 16, 56-57)에서 글자 "l"과 숫자 "1"과의 혼동을 피하기 위해 채택되었다. 리터의 현재 정의는 제12차 국제도량형총회(1964 ; CR, 93)의 결의사항 6에 있다.

※ [라] 이 단위와 그 기호는 1879년 CIPM(PV, 1879, 41)에서 채택되었다.

※ [마] 몇몇 영어사용국가에서 이 단위는 "메트릭톤"이라 불린다.

※ [바] 네퍼는 마당준위, 일률준위, 음압준위, 로그 감소 같은 로그량의 값을 표현하는데 사용된다. 네퍼로 표현된 양의 값을 얻기 위하여 자연로그가 사용된다. 네퍼는 SI와 일관성을 갖지만 아직 국제도량형총회에서 SI단위로 채택되지 아니하였다. 자세한 내용은 국제표준 ISO 31 참조.

※ [사] 벨은 마당준위, 일률준위, 음압준위, 감쇠 같은 로그량의 값을 표현하는데 사용된다. 벨로 표현된 양의 값을 얻기 위하여 밑이 10인 로그가 사용된다. 분수인 데시벨, dB가 보통 사용된다. 자세한 내용은 국제표준 ISO 31 참조.

※ [아] 이 단위를 사용할 때 양을 명시하는 것이 특히 중요하다. 단위가 양을 의미하기 위하여 사용되어서는 안 된다.

※ [자] 네퍼가 SI와 일관성을 갖을지라도 아직 국제도량형총회에서 채택되지 아니하였기 때문에 Np에는 괄호를 하였다.

[표 II.5] 국제단위계와 함께 사용되는 것이 용인된 SI 이외의 실험적 단위

명칭	기호	정의	SI단위로 나타낸 값
전자볼트[가]	eV	(나)	$1\text{eV}=1.60217733(49)\times10^{-19}\text{J}$
통일원자질량단위[가]	u	(다)	$1\text{u}=1.6605402(10)\times10^{-27}\text{kg}$
천문단위[가]	ua	(라)	$1\text{ua}=1.49597870691(30)\times10^{11}\text{m}$

※ (가) 전자볼트와 통일원자질량단위에 대한 값은 CODATA Bulletin, 1986, No. 63에서 인용되었다. 천문단위로 주어진 값은 IERS회의록(1996), D.D. McCarthy ed., IERS Technical Note 21, Observatoire de Paris, July 1996에서 인용된 것이다.

※ (나) 전자볼트는 하나의 전자가 진공 중에서 1볼트의 전위차를 지날 때 얻게 되는 운동에너지이다.

※ (다) 통일원자질량단위는 정지상태에 있으며, 바닥상태에 있는 속박되지 않은 ^{12}C핵종 원자질량의 1/12과 같다. 생화학분야에서 통일원자질량단위는 또한 달톤(기호 Da)으로 불린다.

※ (라) 천문단위는 지구-태양의 평균거리와 거의 같은 길이의 단위이다. 이 값이 태양계에서 물체의 운동을 표현하는데 사용될 때 태양 중심 중력상수는 $(0.01720209895)^2 ua^3 d^{-2}$이 된다.

* SI단위로 표현된 그 값들은 실험적으로 얻어진다.

[표 II.6] 국제단위계와 함께 사용되는 것이 현재 용인된 그 밖의 SI 이외의 단위

명칭	기호	SI단위로 나타낸 값
해리[가]		1해리$=1,852\text{m}$
놋트		1해리 매 시간$=(1,852/3,600)\text{m/s}$
아르[나]	a	$1\text{a}=1\text{dam}^2=10^2\text{m}^2$
헥타르[나]	ha	$1\text{ha}=1\text{hm}^2=10^4\text{m}^2$
바[다]	bar	$1\text{bar}=0.1\text{MPa}=100\text{kPa}=1,000\text{hPa}=10^5\text{Pa}$
옹스트롬	Å	$1\text{Å}=0.1\text{nm}=10^{-10}\text{m}$
바안[라]	b	$1\text{b}=100\text{fm}^2=10^{-28}\text{m}^2$

※ (가) 해리는 항해나 항공의 거리를 나타내는데 쓰이는 특수 단위이다. 위에 주어진 관례적인 값은 1929년 모나코의 제1차 국제특수수로학회에서 "국제해리"라는 이름 아래 채택되었다. 아직 국제적으로 합의된 기호는 없다. 이 단위가 원래 선택된 이유는 지구 표면의 1해리는 대략 지구 중심에서 각도 1분에 상응하는 거리이기 때문이다.

※ (나) 이 단위와 기호는 1879년 CIPM(PV, 1879, 41)에서 채택되었으며 토지면적을 표현하는데 사용되고 있다.

※ (다) 바와 그 기호는 제9차 국제도량형총회(1948 ; CR, 70)의 결의사항 7에 있다.

※ (라) 바안은 핵물리학에서 유효단면적을 나타내기 위하여 사용되는 특수 단위이다.

01 길이

단위	cm	m	in	ft	yd	mile	尺	間	町	里
cm	1	0.01	0.3937	0.0328	0.0109	—	0.033	0.0055	0.00009	—
m	100	1	39.37	3.2808	1.0936	0.0006	3.3	0.55	0.00917	0.00025
in	2.54	0.0254	1	0.0833	0.0278	—	0.0838	0.0140	0.0002	—
ft	30.48	0.3048	12	1	0.3333	0.00019	1.0058	0.1676	0.0028	—
yd	91.438	0.9144	36	3	1	0.0006	3.0175	0.5029	0.0083	0.0002
mile	160930	1609.3	63360	5280	1760	1	5310.8	885.12	14.752	0.4098
尺	30.303	0.303	11.93	0.9942	0.3314	0.0002	1	0.1667	0.0028	0.00008
間	181.818	1.818	71.582	5.965	1.9884	0.0011	6	1	0.0167	0.0005
町	10909	109.091	4294.9	357.91	119.304	0.0678	360	60	1	0.0278
里	392727	3927.27	154619	12885	4295	2.4403	12960	2160	36	1

02 면적(넓이)

단위	평방자	평	단보	정보	m²	a(아르)	ft²	yd²	acre
평방자	1	0.02778	0.00009	0.000009	0.09182	0.00091	0.98841	0.10982	—
평	36	1	0.00333	0.00033	3.3058	0.03305	35.583	3.9537	0.00081
단보	10800	300	1	0.1	991.74	9.9174	10674.9	1186.1	0.24506
정보	108000	3000	10	1	9917.4	99.174	106794	11861	2.4506
m²	10.89	0.3025	0.001008	0.0001	1	0.01	10.764	1.1958	0.00024

단위	평방자	평	단보	정보	m²	a(아르)	ft²	yd²	acre
a	1089	30.25	0.10083	0.01008	100	1	1076.4	119.58	0.02471
ft²	1.0117	0.0281	0.00009	0.000009	0.092903	0.000929	1	0.1111	0.000022
yd²	9.1055	0.25293	0.00084	0.00008	0.83613	0.00836	9	1	0.000207
acre	44071.2	1224.2	4.0806	0.40806	4046.8	40.468	43560	4840	1

[참고] 1hectare(헥타르)=100are=10,000m²

03 부피(체적) 1

단위	홉	되	말	cm³	m³	l	in³	ft³	yd³	gal(美)
홉	1	0.1	0.01	180.39	0.00018	0.18039	11.0041	0.0066	0.00023	0.04765
되	10	1	0.1	1803.9	0.00180	1.8039	110.041	0.0637	0.00234	0.47656
말	100	10	1	18039	0.01803	18.039	1100.41	0.63707	0.02359	4.76567
cm³	0.00554	0.00055	0.00005	1	0.000001	0.001	0.06102	0.00003	0.00001	0.00026
m³	5543.52	554.325	55.4352	1000000	1	1000	61027	35.3165	1.30820	264.186
l	5.54352	0.55435	0.05543	1000	0.001	1	61.027	0.03531	0.00130	0.26418
in³	0.09083	0.00908	0.0091	16.387	0.000016	0.01638	1	0.00057	0.00002	0.00432
ft³	156.966	15.6666	1.56966	28316.8	0.02831	28.3169	1728	1	0.03703	7.48051
yd³	4238.09	423.809	42.3809	764511	0.76451	764.511	46656	27	1	201.974
gal(美)	20.9833	2.0983	0.20983	3785.43	0.00378	3.78543	231	0.16368	0.00495	1

04 부피(두량/斗量) 2

단위	m³	gal(UK)	gal(US)	l
m³	1	220.0	264.2	1000
gal(UK)	0.004546	1	1.201	4.546

단위	m³	gal(UK)	gal(US)	l
gal(US)	0.003785	0.8327	1	3.785
l	0.001	0.2200	0.2642	1

[참고] 1gal(US)=231in³, 1ft³=7.48gal(US)

05 무게(질량) 1

단위	g	kg	ton	그레인	온스	lb	돈	근	관
g	1	0.001	0.000001	15.432	0.03527	0.0022	0.26666	0.00166	0.000266
kg	1000	1	0.001	15432	33.273	2.20459	266.666	1.6666	0.26666
ton	1000000	1000	1	–	35273	2204.59	266666	1666.6	266.666
그레인	0.06479	0.00006	–	1	0.00228	0.00014	0.01728	0.00108	0.000017
온스	28.3495	0.02835	0.000028	437.4	1	0.06525	7.56	0.0473	0.00756
lb	453.592	0.45359	0.00045	7000	16	1	120.96	0.756	0.12096
돈	3.75	0.00375	0.000004	57.872	0.1323	0.00827	1	0.00625	0.001
근	600	0.6	0.0006	9259.556	21.1647	1.32279	160	1	0.16
관	3750	3.75	0.00375	57872	132.28	8.2672	1000	6.25	1

06 무게(질량) 2

단위	kg	t	lb	ton	sh tn
kg	1	0.001	2.20462	0.0009842	0.0011023
t	1000	1	2204.62	0.9842	1.1023
lb	0.45359	0.00045359	1	0.0004464	0.00055
ton	1016.05	1.01605	2240	1	1.12
sh tn	907.185	0.907185	2000	0.89286	1

[참고] t : 톤, ton : 영국톤(long ton), sh tn : 미국톤(short ton)

07 밀도

단위	g/m^3	kg/m^3	lb/in^3	lb/ft^3
g/m^3	1	1000	0.03613	62.43
kg/m^3	0.001	1	0.00003613	0.06243
lb/in^3	27.68	27680	1	1728
lb/ft^3	0.01602	16.02	0.0005787	1

[참고] $1g/cm^3 = 1t/m^3$

08 힘

단위	N	dyn	kgf	lbf	pdl
N	1	1×10^5	0.101972	0.2248	7.233
dyn	1×10^{-5}	1	1.01972×10^{-6}	2.248×10^{-6}	7.233×10^{-5}
kgf	9.80665	9.80665×10^5	1	2.205	70.93
lbf	4.44822	4.44822×10^5	0.4536	1	32.17
pdl	0.138255	1.38255×10^4	0.01410	0.03108	1

[참고] $1dyn = 1 \times 10^{-5}N$, 1pdl(파운달) $= 1ft \cdot lb/s^2$

09 압력 1

단위	kgf/cm^2	bar	Pa	atm	mH$_2$O	mHg	lbf/in^2
kgf/cm^2	1	0.980665	0.980665×10^5	0.9678	10.000	0.7356	14.22
bar	1.0197	1	1×10^5	0.9869	10.197	0.7501	14.50
Pa	1.0197×10^{-5}	1×10^{-5}	1	0.9869×10^{-5}	1.0197×10^{-4}	7.501×10^{-6}	1.450×10^{-4}
atm	1.0332	1.01325	1.01325×10^5	1	10.33	0.760	14.70
mH$_2$O	0.10000	0.09806	9.80665×10^3	0.09678	1	0.07355	1.422

단위	kgf/cm^2	bar	Pa	atm	mH$_2$O	mHg	lbf/in^2
mHg	1.3595	1.3332	1.3332×10^5	1.3158	13.60	1	19.34
lbf/in^2	0.07031	0.06895	6.895×10^3	0.06805	0.7031	0.05171	1

[참고] 1Pa＝1N/m^2, 1bar＝1×10^5Pa, 1lbf/in^2＝1psi, 1Pa＝7.5×10^{-3}torr

10 압력 2

단위	kPa	bar	psi	kgf/cm^2	mmH$_2$O	in H$_2$O	ft H$_2$O	mmHg	in Hg	torr
kPa	1	0.01	0.14504	0.01020	101.972	4.01463	0.33455	7.50064	0.29530	7.50064
bar	100	1	14.5038	1.01972	10197.2	401.463	33.4552	750.064	29.5300	750.064
psi	6.89476	0.06895	1	0.07031	703.070	27.6799	2.30666	51.7151	2.03602	51.7151
kgf/cm^2	98.0665	0.98067	14.2233	1	10000	393.701	32.8084	735.561	28.9590	735.561
mm H$_2$O	0.00981	0.00010	0.00142	0.00010	1	0.03937	0.00328	0.07356	0.00290	0.07356
in H$_2$O	0.24909	0.00249	0.03613	0.00254	25.4	1	0.08333	1.86833	0.07356	1.86833
ft H$_2$O	2.98907	0.02989	0.43353	0.03048	304.800	12.000	1	22.4199	0.88267	22.4199
mm Hg	0.13332	0.00133	0.01934	0.00136	13.5951	0.53524	0.04460	1	0.03937	1
in Hg	3.38639	0.03386	0.49115	0.03453	345.316	13.5951	1.13202	25.4001	1	25.4001
torr	0.13332	0.00133	0.01934	0.00136	13.5951	0.53524	0.04460	1	0.03937	1

11 응력

단위	kgf/cm^2	kgf/mm^2	Pa	N/mm^2	lbf/ft^2
kgf/cm^2	1	1×10^{-2}	0.980665×10^5	0.0980665	2048
kgf/mm^2	1×10^2	1	0.980665×10^7	9.80665	2.048×10^5
Pa	1.0197×10^{-5}	1.0197×10^{-7}	1	1×10^{-6}	0.02089
N/mm^2	10.1972	0.101972	1×10^6	1	2.089×10^4
lbf/ft^2	0.0004882	4.882×10^{-6}	47.86	4.788×10^{-5}	1

12 속도

단위	m/s	km/h	kn(미터법)	ft/s	mile/h
m/s	1	3.6	1.944	3.281	2.237
km/s	0.2778	1	0.5400	0.9113	0.6214
kn(미터법)	0.5144	1.852	1	1.688	1.151
ft/s	0.3048	1.097	0.5925	1	0.6818
mile/h	0.4470	1.609	0.8690	1.467	1

[참고] kn : 노트, 미터법 1노트=1,852m/h

13 각속도

단위	rpm	rad/s
rpm	1	0.1047
rad/s	9.549	1

[참고] $1rad=57.296°$, rpm=r/min

14 점도

단위	cP	P	Pa·s	kgf·s/m^2	lbf·s/in^2
cP	1	0.01	0.001	0.00010197	$1.449×10^{-7}$
P	100	1	0.1	0.0101973	$1.449×10^{-5}$
Pa·s	1000	10	1	0.101973	$1.449×10^{-4}$
kgf·s/m^2	9806.65	98.0665	9.80665	1	0.001422
lbf·s/in^2	$6.9×10^6$	$6.9×10^4$	$6.9×10^3$	$7.03×10^2$	1

[참고] $1P=1dyn·s/cm^2=1g/cm·s$, $1Pa·s=1N·s/m^2$, $1cP=1mPa·s$,
$1lbf·s/in^2=1Reyn=6.9×10^6cP$

15 동점도

단위	cSt	St	m²/s	ft²/s
cSt	1	1×10^{-2}	1×10^{-6}	0.00001076
St	100	1	1×10^{-4}	0.001076
m²/s	1×10^{6}	1×10^{4}	1	10.76
ft²/s	92900	929.0	0.09290	1

[참고] $1\text{St} = 1\text{cm}^2/\text{s}$

16 체적유량

단위	l/s	l/min	m³/s	m³/min	m³/h	ft³/s
l/s	1	60	1×10^{-3}	0.06	3600	0.03532
l/min	0.01666	1	1.66666×10^{-5}	1×10^{-3}	6×10^{-2}	0.00059
m³/s	1×10^{3}	6×10^{4}	1	60	3600	35.31
m³/min	1.66666×10	1×10^{3}	1.66666×10^{-2}	1	60	0.5885
m³/h	2.77777×10^{-4}	1.66666×10	2.77777×10^{-4}	1.66666×10^{-2}	1	0.00981
ft³/s	2.832×10	1.69833×10^{3}	2.832×10^{-2}	1.69833	101.9	1

17 일, 에너지 및 열량

단위	J	kgf · m	kW · h	kcal	ft · lbf	Btu
J	1	0.10197	2.778×10^{-7}	2.389×10^{-4}	0.7376	9.480×10^{-4}
kgf · m	9.807	1	2.724×10^{-6}	2.343×10^{-3}	7.233	9.297×10^{-3}
kW · h	3.6×10^{6}	3.671×10^{5}	1	860.0	2.655×10^{6}	3413
kcal	4186	426.9	1.163×10^{-3}	1	3087	3.968

기계제도 및 설계

단위	J	kgf · m	kW · h	kcal	ft · lbf	Btu
ft · lbf	1.356	0.1383	3.766×10^{-7}	3.239×10^{-4}	1	1.285×10^{-3}
Btu	1055	107.6	2.930×10^{-4}	0.2520	778.0	1

[참고] 1J=1W · s, 1kgf · m=9.80665J, 1W · h=3,600W · s, 1cal=4.18605J

18 일률

단위	kW	kgf · m/s	PS	HP	kcal/s	ft · lbf/s	Btu/s
kW	1	101.97	1.3596	1.3405	0.2389	737.6	0.9480
kgf · m/s	9.807×10^{-3}	1	1.333×10^{-2}	1.315×10^{-2}	2.343×10^{-3}	7.233	9.297×10^{-3}
PS	0.7355	75	1	0.9859	0.1757	542.5	0.6973
HP	0.746	76.07	1.0143	1	0.1782	550.2	0.7072
kcal/s	4.186	426.9	5.691	5.611	1	3087	3.968
ft · lbf/s	1.356×10^{-3}	0.1383	1.843×10^{-3}	1.817×10^{-3}	3.239×10^{-4}	1	1.285×10^{-3}
Btu/s	1.055	107.6	1.434	1.414	0.2520	778.0	1

[참고] W : SI단위, 1W=1J/s, 1kgf · m/s=9.80665W, PS : 佛마력, HP : 英마력

19 열전도율

단위	kcal/m · h · ℃	Btu/ft · h · ℉	W/(m · K)
kcal/m · h · ℃	1	0.6720	1.163
Btu/ft · h · ℉	1.488	1	1.731
W/(m · K)	0.8600	0.5779	1

[참고] W/(m · K) : SI단위, 1cal(it)=4.1868J

20 열전도계수

단위	kcal/m^2·h·℃	Btu/ft^2·h·℉	J/m^2·h·℃	W/(m^2·K)
kcal/m^2·h·℃	1	0.2048	4187	1.163
Btu/ft^2·h·℉	4.882	1	2.044×10^4	5.678
J/m^2·h·℃	2.389×10^{-4}	4.893×10^{-5}	1	2.778×10^{-4}
W/(m^2·K)	0.8598	0.1761	3599	1

[참고] W/(m^2·K) : SI단위, 1cal=4.18605J

기계제도 및 설계

03 시퀀스제어 문자기호

기본기호만으로는 상세하게 기기 및 장치의 종류, 기능, 용도를 표시하는데 부족하므로 전기용어의 영문에서 머리문자를 취한 문자기호를 사용한다.

01 회전기

문자기호	용어	영문
EX	여자기	Exciter
FC	주파수변환기	Frequency Changer, Frequency Converter
G	발전기	Generator
IM	유도전동기	Induction Motor
M	전동기	Motor
MG	전동발전기	Motor-Generator
OPM	조작용 전동기	Operating Motor
RC	회전변류기	Rotary Converter
SEX	부여자기	Sub-Exciter
SM	동기전동기	Synchronous Motor
TG	회전도계 발전기	Tachometer Generator

02 변압기 및 정류기류

문자기호	용어	영문
BCT	부싱변류기	Bushing Current Transformer
BST	승압기	Booster

문자기호	용어	영문
CLX	한류리액터	Current Limiting Reactor
CT	변류기	Current Transformer
GT	접지변압기	Grounding Transformer
IR	유도전압조정기	Induction Voltage Regulator
LTT	부하 시 탭전환변압기	On-load Tap-changing Transformer
LVR	부하 시 전압조정기	On-load Voltage Regulator
PCT	계기용 변압변류기	Potential Current Transformer, Combined Voltage and Current Transformer
PT	계기용 변압기	Potential Transformer, Voltage Transformer
T	변압기	Transformer
PHS	이상기	Phase Shifter
RF	정류기	Rectifier
ZCT	영상변류기	Zero-phase-sequence Current Transformer

03 차단기 및 스위치류

문자기호	용어	영문
ABB	공기차단기	Airblast Circuit Breaker
ACB	기중차단기	Air Circuit Breaker
AS	전류계 전환스위치	Ammeter Changer-over Switch
BS	버튼스위치	Button Switch
CB	차단기	Circuit Breaker
COS	전환스위치	Change-over Switch
SC	제어스위치	Control Switch
DS	단로기	Disconnecting Switch
EMS	비상스위치	Emergency Switch
F	퓨즈	Fuse
FCB	계자차단기	Field Circuit Breaker
FLTS	플로트스위치	Float Switch
FS	계자스위치	Field Switch
FTS	발밟음스위치	Foot Switch

기계제도 및 설계

문자기호	용어	영문
GCB	가스차단기	Gas Circuit Breaker
HSCB	고속도차단기	High-speed Circuit Breaker
KS	나이프스위치	Knife Switch
LS	리밋스위치	Limit Switch
LVS	레벨스위치	Level Switch
MBB	자기차단기	Magnetic Blow-out Circuit Breaker
MC	전자접촉기	Electromagnetic Contactor
MCB	배선용 차단기	Molded Case Circuit Breaker
OCB	기름차단기	Oil Circuit Breaker
OSS	과속스위치	Over-speed Switch
PF	전력퓨즈	Power Fuse
PRS	압력스위치	Pressure Switch
RS	회전스위치	Rotary Switch
S	스위치, 개폐기	Switch
SPS	속도스위치	Speed Switch
TS	텀블러스위치	Tumbler Switch
VCB	진공차단기	Vacuum Circuit Breaker
VCS	진공스위치	Vacuum Switch
VS	전압계 전환스위치	Voltmeter Change-over Switch
CTR	제어기	Controller
MCTR	주제어기	Master Controller
STT	기동기	Starter

04 저항기

문자기호	용어	영문
CLR	한류저항기	Current-limiting Resistor
DBR	제동저항기	Dynamic Braking Resistor
DR	방전저항기	Discharging Resistor
FRH	계자저항기	Field Regulator
GR	접지저항기	Grounding Resistor

문자기호	용어	영문
LDR	부하저항기	Loading Resistor
NGR	중성점접지저항기	Neutral Grounding Resistor
R	저항기	Resistor
RH	가감저항기	Rheostat
STR	기동저항기	Starting Resistor

05 계전기

문자기호	용어	영문
BR	평형계전기	Balance Relay
CLR	한류계전기	Current Limiting Relay
CR	전류계전기	Current Relay
DFR	차동계전기	Differential Relay
FCR	플리커계전기	Flicker Relay
FLR	흐름계전기	Flow Relay
FR	주파수계전기	Frequency Relay
GR	지락계전기	Ground Relay
KR	유지계전기	Keep Relay
LFR	계자손실계전기	Loss of Field Relay, Field Loss Relay
OCR	과전류계전기	Overcurrent Relay
OSR	과속도계전기	Over-speed Relay
OPR	결상계전기	Open-phase Relay
OVR	과전압계전기	Over voltage Relay
PLR	극성계전기	Polarity Relay
PR	역전방지계전기	Plugging Relay
POR	위치계전기	Position Relay
PRR	압력계전기	Pressure Relay
PWR	전력계전기	Power Relay
R	계전기	Relay
RCR	재폐로계전기	Reclosing Relay

문자기호	용어	영문
SOR	탈조(동기이탈)계전기	Out-of-step Relay, Step-out Relay
SPR	속도계전기	Speed Relay
STR	기동계전기	Starting Relay
SR	단락계전기	Short-circuit Relay
SYR	동기투입계전기	Synchronizing Relay
TDR	시연계전기	Time Delay Relay
TFR	자유트립계전기	Trip-free Relay
THR	열동계전기	Thermal Relay
TLR	한시계전기	Time-lag Relay
TR	온도계전기	Temperature Relay
UVR	부족전압계전기	Under-voltage Relay
VCR	진공계전기	Vacuum Relay
VR	전압계전기	Voltage Relay

06 계기

문자기호	용어	영문
A	전류계	Ammeter
F	주파수계	Frequency Meter
FL	유량계	Flow Meter
GD	검류계	Ground Detector
HRM	시계	Hour Meter
MDA	최대 수요전류계	Maximum Demand Ammeter
MDW	최대 수요전력계	Maximum Demand Wattmeter
N	회전속도계	Tachometer
PI	위치지시계	Position Indicator
PF	역률계	Power-factor Meter
PG	압력계	Pressure Gauge
SH	분류기	Shunt
SY	동기검정기	Synchronoscope, Synchronism Indicator

문자기호	용어	영문
TH	온도계	Thermometer
THC	열전대	Thormocouple
V	전압계	Voltmeter
VAR	무효전력계	Var Meter, Reactive Power Meter
VG	진공계	Vacuum Gauge
W	전력계	Wattmeter
WH	전력량계	Watt-hour Meter
WLI	수위계	Water Level Indicator

07 기타

문자기호	용어	영문
AN	표시기	Annunciator
B	전지	Battery
BC	충전기	Battery Charger
BL	벨	Bell
BL	송풍기	Blower
BZ	부저	Buzzer
C	콘덴서	Condenser, Capacitor
CC	폐로코일	Closing Coil
CH	케이블헤드	Cable Head
DL	더미부하(의사부하)	Dummy Load
EL	지락표시등	Earth Lamp
ET	접지단자	Earth Terminal
FI	고장표시기	Fault Indicator
FLT	필터	Filter
H	히터	Heater
HC	유지코일	Holding Coil
HM	유지자석	Holding Magnet
HO	혼	Horn

문자기호	용어	영문
IL	조명등	Illuminating Lamp
MB	전자브레이크	Electromagnetic Brake
MCL	전자클러치	Electromagnetic Clutch
MCT	전자카운터	Magnetic Counter
MOV	전동밸브	Motor-operated Valve
OPC	동작코일	Operating Coil
OTC	과전류트립코일	Overcurrent Trip Coil
RSTC	복귀코일	Reset Coil
SL	표시등	Signal Lamp, Pilot Lamp
SV	전자밸브	Solenoid Valve
TB	단자대, 단자판	Terminal Block, Terminal Board
TC	트립코일	Trip Coil
TT	시험단자	Testing Terminal
UVC	부족전압트립코일	Under-voltage Release Coil, Under-voltage Trip Coil

08 기능기호

문자기호	용어	영문
A	가속 · 증속	Accelerating
AUT	자동	Automatic
AUX	보조	Auxiliary
B	제동	Braking
BW	후방향	Backward
C	미동	Control
CL	닫음	Close
CO	전환	Chage-over
CRL	미속	Crawing
CST	코우스팅	Coasting
DE	감속	Decelerating
D	하강 · 아래	Down, Lower

문자기호	용어	영문
DB	발전제동	Dynamic Braking
DEC	감소	Decrease
EB	전기제동	Electric Braking
EM	비상	Emergency
F	정방향	Forward
FW	앞으로	Forward
H	높다	High
HL	유지	Holding
HS	고속	High Speed
ICH	인칭	Inching
IL	인터록	Inter-locking
INC	증가	Increase
INS	순시	Instant
J	미동	Jogging
L	왼편	Left
L	낮다	Low
LO	록아웃	Lock-out
MA	수동	Manual
MEB	기계제동	Mechanical Braking
OFF	개로, 끊다	Open, Off
ON	폐로, 닫다	Close, On
OP	열다	Open
P	플러깅	Plugging
R	기록	Recording
R	반대로, 역으로	Reverse
R	오른편	Right
RB	재생제동	Regenerative Braking
RG	조정	Regulating
RN	운전	Run
RST	복귀	Reset
ST	시동	Start
SET	세트	Set
STP	정지	Stop

기계제도 및 설계

문자기호	용어	영문
SY	동기	Synchronizing
U	상승, 위로	Raise, Up

09 무접점계전기

문자기호	용어	영문
NOT	논리부정	Not, Negation
OR	논리합	Or
AND	논리적	And
NOR	노어	Nor
NAND	낸드	Nand
MEM	메모리	Memory
ORM	복귀기억	Off Return Memory
RM	영구기억	Retentive Memory
FF	플립플롭	Flip Flop
BC	이진카운터	Binary Counter
SFR	시프트레지스터	Shift Register
TDE	동작시간 지연	Time Delay Energizing
TDD	복귀시간 지연	Time Delay De-energizing
TDB	시간 지연	Time Delay(Both)
SMT	슈미트트리거	Schmidt Trigger
SSM	단안정 멀티바이브레이터	Single Shot Multi-vibrator
MLV	멀티바이브레이터	Multi-vibrator
AMP	증폭기	Amplifier

① A α → 알파(ALPHA) 그리스문자의 첫 번째 글자이자 많이 차용되는 기호이다.

② B β → 베타(BETA) 수학, 물리 등에서 알파 다음으로 많이 차용되는 기호이다.

③ Γ γ → 감마(GAMMA) 알파, 베타, 감마는 ABC나 가나다처럼 차용되는 기호이다.

④ Δ δ → 델타(DELTA) 극소의 이등분을 가리킬 때 쓰인다.

⑤ E ϵ → 입실론(EPSILON) 입실론의 소문자 2번째 형태는 "집합원소" 기호로 많이 사용한다. 그리고 '작다' 혹은 '적다'의 개념을 가지고 있어서 20세기 천재 수학자 에르되시 팔은 '아이＝child'를 '입실론'이라고 불렀다.

⑥ Z ζ → 제타(ZETA) 고전역학

⑦ H η → 에타(ETA) 물리. 자기장, 전기장 부분

⑧ Θ θ → 쎄타(THETA) 수학에서 각도를 나타내는 기호로 많이 쓰인다.

⑨ I ι → 이오타(IOTA)

⑩ K κ → 카파(KAPPA)

⑪ Λ λ → 람다(LAMBDA) 현대물리에서 파장을 나타낼 때 사용된다.

⑫ M μ → 뮤(MU) 통계학에서 모평균을 나타낼 때 물리의 자기장 부분에서 쓰이는 기호이다.

⑬ N ν → 뉴(NU)

⑭ Ξ ξ → 크사이(XI)

⑮ O o → 오미크론(OMICRON) 알파벳의 'o'와 구분하기 어려워 거의 안 쓰인다.

⑯ Π π → 파이(PI) 파이의 소문자는 보통 원의 직경에 대한 비율로 많이 쓰이며, 파이의 대문자는 경우의 수를 계산할 때 '곱하는 방법'의 계산법으로 쓰인다.

⑰ P ρ → 로우(RHO) 물리에서 저항을 나타낸다.

⑱ Σ σ → 시그마(SIGMA) 시그마의 대문자는 주로 "모두 더하기"의 기호이다.

⑲ T τ → 타우(TAU)

⑳ Y υ → 입실론(UPSILON)

㉑ Φ ϕ → 파이(PHI)

㉒ X χ → 카이(CHI)

㉓ Ψ ψ → 프사이(PSI)

㉔ Ω ω → 오메가(OMEGA)

05 삼각함수공식

01 삼각함수

$$\cos\theta = \frac{1}{\sin\theta}, \ \sin\theta = \frac{1}{\cos\theta}, \ \cot\theta = \frac{1}{\tan\theta}$$

02 삼각함수 사이의 관계

① $\tan\theta = \dfrac{\sin\theta}{\cos\theta}$

② $\sin^2\theta + \cos^2\theta = 1$

③ $1 + \tan^2\theta = \sin^2\theta$

④ $1 + \cot^2\theta = \cos^2\theta$

03 제2코사인법칙

$$a^2 = b^2 + c^2 - 2bc\cos A$$

04   삼각함수의 주기와 최대 · 최소

(1) $y = a\sin(bx + c) + d$, $y = a\cos(bx + c) + d$

  ① 주기 : $\dfrac{2\pi}{|b|}$

  ② 이동 : $y = a\sin bx$(or $y = a\cos bx$)의 그래프를 x축 방향으로 $-\dfrac{c}{b}$, y축 방향으로 d만큼

    평행이동한 그래프

  ③ 최대값 : $|a| + d$, 최소값 : $-|a| + d$

(2) $y = a\tan(bx + c) + d$

  ① 주기 : $\dfrac{\pi}{|b|}$

  ② 이동 : $y = a\tan x$의 그래프를 x축 방향으로 $-\dfrac{c}{b}$, y축 방향으로 d만큼 평행이동한 그래프

  ③ 최대값과 최소값은 없다.

05   삼각함수의 덧셈정리

$$\sin(\alpha + \beta) = \sin\alpha\cos\beta + \cos\alpha\sin\beta$$
$$\sin(\alpha - \beta) = \sin\alpha\cos\beta - \cos\alpha\sin\beta$$
$$\cos(\alpha + \beta) = \cos\alpha\cos\beta - \sin\alpha\sin\beta$$
$$\cos(\alpha - \beta) = \cos\alpha\cos\beta + \sin\alpha\sin\beta$$
$$\tan(\alpha + \beta) = \frac{\tan\alpha + \tan\beta}{1 - \tan\alpha\tan\beta}$$
$$\tan(\alpha - \beta) = \frac{\tan\alpha - \tan\beta}{1 + \tan\alpha\tan\beta}$$

06 삼각함수의 배각공식

① $\sin 2\alpha = 2\sin\alpha\cos\alpha$

② $\cos 2\alpha = \cos^2\alpha - \sin^2\alpha = 2\cos^2\alpha - 1 = 1 - 2\sin^2\alpha$

③ $\tan 2\alpha = \dfrac{2\tan\alpha}{1 - \tan^2\alpha}$

07 삼각함수의 반각공식

① $\sin^2\dfrac{\alpha}{2} = \dfrac{1 - \cos\alpha}{2}$

② $\cos^2\dfrac{\alpha}{2} = \dfrac{1 + \cos\alpha}{2}$

③ $\tan^2\dfrac{\alpha}{2} = \dfrac{1 - \cos\alpha}{1 + \cos\alpha}$

08 삼각함수의 합성

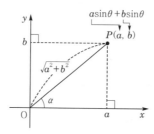

[그림 II.1] 피타고라스의 정리

$$a\sin\theta + b\cos\theta = \sqrt{a^2 + b^2}\,\sin(\theta + \alpha)$$

단, $\cos\alpha = \dfrac{a}{\sqrt{a^2 + b^2}}$, $\sin\alpha = \dfrac{b}{\sqrt{a^2 + b^2}}$

용접설계도면에 의해 제품을 제작할 때나 설계도면에 의해여 설계자의 의사를 전달할 때 다음과 같은 기호를 이용한다.

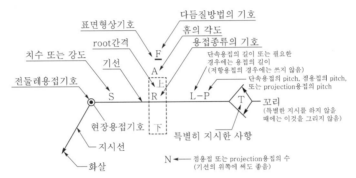

(a) 용접하는 쪽이 화살표 반대쪽인 경우(기선 위에 지시사항을 쓴다)

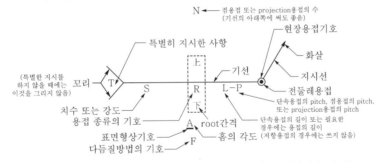

(b) 용접하는 쪽이 화살표 쪽인 경우(기선 밑에 지시사항을 쓴다)

[그림 Ⅱ.2] 용접기호의 표시방법

[표 Ⅱ.7] 용접방법에 따른 분류

방법	종류	기호	비고
아크 및 가스용접	I형	∥	
	V형, X형	V	X형은 설명선의 기선에 대칭하게 그 기호를 기재한다.
	U형, H형	Y	H형은 기선에 대칭하게 그 기호를 기재한다.

[표 Ⅱ.7] 용접방법에 따른 분류 (계속)

방법	종류		기호	비고
아크 및 가스용접	홈용접	L형, K형	V	K형은 기선에 대칭되게 이 기호를 넣고, 세로선은 왼편에 기입한다.
		J형(양면)	Ⱶ	양면 J형은 기선에 대칭하게 넣는다.
		J형		기호의 세로선은 왼편으로 한다.
		플레어 V형	八	
		플레어 X형		플레어 X형은 기선에 대칭하게 기호를 넣는다.
		플레어 L형	𝘑	
		플레어 K형		플레어 K형은 기선에 대칭하게 기호를 넣는다.
	필릿 용접	연속	◺	기호의 세로선은 왼편에 기입한다.
		zig jag	◺	병렬용접은 기선에 대칭으로 기입한다. 휨용접은 다음 기호에 의한다.
	플러그용접		▽	
	비드 및 덧붙임용접		▽	덧붙임용접은 기호를 2개 연속해서 기재한다.
저항용접	점용접		✳	기선 중심에 걸쳐서 대칭하게 기재한다.
	프로젝션용접		✕	
	심용접		✕✕✕✕	기선 중심에 걸쳐서 대칭하게 기재한다.
	플래시, 업셋용접		Ⅰ	기선 중심에 걸쳐서 대칭하게 기재한다.

[표 Ⅱ.8] 용접 표면상태와 영역에 따른 분류

구분		기호	비고
용접부의 표면형상	평평한 것	—	
	볼록한 것	⌒	기선의 바깥쪽으로 볼록
	오목한 것	⌣	기선의 바깥쪽으로 오목
용접부의 다듬질방법	칩핑	C	다듬질방법을 구별하지 않을 때에는 F
	연마다듬질(grinding)	G	
	기계다듬질(machining)	M	
현장용접		●	전둘레용접이 분명할 때는 생략
전둘레용접		○	
전둘레 현장용접		◉	

부록 Ⅲ

연습문제 해답

Mechanical Drawing

연습문제 해답

Part 01 | 기계제도의 기초이론

Chapter 01 기계제도의 기초

01 제품의 모양과 구조, 치수, 정밀도, 가공방법, 재질, 투상법 등을 일정한 규약에 따라 선, 문자, 기호 등을 사용하여 도면으로 나타내는 것을 제도라 한다.

02 ① 영국 : BS
② 미국 : ASA
③ 프랑스 : NF
④ 네덜란드 : N
⑤ 독일 : DIN

03 ISO 26262는 실현 가능한 요구사항과 프로세스를 제시하고 위험을 용납 가능한 수준으로 낮출 수 있는 지침을 제공한다.

04 ① 법적 소유자 : 문서(도면)의 법적인 소유자, 즉 소유자명, 법인명, 단체명, 기업명의 표시 또는 회사를 상징하는 상표
② 식별번호
③ 제목/보조제목
④ 문서(도면)형식
⑤ 문서(도면)형태 : 준비 중, 승인과정, 공개, 취소 등 표시
⑥ 주관부서
⑦ 기술책임
⑧ 작성자(초안자)
⑨ 승인자
⑩ 개정 표시
⑪ 발행일자
⑫ 언어부호
⑬ 시트 : 도면에 시트번호로 식별

Chapter 02 문자와 척도 및 선의 종류

05 ① 의미 : 도면으로 그려지는 대상물의 실제 크기와 도면으로 그려진 크기와의 비

② 종류
• 현척 : 도형의 크기를 실물과 같은 크기로 그리는 것
• 축척 : 도형의 크기를 실물보다 작게 축소해서 그리는 것
• 배척 : 도형의 크기를 실물보다 크게 확대해서 그리는 것

06

용도에 의한 명칭	표시	용도
치수선		치수를 기입하기 위하여 쓰인다.
치수 보조선		치수를 기입하기 위하여 도형으로부터 끌어내는 데 쓰인다.
지시선		기술, 기호 등을 표시하기 위하여 끌어내는 데 쓰인다.
회전 단면선		도형 내에 그 부분의 끊은 곳을 90° 회전하여 표시하는 데 쓰인다.
중심선		도형의 중심선을 간략하게 표시하는 데 쓰인다.
수준 면선		수면, 유면 등의 위치를 표시하는 데 사용한다.

Chapter 03 평면도법과 투상법

07 인벌류트곡선은 다각형이나 원에 감긴 실을 팽팽하게 잡아당기며 풀어낼 때 실 위의 한 점이 그리는 곡선이다.

08 ① 정면도 우측에서 오른쪽을 본 형상을 그려준다.
② 정면도 좌측에서 왼쪽을 본 형상을 그려준다.
③ 정면도 상단에 위치하고 위에서 본 형상을 그려준다.
④ 정면도 하단에 위치하고 아래에서 본 형상을 그려준다.

09 등각투상도는 물체의 정면, 평면, 측면을 하나의 투상도에 나타내는 투상법이다. 등각투상도의 각도와 척도비는 다음과 같다.

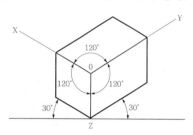

▲ 등각투상도의 각도

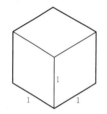

▲ 등각투상도의 척도비

10 ① 의미 : 전개도란 입체의 표면을 평면 위에 펼쳐 그린 도면을 말한다.
② 그리는 방법 : 전개도를 그릴 때에는 치수를 정확히 표시해야 하며, 판금전개도인 경우에는 겹치는 부분, 접는 부분의 여유 치수를 고려해야 한다. 전개도 그리는 방법은 다음과 같다.
　• 물체의 정투상도를 그린다(물체의 실제 치수를 얻을 수 있기 때문에).
　• 펼치고자 하는 전개도의 기준선을 정한다.
　• 각 모서리의 치수를 정투상도로부터 그대로 옮겨 전개도를 그린다.

11 부품도는 가공도면은 가장 가공량이 많은 공정의 상태로 표시한 것이다.
① 원통절삭 : 중심선을 수평으로 하고 작업의 중점이 우측에 위치(그림 (a) 참조)

② 평면절삭 : 길이방향을 수평으로 하고 가공면이 도면의 정면도에 나타나도록 표시(그림 (b) 참조)

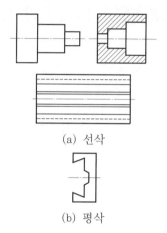

(a) 선삭

(b) 평삭

12 ① 주투상도(정면도) : 대상물의 모양, 기능을 가장 명확하게 나타내는 면을 그린다. 또한 대상물을 도시하는 상태는 도면의 목적에 따라 규정에 따른다.
② 보조투상도 : 경사부가 있는 물체, 경사면의 실제 모양의 투상도를 따로 표시한다.
③ 부분투상도 : 그림의 일부만 도시해도 충분한 경우로 필요한 부분만 투상하여 도시하며, 생략 부분 경계는 파단선으로 나타낸다.
④ 국부투상도 : 대상물의 구멍, 홈과 같이 그 부분만 도시해도 충분한 경우로 필요한 부분만 국부투상도로 도시한다.
⑤ 회전투상도 : 대상물 일부가 각도를 가지고 있어 실제 모양을 나타내기 위해 사용한다.
⑥ 부분확대도 : 특정한 부분의 도형이 작아 치수기입을 할 수 없을 경우 그 부분을 가는 실선으로 에워싸고 대문자로 표시하며, 해당 부분 가까운 곳에 확대도를 나태내고 문자와 기호로 척도를 기입한다.

Chapter 06 단면도와 해칭

13 ① 단면은 원칙적으로 기본 중심선에서 절단한 면으로 표시한다. 이때 절단선은 기입하지 않는다.

② 단면은 필요한 경우에는 기본 중심선이 아닌 곳에서 절단한 면으로 표시해도 좋다. 단, 이때에는 절단위치를 표시해 놓아야 한다.

③ 단면을 표시할 때는 해칭을 한다.

④ 숨은선은 단면에 되도록 기입하지 않는다.

⑤ 관련도는 단면을 그리기 위하여 제거했다고 가정한 부분도 그린다.

14 ① 한쪽 단면도 : 상하 또는 좌우가 대칭인 물체의 1/4을 제거하여 외형도의 절반과 온단면도의 절반을 조합해 동시에 표시한 것을 한쪽 단면도 또는 반단면도라 한다.

② 계단 단면도 : 절단면이 투상도에 평행 또는 수직하게 계단형태로 절단된 것을 계단 단면도라 한다.

③ 인출 회전 단면도 : 도면 내에 회전 단면을 그릴 여유가 없거나 또는 그려 넣으면 단면이 보기 어려운 경우에는 절단선과 연장선의 임의의 위치에 단면모양을 인출하여 그린다. 이것을 인출 회전 단면도라 한다.

15 조립도를 단면으로 표시하는 경우에 다음 부품은 원칙적으로 길이방향으로 절단하지 않는다. 축, 핀, 볼트, 와셔, 작은 나사, 리벳, 키, 볼베어링의 볼, 리브, 웨브, 바퀴의 암, 기어 등이 그 예이다.

16 기본 중심선 또는 기선에 45°(또는 30°, 60°)의 가는 실선을 눈짐작으로 같은 간격(2~3mm)으로 그린다(ISO는 단면이 클 때에는 주변만 해칭한다고 규정).

Chapter 07 치수기입법

17 도면에 기입되는 부품의 치수에는 재료치수, 소재치수, 마무리치수 등 세 가지가 있다.

① 재료치수 : 탱크, 압력용기, 철골구조물 등을 만들 때 필요한 재료가 되는 강판, 형강, 배관 등의 치수로서, 가공을 위한 여유치수 또는 절단을 위한 부분이 모두 포함된 치수이다.

② 소재치수 : 반제품, 즉 주물공장에서 주조한 그대로의 치수로서, 기계로 가공하기 전의 미완성품의 치수이며 가공치수가 포함된 치수이다. 소재치수는 가상선을 이용하여 치수를 기입한다.

③ 마무리치수 : 마지막 다듬질을 한 완성품의 최종치수로, 재료치수나 소재치수가 포함되지 않는다.

18 ① ϕ : 지름기호

② ㅁ : 정사각형기호

③ t : 얇은 판의 두께기호

④ R : 반지름기호

⑤ C : 모따기 기호

⑥ S : 구면기호

Chapter 08 치수공차와 끼워맞춤의 종류

19 ① 모양공차 : 진직도, 평면도, 진원도, 원통도, 윤곽도가 있으며 단독형체이다.

② 방향공차 : 평면도, 직각도, 경사도, 윤곽도가 있으며 관련 형체이다.

③ 흔들림공차 : 원주흔들림, 온흔들림이 있으며 관련 형체이다.

④ 위치공차 : 동축도, 대칭도, 위치도, 윤곽도가 있으며 관련 형체이다.

20
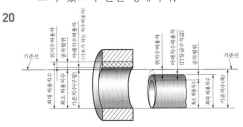

21 ① 헐거운 끼워맞춤 : 구멍의 최소 허용치수가 축의 최대 허용치수보다 클 때 끼워맞춤으로, 구멍과 축 사이 틈새가 존재하고 맞춤 정도는 아주 헐거운 끼워맞춤 > 넉넉

한 헐거운 끼워맞춤 〉 헐거운 끼워맞춤 〉 정밀 헐거운 끼워맞춤 〉 활합 순이며 손잡이와 같이 자주 분해와 조립이 빈번한 곳에 적용한다.

② 억지 끼워맞춤 : 구멍의 최대 허용치수가 축의 최소 허용치수보다 작거나 같을 때 끼워맞춤으로, 구멍과 축 사이 죔새가 존재하며 맞춤 정도는 가열 끼워맞춤 〉 강압입 〉 압입 순이며 축과 베어링 내륜의 조립처럼 분해와 조립이 영구적인 상태에 적용한다.

③ 중간 끼워맞춤 : 구멍의 최소 허용치수가 축의 최대 허용치수보다 작거나 같은 경우와 구멍의 최대 허용치수가 축의 최소 허용치수보다 큰 경우로 구멍과 실치수에 따라 틈새가 존재할 수도, 죔새가 존재할 수도 있으며 기계장치에서 직선이나 회전운동이 빈번한 곳에 적용한다.

Chapter 09 표면거칠기 표시방법

22 ① 중심선 평균거칠기(R_a) : 거칠기 곡선에서 그 중심선의 방향으로 측정길이 L의 부분을 채취하고, 이 채취 부분의 중심선을 x축, 세로배율의 방향을 y축으로 하고 거칠기 곡선을 $y = f(x)$로 표시하였을 때 다음 식에 따라 구해지는 값을 마이크로미터(μm)로 나타낸 것을 말한다.

$$R_a = \frac{1}{L} \int_0^L |f(x)| dx$$

② 최대 높이(R_{max}) : 단면곡선에서 기준길이만큼 채취한 부분의 가장 높은 봉우리와 가장 깊은 골 밑을 통과하는 평균선에 평행한 두 직선의 간격을 단면곡선의 세로배율방향으로 측정하여 이 값을 마이크로미터(μm)로 나타낸 것이다.

③ 10점 평균거칠기(R_z) : 단면곡선에서 기준길이만큼 채취한 부분에 있어서 평균선에 평행한 직선 가운데 높은 쪽에서 5번째의 봉우리를 지나는 것과 깊은 쪽에서 5번째의 골 밑을 지나는 것을 택하여, 이 2개의 직선간격을 단면곡선 세로배율의 방향으로 측정하여 그 값을 마이크로미터(μm)로 나타낸 것을 말한다.

23 ① 표면거칠기에 기입대상이 되는 면
② 제거가공이 필요한지의 여부
③ 허용하는 표면거칠기의 최대값 등

Chapter 10 용접

24 ① 맞대기 용접(butt welding)
② 겹치기 용접(lap welding)
③ 필릿용접(fillet welding)
④ 모서리용접(corner welding)
⑤ 가장자리용접(edge welding)
⑥ 플러그용접(plug welding)

25 ① 표면모양 및 다듬질방법의 보조기호는 용접부의 모양기호표면에 근접하여 기재한다.
② 현장용접, 전체 둘레용접 등의 보조기호는 기선과 화살표선의 교점에 기재한다.
③ 비파괴시험의 보조기호는 꼬리의 가로에 기재한다.
④ 기본기호는 필요한 경우 조합하여 사용할 수 있다.
⑤ 그루브용접의 단면치수는 특별히 지시가 없는 한 S는 그루브길이 S에서 완전 용입 그루브용접, Ⓢ는 그루브깊이 S에서 부분 용입그루브용접, S를 지시하지 않을 경우 전체를 용입그루브용접으로 한다.
⑥ 필릿용접의 단면치수는 다리길이로 한다.
⑦ 플러그용접, 슬롯용접의 단면치수 및 용접선방향의 치수는 구멍 밑의 치수로 한다.
⑧ 점용접 및 프로젝션용접의 단면치수는 너깃의 지름으로 한다.
⑨ 용접방법 등 특별히 지시할 필요가 있는 사항은 꼬리 부분에 기재한다.

26

종류	그림기호
일반	
용접식	
플랜지식	
턱걸이식	
유니언식	

27

종류	그림기호
글로브밸브	
체크밸브	또는
볼밸브	
3방향 밸브	
안전밸브	
콕 일반	

28 실린더와 같은 액추에이터를 제어하는 솔레노이드밸브는 단동과 복동이 있다.

① 단동 솔레노이드밸브 : 전원을 인가되면 닫혀진 A포트가 열리면서 압력이 형성되어 실린더가 전진하고, 전원을 차단하면 스프링에 의해서 복귀를 한다. 적용 방법은 전진 시에만 속도를 제어하는 기계장치에 사용한다.

② 복동 솔레노이드밸브 : A포트와 B포트가 모두 전원이 인가를 해야 열리며, 만약 갑자기 정전이 되어도 그 상태를 유지한다. 예를 들어 무거운 기계장치를 운반하는 장치에 적용할 수 있다. 즉 전원이 차단되어도 원래의 상태로 유지되지만, 단동 솔레노이드밸브는 전원이 차단되면 스프링에 의해서 복귀를 하게 되므로 정전 시에는 사고가 발생할 수가 있다.

29 공유압에서 펌프와 모터의 기호는 둥근 원을 그려서 나타내고, 유압은 삼각형 내부를 검정색으로, 공압은 백색으로 표시한다. 또한 유압펌프는 기계적 에너지를 압력에너지로 전환하여 액추에이터를 작동시키고, 공유압 모터는 압력에너지를 받아서 기계적 에너지로 전환한다. 따라서 유압펌프의 삼각기호는 원의 내부에서 삼각형 꼭지각이 밖으로 향하고, 공유압모터는 원의 내부에서 꼭지각이 원의 중심으로 향하도록 그려야 한다.

명칭	기호	비고
유압 모터		1방향 흐름 회전, 정용량형
유압 펌프		1방향 흐름 회전, 가변용량형
공기압 모터		2방향 흐름 회전, 정용량형
펌프 모터		1방향 흐름 회전, 정용량형
		2방향 흐름 회전, 가변용량형
액추 에이터		2방향 요동형

30 ① 처음 부분 : 재질을 표시하는 기호로 되어 있으며 영어이름의 머리글자나 원소기호를 사용하여 나타낸다.

② 중간 부분 : 재료의 규격명 또는 제품명을 표시하는 기호로서 봉, 관, 판, 선재, 주조품, 단조품과 같은 제품의 모양별 종류나 용도를 표시하며 영어의 머리글자를 사용하여 표시한다.

③ 끝부분 : 재료의 종류를 나타내는 기호로 종별 재료의 최저인장강도 등을 나타내는 숫자를 사용한다. 경우에 따라 재료기호 끝부분에 제조방법, 열처리상황 등을 덧붙여 표시하는 경우도 있다.

기계제도 및 설계

Part 02 | 창의적인 설계를 위한 단계별 진행방법

Chapter 01 개요

01 시스템을 설계·제작하여 완성이 되었을 때 여러 가지로 발생할 수 있는 에러를 최소화해 나가야 한다. 또한 기계시스템은 모든 시스템이 동적인 운동을 지속적으로 수행하며 인간이 요구하는 역할을 하고 있기 때문에 치명적인 에러가 발생하면 시스템의 전체적인 흐름에 영향을 주기 때문이다.

02

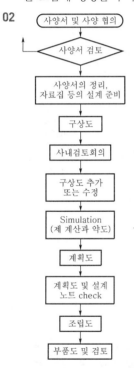

Chapter 02 설계구상단계

03 ① 작업의 방법에 따라 변화하는 최소 치수, 최대 치수, 기타, 종류에 따라 변화하는 치수
② 가공 정도 또는 강도 등
③ 사상상태(표면의 손상이나 Burr 등)
④ 위치결정의 실시위치
⑤ Chuck 또는 Clamp하는 부분

04 시뮬레이션은 공학에서 의미가 다양하지만, 시스템설계에서 시뮬레이션은 설계자가 시스템을 수행하면서 여러 조건과 환경을 검토하여 진행하지만 이론과 실무에 불확실성을 포함하는 장치나 운동 부분이 발생할 수 있다. 그런 부분을 똑같은 조건이나 축소를 해서 제작하거나 컴퓨터를 통한 여러 시뮬레이션 프로그램을 활용하여 검토하므로 시스템설계자가 수행하는 설계 부분의 문제점을 해결하거나 불확실한 부분을 확실성을 가지고 진행할 수 있도록 하는 데 의미를 부여한다.

Chapter 03 실시설계단계

05 조립도에는 시스템의 운동 부분은 최소와 최대의 운동 부분을 표시하고 시스템의 전체 길이와 운동 부분의 필요한 치수만 표기하며, 부품목록에는 상세하게 표기를 하는 것이 추후 부품도를 진행할 때 원활한 설계흐름을 가질 수 있다. 또한 3차원 프로그램을 이용해서 정면도, 평면도, 측면도로 표기한 2차원 도면에 트러블슈팅이 있는지 다양하게 검토하여 문제점을 최소화하여 나가야 한다. 조립도에 가능한 보조조립도를 도면화하여 보이지 않은 에러를 찾아주므로 조립상 혹은 가공상의 문제점을 최소화할 수가 있다.

06 부품도에는 조립상, 가공상의 문제점이 발생하지 않도록 진행해야 하며 재질, 사상기호, 형상기호, 수량, 열처리상태 등의 상세한 부분을 표기하고, 가공상에 주의를 요하는 부분에는 노트(note)란에 기입하거나 부품도에 직접 표기하여 가공상에 불량이 발생하지 않도록 해야 한다. 또한 부품도는 각종 공작기계의 용도와 가공방법에 대해서 충분하게 이해를 한 다음에 도면을 작성하는 것이 좋다. 운동상태에 따라 사상기호를 표기하며 사상기호에 따라 선반이나 밀링가공에서 경면가공을 요구하는 래핑가공까지 부품도의 상태를 가공할 수 있다.

Part 03 | 기계요소의 설계법

01 ① 피치(pitch) : 나사산의 축선을 지나는 단면에서 인접하는 두 나사산의 직선거리이다.

② 리드(lead) : 나사가 1회전한 거리를 의미하며, 나사의 리드를 l, 피치를 p, 줄수를 n이라 할 때 다음과 같은 관계가 성립한다.

$$l = np \ \text{또는} \ p = \frac{l}{n}$$

③ 유효지름(effective diameter) : 나사홈의 너비가 나사산의 너비와 같은 가상적인 원통의 지름(피치지름)을 의미한다.

02 ① 사각나사(square thread) : 주로 축방향의 하중을 받는 나사로서 효율이 높으나 가공이 어려워 높은 정밀도를 필요로 하는 곳에는 적합하지 않다.

② 사다리꼴나사(trapezoidal thread)
- 애크미(acme)나사라고도 하며 사각나사보다 공작이 용이하고 고정밀도의 것을 얻을 수 있다.
- 나사산의 각도는 30°인 미터계 사다리꼴나사(TM)와 29°인 인치계 사다리꼴나사(TW)가 있다.

③ 톱니나사(buttress thread) : 나사산의 각도는 30°와 45°의 것이 있으며 축방향의 힘이 한 방향으로만 작용하는 경우(바이스, 프레스) 등에 사용된다.

④ 볼나사(ball thread) : 수나사와 암나사 사이에 볼을 넣어 구름마찰로 인하여 너트의 직진운동을 볼트의 회전운동으로 바꾸는 나사이다.

03 미터 보통 나사와 같이 동일한 지름에 피치가 하나만 규정되어 있는 나사는 원칙적으로 피치를 생략한다.
나사의 종류를 표시하는 기호-나사의 지름을 표시하는 숫자×피치-나사의 호칭길이

04 ① 탭볼트(tap bolt) : 체결할 재료의 구멍에 암나사(internal thread)를 깎아 너트 없이 결합(비관통)한다.

② 스터드볼트(stud bolt) : 볼트의 양쪽에 나사를 깎는다. 탭볼트형태에서 너트가 볼트머리역할을 하며 떼었다 붙였다 하거나 나사부 손상이 쉬운 곳에 사용한다.

③ 스테이볼트(stay bolt) : 두 장의 판의 간격을 정해놓고 그 판을 지지하는 역할을 하며 양끝에 나사가 있는 볼트이다.

④ 아이볼트(eye bolt) : 자주 분해하거나 기계·기구를 매달아 올릴 때 사용하는 쇠고리모양의 볼트로서, 재료는 SM20C를 사용한다.

05 ① 로크너트(lock nut)에 의한 방법
② 자동죔너트에 의한 방법
③ 와셔에 의한 방법
④ 분할핀에 의한 방법
⑤ 멈춤나사에 의한 방법
⑥ 철사에 의한 방법
⑦ 나일론플러그에 의한 방법

06 ① 새들키(saddle key) : 안장키라고도 하며 훅 쪽에는 가공을 하지 않고 보스 쪽에만 키홈(구배 1/100)을 만들어 끼운다.

② 평키(flat key) : 납작키라고도 하며 키의 폭만큼 축을 평행하게 깎아 그곳에 키를 쳐서 박도록 한 것이다.

③ 성크키(sunk key) : 묻힘키라고도 하며 축과 보스에 홈을 파고 끼우는 키로 일반적으로 많이 사용한다.

④ 둥근 키(round key) : 핀키(pin key)라고도 하며 축과 보스를 끼워 맞춘 후 구멍을 뚫어 키를 박아 넣으면 공작이 쉽고 간단하다.

⑤ 반달키(woodruff key) : 경사진 축에 반달형태로 가공하여 보스 쪽 키홈에 대한 경사(접촉)가 자동적으로 행해지므로 가공과 조정이 용이하다.

⑥ 접선키(tangential key) : 키가 전달하는 힘은 축의 접선방향으로 작용하므로 큰 힘을 전달할 수 있다. 역전을 가능하게 하기 위하여 축 부분에 120°로 두 곳에 키홈을 가공하여 키를 키운다.

⑦ 원뿔키(cone key) : 축과 보스와의 사이에 2~3곳을 축방향으로 분할한 속이 빈 원뿔을 박아 압박함으로써 마찰에 의하여 축과 보스를 고착시킨다.

⑧ 미끄럼키(sliding key) : 페더키(feather key)라고도 하는데, 키를 보스 혹은 축에 고정하고 축에 키홈을 길게 만든 것으로 보스를 축방향으로 이동할 수 있다.

⑨ 스플라인(spline) : 축에 미끄럼키와 같은 것을 원주상에 4~20개 정도의 이를 깎아낸 형상이다.

⑩ 세레이션(serration) : 수많은 작은 삼각형의 작은 이를 세레이션이라 하며, 축과 보스의 상대위치가 되도록 가늘게 조절해서 고정하려고 할 때 사용한다.

07 키의 종류, 호칭치수×길이, 끝모양의 지정 및 재료

Chapter 04 핀

08 핀(pin)은 기계부품을 축에 연결하여 고정하는 데 사용되는 기계요소로, 핸들을 축에 고정하거나 부품이 축에서 빠져나오는 것을 방지하거나 나사의 풀어짐을 방지하기 위하여 사용된다.

09

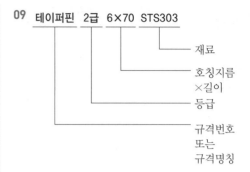

Chapter 05 코터

10 코터(cotter)는 단면이 평판모양의 쐐기로, 주로 인장 또는 압축을 받는 두 축을 흔들림 없이 연결하는 이음에 사용하는 일시적인 결합요소이다.

Chapter 06 리벳

11 ① 코킹(caulking) : 기밀을 필요로 하는 경우 리벳팅이 끝난 뒤에 리벳머리의 주위와 강판의 가장자리를 정과 같은 공구로 때리는 작업을 말한다.

② 풀러링(fullering) : 강판의 가장자리를 75~85° 가량 경사지게 놓는다. 주로 5mm 이상의 강판에서 작업이 가능하다. 풀러링은 기밀을 더욱 완벽하게 하기 위하여 강판과 같은 너비의 끝이 넓은 공구로 때리는 것이다.

12 리벳의 호칭방법은 규격번호, 리벳의 종류, 호칭지름(d)×호칭길이(l) 및 재료를 표시하고, 특별히 지정할 사항이 있으면 그 뒤에 붙인다.

Chapter 07 스프링

13 스프링(spring)은 탄력을 이용하여 진동과 충격 완화, 힘의 축적, 측정 등에 사용되는 기계요소로 많이 사용되고 있다. 재료는 스프링강, 피아노선, 인청동 등이 사용된다.

14 ① 코일스프링, 벌류트스프링, 스파이럴스프링은 무하중상태에서 그리고, 겹판스프링은 일반적으로 스프링판이 수평인 상태에서 그린다.

② 코일스프링의 정면도는 나선모양이 되나, 이를 직선으로 나타낸다.

③ 코일스프링에서 양끝을 제외한 동일한 모양의 일부를 생략하여 그릴 때 생략하는 부분의 선지름 중심선을 가는 일점쇄선으로 나타낸다.

④ 스프링의 종류 및 모양만을 간략도로 나타내는 경우에는 스프링재료의 중심선만을 굵은 실선으로 그린다.

Chapter 08 베어링

15 베어링은 축과 접촉하는 상태에 따라 미끄럼베어링(sliding bearing)과 롤러베어링(roller bearing)으로 나누고, 하중의 작용방향에 따라 축과 직각방향으로 하중을 받는 레이디얼베어링(radial bearing)과 축방향으로 하중을 받는 스러스트베어링(thrust bearing)으로 나눈다. 또한 사용용도, 회전방향, 윤활조건 등에 따라 다양하게 분류하고 있다.

16 화이트메탈(white metal)은 연하며 축과 붙임성이 좋고 윤활유와의 흡착성이 높아 가장 많이 사용한다.

① 주석계 화이트메탈 : $Sn+Cu+Sb$의 합금으로, 배빗메탈(babbit metal)이라고도 하며 고속 · 강압용 베어링에 사용한다.

② 납계 화이트메탈 : $Pb+Sn+Sb$의 합금으로, 값이 저렴하고 마찰계수가 작아 일반적으로 널리 사용한다.

③ 아연계 화이트메탈 : $Zn+Cu+Sn+Sb+Al$의 합금으로, 경도가 높아 작용하중이 큰 곳에 사용한다.

17 00은 10mm, 01은 12mm, 02는 15mm, 03은 17mm이다.

Chapter 09 기어

18 ① 정의 : 인벌류트곡선(involute curve)은 원통에 실을 감고, 이 실의 끝을 당기면서 풀어갈 때 실 끝이 그리는 자취이다.

② 특징

• 치형제작가공이 용이하다.

• 호환성(compatibility)이 좋다.

• 물림에서 축간거리가 다소 변해도 속비에 영향이 없다.

• 이뿌리 부분이 튼튼하다.

19 물림률$(\varepsilon) = \dfrac{\text{접촉호의 길이}}{\text{원주피치의 길이}}$

$\qquad\qquad = \dfrac{\text{접근물림길이}+\text{퇴거물림길이}}{\text{법설피치}}$

$\qquad\qquad = \dfrac{\text{물림길이}}{\text{법선피치}} = 1.2 \sim 1.5$

여기서 법선피치(normal pitch)는 기초원의 원주를 잇수로 나눈 값이다. 기어는 물림률$(\varepsilon) > 1$이다. ε의 값이 클수록 맞물림잇수가 많아 1개의 이에 걸리는 전달력은 분산되어 소음과 진동이 적고 강도의 여유가 있어 수명이 길고 회전이 원활하게 된다.

20 ① 래크공구, 호브 등을 이용하여 피니언을 절삭할 경우 이의 간섭이 일어나면 회전을 방해하여 이뿌리 부분이 깎여나가 가늘게 되는데, 이러한 현상을 언더컷(undercut)이라 한다.

② 언더컷이 일어나면 이뿌리가 가늘게 되어 이의 강도가 저하되고 잇면의 유효 부분이 짧게 되어 물림길이가 감소되며 미끄럼률이 크게 된다. 또한 원활한 전동이 되지 못해 성능이 많이 떨어진다.

③ 언더컷 방지방법

• 낮은 이(stub gear)를 사용한다.

• 전위기어를 사용한다.

• 잇수를 한계잇수 이상으로 한다.

• 압력각을 크게 한다.

• 언더컷을 일으키지 않을 최소 잇수 : $\alpha = 14.5°$와 $20°$의 경우 최소 이론적 한계잇수는 32개, 17개가 된다.

$$Z \geq \frac{2}{\sin^2\alpha}$$

Chapter 10 축이음(커플링과 클러치) ▼

21 ① 센터의 맞춤이 완전히 이루어져야 한다.
② 회전균형이 완전하도록 해야 한다.
③ 설치·분해가 용이하도록 해야 한다.
④ 전동에 의해 이완되지 않도록 해야 한다.
⑤ 토크전달에 충분한 강도를 가져야 한다.
⑥ 회전부에 돌기물이 없도록 해야 한다.

22 유연성 커플링(flexible coupling)은 두 축의 중심선을 일치시키기 어렵거나 고속회전이나 급격한 전달력의 변화로 진동이나 충격이 발생하는 경우 고무, 가죽, 스프링 등을 이용하여 충격과 진동을 완화시켜 주며 동력을 전달하는 커플링이다.
① 올덤커플링(Oldham's coupling) : 두 축이 평행하며 두 축 사이가 비교적 가까운 경우에 사용하며 원심력에 의하여 진동이 발생하므로 고속회전의 이음으로는 적절치 못하다.
② 유니버설조인트(universal joint) : 두 축의 축선이 어느 각도로 교차되고 그 사이의 각도가 운전 중 다소 변하더라도 자유로이 운동을 전달할 수 있는 커플링으로 두 축의 각도는 원활한 전동을 위하여 30° 이하로 제한하는 것이 좋다.
③ 고무커플링(rubber coupling) : 방진고무의 탄성을 이용한 커플링으로 두 축의 중심선이 많이 어긋나는 경우나 충격이나 진동이 심한 경우 사용하나 큰 토크를 전달하기에는 적당하지 못하다.
④ 기어커플링(gear coupling) : 한 쌍의 내접기어로 이루어진 커플링으로 두 축의 중심이 다소 어긋나도 별지장 없이 토크를 전달할 수 있어 고속회전의 축이음에 사용된다.

Chapter 11 동력전달장치 ▼

23 타이밍벨트(timing belt)는 고무섬유와 강선으로 제작하며 풀리에 대응하는 치형을 가지고 있다. 일정한 속도비로 동력전달이 가능하고 전달효율이 97~99% 범위이며 초기장력이 필요 없고 고정된 축간거리를 가진다. 저속 및 고속운전에 가능하고 가격이 비싸며 기어와 마찬가지로 주기적인 진동이 발생한다.

Chapter 12 축 ▼

24 ① 강도(strength) : 하중의 종류에 따라 재료와 형상치수를 고려하므로 충격하중은 정하중의 2배로, 교번하중은 다양한 조건으로 상황에 따라 설계에 반영해야 한다.
② 강성(stiffness) : 작용하중에 의한 변형이 어느 한도 이하가 되도록 필요한 강성을 가져야 한다.
③ 진동(vibration) : 굽힘과 비틀림의 진동은 축의 위험속도 또는 공진으로 파괴나 파손이 발생한다.
④ 열응력/열팽창(thermal stress) : 제트엔진과 증기터빈과 같이 고속으로 회전하면 온도상으로 열팽창에 의한 기계적 불균형이 발생할 수 있다.
⑤ 부식(corrosion) : 선박의 프로펠러 샤프트, 수차의 축, 펌프의 설계 시 부식 발생을 고려해야 한다. 액체 중 항상 접촉하거나 전기적, 화학적인 영향으로 부식이 발생한다.
⑥ 재료(material) : 축에 작용하는 하중의 상태에 따라 재료를 선택하고 열처리 유무도 결정해야 한다.

25

축 단면	단면 2차 모멘트 (I)	극단면 2차 모멘트 $(I_p = 2I)$	단면계수 (Z)	극단면계수 $(Z_p = 2Z)$
	$\dfrac{\pi}{64}d^4$	$\dfrac{\pi}{32}d^4$	$\dfrac{\pi}{32}d^3$	$\dfrac{\pi}{16}d^3$
	$\dfrac{\pi}{64}(d_o^4 - d_i^4)$	$\dfrac{\pi}{32}(d_o^4 - d_i^4)$	$\dfrac{\pi}{32}\left(\dfrac{d_o^4 - d_i^4}{d_o}\right)$	$\dfrac{\pi}{16}\left(\dfrac{d_o^4 - d_i^4}{d_o}\right)$

26 조합응력이 발생하는 축에는 굽힘모멘트와 비틀림모멘트가 동시에 작용하는 경우가 많다. 이때 축에 양 모멘트가 동시에 작용한 것과 같은 효과를 주는 상당 굽힘모멘트 M_e와 상당 비틀림모멘트 T_e를 생각하여 주철과 같은 취성재료일 때 최대 주응력설을, 연강과 같은 연성재료일 때는 최대 전단응력설의 식을 사용하여 축지름을 구하고 안전을 고려해서 그중에서 큰 값을 취하여 결정한다.

$T_e = \sqrt{M^2 + T^2} = \dfrac{\pi d^3}{16}\tau_a$ 에서는

$d = \sqrt[3]{\dfrac{16}{\pi \tau_a}\sqrt{M^2 + T^2}}$ 이고,

$M_e = \dfrac{1}{2}(M + \sqrt{M^2 + T^2}) = \dfrac{\pi d^3}{32}\sigma_b$ 에서는

$d = \sqrt[3]{\dfrac{16}{\pi \sigma_b}(M + \sqrt{M^2 + T^2})}$ 이다.

Chapter 13 **마찰차**

27 마찰차는 2개의 바퀴를 직접 접촉시켜 이들 접촉면상에 작용하는 마찰력에 의하여 동력을 전달시키는 장치이다.

① 운전이 정숙하고 전동의 단속이 무리하지 않다.

② 무단변속하기 쉬운 구조로 할 수 있다.

③ 경하중용으로 전달동력이 작고 속도비가 정확하지 않아도 되는 경우에 사용된다.

④ 효율이 떨어진다.

⑤ 일정속도비를 얻을 수 없다.

⑥ 종동차가 과부하가 생기면 미끄럼에 의하여 과부하가 원동차에 전달되지 않고 손상을 방지할 수 있다.

28 ① 원통마찰차(cylindrical friction wheel) : 두 축이 평행하고 바퀴는 원통이며 음반 회전치의 회전판 구동부에 쓰인다.

② 원뿔마찰차(bevel friction wheel) : 두 축이 어느 각도로 만나며 바퀴는 원뿔형이고 무단변속장치의 변속기구에 사용된다.

③ 구면마찰차(sphere friction wheel) : 두 축이 직각 또는 직선으로 만나는 경우에 쓰이며 주로 무단변속장치의 변속기구에 사용된다.

④ 홈붙이 마찰차(grooved friction wheel) : 두 축이 평행하고 접촉면에 홈이 있으며 약간의 큰 토크를 전달할 수 있으나 마멸과 소음이 있다.

⑤ 원판마찰차(disc friction wheel) : 두 축이 직각으로 만나는 경우에 주로 무단변속장치의 변속기구에 사용된다.

Chapter 14 브레이크

29 ① 전동기를 발전기로 역용하여 운동에너지를 전기로 바꾸고, 거기서 발생한 전기를 저항기에 의해 열로 방출하는 발전브레이크이다.

② 발생한 전기를 송전선에 되돌리는 전력회생(電力回生)브레이크이다.

③ 차축(車軸)에 장착한 원판 가까이의 전자석에 전기를 걸어 원판에 맴돌이 전류를 일으키게 하여 열로 방출하는 맴돌이 전류식 디스크브레이크이다.

④ 레일에서 일정한 간격을 유지한 전자석에 전기를 걸어 레일에 맴돌이 전류를 생기게 하여 열로 방출시키는 맴돌이 전류식 레일브레이크(전자기 흡수브레이크) 등이 있다.

이상은 주로 철도차량용으로 쓰이며 그 밖에 짐을 운반하는 컨베이어에 맴돌이 전류를 발생시켜 속도를 늦추게 하는 전기브레이크도 쓰인다.

30 밴드브레이크(band brake)는 브레이크드럼의 바깥둘레에 강철로 된 밴드를 감고 밴드에 장력을 주어서 밴드와 브레이크드럼 사이의 마찰에 의하여 제동작용을 한다. 마찰계수 μ를 크게 하기 위하여 밴드 안쪽에 나뭇조각, 가죽, 석면, 직물 등을 라이닝 한다. 밴드가 브레이크드럼에 감긴 위치로 단동식, 차동식, 합동식 등 세 가지 형식으로 나뉜다.

Part 04 | 기하공차

Chapter 01 기하공차의 기초

01 ① 치수공차만으로 나타낸 도면은 형상 및 위치에 대한 기하학적 특성을 규제할 수 없기 때문에 보다 정확한 제품을 제작하기 위함이다.

② 다른 부품과의 조립에서 기능상이나 호환성에서 유지하기 위함이다.

③ 국제적으로 통용되는 모양, 자세, 위치, 흔들림에 대한 규격을 제정하여 KS 혹은 ISO규격으로 기준을 정하여 제품에 일관성을 유지하기 위함이다.

Chapter 02 기하공차의 일반사항

02 ① 공차역 : 기하공차에 의하여 규제되는 형체(이하 "공차붙이 형체"라 한다)에 있어서 그 형체가 기하학적으로 옳은 모양, 자세 또는 위치로부터 벗어나는 것이 허용되는 영역을 말한다.

② 데이텀(datum) : 형체의 자세, 위치 및 흔들림공차와 같이 관련 형체로 규제되는 기하공차를 규제하기 위해 설정한 이론적으로 정확한 기하학적 기준으로 정삼각형 기호를 사용하여 지시한다.

③ 최대 실체공차방식 : 치수공차와 기하공차 사이의 상호 의존관계를 최대 실체상태를 기준으로 공차역을 설정하는 것으로 기하공차기입틀에 기호 ⓜ으로 표시한다.

03

적용하는 형체	공차의 종류		기호
관련 형체	자세 공차	평행도 (parallelism)	//
		직각도 (squareness)	⊥
		경사도 (angularity)	∠
	위치 공차	위치도 (position)	⊕
		동축도 또는 동심도 (concentricity)	◎
		대칭도 (symmetry)	≡
	흔들림 공차	원주흔들림	↗
		온흔들림	↗↗

04

표시하는 내용		기호
공차붙이 형체	직접 표시하는 경우	
	문자기호에 의하여 표시하는 경우	A A
데이텀	직접 표시하는 경우	
	문자기호에 의하여 표시하는 경우	A A

Chapter 03 기하공차의 도시방법

05 ① 공차의 종류를 나타내는 기호

② 공차값

③ 데이텀을 지시하는 문자기호

06 ① 선 또는 면 자체에 공차를 지정하는 경우에는 형체의 외형선 위 또는 외형선의 연장선 위에 치수선의 위치에 간섭 없이 지시선의 화살표를 수직으로 하여 나타낸다.

② 치수가 지정되어 있는 형체의 선 또는 중심면에 공차를 지정하는 경우에는 치수선의 연장선이 공차기입틀로부터의 지시선이 되도록 한다.

③ 축선 또는 중심면이 공통인 모든 형체의 축선 또는 중심면에 공차를 지정하는 경우에는 축선 또는 중심면을 나타내는 중심선에 수직으로 공차지시선의 화살표를 연결한다.

07 ① 공차역은 공차값 앞에 기호 ϕ가 없는 경우에는 공차기입틀과 공차붙이 형체를 연결하는 지시선의 화살방향에 존재하는 것으로서 취급한다.

② 공차역의 너비는 원칙적으로 규제되는 면에 대하여 법선방향에 존재하는 것으로서 취급한다.

⑤ 여러 개가 떨어져 있는 형체에 공통의 영역을 갖는 공차값을 지정하는 경우에는 공통의 공차기입틀의 위쪽에 "공통 공차역"이라고 기입한다.

Chapter 04 형상, 윤곽, 방향 및 흔들림공차의 이해

08 진직도(straightness)는 표면 또는 축심의 요소가 직선인 경우의 조건으로 직선으로부터 벗어나는 정도로 표시(2개의 평행한 직선 사이 간격)하며, 이 평행한 직선(사실상 공차영역)은 단독형체로 적용되므로 밑면에 대해서 평행할 필요가 없다.

① 일정방향의 진직도

② 서로 직각인 두 방향의 진직도

③ 방향을 정하지 않을 경우의 진직도

④ 표면의 요소로서의 직선 부분의 진직도

09 ① 진원도(roundness) : 구인 형체와 구 이외의 형체로 나누어 출발하는데, 그 이유는 구 형체는 반드시 구의 중심이 통과되도록 단면을 취해야 하기 때문이다. 구 형체는 구의 중심을 통과하는 임의의 평면으로 구를 자른 후 잘라진 단면의 표면이 진원도 공차값 내에 들어와야 한다.

② 원통도(cylindricity) : 원통표면의 모든 점이 공통의 축심으로부터 같은 거리에 있는 회전표면의 상태로 정의되며, 원형·길이방향 요소가 모두 포함되므로 원통형체에만 적용(테이퍼·구 형체 규제 안됨)된다.

10 ① 평행도 : 직선 부분 또는 평행 부분이 기준직선 또는 기준평면에 대하여 수직방향에서 차지하는 영역의 크기를 나타낸다.

② 직각도 : 직선 부분 또는 평면 부분이 기준직선 또는 기준평면에 대하여 평행한 방향에서 차지하는 영역의 크기를 나타낸다.

③ 경사도(각도 정도) : 직선 부분 또는 평면 부분이 기준직선 또는 기준평면에 대하여 이론적으로 정확한 각도를 이루는 기하학적 직선 또는 기하학적 평면에 수직한 방향으로 차지하는 영역의 크기를 나타낸다.

11 ① 일정방향의 위치도 : 그 방향에 수직이고 이론적으로 정확한 위치에 있는 직선에 대하여 대칭이며, 서로 평행한 기하학적 평면으로 그 직선을 끼울 때 이들 두 평면

의 간격이 최소로 될 경우의 두 평면의 간격으로 나타낸다.

② 서로 직각인 두 방향의 위치도 : 그 두 방향에 각각 수직이고 이론적으로 정확한 위치에 있는 직선에 대하여 대칭이며 서로 평행한 2쌍의 기하학적 두 평행평면으로 그 직선 부분을 사이에 끼웠을 때 2쌍의 평행, 두 평면의 간격이 각각 최소가 될 경우의 평행, 두 평면의 각각의 간격으로 나타낸다.

③ 방향을 정하지 않은 경우의 위치도 : 이론적으로 정확한 위치에 축선을 갖고 그 직선 부분을 모두 포함하는 기하학적 원통 중 가장 작은 지름의 원통지름으로 나타낸다.

12 ① 기준 중심평면에 대한 대칭도 : 기준 중심평면에 대하여 대칭이고 서로 평행인 두 기하학적 평면으로 그 축선을 사이에 끼울 때 이들 두 평면의 간격이 최소로 될 경우의 양 평면 사이의 간격으로 나타낸다.

② 기준축선에 대하여 서로 직각인 두 방향의 대칭도 : 주어진 두 방향에 각각 수직이고 기준축선에 대하여 대칭이며 서로 평행한 두 짝의 기하학적 평행, 두 평면으로 그 축선 부분을 사이에 끼웠을 때 두 짝의 평행, 두 평면의 각 간격이 최소로 될 경우의 평행, 두 평면의 각각의 간격으로 나타낸다.

13 ① 반지름방향의 흔들림 : 기준축선에 수직인 한 평면 안에서 기준축선으로부터 기계부품의 표면까지의 거리의 최대치와 최소치의 차로 나타낸다.

② 경사진 방향의 흔들림 : 표면에 대한 법선(표면에 수직한 선)이 기준축선에 대하여 직각 이외의 각도를 이루고 있을 경우 그 법선을 모선으로 하고 기준축선을 축선으로 하는 하나의 원뿔면 위에서 꼭짓점으로부터 기계부품의 표면까지의 거리의 최대값과 최소값으로 나타낸다.

③ 축방향의 흔들림 : 기준축선으로부터 일정한 거리에 있는 원통면 위에서 기준축선에 수직한 하나의 평면으로부터 기계부

품의 표면까지의 거리의 최대치와 최소치의 차로 나타낸다.

Part 05 ┃ 창의적인 설계를 위한 전기공학

Chapter 01 직류회로

01 전류의 흐름을 방해하는 작용을 전기저항 또는 저항(resistance)이라 하고, 단위는 옴(ohm, Ω)을 쓴다. 반대로 전류가 흐르기 쉬운 정도를 나타내는 것으로서 컨덕턴스라 하고, 단위는 모(mho, ℧)를 쓴다. 도체의 전기저항을 계산하면 $R = \rho \dfrac{l}{A}$ 이다.

02 회로망에 있어서 임의의 접속점으로 흘러 들어오고 흘러나가는 전류의 대수합은 0이다.
$$\Sigma I = 0$$
다음 그림에서 $I_1 - I_2 + I_3 - I_4 - I_5 = 0$ 이다.

▲ 키르히호프의 제1법칙

03 ① 배율기 : 전압계의 측정범위를 확대하기 위해서 전압계와 직렬로 접속한 저항
② 분류기 : 전류계의 측정범위를 확대하기 위해서 전류계와 병렬로 접속한 저항

04 어느 일정시간 동안의 전기에너지의 총량으로 전력을 P[W], 시간을 t[sec], 전력량을 W라 하면
$$W = Pt = VIt [\text{Ws}] = VIt [\text{J}]$$
$$1\text{kWh} = 10^3 \text{Wh} = 10^3 \times 3{,}600 \text{Ws} = 3.6 \times 10^6 \text{J}$$
단위는 J보다 Ws로 표시하나 실용적으로는 Wh, kWh로 사용한다.

05 도선에 전류가 흐르면 열이 발생하게 되는데, 이 열은 저항과 전류의 제곱 및 흐른 시간에 비례한다. 이 법칙을 줄의 법칙(Joule's law)이라 한다.

열량 $H = 0.24 I^2 Rt \,[\text{cal}]$, $W = Pt = I^2 Rt \,[\text{J}]$
$1\text{J} = 0.24\text{cal}$, $1\text{cal} = 4.186\text{J}$

Chapter 02 교류회로 ▼

06 발전기의 자장 안에 도체를 놓고 도체의 축을 회전시키면 자속을 도체가 끊으면서 기전력을 발생한다.

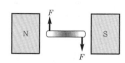

$$e = vBl\sin\theta \,[\text{V}]$$

▲ 플레밍의 오른손법칙

07 파고율과 파형률은 교류의 파형(전압, 전류 등이 시간의 흐름에 따라 변화하는 모양)이 어떤 형태를 이루고 있는지를 분석하기 위하여 사용되는 것으로서 다음 식으로 구해진다.

① 파형률 : 실효값을 평균값으로 나눈 값으로 파의 기울기 정도이다.

$$\text{파형률} = \frac{\text{실효값}}{\text{평균값}}$$

② 파고율 : 최대값을 실효값으로 나눈 값으로 파두(wave front)의 날카로운 정도이다.

$$\text{파고율} = \frac{\text{최대값}}{\text{실효값}}$$

08 $i = \dfrac{v}{R} = \dfrac{\sqrt{2}\,V\sin\omega t}{R} = \sqrt{2}\,I\sin\omega t \,[\text{A}]$

여기서, $I = \dfrac{V}{R}\,[\text{A}]$

따라서 전압 v와 전류 i는 동상으로서 그 실효값 I는 옴의 법칙이 그대로 성립한다.

09

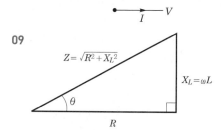

① 위상차 : $\theta = \tan^{-1}\dfrac{X_L}{R} = \tan^{-1}\dfrac{\omega L}{R}\,[\text{rad}]$

② 임피던스 : 교류에서 전류의 흐름을 방해하는 R, L, C의 벡터적인 합을 말한다.

$$Z = \sqrt{R^2 + (\omega L)^2}\,[\Omega]$$

10 ① 유효전력 : $P = EI\cos\theta = I^2 R = \dfrac{V^2}{R}\,[\text{W}]$

② 무효전력 : $P_r = EI\sin\theta = I^2 X = \dfrac{V^2}{X}\,[\text{Var}]$

③ 피상전력 : $P_a = EI = I^2 Z$

④ 역률 : $\cos\theta = \dfrac{P}{P_a} = \dfrac{R}{Z}$

Chapter 03 3상 교류회로 ▼

11 ① 3상 교류 : 주파수가 동일하고 위상이 $\dfrac{2\pi}{3}$ [rad]만큼씩 다른 3개의 파형을 말한다.

② 상(phase) : 3상 교류를 구성하는 각 단상 교류이다.

③ 상순 : 3상 교류에서 발생하는 전압들이 최대값에 도달하는 순서이다.

12 ① 상전압 : 각 상에 걸리는 전압을 말한다.

② 선간 전압 : 부하에 전력을 공급하는 선들 사이의 전압을 말한다.

③ 상전압과 선간 전압의 관계 : 선간 전압이 상전압보다 $\dfrac{\pi}{6}$ (=30°)만큼 앞선다.

④ 선간 전압의 크기 : 선간 전압을 $V_l\,[\text{V}]$, 상전압을 $V_p\,[\text{V}]$라 하면 $V_l = \sqrt{3}\,V_p\,[\text{V}]$ 이다.

13 3상 전력에서 전력 P는 Y결선과 Δ결선에서 동일하다.

Chapter 04 전기와 자기 ▼

14 두 점전하 사이에 작용하는 정전력의 크기는 두 전하(전기량)의 곱에 비례하고, 전하 사이의 거리의 제곱에 반비례한다.

$$F = \frac{1}{4\pi\varepsilon_o}\frac{Q_1 Q_2}{\varepsilon_s r^2} = 9 \times 10^9 \frac{Q_1 Q_2}{\varepsilon_s r^2}\,[\text{N}]$$

$$\varepsilon_o \mu_o = \frac{1}{C^2}$$

여기서, F : 정전력(N)

Q_1, Q_2 : 전기량(C)

r : 두 전하 사이의 거리(m)

ε_o : 진공의 유전율
$(=8.85 \times 10^{-12} \text{F/m})$

ε_s : 비유전율(진공 중에서 1, 공기 중에서 약 1)

μ_o : 진공의 투자율(H/m)

C : 빛의 속도$(=3 \times 10^8 \text{m/s})$

15 ① 상자성체
  • 자성체가 자석과 다른 자극으로 자화되는 물질
  • Al, Pt, Sn, Ir, O, 공기
② 반자성체
  • 자극으로 자화되는 물질
  • Bi, C, P, Au, Ag, Cu, Sb, Zn, Pb, Hg, H, N, Ar, H_2SO_4, HCl
③ 강자성체 : Ni, Co, Mn, Fe

Chapter 05 전기기기의 구조와 원리 및 운전

16 앙페르의 오른나사법칙은 전류에 의한 자기장의 방향을 결정하는 법칙이다.
  ① 전류의 방향 : 오른나사의 진행방향
  ② 자기장의 방향 : 오른나사의 회전방향
  ③ 전선에 전류가 흐르면 주위에 자기장이 발생하는데, 전류의 방향을 나사의 진행방향으로 하면 나사의 회전방향이 자기장의 방향이 된다.

17 전자유도현상은 코일에 전류를 흘려주면 자속이 발생하는데, 자속의 변화에 따라 기전력이 발생하는 현상을 말한다. 크기를 정의한 것은 패러데이법칙이고, 방향을 정의한 것은 렌츠의 법칙이다.

18 ① 자속변화에 의한 유도기전력의 방향 결정, 즉 유도기전력은 자신의 발생원인이 되는 자속의 변화를 방해하려는 방향으로 발생한다.

② 유도기전력은 코일을 지나는 자속이 증가될 때에는 자속을 감소시키는 방향으로, 또 감소될 때에는 자속을 증가시키는 방향으로 발생한다.

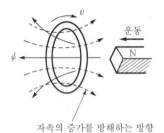

자속의 증가를 방해하는 방향

▲ 자속을 증가시킬 때

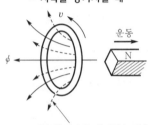

자속의 감소를 방해하는 방향

▲ 자속을 감소시킬 때

19 플레밍의 오른손법칙은 도체운동에 의한 유도기전력의 방향을 결정하는 법칙이다.
  ① 엄지 : 도체의 운동방향(F)
  ② 검지 : 자기장의 방향(B)
  ③ 중지 : 유도기전력의 방향(I)

20 자장 속에 코일을 놓고 전류를 흐르게 하면 전자력에 의해 코일이 회전하게 되나, 전류 흐름방향이 일정하면 중심부에서 정지하게 된다. 따라서 반회전한 후 전류방향을 바꾸게 하여 회전력을 계속 유지시키도록 한 것이 직류발전기이다.

21 직류전동기는 플레밍의 왼손법칙을 이용한 것으로, 그 구조는 다음과 같다.
  ① 계자(field magnet) : 자속을 얻기 위한 자장을 만들어주는 부분으로 자극, 계자권선, 계철로 되어 있다.
  ② 전기자(armature) : 회전하는 부분으로 철심과 전기자권선으로 되어 있다.
  ③ 정류자(commutator) : 전기자권선에 발생한 교류전류를 직류로 바꾸어주는 부분이다.

④ 브러시(brush) : 회전하는 정류자 표면에 접촉하면서 전기자권선과 외부회로를 연결해주는 부분이다.

22 ① 단상 유도전동기 : 분상기동형, 콘덴서기동형, 반발기동형, 세이딩코일형

② 3상 유도전동기 : 농형(보통, 특수), 권선형(저압, 고압)

23 $N_s = \dfrac{120f}{P}$ [rpm]

여기서, P : 극수, f : 주파수(Hz)

24 변압기의 원리는 상호유도작용을 이용한 것이다. 이것은 철심과 1차, 2차 권선으로 되어 있으며 1차, 2차의 권수비에 의해 전압을 변동시킬 수 있는 것이다.

$$\frac{E_1}{E_2} = \frac{N_1}{N_2}$$

여기서, E_1 : 1차 전압, E_2 : 2차 전압

N_1 : 1차 권수, N_2 : 2차 권수

즉 1차 및 2차 권선의 전압은 권수비에 비례한다.

25 ① SCR(Silicon Controlled Rectifier)
- 게이트작용 : 통과전류제어작용
- 이온소멸시간이 짧다.
- 게이트전류에 의해서 방전개시 : 전압을 제어할 수 있다.
- PNPN구조로서 부(-)저항특성이 있다.

② TRIAC(Triode AC Switch)
- 쌍방향 3단자 소자이다.
- SCR 역병렬구조와 같다.
- 교류전력을 양극성 제어한다.
- 포토커플러+트라이액 : 교류무접점 릴레이회로 이용

Chapter 07 시퀀스제어 ▼

26 시퀀스제어(sequence control)의 제어명령은 ON, OFF, H(high level), L(low level), 1, 0 등 2진수로 이루어지는 정상적인 제어이다.

① 릴레이시퀀스(relay sequence) : 기계적인 접점을 가진 유접점릴레이로 구성되는 시퀀스제어회로이다.

② 로직시퀀스(logic sequence) : 제어계에 사용되는 논리소자로서 반도체 스위칭소자를 사용하여 구성되는 무접점회로이다.

③ PLC(Programmable Logic Controller)시퀀스 : 제어반의 제어부를 마이컴퓨터로 대체시키고 릴레이시퀀스, 논리소자를 프로그램화하여 기억시킨 것으로, 무접점 시퀀스제어기기의 일종이다.

27 접점의 종류에는 a접점, b접점, c접점이 있다.

① a접점 : 상시상태에서 개로된 접점을 말하며, arbeit contact란 두문자 a를 딴 것이며 반드시 소문자 'a'로 표시한다.

▲ 상시개로동작 시 폐로되는 a접점

② b접점 : 상시상태에서 폐로된 접점을 말하며, break contact란 두문자 b를 딴 것이며 반드시 소문자 'b'로 표시한다.

▲ 상시폐로동작 시 개로되는 b접점

③ c접점 : a접점과 b접점이 동시에 동작(가동접점부 공유)하는 것이며, 이것을 절체접점(change-over contact)이라고 한다. 두문자 c를 딴 것이며 반드시 소문자 'c'로 표시한다.

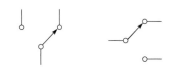

▲ a접점과 b접점을 동시에 동작하는 c접점

28 자기유지회로는 전원이 투입된 상태에서 PB를 누르면 릴레이 X가 여자되고 X-a접점이 닫혀 PB에서 손을 떼어도 X여자상태가 유지된다.

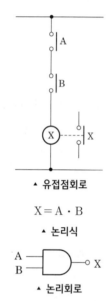

29 AND회로는 입력접점 A, B가 모두 ON되어야 출력이 ON되고, 그 중 어느 하나라도 OFF되면 출력이 OFF되는 회로를 말한다.

▲ 유접점회로

$$X = A \cdot B$$

▲ 논리식

▲ 논리회로

A	B	X
0	0	0
0	1	0
1	0	0
1	1	1

▲ 진리표

Chapter 08 전기측정

30 ① 전압측정
  - 전압계 : 전압을 측정하는 계기로, 병렬로 회로에 접속하며 가동코일형은 직류측정에 사용된다.
  - 배율기 : 전압의 측정범위를 넓히기 위해 전압계에 직렬로 저항을 접속한다.

② 전류측정
  - 전류계 : 전류의 세기를 측정하는 계기로, 직렬로 회로에 접속하며 내부저항이 전압계보다 작다.
  - 분류기 : 전류계의 측정범위를 넓히기 위해 전류계에 병렬로 저항을 접속한다.

Part 06 | 비용 산출과 견적

Chapter 01 재료비의 산정

01 기계시스템 제작을 위한 목적과 생산량, 효과분석, 감각상각비를 충분히 검토하여 최종 비용분석을 통해서 부품의 주어진 기능을 충분히 수행할 수 있는 재료 선정이 이루어져야 한다.

02 원자재의 비용비교를 위하여 식을 만들어 비교할 수 있으나 조건의 변화에 대하여 잘 적용하지 못하면 틀린 결과를 얻기 쉬우므로 일반적으로 모든 사항과 수치를 표로 나타내어 비교함이 보다 효율적이다.

03 지그(jig), 고정구 또는 다이(die)에서 위치결정구(locator), 지지구(support) 또는 고정장치(holding device)가 부적당한 위치에 놓인 경우에는 공작물에 가공을 하기 전에 공작물이 변형을 일으킬 수 있으며, 특히 취성재질인 경우에는 더 심하다. 이런 현상을 방지하기 위해서 공정설계기사가 위치결정장치에서 충분한 지지를 해주는 공정설계를 함으로써 해결이 가능하다.

04 기업에서 상당량의 재료가 부적절한 자재취급 때문에 낭비된다. 재료가 적합한 상태로 생산단계에 투입될 수 있는 보호장치가 없다면 공정은 불안전하게 계획된 것이다. 취급부주의로 인한 불량을 방지하기 위해서는 자재취급의 개선과 취급회수를 줄이는 것이 좋은 방법일 것이다.

05 하나의 부품의 결함으로 제품 자체가 불량품이 되는 경우가 있으므로 최종검사만으로는 불충분하다. 따라서 공정을 계획할 때 품질규격이 맞는가를 확인하기 위해서는 여러 곳에서 검사를 해야 한다. 검사작업을 계획할 때 공정설계기사는 공작물의 관리상태를 철저히 확인해야 한다.

06 ① 작업순서가 공차누적으로 되는 경우 : 설계자는 도면을 진행할 때 충분히 공작기계에 대한 이해와 조립 시 여러 상황을 생각하며 치수기입을 해야 한다. 하지만 누적공차가 발생하도록 설계가 되어 있다면 도면을 검토하는 엔지니어나 가공을 하는 엔지니어가 가공 전 도면을 검토하여 발견한 후에 진행해야 한다.

② 불필요한 가공여유를 두는 경우 : 도면이 출도가 되면 재료를 준비하는 엔지니어는 부품을 가공하는 엔지니어의 능력을 충분히 파악해야 한다. 또한 가공 시 부품을 가공하는 효율적인 방법을 먼저 검토한 후에 가공을 진행하여 가공여유를 가능한 최소화시켜야 한다.

Chapter 02 재료비의 구성 ▼

07 직접재료비는 기계시스템을 제작하기 위해 투입되는 실체를 형성하는 재료의 가치이다.

① 주요 재료비 : 기계시스템을 제작하기 위해 투입되는 재료의 가치이다.

② 부분품비 : 기계시스템을 제작하기 위해 결합되어 조립체가 되는 매입부품, 수입부품, 외장재료 및 경비로 계상되는 것을 제외한 외주품의 가치를 포함한다.

08 간접재료비는 기계시스템을 제작하기 위해 실체를 형성하지는 않으나 제작에 보조적으로 소비되는 물품의 가치이다.

① 소모재료비 : 기계오일, 접착제, 용접가스, 장갑, 연마재 등 소모성 물품의 가치

② 소모공구·기구·비품비 : 내용연수 1년 미만으로서 구입단가가 법인세법(소득세법)에 의한 상당 금액 이하인 감가상각대상에서 제외되는 소모성 공구·기구·비품의 가치

③ 포장재료비 : 제품포장에 소요되는 재료의 가치

④ 보조재료비 : 지그, 고정구와 같이 기계시스템을 제작하는 데 생산성을 향상시키는 보조장치를 위한 재료비

09 ① 원단위＝정미소요량×(1+손실률)×(1+불량률+시료율)

② 손실률＝(투입원재료의 중량−완성제품의 중량)÷투입원재료의 중량

③ 불량률＝조사대상기간 중 불량품의 양÷조사대상기간 총생산량

10 간접재료비 배부방법으로는 다음과 같은 방법이 있으며, 이들 중 가장 합리적이고 배부방법으로써 적정한 관련성이 있다고 판단되는 것을 배부기준으로 선택하여 계산한다.

① 가액법 : 직접재료비법, 직접노무비법, 직접원가법(＝직접재료비+직접노무비)

② 시간법 : 직접작업시간법, 기계작업시간법

③ 수량법

④ 혼합법

1. 강면순, 『소성가공학』, 보성문화사, 1992.
2. 강명순 외, 『최신 기계공작법』, 보문당, 2001.
3. 강명순, 『기계공작법』, 보문당, 1993.
4. 국가표준인증 통합정보시스템, "KS(국가표준)검색", 국가기술표준원.
5. 김세환 외 2인, 『금형설계·제작법』, 대광서림, 1994.
6. 김순채, 『건설기계기술사』, 성안당, 2021
7. 김순채, 『기계제작기술사』, 성안당, 2007.
8. 김순채, 『산업기계설비기술사』, 성안당, 2020.
9. 박병갑, 『프로세스의 자동제어』, 형설출판사, 1994.
10. 박영조, 『기계설계』, 보성문화사, 2001.
11. 방승국, 『기계현장의 보전실무』, 대광서림, 2009.
12. 방승덕 외 2인, 『기계공학 일반』, 형설출판사, 1989.
13. 백남주, 『금속재료학』, 광림사, 1982.
14. 서정일 외 2인, 『기계열역학』, 한양대학교출판부, 1982.
15. 심영일, 『정밀가공』, 대광서림, 1974.
16. 엄기원, 『실용 용접공학』, 동명사, 2009.
17. 염영하, 『기계공작법』, 동명사, 1961.
18. 이재원, 『도면 보는 법』, 성안당, 2017.
19. 일본통산성하이테크그룹, 최현, 『최신 하이테크사전』, 염지사, 1987.
20. 임상전, 『재료역학』, 문운당, 2005.
21. 차경옥, 『재료역학연습』, 원화, 1999.
22. 천희영, 『전기공학』, 보성문화사, 1981.
23. 하재현 외 2인, 『유체기계』, 대학도서, 1988.
24. 한국공학인증원, 『공학교육인증평가매뉴얼』, 한국공학인증원, 2020.

Index | 찾아보기

ㅇ

기계제도 및 설계

ㅈ

KS 규격에 따른
기계제도 및 설계 |이론과 실무|

2021. 10. 7. 초 판 1쇄 인쇄
2021. 10. 15. 초 판 1쇄 발행

지은이 | 김순채
펴낸이 | 이종춘
펴낸곳 | **BM** (주)도서출판 **성안당**

주소 | 04032 서울시 마포구 양화로 127 첨단빌딩 3층(출판기획 R&D 센터)
　　 | 10881 경기도 파주시 문발로 112 파주 출판 문화도시(제작 및 물류)

전화 | 02) 3142-0036
　　 | 031) 950-6300

팩스 | 031) 955-0510
등록 | 1973. 2. 1. 제406-2005-000046호
출판사 홈페이지 | **www.cyber.co.kr**
ISBN | 978-89-315-3307-1 (93550)
정가 | 30,000원

이 책을 만든 사람들
기획 | 최옥현
진행 | 이희영
교정·교열 | 문 황
전산편집 | 더기획
표지 디자인 | 박원석
홍보 | 김계향, 유미나, 서세원
국제부 | 이선민, 조혜란, 권수경
마케팅 | 구본철, 차정욱, 나진호, 이동후, 강호묵
마케팅 지원 | 장상범, 박지연
제작 | 김유석

www.cyber.co.kr ★★★
성안당 Web 사이트